普通高等教育电气信息类系列教材

传感器与检测技术

第2版

佟维妍　高　成　李文强　赵　鑫　刘　涵　编著

机　械　工　业　出　版　社

本书从理论出发，结合实际应用，介绍了传感器的工作原理、特性参数、测量电路及典型应用；较详细地介绍了温度、压力、流量、物位四类热工参数和气体的检测仪器；简要介绍了抗干扰与数字滤波、数据融合和虚拟仪器等现代信息技术在检测系统中的应用。

本书注重理论基础，在详细介绍每种（类）传感器的测量原理的同时，着重列举了其典型应用。全书分四篇共18章，第一篇为传感器与检测技术基础，第二篇介绍每类传感器的原理及应用，第三篇介绍四类热工参数检测仪表和气体检测传感器，第四篇介绍抗干扰技术和三种检测新技术。

本书既可作为高等学校电气信息类专业本、专科生的教材和大学生创新竞赛辅导教材，也可作为从事测控系统设计、使用和维护人员的参考读物。

本书是新形态教材，读者可通过扫描书中二维码观看相关知识点和授课视频。同时，本书配有电子教案、教学大纲、习题参考答案等电子资源，需要的读者可登录www.cmpedu.com免费注册、审核通过后下载使用，或联系编辑索取（微信15910938545，电话010-88379739）。

图书在版编目（CIP）数据

传感器与检测技术 / 佟维妍等编著. —2版. —北京：机械工业出版社，2022.11（2024.8重印）

普通高等教育电气信息类系列教材

ISBN 978-7-111-71782-9

Ⅰ. ①传…　Ⅱ. ①佟…　Ⅲ. ①传感器－检测－高等学校－教材
Ⅳ. ①TP212

中国版本图书馆CIP数据核字（2022）第187207号

机械工业出版社（北京市百万庄大街22号　邮政编码100037）
策划编辑：尚　晨　　责任编辑：尚　晨　杨晓花
责任校对：张晓蓉　王　延　　责任印制：单爱军
北京虎彩文化传播有限公司印刷
2024年8月第2版第4次印刷
184mm×260mm・20.25印张・477千字
标准书号：ISBN 978-7-111-71782-9
定价：69.00元

电话服务	网络服务
客服电话：010-88361066	机　工　官　网：www.cmpbook.com
010-88379833	机　工　官　博：weibo.com/cmp1952
010-68326294	金　　书　　网：www.golden-book.com
封底无防伪标均为盗版	机工教育服务网：www.cmpedu.com

第 2 版前言

本书第 1 版自 2015 年出版以来，得到了各兄弟院校同仁的关注与厚爱。第 2 版在保留第 1 版内容及体系的基础上做了局部修订，并新增了测量信号调理、微型传感器、气体检测、抗干扰技术等内容。

本书整理了部分大学生创新竞赛题目和自主创新作品，以“综合训练”的形式体现在章节末，可以作为课程设计题目或部分课外成绩。“综合训练”要求学生根据测量要求，能正确选择传感器，会搭建测量电路，并能显示出测量结果，其学习效果更为明显。

第 2 版继承了第 1 版从传感器原理自然过渡到热工量（非电量）测量的特点，即从理论基础过渡到实际应用，更加注重教学内容的实用性，促进学生专业知识应用能力和创新能力的培养，推进专创融合培养模式的普及。

本书共 18 章，其中佟维妍负责编写第 1、2、3、4、12、17 章，高成负责编写第 13、14、15 章，李文强负责编写第 5、6、7、8、9、10、11 章，赵鑫负责编写第 16 章，刘涵负责编写第 18 章，全书由佟维妍负责统稿。

本书部分内容和习题来自工厂生产实际，拉近了学校（知识）与工厂（技术）之间的距离，有助于缓解毕业生刚参加工作时“无从下手”的困境，缩短了企业用人的培训周期。

限于编者水平，书中难免有纰漏和不妥之处，恳请读者批评指正。

编　者

第 1 版前言

目前国内关于传感器与检测技术的教材很多，且各有特点。有些着重介绍传感器原理，而具体能测哪些非电量，后续信号该如何处理介绍较少；有些着重讲述非电量的检测方法和相关仪表，如温度测量中常用的传感器工作原理及温度测量仪表，用到哪种传感器就介绍哪种传感器的工作原理，缺乏系统性。

教授该课程的老师和学习这门课程的学生都反映传感器与检测技术（仪表）的种类多，型号复杂，尤其是传感器原理涉及的知识面广，“杂乱无章”，难教难学。

本教材将传感器原理、热工量测量方法和常用检测仪表的知识有机地融合，使繁而杂乱的信息简而有序，注重归纳总结，读者读起来顺理成章，从传感器原理自然过渡到热工量（非电量）测量，即从理论基础到实际应用的过渡，热工量测量自然会提到测量仪表，说到仪表，又涉及目前使用最普遍的数字仪表设计。这种整合加强了课程内容间的联系，避免了专业知识的脱节和课程内容的重复，节省了学时，减少教学资源和学生宝贵学习时间的浪费。

本教材第一篇介绍了传感器与检测技术的基础知识，包括传感器与检测系技术基础和数据分析与处理，为没有学过“误差理论与数据处理”的读者提供些基础；在第二篇，分章节介绍了每种（类）传感器工作原理、特性参数、测量电路及典型应用；在第三篇详细介绍了热工参数测量及仪表，并在压力与流量测量中加入了仪表的校准装置，第 15 章简单介绍了应用最普遍的数字仪表的设计，为没有接触仪表设计的读者拓宽知识面，了解仪表设计的几个部分。第 16 章介绍了当今传感器与检测技术的几个发展方向，引导读者进行深入学习。

本书可作为应用型电气信息类本科生的教材，也可作为从事检测仪表设计、使用、维护和管理人员的参考读物或自学用书。

本书参阅了大量相关书籍和资料，力求论述全面系统，内容丰富新颖，同时感谢前辈们提供的宝贵财富，在参考文献中一并列出。本书的顺利出版，要感谢沈阳工业大学的领导和老师给予的大力支持和帮助。

由于时间仓促和编者水平有限，书中难免存在不妥之处，请读者原谅，并提出宝贵意见。

编　者

目　录

第一篇

传感器与检测技术基础

第1章 绪论

1.1 检测技术概述

1.1.1 检测技术的内容和作用

检测技术是以研究检测系统中的信息提取、信息转换以及信息处理的理论与技术为主要内容的一门应用技术学科。检测技术属于信息科学的范畴，与计算机技术、自动控制技术和通信技术构成完整的信息技术学科。

在科学实验和工业生产中，为了及时了解实验进展情况、生产过程情况以及它们的结果，人们需要经常对一些物理量，如电流、电压、温度、压力、流量、液位等参数进行检测，如加热炉的温度控制，首先应对被测对象即炉膛内温度进行检测，将检测到的数据送入控制器，实现炉温的自动控制，同时送显示器供操作人员观察。通过对这些已获得的信息进行加工、运算、分析等，以进行预报、报警、检测、计量、保护、控制、调度和管理等工作，达到预防自然灾害、防止事故发生、提高劳动生产率、正确计量、科学实验、文明生产和科学管理的目的。

自动控制系统多数是反馈控制系统，反馈控制系统框图如图 1-1 所示。在工程上常把在运行中使输出量和期望值保持一致的反馈控制系统称为自动控制系统，自动控制的理想目标是使偏差快速平稳接近于零。被控对象为自动控制系统中被控制的工艺生产设备或生产过程；给定值为自动控制系统中生产要求保持的工艺指标；偏差为给定值与实际测量值的差值。检测装置是实现控制的物理基础，自动控制靠检测装置来实现。加热炉的温度自动控制系统中，被控对象为加热炉，被控量为实际炉温，给定量为设定的温度值，利用热电偶测量炉温，与设定的温度值相比较，两者的偏差经过控制器，驱动相应的执行器进行控制。

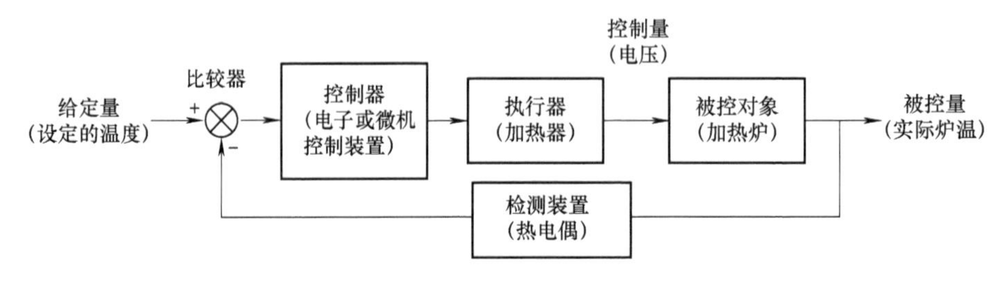

图 1-1 反馈控制系统框图

检测是利用各种物理、化学及生物效应，选择合适的方法与装置，将生产、科研、生活等各方面的有关信息通过检查与测量的方法赋予定性或定量结果的过程。

检测技术是自动化和信息化的基础与前提。我国著名科学家、检测技术前辈王大珩院士曾指出，仪器在国民经济建设中的意义重大，在工业生产中起着把关者和指导者的作用，它从生产现场获取各种参数，运用科学规律和系统工程的做法，综合有效地利用各种先进技术，通过自控手段和装备，使每个生产环节得到优化，进而保证生产规范化，提高产品质量，降低成本，满足需要，保证安全生产。今天，世界正在从工业化时代进入信息化时代，向知识经济时代迈进。这个时代的特征是以计算机为核心，延伸人的大脑功能，起着扩展人脑力劳动的作用，使人类进入以物质手段扩展人的感官神经系统及脑力智力的时代。这时，仪器的作用主要是获取信息，作为智能行动的依据。

1.1.2　检测方法

一般的检测（常称测量），其含义是用实验方法去确定一个参数的量值（数值和单位），即通过实验，把一个被测参数的量值（被测量）和作为比较单位的另一个量值（标准量）进行比较，确定出被测量的大小和单位。所以测量是以确定量值为目的的一组操作。通过测量可以掌握被测对象的真实状态，测量是认识客观量值的唯一手段。

在测量中，把作为测量对象的特定量，也就是需要确定量值的量，称为被测量，由测量所得到的赋予被测量的值称为测量结果。单次测量所得到的量值是确定的，此测量结果常称为测得值。

检测方法是指实现测量过程所采用的具体方法。从不同角度出发，检测方法有不同的分类。根据测量手段分类，检测方法可以分为直接测量、间接测量和联立测量；根据测量方式分类，检测方法可以分为偏差式测量、零位式测量和微差式测量。

1. 直接测量、间接测量和联立测量

（1）直接测量

在使用仪表进行测量时，如果对仪表读数不需要经过任何运算就能直接表示测量所需要的结果，这种测量就称为直接测量。例如，用磁电式电流表测量电路的支路电流、用弹簧管式压力表测量管道压力等。

直接测量的优点是简单而迅速，缺点是测量精度往往不高。直接测量在工程上被大量采用。

（2）间接测量

有的物理量无法被测量或不便于直接测量，这就要求在使用仪表进行测量时，首先对与被测物理量有确定函数关系的几个量进行测量，然后将测量值代入函数关系式，经过计算得到所需的结果，这种测量称为间接测量。

例如，对生产过程中的纸张的厚度进行测量时由于无法直接测量，只得通过测量与厚度有确定函数关系的单位面积重量来间接测量。在测量直流功率时，根据 $P=UI$，先对 U 和 I 进行直接测量，再计算出功率 P。间接测量比较复杂，当被测量不便于直接测量或没有相应直接测量的仪表时需采用间接测量。

（3）联立测量

在使用仪表进行测量时，若被测物理量必须经过求解联立方程组才能得到最后结果，则称这样的测量为联立测量。

在进行联立测量时，一般需要改变测量条件，才能获得一组联立方程所需要的数据。测量过程中操作手段复杂，花费时间很长。联立测量是一种特殊的精密测量方法，一般适用于科学实验或特殊场合。

如金属材料的热膨胀表达式为

$$L_t = L_0(1 + \alpha t + \beta t^2) \tag{1-1}$$

当 $t = 0℃$ 时，测得 L_0； $t = t_1$ 时，测得 L_{t1}；同理 $t = t_2$ 时，测得 L_{t2}，则可得联立方程组为

$$\begin{cases} L_{t1} = L_0(1 + \alpha t_1 + \beta t_1^2) \\ L_{t2} = L_0(1 + \alpha t_2 + \beta t_2^2) \end{cases} \tag{1-2}$$

求解联立方程可得到热膨胀系数 α 、 β 的量值，这就是联立测量方法。

2. 偏差式测量、零位式测量和微差式测量

（1）偏差式测量

在测量过程中，用仪表指针的位移（即偏角）决定被测量值，这种测量方法称为偏差式测量。

仪表上有经过标准器具校准过的标尺或刻度盘。在测量时，利用仪表指针在标尺上的示数，读取被测量的数值。偏差式测量简单、迅速，但精度不高。这种测量方法广泛应用于工程测量中。例如，用磁电式电压表测量电气元件两端的电压。

（2）零位式测量

用已知的标准量去平衡或抵消被测量的作用，并用指零式仪表来检测测量系统的平衡状态，从而判断被测量值等于已知标准量的方法称为零位式测量。

零位式测量的优点是可以获得比较高的测量精度，但是测量过程比较复杂，在测量时，要进行平衡操作，花费时间长。因此，这种方法不适合测量变化迅速的信号，只适合测量变化较缓慢的信号。例如，用天平测量物体的质量，用电位差计测量未知电压等。

（3）微差式测量

微差式测量是综合了偏差式测量与零位式测量的优点而提出的测量方法。这种方法是将被测的未知量与已知的标准量进行比较并取得差值，然后用偏差法测得此差值。应用这种方法进行测量时，标准量装在仪表内，并且在测量过程中直接与被测量进行比较。由于二者的值很接近，因此，测量过程中不需要调整标准量，而只需要测量二者的差值。

以天平称物为例，先增减砝码，在指针回零过程中，一旦指针已落在零值左右的刻度之内，就不再调节砝码（所花时间不会很多）。然后在获知砝码基准值的基础上再根据指针的偏差进行修正，即根据指针偏离标尺零位的格数读出这一微小差值，就能获得准确的数值。

微差式测量的优点是反应快而且测量精度高，适合在线控制参数的检测。

1.2 传感器和检测系统基础知识

1.2.1 检测系统的组成

依据检测对象是电量还是非电量，检测系统可分为电量检测系统和非电量检测系统两大类。早期非电量的测量多采用非电的方法，例如，用尺测量长度和用水银温度计测量温度。随着科学技术的发展，对测量的精度、速度都提出了新的要求，尤其是对动态变化的物理过程进行测量以及对物理量的远距离测量，用非电的方法已经不能满足要求，必须采用电测法。电测法就是把非电量转换为电量来测量。由于非电量常常都通过传感器转换成电量，电量检测系统的前端加上传感器即构成非电量检测系统，所以电量检测系统大多数已被包含在非电量检测系统中。

非电量检测系统的结构框图如图 1-2 所示。它由传感器、信号调理、信号分析与处理或微型计算机等环节组成，或经信号调理环节后，直接显示和记录。

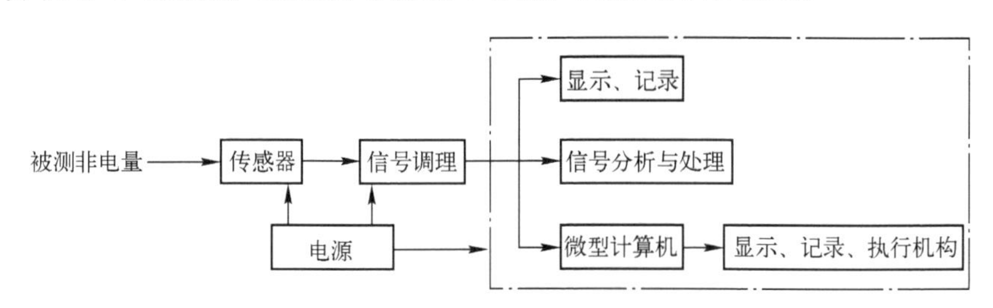

图 1-2 非电量检测系统的结构框图

1. 传感器

传感器是将外界信息按一定规律转换成电信号的装置，它是实现自动检测和自动控制的首要环节，各种传感器的工作原理详见第二篇内容。

2. 信号调理

信号调理环节是对传感器输出的信号进行加工，如将信号放大、调制解调、阻抗变换、线性化、将阻抗变换为电压或电流等，原始信号经这个环节处理，转换成符合要求，便于输送、显示、记录、转换以及可做进一步后续处理的中间信号。这个环节常采用模拟电路、电桥电路、相敏检波电路、测量放大器、振荡器等。常用的数字电路有门电路、各种触发器、A/D 和 D/A 转换器等。信号调理有时可能是许多仪器的组合，有时也可能仅有一个电路，甚至仅是一根导线。有关信号调理的详细内容将在第 3 章进行介绍。

3. 显示及记录

人们都希望及时知道被测量的瞬时值、累积值或其随时间的变化情况，因此，各类检测仪表和检测系统在信号调理环节计算出被测量的当前值后，通常均需送至各自的显示器进行实时显示。显示器是检测系统与人联系的主要环节之一，常用的显示方式有模拟显示、数字显示、图像显示。

1）模拟显示就是利用指针对标尺的相对位置来表示读数，即用有形的指针位移模拟无形的被测量，既方便又直观。指示仪表有磁电系、电磁系、电动系和感应系等多种形式，但均有结构简单、价格低廉、显示直观的特点，在检测精度要求不高的测量显示场合应用较多。指针式仪表存在指针驱动误差和标尺刻度误差，这种仪表的读数精度和仪器的灵敏度等受标尺最小分度的限制。

2）数字显示就是以数字形式直接显示出被测量数值的大小。在正常情况下，数字式显示仪表彻底消除了显示驱动误差，能有效克服读数的主观误差，可提高显示和读数的精度，还能方便地与计算机连接并进行数据传输。因此，各类检测仪表和检测系统正越来越多地采用数字显示。

3）图像显示是指使用屏幕显示读数或者被测参数变化的曲线。这种显示方式具有形象和易于读数的优点，又能同时在同一屏幕上显示一个被测量或多个被测量的变化曲线，有利于对它们进行比较、分析。图像显示器一般体积较大，价格比模拟显示和数字显示要高得多，其显示通常需要由计算机控制，对环境的温度、湿度等指标要求较高。

在测量过程中，有时不仅要读出被测参数的数值，而且还要了解它的变化过程，特别是动态过程的变化，根本无法用显示仪表指示，那么就要把信号送至记录仪自动记录下来。目前常用的自动记录仪有笔式记录仪（如电平记录仪、x-y 函数记录仪、光线示波器等）、磁带记录仪、硬盘等。

4. 信息分析与处理

对于动态信号的测量，即动态测量，常常还需要对测得的信号进行分析、计算和处理，从原始的测试信号中提取表征被测对象某一方面本质信息的特征量，以利于对动态过程做更深入的了解。这个领域中采用的仪器有频谱分析仪、波形分析仪、实时信号分析仪、快速傅里叶变换仪等，计算机技术在信号处理中已被广泛应用。

5. 电源

整个检测系统中还必须包括电源，一个检测系统往往既有模拟电路部分，又有数字电路部分，因此通常需要多组幅值大小要求各异但稳定的电源。这类电源在检测系统使用现场一般无法直接提供，通常只能提供交流 220V 工频电源或直流 24V 电源。检测系统在设计时需要根据使用现场的供电电源情况及检测系统内部电路的实际需要，统一设计各组稳压电源，给系统各部分电路和器件分别提供它们所需的稳定电源。在一些便携式仪器中，一般采用电池供电。

以上几个部分不是所有的检测系统都具备的，而且对于有些简单的检测系统，其各环节之间的界线也不是十分清楚，需根据具体情况进行分析。

另外，在进行检测系统设计时，对于把以上各环节具体相连的传输通道，也应给予足够的重视。传输通道的作用是联系系统的各个环节，为各环节的输入、输出信号提供通路。它可以是导线、管路（如光导纤维）以及信号所通过的空间等。信号传输通道比较简单，易被人们忽视，如果不按规定的要求布置及选择，则易造成信号的损失、失真或引入干扰等，影响检测系统的精度。

1.2.2 传感器的定义、组成及分类

传感器的定义为能感受被测量并按照一定的规律转换成可用信号输出的器件或装置。这里的可用信号是指便于处理、传输的信号，目前电信号是最易于处理和传输的信号。

传感器的通常定义为“能把外界非电信息转换成电信号输出的器件或装置”或“能把非电量转换成电量的器件或装置”。

1-1 传感器

传感器由敏感元件、转换元件和测量电路三部分组成，如图 1-3 所示。

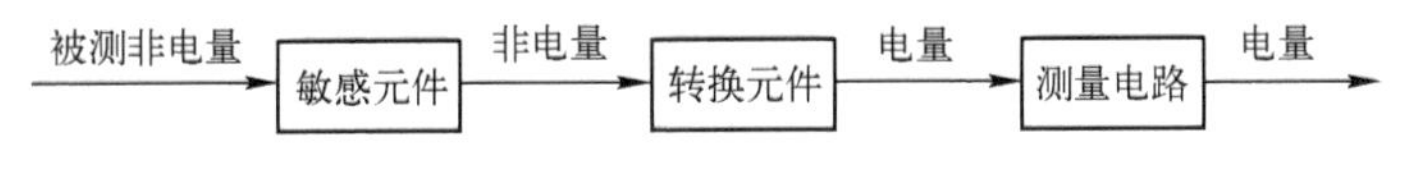

图 1-3 传感器组成框图

如果所要测量的非电量正好是某转换元件能转换的，而该转换元件转换出来的电量又正好能为后面的测量电路所利用，那么该传感器的结构将会很简单。

然而，很多情况下所要测量的非电量并不是所持有的转换元件所能转换的那种非电量，这就需要在转换元件前面增加一个能把被测非电量转换为该转换元件能够接收和转换的非电量的装置或器件。这种能把被测非电量转换为可用非电量的器件或装置称为敏感元件。

例如，用电阻应变片测力时就要将应变片粘贴到受力的弹性元件上，如图 1-4 所示，弹性元件将压力转换为应变，应变片再将应变转化为电阻变化，这里的应变片便是转换元件，而弹性元件便是敏感元件。敏感元件与转换元件虽然都是对被测非电量进行转换，但敏感元件是把被测非电量转换为可用非电量，而转换元件是把非电量转换成电量。

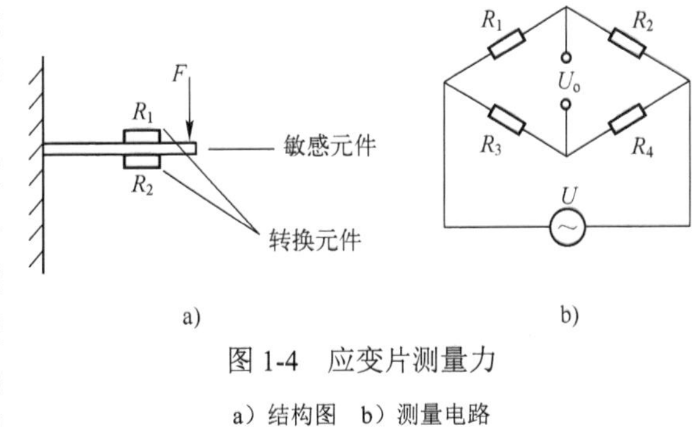

图 1-4 应变片测量力

a）结构图 b）测量电路

在很多情况下，转换元件所转换得到的电量并不是后面的测量电路所能直接利用的。例如，电阻式应变传感器把应变转换为电阻变化，电阻虽然属于电量，但不能被电压显示仪表所接收。这就需要用某种电路来对转换元件转换出来的电量进行变换和处理，使之成为便于显示、记录、传输或处理的可用电信号（电压、电流或频率等）。接在转换元件后面的具有这种功能的电路，称为测量电路或传感器接口电路。例如，电阻应变片接入电桥，将电阻变化转换为电压变化，这里的电桥便是电阻传感器常用的测量电路。

在某些学科领域，也将传感器称为变换器、检测器或探测器。能输出标准信号的传感器称为变送器。也就是说，变送器是传感器配接能输出标准信号的接口电路后构成的，将非电量转换为标准信号的器件或装置。国际电工委员会（IEC）将 4～20mA 直流电流信号和 1～5V 直流电压信号确定为过程控制系统电模拟信号的统一标准，所以变送器通常就是指将非电量转换为 4～20mA 直流电流信号或 1～5V 直流电压信号的器件或装置。

传感器的种类很多，由于工作原理、测量方法和被测对象的不同，分类方法也不同，

常用的分类方法如下。

（1）按基本效应分类

传感器一般都是根据物理学、化学、生物学的效应和规律设计而成的，因此大体上可分为物理型、化学型和生物型三大类。

其中，化学型传感器是利用电化学反应原理，把无机和有机化学物质的成分、浓度等转换为电信号的传感器。生物型传感器是利用生物活性物质选择性识别来测定生物和化学物质的传感器。这两类传感器广泛应用于化学工业、环保监测和医学诊断领域，本书只着重介绍应用于工业测控技术领域的物理型传感器。

（2）按构成原理分类

物理型传感器又可分为物性型传感器和结构型传感器。物性型传感器是利用其物理特性变化实现信号转换，如水银温度计是利用水银的热胀冷缩现象把温度的变化转换成水银柱的高低，实现温度的测量。结构型传感器是利用其结构参数变化实现信号转换，如变极距型电容式传感器是利用极板间距离变化引起电容值变化实现测量。

（3）按能量转换原理分类

传感器根据能量转换原理可分为有源传感器和无源传感器。有源传感器将非电量转换为电能量，如电动势、电荷式传感器等，也称为能量转换型传感器，通常配有电压测量和放大电路，如光电式传感器、热电式传感器均属于此类传感器；无源传感器不起能量转换作用，只是将被测非电量转换为电参数的量，也称为能量控制型传感器，如电阻式、电感式及电容式传感器等。

（4）按输出信号的性质分类

传感器根据输出信号的性质可分为模拟式传感器和数字式传感器，即模拟式传感器输出连续变化的模拟信号，数字式传感器输出数字信号。

（5）按输入物理量分类

传感器根据输入物理量可分为位移传感器、压力传感器、速度传感器、温度传感器及流量传感器等。

（6）按工作原理分类

传感器根据工作原理可分为电阻式、电感式、电容式及光电式等。

（7）按测量方式分类

传感器根据测量方式可分为接触式传感器和非接触式传感器。接触式传感器与被测物体接触，如电阻应变式传感器和压电式传感器。非接触式传感器不与被测物体接触，如光电式传感器、红外线传感器、涡流传感器和超声波传感器等。

1.3 传感器的基本特性

检测系统的输入与输出之间的关系和特性是检测系统的基本特性，传感器本身的基本特性关系着能否实现及时、真实地（达到所需的精度要求）反映被测参量的变化。传感器的各种性能指标都是根据其输入和输出的对应关系来描述的。研究其特性，目的是指导传感器的设计、制造、校准和使用。

被测量有两种形式，一种是静态（稳态）的，即被测量的值可能十分稳定或随时间变化缓慢；另一种是动态的，即被测量的值可能随时间而变化。因此，一个测量系统（仪表或装置），由于输入信号的性质不同，就存在所谓的静态特性和动态特性。

1.3.1　传感器的静态特性

1. 静态测量和静态特性

静态测量是指测量过程中被测量保持恒定不变（即 $\mathrm{d}x/\mathrm{d}t=0$，系统处于稳定状态）时的测量。当被测量为缓慢变化量，但在一次测量的时间段内变动的幅值在测量精度范围内时，此时的测量也可当作静态测量来处理。

输出信号 y 与输入信号 x 之间的函数关系，一般用代数方程表示为

$$y=a_0+a_1x+a_2x^2+a_3x^3+\cdots+a_nx^n \tag{1-3}$$

式中，y 为输出量；x 为输入量（被测量）；a_0 为零点输出（检测系统的零位值）；a_1 为理论灵敏度；$a_2, a_3, \cdots, a_n$ 为非线性项系数。

$a_0, a_1, a_2, a_3, \cdots, a_n$ 属于标定系数，决定静态特性曲线的形状和位置。

由式（1-3）可见，一般的静态特性是由线性项 a_0+a_1x 和 x 的高次项所决定。当 $a_0\neq 0$ 时，表示即使在没有输入的情况下仍有输出，通常称为零点偏移。各项系数的不同决定了特性曲线的具体形式。

2. 传感器的静态性能指标

（1）测量范围和量程

1）测量范围。测量范围是指传感器所能测量到的最小被测输入量（下限）$x_{\min}$ 至最大被测输入量（上限）$x_{\max}$ 之间的范围，即（$x_{\min}, x_{\max}$）。

2）量程。量程是指传感器测量上限 $x_{\max}$ 和测量下限 $x_{\min}$ 的代数差，即 $L=x_{\max}-x_{\min}$。

例如，−70～100℃的温度传感器，其量程为 170℃；又如 0～6MPa 的压力传感器，其量程为 6MPa。

（2）灵敏度

灵敏度是指传感器在静态测量时，输出量的增量与输入量的增量之比的极限值，即

1-2 灵敏度

$$S=\lim_{\Delta x\to 0}\left(\frac{\Delta y}{\Delta x}\right)=\frac{\mathrm{d}y}{\mathrm{d}x} \tag{1-4}$$

灵敏度的量纲是输出量的量纲与输入量的量纲之比。当某些传感器或组成环节的输入和输出具有同一量纲时，常用增益或放大倍数来代替灵敏度。

线性特性的传感器的特性曲线的斜率处处相同，灵敏度 S 是常数，与输入量大小无关，可由静态特性曲线（直线）的斜率来求得，斜率越大，其灵敏度就越高。非线性传感器的灵敏度则随输入量而变化，通常用拟合直线的斜率来表示。如果非线性误差较大，则可以用某一较小输入量区域的拟合直线表示，如图 1-5 所示。

检测系统一般由若干个元件或单元组成，这些元件或单元在系统中通常被称为环节。由各个环节组成的系统可以是开环系统，也可以是闭环系统。

由 n 个串联环节组成的开环系统如图1-6所示。

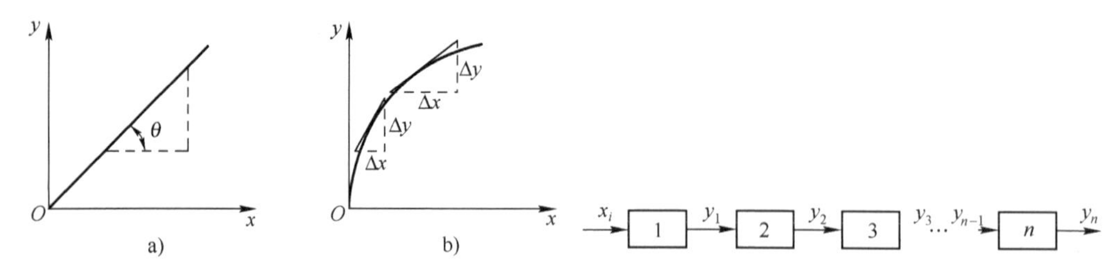

图1-5 检测系统灵敏度图示

a）线性系统灵敏度 b）非线性系统灵敏度

图1-6 由串联环节组成的开环检测系统

若检测系统是由灵敏度分别为 $S_1, S_2, \cdots, S_n$ 的多个相互独立的环节串联而成，则该检测系统的总灵敏度为各组成环节的灵敏度的乘积，即

$$S = S_1 S_2, \cdots, S_n \tag{1-5}$$

（3）分辨力与分辨率

1）分辨力是能引起输出量发生变化时输入量的最小变化量 $\Delta x_{\min}$。

2）分辨率是全量程中最大的 $\Delta x_{\min}$（即 $|\Delta x_{\min}|_{\max}$）与满量程 L 之比的百分数。

分辨力与分辨率都是用来表示仪表或装置能够检测被测量的最小量值的性能指标。前者是以最小量程的单位值来表示，是一个有量纲的量值。后者是以最大量程的百分数来表示，是一个无量纲的比率。

分辨力表示传感器对被测量的测量分辨能力，即最小可测出的输入量的变化。对于模拟仪表，等于标尺最小刻度值的一半；对于数字仪表，等于最后一位的1个单位。

（4）线性度

传感器的静态特性曲线可通过实际测试获得。为了标定和数据处理的方便，希望得到的静态特性为线性。这时可采用各种方法，包括使用非线性补偿电路和计算机软件进行线性化处理，从而使传感器的输入–输出关系为线性或接近线性。但若传感器非线性项的次幂不高，输入量变化范围较小时，也可用一条直线（切线或割线）近似地代表实际曲线的一段，使传感器输入–输出特性接近线性，所采用的直线称为拟合直线。实际特性曲线与拟合直线之间的偏差称为传感器的线性度（或称非线性误差），通常用相对误差表示其大小，即相对应的最大偏差 $\Delta L_{\max}$ 与满量程 $y_{\mathrm{F.S.}}$ 输出比值的百分数（%）来表示：

$$e_{\mathrm{L}} = \pm \frac{\Delta L_{\max}}{y_{\mathrm{F.S.}}} \times 100\% \tag{1-6}$$

式中，e_{L} 为线性度；$\Delta L_{\max}$ 为输出平均值与基准拟合直线的最大偏差；$y_{\mathrm{F.S.}}$ 为满量程输出值。

由此可见，线性度的大小是以一定的拟合直线或理想直线作为基准直线计算得出的，因此，基准直线不同，所得出的线性度就不一样。一般并不要求拟合直线必须通过所有的检测点，而只要找到一条能反映校准数据的一般趋势同时又使误差绝对值为最小的直线即可。

下面介绍几种不同线性度的定义和表示方法。

1）端基线性度。把传感器校准数据的零点输出平均值和满量程输出平均值连成直线，作为传感器特性的拟合直线，其方程式为

$$y = b + kx \tag{1-7}$$

式中，y 为输出量；x 为输入量；b 为 y 轴上的截距；k 为直线的斜率。

如图 1-7 所示为一传感器的输出–输入实测曲线，连接两端点作拟合直线，其方程式为

$$b = \overline{U}_0 ,\quad k = \frac{\overline{U}_{\mathrm{F.S.}} - \overline{U}_0}{p_{\mathrm{S}}} \tag{1-8}$$

所以

$$U = \overline{U}_0 + \frac{\overline{U}_{\mathrm{F.S.}} - \overline{U}_0}{p_{\mathrm{S}}} p \tag{1-9}$$

式中，p 为被测压力；p_{S} 为传感器的压力测量范围；U 为传感器的输出量；$\overline{U}_0$ 为零点输出平均值；$\overline{U}_{\mathrm{F.S.}}$ 为满量程输出平均值。

这种拟合方法简单直观，应用比较广泛，但因为没有考虑所有校准数据的分布，拟合精度很低，尤其是当传感器有比较明显的非线性时，拟合精度更差。

2）平均选点线性度。为了寻找较理想的拟合直线，可将测量得到的 n 个检测点分成数目相等的两组：前半部 $n/2$ 个检测点为一组；后半部 $n/2$ 个检测点为另一组。两组检测点各自具有点系中心。检测点都分布在各自的点系中心周围，通过这两个点系中心的直线就是所要的拟合直线，如图 1-8 所示，可以分别求得其斜率和截距。

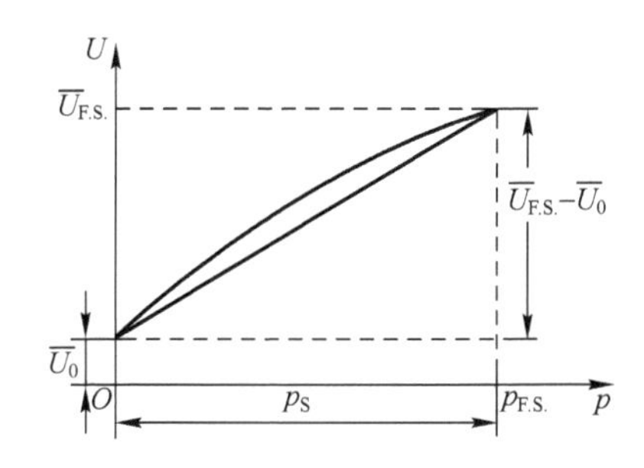

图 1-7　端基线性度的拟合直线

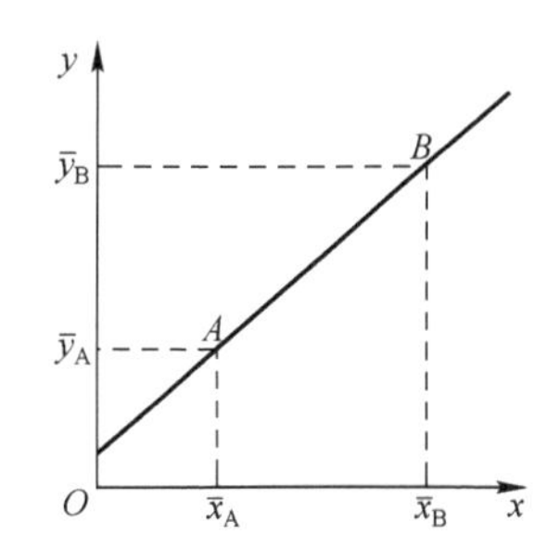

图 1-8　平均选点线性度的拟合直线

前半部 $\frac{n}{2}$ 个检测点的点系中心 A 的坐标为

$$\bar{x}_{\mathrm{A}} = \frac{2}{n}\sum_{i=1}^{\frac{n}{2}} x_i ,\quad \bar{y}_{\mathrm{A}} = \frac{2}{n}\sum_{i=1}^{\frac{n}{2}} y_i \tag{1-10}$$

后半部 $\frac{n}{2}$ 个检测点的点系中心 B 的坐标为

$$\bar{x}_{\mathrm{B}} = \frac{2}{n}\sum_{i=1+\frac{n}{2}}^{n} x_i ,\quad \bar{y}_{\mathrm{B}} = \frac{2}{n}\sum_{i=1+\frac{n}{2}}^{n} y_i \tag{1-11}$$

直线斜率为

$$k = \frac{\bar{y}_{\mathrm{B}} - \bar{y}_{\mathrm{A}}}{\bar{x}_{\mathrm{B}} - \bar{x}_{\mathrm{A}}} \tag{1-12}$$

截距为

$$b=\overline{y}_{\mathrm{A}}-k\overline{x}_{\mathrm{A}} \quad 或 b=\overline{y}_{\mathrm{B}}-k\overline{x}_{\mathrm{B}} \tag{1-13}$$

这种拟合方法的精度比较高，检测点在拟合直线两侧合理分布，数据处理也不很复杂。

3）最小二乘法线性度。拟合直线方程通式为 $y=b+kx$。假定实际校准点有 n 个，第 i 个数据经过传感器后对应的输出值是 y_i，第 i 个校准数据在拟合直线上相应的输出值为 kx_i+b，则第 i 个校准数据与拟合直线上相应值之间的残差为 $\varDelta_i=y_i-(kx_i+b)$。

最小二乘法拟合直线的原理就是使 $\sum\varDelta_i^2$ 为最小值，即使 $\sum\varDelta_i^2$ 对 k 和 b 的一阶偏导数等于零，从而求出 b 和 k 的表达式，即

$$\frac{\partial}{\partial k}\sum\varDelta_i^2=2\sum(y_i-kx_i-b)(-x_i)=0 \tag{1-14}$$

$$\frac{\partial}{\partial b}\sum\varDelta_i^2=2\sum(y_i-kx_i-b)(-1)=0 \tag{1-15}$$

可得 b 和 k 的表达式为

$$b=\frac{\sum x_i^2\sum y_i-\sum x_i\sum x_iy_i}{n\sum x_i^2-\left(\sum x_i\right)^2}, \quad k=\frac{n\sum x_iy_i-\sum x_i\sum y_i}{n\sum x_i^2-\left(\sum x_i\right)^2} \tag{1-16}$$

于是，可得最小二乘法线性度最佳拟合直线方程为

$$\overline{y}=b+k\overline{x} \tag{1-17}$$

式中，$\overline{x}=\frac{1}{n}\sum_{i=1}^{n}x_i$；$\overline{y}=\frac{1}{n}\sum_{i=1}^{n}y_i$

在以上三种线性表示方法中，最小二乘法线性度的拟合精度最高，平均选点线性度的拟合精度次之，端基线性度的拟合精度最低。但最小二乘法线性度的计算最烦琐。

（5）迟滞

迟滞特性表明了传感器在正（输入量由小增大）反（输入量自大减小）行程中输出-输入曲线不重合（特性不一致）的程度，即对应于同一大小的输入信号，检测系统正反向行程的输出信号大小不相等。对应于同一输入量，输出量的差值称为迟滞或迟滞误差，也称为回程误差，如图1-9所示。迟滞反映了传感器机械部分不可避免的缺陷，如轴承摩擦、间隙、螺钉松动、元件腐蚀或破裂、材料的内摩擦、积塞灰尘等。它一般由实验方法测得。迟滞误差一般以全量程中最大的迟滞 $\Delta H_{\max}$ 与满量程输出值 $y_{\mathrm{F.S.}}$ 之比的百分数表示，即

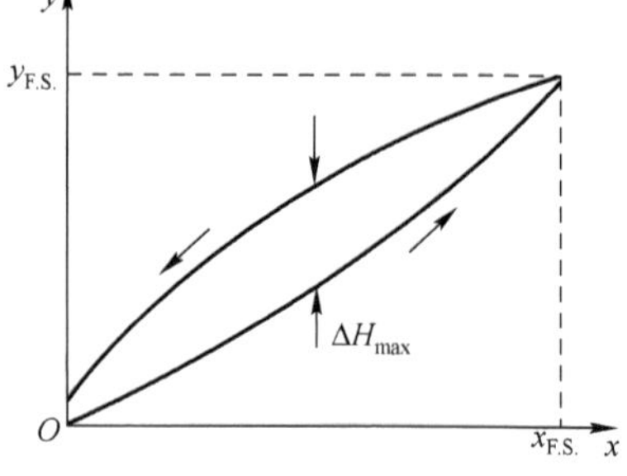

图1-9 迟滞特性

$$e_{\mathrm{H}}=\frac{\Delta H_{\max}}{y_{\mathrm{F.S.}}}\times100\% \tag{1-18}$$

式中，$\Delta H_{\max}$ 为输出值在正反行程间的最大差值。

（6）稳定性与漂移

1）稳定性是指在一定工作条件下，保持输入信号不变时，输出信号随时间或温度的变

化而出现缓慢变化的程度。

2）时漂是指在输入信号不变的情况下，传感器的输出随着时间变化的现象。

3）温漂是指在输入信号不变的情况下，传感器的输出随着环境温度变化的现象。通常包括零位温漂、灵敏度温漂。

（7）重复性

重复性是指传感器在输入量按同一方向做全量程连续多次测试时所得特性曲线不一致的程度，如图 1-10 所示。特性曲线一致，重复性就好，误差也小。

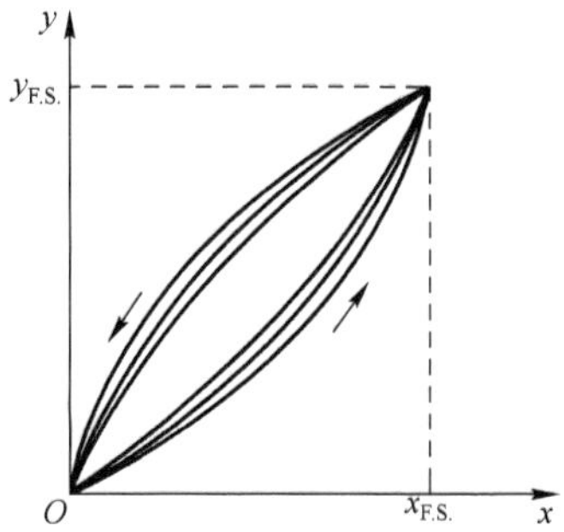

图 1-10　重复特性

重复性误差属随机误差，服从正态分布，计算公式为

$$\delta_z = \pm \frac{(2\sim3)\sigma}{y_{\mathrm{F.S.}}} \times 100\% \tag{1-19}$$

式中，δ_z 为重复性误差；σ 为正行程或反行程所测得输出的标准偏差，其计算详见第 2 章。

1.3.2　传感器的动态特性

传感器的动态特性是指其输出量对随时间变化的输入量的响应特性，当被测量随时间变化（即为时间的函数）时，则传感器的输出量也是时间的函数。

研究传感器动态特性的理论方法为根据其数学模型，求解微分方程来分析传感器输出与输入之间的关系。但实际传感器的数学模型通常难以建立，所以，这种理论分析仅限于某些线性系统。

实际中通常采用实验的方法研究传感器的动态特性，常用的两种方法有频率响应分析法和瞬态响应分析法。频率响应（稳态响应）分析法是以正弦信号作为传感器的输入，研究传感器在该输入作用下的稳态响应的方法。瞬态响应（阶跃响应）分析法是以阶跃信号作为传感器的输入，研究传感器在该输入作用下的输出波形的方法。

实际传感器一般都能在一定程度上和一定范围内视为线性定常系统，可用常系数微分方程表示，一般形式为

$$a_n \frac{\mathrm{d}^n y}{\mathrm{d}t^n} + a_{n-1} \frac{\mathrm{d}^{n-1} y}{\mathrm{d}t^{n-1}} + \cdots + a_1 \frac{\mathrm{d}y}{\mathrm{d}t} + a_0 y = b_m \frac{\mathrm{d}^m x}{\mathrm{d}t^m} + b_{m-1} \frac{\mathrm{d}^{m-1} x}{\mathrm{d}t^{m-1}} + \cdots + b_1 \frac{\mathrm{d}x}{\mathrm{d}t} + b_0 x \tag{1-20}$$

式（1-20）经拉普拉斯变换后可以很方便地求解，形式为

$$H(s) = \frac{Y(s)}{X(s)} = \frac{b_m s^m + b_{m-1} s^{m-1} + \cdots + b_1 s + b_0}{a_n s^n + a_{n-1} s^{n-1} + \cdots + a_1 s + a_0} \tag{1-21}$$

式（1-21）称为传感器的传递函数。

令 $s=\mathrm{j}\omega$，即对式（1-21）进行傅里叶变换可得传感器的频率特性为

$$H(\mathrm{j}\omega) = \frac{Y(\mathrm{j}\omega)}{X(\mathrm{j}\omega)} = K(\omega)\mathrm{e}^{\mathrm{j}\phi(\omega)} \tag{1-22}$$

式中，$K(\omega)$ 为传感器的幅频特性，函数 $H(\mathrm{j}\omega)$ 的模；$\phi(\omega)$ 为传感器的相频特性。

要研究传感器的瞬态响应，取输入信号为阶跃信号，即

$$X(s)=L[x(t)]=\frac{A}{s} \tag{1-23}$$

代入式（1-21），经拉普拉斯逆变换，可得其时域输出量为

$$y(t)=L^{-1}[X(s)H(s)] \tag{1-24}$$

与瞬态响应相关的传感器动态性能指标包括响应时间和超调量等。

要研究传感器的频率响应，取输入信号为正弦信号 $x(t)=X_{\mathrm{m}}\sin\omega t$ 时，其输出稳态响应也是正弦信号 $y(t)=Y_{\mathrm{m}}\sin(\omega t+\varphi)$，二者频率相同，幅值比取决于该传感器的幅频特性，相位差取决于该系统的相频特性。改变输入正弦信号的频率，记录稳态输出响应的幅值变化和相位变化，就可得知传感器的幅频特性和相频特性。频率响应的性能指标有带宽、谐振频率等。

大部分传感器都可概括为零阶系统、一阶系统和二阶系统或它们的组合。一阶系统的代表有弹簧-阻尼系统、质量-阻尼系统、RC 电路、LR 电路；二阶系统的典型代表有质量-弹簧-阻尼系统、RLC 电路。

这部分内容与控制原理相同，本书作为信息类专业书籍，不再赘述。感兴趣的读者可参阅控制理论相关书籍。

1.3.3 传感器的其他要求

1. 传感器静态特性的标定

在规定的静态标准条件下确定被测量与标准装置相应输出值之间关系的一组操作称为标定。

静态标准条件是指没有加速度、振动、冲击（除非这些参数本身就是被测量）的影响，环境温度一般为室温（20 ± 5）℃，相对湿度不大于 85%，大气压力为（101.3 ± 8）kPa 或（760 ± 60）mmHg 的情况。在这种静态标准条件下，利用一定等级的校准设备，对传感器进行反复循环测试，得到的输出−输入数据，一般用表格列出或画成曲线。

标定操作是在同一信号下完成的，用高准确度等级的标准表与被标定的传感器进行比较，确定被标定的传感器的误差。一般标准表应高出被校表 2 个准确度等级。

传感器静态特性的标定包括以下操作：

1）将传感器全量程（测量范围）分成若干等间距点。

2）根据传感器量程分点情况，由小到大逐点输入标准量值，并记录与各输入值相对应的输出值。

3）由大到小逐点输入标准量值，同时记录与各输入值相对应的输出值。

4）按步骤 2）和步骤 3）所述过程，对传感器进行正、反行程往复循环多次测试，将得到的输入−输出测试数据用表格列出或画成曲线。

5）对测试数据进行必要的处理，根据处理结果就可以确定传感器的精度、线性度、灵敏度、迟滞特性和重复性等静态特性指标。

2. 可靠性

可靠性是指传感器在规定条件下和规定时间内，完成规定功能的能力。

平均故障间隔时间（mean time between failures，MTBF）是指在额定寿命期间，在规

定条件下，相邻两次故障间隔时间长度的平均值。

平均故障间隔时间的倒数就是故障率。如某传感器的故障率为 2%/kh，说明 100 只传感器工作 1000 h 会有 2 只出现故障，其平均故障间隔时间约为 5.7 年。

3. 电磁兼容

传感器大都属于电类产品，易受电磁干扰，同时它也会引起电磁辐射形成电磁干扰。检测系统中的某一传感器，与其他传感器、仪器仪表、DCS 或总线系统、计算机等设备间都会产生电磁干扰，相互影响。传感器的电磁兼容问题日益受到广泛关注。

电磁兼容性（electromagnetic compatibility，EMC）是指“设备或系统在其电磁环境中能正常工作，且不对该环境中的任何事物构成不能承受的电磁骚扰的能力”。定义说明，除了要求设备或系统有一定的抗干扰能力，也要求设备或系统工作时所产生的电磁骚扰要限制在一定的水平，不能对其他设备和人构成干扰和威胁。

为提高电子设备的电磁兼容能力，必须在检测系统开始设计时就给予足够的重视，可从电磁兼容的三要素入手予以考虑，即干扰源、干扰传播路径及易接收电磁干扰的器件。

4. 互换性

在多数情况下，传感器在检测系统中只是一个部件，当发生故障或性能下降时用户往往无法修理，更多的是更换传感器，这就要求传感器具有互换性。

传感器的互换性是指一个传感器完全可以替换另一个传感器，即尺寸、性能指标不需要重新校准就可以使用，误差也不会超过原来的范围。

一般同一厂家生产的同一型号的传感器是可以互换的，若是同一批次生产的就更具互换性。不同厂家的同一型号传感器最好经过验证后，互换才是可信的。

5. 不失真测量

不失真测量是指被测信号输入测量装置，其输出不失真地复现被测信号的波形。输出与输入应满足

$$y(t)=kx(t-\tau) \tag{1-25}$$

式中，k和τ是常数，输出与输入波形相似，只是瞬时值放大了 k 倍，时间滞后了τ。

根据系统动态响应特性，要使式（1-25）成立，传感器的频率响应特性应满足两个条件：

1）传感器对输入信号中包含的各频率成分的幅值放大倍数都一样，幅频特性满足

$$K(\omega)=\left|H(\mathrm{j}\omega)\right|=k \tag{1-26}$$

2）输入信号中包含的各频率成分，经传感器后，相位滞后相同，即

$$\phi(\omega)=-\omega\tau \tag{1-27}$$

这里的频率ω是指传感器的通频带只要能包括被测信号的频段即可，并不要求传感器对无限频带宽度都能满足这两个条件。

习 题

1. 电工实验中，采用平衡电桥测量电阻的阻值，是属于（ ）测量，而用水银温度计测量水温的微小变化，是属于（ ）测量。

A. 偏差式 B. 零位式 C. 微差式

2. 以下传感器中属于按传感器的工作原理命名的是（ ）。

A. 应变式传感器 B. 速度型传感器 C. 化学型传感器 D. 能量控制型传感器

3. 下列（ ）不是标准信号。

A. 4～20mA B. 4～12mA C. 20～100kPa D. 1～5V

4. 测温范围为-50～+1370℃的仪表量程为（ ）。

A. 1370℃ B. 1420℃ C. 1320℃ D. -50～1370℃

5. 一准确度等级为 2.5 级，测量范围为 0～100kPa 的压力表，其标尺分度最少应分（ ）格。

A. 40 B.30 C. 25 D. 20

6. 某压力表刻度为 0～100kPa，在 50kPa 处计量检定值为 49.5kPa，该表在 50kPa 处的绝对误差是（ ），示值相对误差是（ ）。

A. 0.5kPa B. -50kPa C. 1% D. 0.5%

7. 有一测温仪表，准确度等级为 0.5 级，测量范围为 400～600℃，该表的允许误差是（ ）。

A. ±3℃ B. ±2℃ C. ±1℃ D. ±0.5℃

8. 试述传感器的定义、共性及组成。

9. 某压力传感器具有线性静态特性，其压力测量范围为 100～600kPa，对应输出直流电压 0.0～50.0mV，求该传感器的量程和灵敏度。

10. 将压电式压力传感器与一只灵敏度为 S_v 且可调的电荷放大器连接，然后接到灵敏度为 $S_x = 20\,\text{mm/V}$ 的光线示波器上记录，现知压电式压力传感器灵敏度为 $S_p = 5\,\text{pc/Pa}$，该测试系统的总灵敏度为 $S = 0.5\,\text{mm/Pa}$，试问：

1）电荷放大器的灵敏度 S_v 应调为何值（V/pc）？

2）用该测试系统测 40Pa 的压力变化时，光线示波器上光点的移动距离是多少？

第 2 章　检测数据分析与处理

随着科学技术的发展和生产水平的提高，人们对测量结果提出了越来越高的要求。可以说，在一定程度上，测量技术水平反映了科学技术和生产发展的水平，而测量精度则是衡量测量技术水平的主要标志之一。人们在利用各种测量系统与测量装置进行测量时，由于实验方法和实验设备的不完善、周围环境的影响以及受人们认识能力所限等，测量和实验所得数据和被测量的真值之间不可避免地存在着差异，这在数值上即表现为误差。在某种意义上，测量技术进步的过程就是缩小误差的过程，就是对测量误差规律性认识深化的过程。

因而，研究测量误差的规律是具有普遍意义的。一是要减小误差的影响，提高测量的精度；二是要对所得结果的可靠性做出评定，即给出精度的估计。

误差分析与数据处理涉及的内容很多，本章重点介绍测量误差的基本概念和常用误差处理方法。

2.1 误差理论基础

2.1.1　误差的基本概念

1. 误差的定义及表示方法

所谓误差就是测得值与被测量的真值之间的差，可表示为

$$误差 = 测得值 - 真值$$

测量误差的表示方法有以下三种：

（1）绝对误差

某量值的测得值 x 和真值 A_0 之差为绝对误差，通常简称为误差，即

$$绝对误差 = 测得值 - 真值$$

$$\Delta x = x - A_0 \tag{2-1}$$

由式（2-1）可知，绝对误差可能是正值也可能是负值。

绝对误差一般只适用于标准器具的校准。为了使用上的需要，在实际测量中，常用被测量的实际值 A 来代替真值 A_0，而实际值的定义是满足规定精度的用来代替真值使用的量值。测得值 x 与实际值 A 之差称为示值误差，即

$$示值误差 = 测得值 - 实际值$$

实际工作中，通常用示值误差来代替绝对误差，即

$$\Delta x = x - A \tag{2-2}$$

例如，在检测工作中，把高一准确度等级标准所测得的量值称为实际值。如用某压力表测得某压力为 80000Pa，若用高一准确度等级的压力表、使用精确方法测得该压力值为80020Pa，则后者视为实际值，此时压力表的测量误差为−20Pa。

为消除系统误差，用代数法加到测量结果上的值称为修正值。将测得值x加上修正值c后可视为近似的真值A_0，即

$$真值 \approx 测得值 + 修正值$$

$$A_0 \approx x + C \tag{2-3}$$

由此可得

$$修正值 = 真值 - 测得值$$

$$C = A_0 - x \tag{2-4}$$

修正值与误差值的大小相等而符号相反，测得值加修正值后可以消除该误差的影响。但必须注意，一般情况下难以得到真值，因为修正值本身也有误差，修正后只能得到较测得值更为准确的结果。

通常可以由上一级标准给出测试系统的修正值。修正值给出的方式不一定是具体的数值，也可以是一条曲线、公式或数表。例如，有的仪表出厂时附有误差修正曲线，有的在校表后要做出修正曲线（或给出校正的数据）。修正值是用来消除系统误差的，修正值是表示用标准表和该表测量同一数据的差值。把标准表测得的值视为真值（即实际值），该表测得的值为示值，利用修正值便可求出测试系统的实际值。

利用修正曲线，可提高仪表测量的精度，能用准确度等级不高的仪表得到准确度等级较高的测量结果。在某些测试系统中，为了提高测量精度，将修正值预先编制成有关程序存储于仪器中，自动对误差进行修正。

（2）相对误差

绝对误差与被测量的真值之比称为相对误差。因测得值与真值接近，故也可近似用绝对误差与测得值之比作为相对误差，即

$$相对误差 = \frac{绝对误差}{真值} \times 100\% \approx \frac{绝对误差}{测得值} \times 100\%$$

在实际中，相对误差有以下表示形式：

1）实际相对误差。实际相对误差是用绝对误差与被测量的实际值的百分比值来表示的相对误差。即

$$实际相对误差 = \frac{绝对误差}{实际值} \times 100\%$$

$$\gamma_A = \frac{\Delta x}{A} \times 100\% \tag{2-5}$$

2）示值相对误差。示值相对误差是用绝对误差与器具的示值的百分比值来表示的相对误差。即

$$示值相对误差=\frac{绝对误差}{示值}\times 100\%$$

$$\gamma_x=\frac{\Delta x}{x}\times 100\% \tag{2-6}$$

由于绝对误差可能为正值或负值，因此相对误差也可能为正值或负值。相对误差是一个比值，通常以百分数来表示。

实际测量中，对用同一计量器具和相同的测量方法及条件而言，被测量值越大（特小的难于测量的量值除外），其测量误差也越大。对于相同的被测量，绝对误差可以评定其测量精度的高低，但对于不同的被测量以及不同的物理量，绝对误差就难以评定其测量精度的高低，显得不合理，而采用相对误差来评定较为确切。

例 2-1：测量某一质量 G_1=50g，误差为 Δx_1=2g，测量另一质量 G_2=2kg，误差为 Δx_2=50g，问哪一个质量的测量效果较好？

解：测量 G_1 的示值相对误差为 $\gamma_1=\frac{\Delta x_1}{G_1}=\frac{2}{50}=4\times 10^{-2}$

测量 G_2 的示值相对误差为 $\gamma_2=\frac{\Delta x_2}{G_2}=\frac{50}{2000}=2.5\times 10^{-2}$

所以，G_2 的测量效果较好。

2-1 引用误差

（3）引用误差

用绝对误差与器具的满度值（全量程）的百分比值来表示的相对误差，称为引用误差，也称为满度误差。即

$$引用误差=\frac{绝对误差}{全量程}\times 100\%$$

$$\gamma_{\mathrm{m}}=\frac{\Delta x}{L}\times 100\% \tag{2-7}$$

式中，Δx 为绝对误差；L 为仪表的量程。

为了反映一只仪表的误差情况，采用仪表的最大引用（满度）误差 $\gamma_{\max}$，即

$$\gamma_{\max}=\frac{\Delta x_{\max}}{L}\times 100\% \tag{2-8}$$

式中，$\Delta x_{\max}$ 为仪表的绝对误差限，即在仪表的量程范围内可能出现的最大绝对误差。

仪表的准确度等级就是用仪表的最大引用（满度）误差 $\gamma_{\max}$ 来表示，并以 $\gamma_{\max}$ 的大小来划分仪表的准确度等级 G，其定义为

$$G\%=\left|\gamma_{\max}\right|=\left|\frac{\Delta x_{\max}}{L}\right|\times 100\% \tag{2-9}$$

任何符合计量规范的检测仪器（系统）都满足 $\left|\gamma_{\max}\right|\leqslant G\%$。目前我国生产的测量指示仪表常用的准确度等级 G 分为 0.1、0.2、0.5、1.0、1.5、2.0、2.5、5.0，共八级。随着仪表制造工业的发展，又出现了准确度等级为 0.05 级的仪表。

例 2-2：检定一个满度值为 10A 的 1.0 级电流表，若在 5.0A 刻度处的绝对误差最大，$\Delta x_{\max}=+0.11\,\mathrm{A}$，问此电流表精度是否合格？

解：根据$|\gamma_{max}|=\left|\frac{\Delta x_{max}}{L}\right|\times100\%\leqslant G\%$，求得此电流表的最大引用误差为

$$\gamma_{max}=\frac{\Delta x_{max}}{L}\times100\%=\frac{0.11}{10}\times100\%=1.1\%$$

即该表的基本误差超出 1.0 级表的允许值。所以该电流表的精度不合格。但该表最大引用误差小于 1.5 级表的允许值，若其他性能合格可降作 1.5 级表使用。

例 2-3：测量一个约 50V 的电压，现有两块电压表：一块量程 300V、0.5 级，另一块量程 100V、1.0 级。问选用哪一块电压表测量为好？

解：按式$\gamma_x=\frac{\Delta x_{max}}{L}\times100\%$计算，其中$\Delta x_{max}=\pm G\%\times L$。

如使用 300V、0.5 级表，其示值相对误差为

$$\gamma_x=\frac{300\times0.5\%}{50}\times100\%=3.00\%$$

如使用 100V、1.0 级表，其示值相对误差为

$$\gamma_x=\frac{100\times1.0\%}{50}\times100\%=2.00\%$$

可见由于仪表量程的原因，选用 1.0 级表测量的精度可能比选用 0.5 级表更高。

例 2-3 说明，选用仪表时应根据被测量的大小综合考虑仪表的准确度等级与量程。仪表的准确度等级只是从整体上反映仪表的误差情况，在使用仪表进行测量时，其测量精度往往低于仪表精度，而且如果被测量的数值离仪表的测量上限越远，其测量的精度越低。

由仪表精度的定义可知：$\Delta x_{max}=\pm G\%\times L$。当$G$和$L$确定后，对于大小不同的被测量$x$，其绝对误差都应按$\Delta x_{max}$计算，而测量的示值相对误差为：$\gamma_x=\frac{\Delta x_{max}}{x}\times100\%$。

显然，同一测量仪表来说，如果被测量x越小，γ_x越大；x越大，γ_x越小；当$x=L$时，$\gamma_x=\gamma_{max}$，这时测量精度最高。因此，为了提高测量精度，一方面要选择准确度等级G合适的仪表，更应该注意根据被测量x选择量程合适的仪表，一般应使被测量$x>L/2$，最好使$x\geqslant2L/3$，否则所选仪表准确度等级虽高，但测量结果的误差可能较大。

2. 误差的分类

根据测量误差的性质及产生的原因，误差可分为以下三类：

（1）随机误差

在同一测量条件下，多次重复测量同一量值时，测量误差的大小和正负符号以不可预知的方式变化，这种误差称为随机误差，又称偶然误差。随机误差是由很多复杂因素的微小变化的总和所引起的，因此分析比较困难。随机误差具有随机变量的一切特点，它虽然不具有确定的规律性，但却服从统计规律。由于随机误差取值是不可知的，因而不能通过修正值消除随机误差。随机误差对测量结果的影响不能以误差的具体数值去表达，只能用统计的方法做出估计。

在 JJF 1001—2011《通用计量术语及定义》中，随机误差定义为：随机误差δ_i是测量结果x_i与在重复条件下对同一被测量进行无限多次测量所得结果的平均值$\bar{x}$之差，即

$$\delta_i=x_i-\bar{x} \tag{2-10}$$

随机误差表明了测量结果的分散性。可用精密度表示测量结果中的随机误差的大小程度。精密度即在一定的条件下，进行多次重复测量结果彼此之间符合的程度，通常用随机误差来表示。一个测量的随机误差越大，则其精密度越低，测量结果越分散。

（2）系统误差

当在一定的相同条件下，对同一物理量进行多次测量时，误差的大小和正负总保持不变或者误差按一定的规律变化，这种误差称为系统误差。系统误差是在相同测量条件下，对同一被测量进行无限多次重复测量所得结果的平均值 $\bar{x}$ 与被测量的真值 A_0 之差，即

$$\varepsilon = \bar{x} - A_0 \tag{2-11}$$

系统误差表明了测量结果偏离真值或实际值的程度。可用准确度表示测量结果中的系统误差的大小程度。准确度即在规定的条件下，在测量中所有系统误差的综合。一个实验的系统误差越小，则其准确度越高。

精度是测量结果中，系统误差与随机误差的综合，即精密准确的程度。它表示测量结果与真值的一致程度。如一个实验的系统误差和随机误差都小，即精度高。精度高说明准确度和精密度都高，意味着系统误差和随机误差都小。

随机误差越大，测量结果越分散，精密度越低。准确度高，精密度不一定高，也就是说，测得值的系统误差小，不一定其随机误差也小。如果测量结果的随机误差和系统误差均很小，则表明测量既精密又准确。

图 2-1a 所示为系统误差和随机误差都大，即准确度、精密度都低；图 2-1b 所示为系统误差大、随机误差小，即准确度低、精密度高；图 2-1c 所示为系统误差和随机误差都小，即精度高。

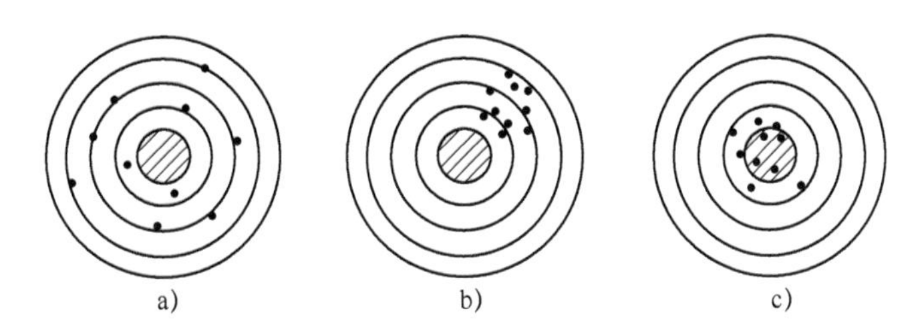

图 2-1　系统误差、随机误差及其综合表示

a）系统误差和随机误差都大　b）系统误差大、随机误差小　c）系统误差和随机误差都小

（3）粗大误差

在相同的条件下，多次重复测量同一量时，明显地歪曲了测量结果的误差，称为粗大误差，简称粗差。粗差是由于疏忽大意，操作不当或测量条件的超常变化而引起的。含有粗大误差的测量值称为坏值，所有的坏值都应剔除，但不是主观或随便剔除，必须科学地舍弃。正确的实验结果不应该包含有粗大误差。

必须注意系统误差和随机误差之间在一定条件下是可以相互转化的。对某一具体误差，在 A 条件下为系统误差，而在 B 条件下可能为随机误差，反之亦然。掌握误差转化的特点，可将系统误差转化为随机误差，用数据统计处理方法减小误差的影响；或将随机误差转化为系统误差，用修正值方法减小其影响。

3. 误差的来源

为了减小测量误差，提高测量精度，就必须了解误差来源。误差来源是多方面的，在测量过程中，几乎所有因素都将引入测量误差。误差产生的原因可归纳为以下几个方面：

（1）测量装置误差

1）标准量具误差。作为在测量中提供标准量的标准量具，如光波波长、标准线纹尺、砝码、标准电阻等，它们本身所体现的量值，不可避免地含有一定的误差（一般误差值相对较小）。

2）仪器误差。凡用来直接或间接将被测量和已知量进行比较的器具设备，称为仪器或仪表，如天平等比较仪器，压力表、温度计等指示仪表，它们本身都具有误差。

仪器误差包括：设计测量装置时，由于采用近似原理所带来的工作原理误差；测量装置在制造过程中由于设计、制造、装配、检定等的不完善，以及在使用过程中，由于元器件的老化、机械部件磨损和疲劳等因素而使设备所产生的误差；设备出厂时校准与标定所带来的误差；读数分辨力有限而造成的读数误差；数字式仪器所特有的量化误差等。

3）附件误差。测量仪器的附件及附属工具所带来的误差，称为附件误差。如测长仪的标准环规，千分尺的调整量棒等产生的误差，也会引起测量误差。

（2）测量环境误差

由于各种环境因素与规定的标准条件不一致而引起的测量装置和被测量本身的变化所造成的误差，如温度、湿度、气压、振动（外界条件及测量人员引起的振动）、照明（引起视差）、重力加速度、电磁场等所引起的误差，称为环境误差。对于电子测量，测量环境误差主要来源于环境温度、电源电压和电磁干扰等。

测量环境误差包括基本误差和附加误差。

基本误差是指测试系统在规定的标准条件下使用时所产生的误差，测试系统的精确度是由基本误差决定的。所谓标准条件，一般是测试系统在实验室标定刻度时所保持的工作条件，如电源电压 220（1±5%）V，温度（20±5）℃，相对湿度小于 80%，电源频率 50Hz 等。

当测试系统的使用条件偏离规定的标准条件时，除基本误差外还会产生附加误差。如由于温度超过标准引起的温度附加误差以及使用电压不标准而引起的电源附加误差等。这些附加误差使用时要叠加到基本误差上去。

（3）测量方法误差

方法误差是指测量时方法不完善、所依据的理论不严密以及对被测量定义不明确等诸因素所产生的误差，也称为理论误差。如用钢卷尺测量大轴的圆周长 s，再通过计算求出大轴的直径 $d=s/\pi$，因近似数 π 取值的不同，将会引起误差，由此产生的误差即为理论误差。或由测量圆周时钢卷尺不在同一圆周面上带来的测量值偏大，也属于方法误差。

（4）测量人员误差

测量者受分辨能力的限制，因工作疲劳引起的视觉器官的生理变化，固有习惯引起的读数误差，以及精神上的因素产生的一时疏忽等所引起的误差，称为测量人员误差。

为了减小测量人员误差，要求测量人员认真了解测量仪器的特性和测量原理，熟练掌握测量规程，精心进行测量操作，并正确处理测量结果。

总之，在计算测量结果的精度时，对上述四个方面的误差来源，必须进行全面的分析，力求不遗漏、不重复，特别要注意对误差影响较大的那些因素。

2.1.2 随机误差

从测量实践可知，在排除了系统误差和粗大误差的情况下，对某一物理量进行等精度的多次测量时，其测得值中还会含有随机误差。对于测量列中的某一个测得值而言，这类误差的出现具有随机性，即误差的大小和符号是不能预知的；当测量次数增大，这类误差却又具有统计的规律性，测量次数越多，这种规律性就表现得越明显。随机误差的这种统计规律常称为误差分布律。

1. 随机误差的概率分布

在误差理论中，最重要的一种分布律是正态分布律，通常的误差都服从正态分布。当然，在有些情况下，随机误差还有其他形式的分布律，如均匀分布、三角形分布、偏心分布和反正弦分布等。根据误差的分布律，就可以对测量数据进行适当的处理。下面分析服从正态分布的随机误差的特性。

设被测量的真值为 A_0，一系列测得值为 x_i，则测量列中的随机误差 δ_i 为

$$\delta_i = x_i - A_0 \tag{2-12}$$

式中，$i = 1, 2, \cdots, n$。

测量数据和随机误差都可用正态分布来描述。两者的正态分布密度函数分别为

$$f(\delta) = \frac{1}{\sigma\sqrt{2\pi}} e^{-\frac{\delta^2}{2\sigma^2}} \tag{2-13}$$

式中，σ 为

$$f(x) = \frac{1}{\sigma\sqrt{2\pi}} e^{-\frac{(x-A_0)^2}{2\sigma^2}} \tag{2-14}$$

由式（2-14）可得：

1）由 $f(\pm\delta) > 0$，$f(+\delta) = f(-\delta)$ 可知误差分布具有对称性，即绝对值相等的正误差与负误差出现的次数相等，这称为误差的对称性。

2）当 $\delta = 0$ 时，有 $f_{\max}(\delta) = f(0)$，即 $f(\pm\delta) < f(0)$，可知绝对值小的误差比绝对值大的误差出现的次数多，这称为误差的单峰性。

3）虽然函数 $f(\delta)$ 的存在区间是 $f_{\max}(\delta) = f(0)$，但实际上，随机误差 δ 只是出现在一个有限的区间内，即 $[-k\sigma, +k\sigma]$，称为误差的有界性。

4）随着测量次数的增加，随机误差的算术平均值趋向于零，即 $\lim\limits_{n\to\infty} \frac{\sum\limits_{i=1}^{n}\delta_i}{n} = 0$，这称为误差的抵偿性。

综上可知，服从正态分布的随机误差都具有四个特征：对称性、单峰性、有界性、抵偿性。由于多数随机误差都服从正态分布，因此正态分布在误差理论中占有十分重要的地位。

图 2-2a 为正态分布曲线以及各精度参数在图中的坐标。其中 σ 值为曲线上拐点 A 的横坐标，θ 值为曲线右半部面积重心 B 的横坐标，ρ 值的纵坐标线则平分曲线右半部面积。

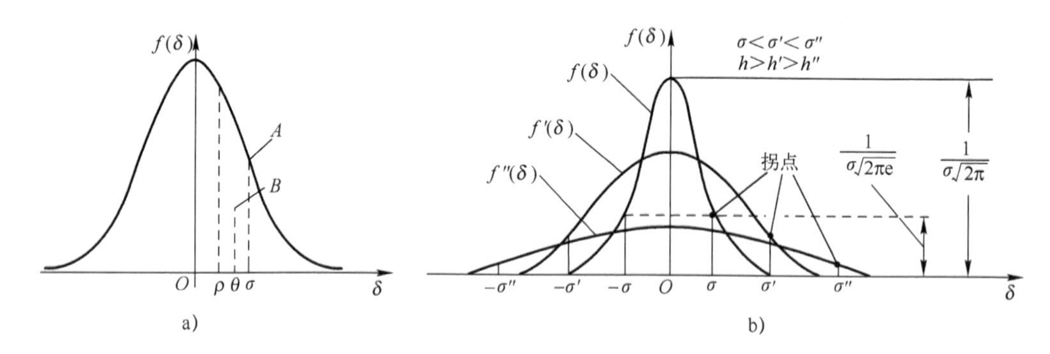

图2-2 正态分布曲线

2. 随机误差的数值特征

对于离散型或连续型的随机误差，它在数轴上的分布规律虽可采取分布函数或分布密度及其相应的分布曲线图形来表示，但在实际测量数据处理中，要确定误差的分布函数或分布密度函数是很困难的，一般也是不必要的。用于描述随机误差分布特性的数值，称为随机误差的数值特性。若已知随机误差的数值特征，就能明确地说明随机误差分布的特征。

随机误差的数值特征主要有两个：算术平均值和标准差。前者通常是随机误差的分布中心，后者则是分散性指标。例如，当随机误差服从正态分布时，在算术平均值处随机误差的概率密度最大，由多次测量所得的测量值是以算术平均值为中心而集中分布的；而标准差可描述随机误差的分散范围，标准差越大，测量数据的分散范围也越大。显然，算术平均值可以作为等精度多次测量的结果，而标准差则可以描述测量数据和测量结果的精度。

（1）算术平均值

对某一量进行一系列等精度测量，由于存在随机误差，则一系列测得值皆不相同，应以全部测得值的算术平均值作为最后测量结果。

在一系列测量中，被测量的n个测得值的代数和除以n而得到的值称为算术平均值。

设$x_1, x_2, \cdots, x_n$为n次测量所得的值，则算术平均值$\overline{x}$可表示为

$$\overline{x} = \frac{x_1 + x_2 + \cdots + x_n}{n} = \frac{1}{n}\sum_{i=1}^{n} x_i \tag{2-15}$$

如果能够对某一量进行无限多次测量，即可得到不受随机误差影响的测量值，或随机误差的影响很小，可以忽略。这就是当测量次数无限增大时，算术平均值（数学上称之为最大或然值）被认为是最接近于真值的理论依据。但由于实际上都是有限次测量，因此，只能把算术平均值近似地作为被测量的真值。

一般情况下，被测量的真值为未知，不可能按式（2-12）求得随机误差，这时可用算术平均值代替被测量的真值进行计算。此时的随机误差称为残余误差，简称残差，可表示为

$$\gamma_i = x_i - \overline{x} \tag{2-16}$$

算术平均值及其残余误差的计算是否正确，可用求得的残余误差代数和来校核。

残余误差代数和的绝对值应符合：当n为偶数时，$\left|\sum_{i=1}^{n}\gamma_i\right| \leqslant \frac{n}{2}M$；当$n$为奇数时，

$\left|\sum_{i=1}^{n}\gamma_i\right| \leqslant \left(\frac{n}{2}-0.5\right)M$。其中，$M$ 为实际求得的算术平均值 $\bar{x}$ 末位数的一个单位。

（2）标准差

测量的标准偏差简称为标准差，也称为方均根误差。由于随机误差的存在，等精度测量列中各个测得值一般皆不相同，它们围绕着该测量列的算术平均值有一定的分散，此分散度说明了测量列中单次测得值的不可靠性，必须用一个数值作为其不可靠性的评定标准。

图 2-2b 中，由三条正态分布曲线比较可知：标准差 σ 越小，正态分布曲线越陡，则小误差的概率密度越大；相对于大误差而言，小误差出现的概率也越大，这意味着测量值越集中。

根据式（2-13）可知：σ 值越小，则 e 的指数的绝对值越大，因而 $f(\delta)$ 减小得越快，即曲线变陡。而 σ 值越小，则 e 前面的系数值变大，即对应于随机误差为零（$\delta=0$）的纵坐标也大，曲线变高。反之，σ 越大，$f(\delta)$ 减小得越慢，即曲线变平坦，同时对应于随机误差为零的纵坐标也小，曲线变低。

标准差 σ 的数值小，该测量列相应小的误差就占优势，任一单次测得值对算术平均值的分散度就小，测得的可靠性就大，即测量精度高；反之，测量精度就低。因此，单次测量的标准差 σ 是表征同一被测量的 n 次测量的测得值分散性的参数，可作为测量列中单次测量不可靠性的评定标准。

标准差 σ 不是测量列中任何一个具体测量值的随机误差，σ 的大小只说明，在一定条件下等精度测量列随机误差的概率分布情况。

在等精度测量列中，当被测量的真值为未知时，单次测量的标准差可利用贝塞尔公式进行计算为

$$\sigma=\sqrt{\frac{\sum\gamma_i^2}{n-1}} \tag{2-17}$$

除了贝塞尔公式外，计算标准差还有别捷尔斯法、极差法及最大误差法等。

如果在相同条件下对同一量值做多组重复的系列测量，每一系列测量都有一个算术平均值，由于随机误差的存在，各个测量列的算术平均值也不相同，它们围绕着被测量的真值有一定的分散，此分散说明了算术平均值的不可靠性，而算术平均值的标准差则是表征同一被测量的各个独立测量列算术平均值分散性的参数，可作为算术平均值不可靠性的评定标准，即

$$\sigma_{\bar{x}}=\frac{\sigma}{\sqrt{n}} \tag{2-18}$$

由式（2-18）可知，算术平均值标准差与 n 的平方根成反比，增加测量次数，可以提高算术平均值的可靠性，但要显著提高可靠性，必须付出较大的劳动。σ 一定时，当 $n>10$ 以后，$\sigma_{\bar{x}}$ 减小得很慢。此外，由于增加测量次数难以保证测量条件的恒定，从而引入新的误差，因此一般情况下取 $n=10$ 以内较为适宜。总之，提高测量精度，应采取精度适当的仪器，选取适当的测量次数。

2-2 极限误差

3. 极限误差

测量列的测量次数足够多和单次测量误差为正态分布时，根据概率论可

知，正态分布曲线和横坐标轴间所包含的面积等于其相应区间确定的概率，即

$$p=\int_{-\infty}^{+\infty}f(\delta)\mathrm{d}\delta=\int_{-\infty}^{+\infty}\frac{1}{\sigma\sqrt{2\pi}}\mathrm{e}^{-\frac{\delta^2}{2\sigma^2}}\mathrm{d}\delta=1 \tag{2-19}$$

式中，p 为置信概率。

当研究误差落在置信区间 $(-l,+l)$ 之间的概率时，可得

$$p=\int_{-l}^{+l}f(\delta)\mathrm{d}\delta=\int_{-l}^{+l}\frac{1}{\sigma\sqrt{2\pi}}\mathrm{e}^{-\frac{\delta^2}{2\sigma^2}}\mathrm{d}\delta \tag{2-20}$$

令

$$l=t\sigma \tag{2-21}$$

式中，t 为置信系数，$t=\dfrac{l}{\sigma}$。

正态分布的置信区间与置信概率如图2-3所示。

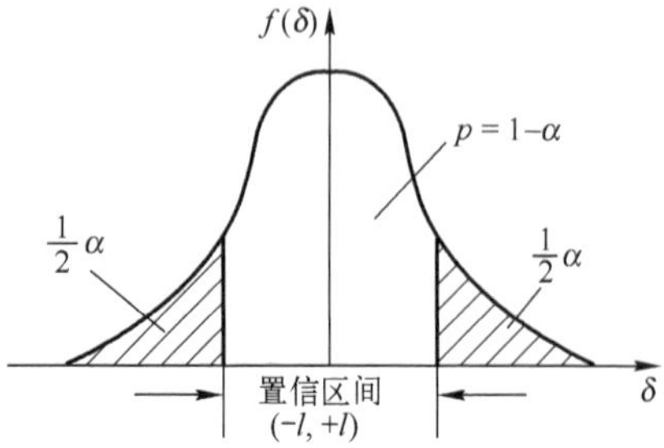

图2-3 置信区间与置信概率

将式（2-20）进行变量置换，可得

$$p=\frac{1}{\sqrt{2\pi}}\int_{-t}^{+t}\mathrm{e}^{-\frac{t^2}{2}}\mathrm{d}t=\frac{2}{\sqrt{2\pi}}\int_{0}^{+t}\mathrm{e}^{-\frac{t^2}{2}}\mathrm{d}t=2\varphi(t)=1-\alpha \tag{2-22}$$

式中，$\varphi(t)$ 为概率积分，$\varphi(t)=\dfrac{1}{\sqrt{2\pi}}\int_{0}^{+t}\mathrm{e}^{-\frac{t^2}{2}}\mathrm{d}t$；$\alpha$ 为显著度或显著水平，即超出相应区间的概率，$\alpha=1-2\varphi(t)$。

为了应用方便，其积分值一般列成表格形式，称为概率函数积分值表。当 t 给定时，$\varphi(t)$ 值可由该表查出。当 $t=2$，即 $|\delta|=2\sigma$ 时，在22次测量中只有1次的误差绝对值超出 2σ 范围；当 $t=3$，即 $|\delta|=3\sigma$ 时，在370次测量中只有1次的误差绝对值超出 3σ 范围。由于在一般测量中，测量次数很少超过几十次，因此可以认为绝对值大于 3σ 的误差是不可能出现的，通常把这个误差称为单次测量的极限误差 $\delta_{\lim x}$，即

$$\delta_{\lim x}=\pm3\sigma \tag{2-23}$$

一般情况下，根据置信概率 p 查表可选定置信系数 t（见电子资源附录A），则测量列单次测量的极限误差可表示为

$$\delta_{\lim x}=\pm t\sigma \tag{2-24}$$

当测量列的测量次数较少时，应按 t 分布来计算测量列算术平均值的极限误差，即

$$\delta_{\lim \bar{x}}=\pm t_a\sigma_{\bar{x}} \tag{2-25}$$

式中，t_a 为置信系数，它由给定的置信概率 $p=1-\alpha$ 和自由度 $\nu=n-1$ 来确定（见电子资源附录B）；α 为显著度或显著水平，即超出极限误差的概率，通常取 $\alpha=0.01$ 或 0.05；n 为测量次数；$\sigma_{\bar{x}}$ 为 n 次测量的算术平均值标准差。

4. 非等精度测量

前面讲述的内容皆为等精度测量，即多次重复测量（测量列）中的每一个测得值，都是在相同的测量条件下获得的。各测量值具有相同的精度，可用同一标准差来表征，或者说具有相同的可信赖程度。

若测量条件（人员、仪器、方法、环境条件，求平均值的测量次数）部分或全部改变，则各测得值的精度或可信赖程度就会改变，这就是非等精度测量。

在非等精度测量中，各个测量结果的可靠程度不一样，因而不能简单地取各测量结果的算术平均值作为最后的测量结果，应让可靠程度大的测量结果在最后测量结果中占有的比重大些，可靠程度小的测量结果比重小些。各测量结果的可靠程度可用一数值来表示，该数值称为该测量结果的权，记为 p 。在其他测量条件相同的情况下，测量次数越多，则据此求得的测量结果（加权算术平均值）越可信赖，其权也越大，故可用测量次数 n_i 来确定权。

若对同一被测量进行 m 组非等精度测量，得到 m 个测量结果为 $\bar{x}_1$，$\bar{x}_2,\cdots$，$\bar{x}_m$ ，且相应的权为 $p_1,p_2,\cdots,p_m$，则加权算术平均值可表示为

$$\bar{x}=\frac{\sum_{i=1}^{m}p_i\bar{x}_i}{\sum_{i=1}^{m}p_i} \tag{2-26}$$

对非等精度测量的加权算术平均值的标准差，不能用等精度测量的贝塞尔公式来计算，需先将不等权的测量组的权，做等权化处理后，再计算加权算术平均值标准差 $\sigma_{\bar{x}}$，即

$$\sigma_{\bar{x}}=\sqrt{\frac{\sum_{i=1}^{m}p_i{v_{\bar{x}_i}}^2}{(m-1)\sum_{i=1}^{m}p_i}} \tag{2-27}$$

式中，p_i 为各组测量结果的权，$i=1,\cdots,m$ ；$v_{\bar{x}_i}$ 为各组测量结果的残余误差，$v_{\bar{x}_i}=\bar{x}_i-\bar{x}$ 。

2.1.3　系统误差

实际上测量过程中往往存在系统误差，在某些情况下的系统误差数值还比较大。因此测量结果的精度，不仅取决于随机误差，还取决于系统误差的影响。由于系统误差和随机误差同时存在于测量数据之中，而且不易被发现，多次重复测量也不能减小它对测量结果的影响，使得系统误差比随机误差具有更大的危险性。因此，研究系统误差的特征与规律性，用一定的方法减小甚至消除系统误差的影响，就显得十分重要。

1. 系统误差的产生原因

系统误差由固定不变的或按确定规律变化的因素引起，在条件充分的情况下，这些因素是可以掌握的。系统误差主要来源于以下方面：

1）测量装置方面的因素：计量校准发现的偏差，仪器设计原理缺陷，仪器制造和安装的不正确等。

2）环境方面的因素：测量时实际温度对标准温度的偏差，测量过程中温度、湿度按一定规律变化的误差。

3）测量方法的因素：采用近似的测量方法或计算公式引起的误差等。

4）测量人员的因素：测量人员固有的测量习惯引起的误差等。

2. 系统误差的特征

在多次重复测量同一值时，系统误差不具有抵偿性，它是固定的或服从一定规律的误差。从广义上讲，系统误差是指服从某一确定规律变化的误差。

根据系统误差在测量过程中所具有的不同变化特性，可将系统误差分为定值系统误差和变值系统误差两大类。

（1）定值系统误差

定值系统误差是指在整个测量过程中，误差的大小和符号始终是不变的。它对每一测量值的影响均为一个常量，属于最常见的一类系统误差。

（2）变值系统误差

变值系统误差是指在整个测量过程中，误差的大小和方向随测试的某一个或某几个因素按确定的函数规律变化。变值系统误差的种类较多，又可分为以下几种：

1）累积性系统误差：在整个测量过程中，随着时间的增长误差逐渐加大或减小的系统误差。它可以随时间线性变化，也可以非线性变化。

2）周期性系统误差：在整个测量过程中，随某因素周期变化的系统误差。如仪表指针的回转中心与刻度盘中心有一个偏心量 e，则指针在任一转角 ϕ 处引起的读数误差为 $\Delta L = e\sin\phi$。此误差变化规律符合正弦规律，当指针在 0°和 180°时误差为零，而在 90°和 270°时误差绝对值达到最大。

3）复杂规律变化系统误差：在整个测量过程中，随某因素变化，误差按确定的更为复杂的规律变化。这些复杂规律一般可用代数多项式、三角多项式或其他正交函数多项式来描述。

图 2-4 为各种系统误差 Δ 随测量过程 t 变化而表现出的不同特征。曲线 a 为定值系统误差，曲线 b 为线性变化的累积性系统误差，曲线 c 为非线性变化的累积性系统误差，曲线 d 为周期性系统误差，曲线 e 为复杂规律变化系统误差。

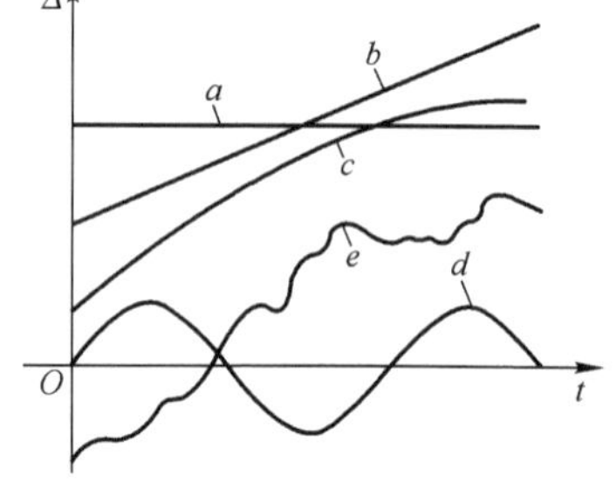

图 2-4 各种系统误差 Δ 随测量过程 t 变化而表现出的不同特征

3. 系统误差的判断方法

（1）实验对比法

实验对比法是改变产生系统误差的条件，进行不同条件的测量（如用更高精度的仪器或基准），以发现系统误差。这种方法适用于发现定值系统误差。

以两种不同的测量条件对同一量值进行次数相同的重复测量，求两者算术平均值之差，则该差即为被判断的测量条件下的定值系统误差。这是因为两种不同测量条件具有相同系统误差的可能性很小。利用实验对比法对量块标准件等进行检定，可发现其定值系统误差，并据此确定修正值。

（2）残余误差观察法

残余误差观察法是根据测量列的各个残余误差大小和符号的变化规律，直接由误差数据或误差曲线来判断有无系统误差。这种方法适于发现有规律变化的系统误差。

图 2-5 为残余误差散点图。图 2-5a 中，残余误差大体上正负相同，且无显著变化规律，

不存在系统误差；图 2-5b 中，残余误差数值有规律地递增，存在线性系统误差；图 2-5c 中，残余误差符号有规律地正负变化，且循环交替重复变化；图 2-5d 中，有可能同时存在线性系统误差和周期性系统误差。

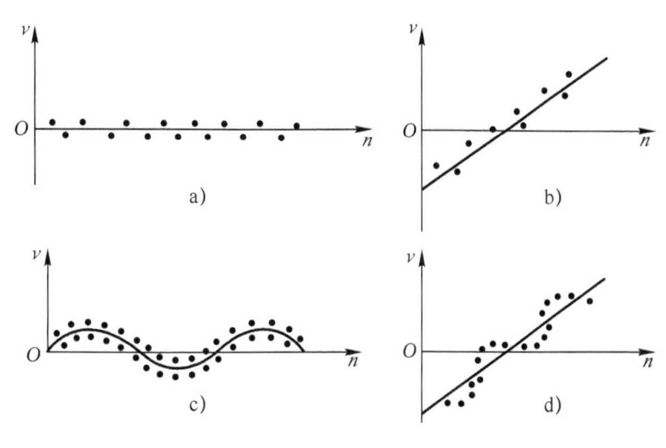

图 2-5　残余误差散点图

（3）残余误差校核法

1）马列科夫准则。设有测量列 $l_1,l_2,\cdots,l_n$，将测量列中前 K 个残余误差相加，后 $n-K$ 个残余误差相加（当 n 为偶数，取 $K=n/2$；当 n 为奇数，取 $K=(n+1)/2$），令

$$\varDelta=\sum_{i=1}^{K}v_i-\sum_{j=K+1}^{n}v_j\approx\sum_{i=1}^{K}(\Delta l_i-\Delta\overline{x})-\sum_{j=K+1}^{n}(\Delta l_j-\Delta\overline{x}) \tag{2-28}$$

若两部分值 $\varDelta$ 显著不为零，则有理由认为测量列存在线性系统误差。马列科夫准则能有效地发现累积系统误差。

2）阿卑–赫梅特准则。若一等精度测量列，按测量先后顺序将残余误差排列为 $v_1,v_2,\cdots,v_n$，令

$$u=\left|\sum_{i=1}^{n-1}v_iv_{i+1}\right|=\left|v_1v_2+v_2v_3+\cdots v_{n-1}v_n\right| \tag{2-29}$$

若 $u>\sqrt{n-1}\sigma^2$，则认为该测量列中含有周期性系统误差。阿卑–赫梅特准则能有效地发现周期性系统误差。

4. 系统误差的减小和消除

（1）从误差产生根源上消除系统误差

用排除误差源的方法消除系统误差是最理想的方法。它要求测量人员对测量过程中可能产生系统误差的各个环节进行仔细分析，并在正式测试前就将误差从产生根源上加以消除或减弱到可忽略的程度。

（2）加修正值法

加修正值法是预先检定或计算出测量器具的系统误差，取与误差大小相同而符号相反的值作为修正值，将测得值加上相应的修正值，即可得到不包含该系统误差的测量结果。

由于修正值本身也包含有一定的误差，因此用这种方法不可能将全部系统误差修正掉，总会残留少量的系统误差。由于这些残留的系统误差相对随机误差而言已不明显，往往可以把它们统归成偶然误差来处理。

（3）交换法

交换法是根据误差产生的原因，将某些条件交换，以消除系统误差。如等臂天平称重，先将被测量 X 放于天平一侧（臂长为 l_1），砝码 P 放于其另一侧（臂长为 l_2），调至天平平

衡，则有 $X=\frac{l_2}{l_1}P$。若将 X 与 P 交换位置，由于 $l_1 \neq l_2$（存在定值系统误差），天平将失去平衡。原砝码 P 调整为砝码 $P'=P+\Delta P=\frac{l_2}{l_1}X$ 才能使天平再次平衡，则取 $X=\sqrt{PP'}$，即可消除天平两臂不等造成的系统误差。

（4）抵消法

先在有定值系统误差的状态下进行一次测量，再在该定值系统误差影响相反的另一状态下测量一次，取两次测量的平均值作为测量结果，这样，大小相同但符号相反的两定值系统误差就在相加后再平均的计算中互相抵消了。

（5）对称法

对称法是消除线性系统误差的有效方法。如图2-6所示，随着时间的变化，被测量线性增加，若选定某时刻为对称点，则此对称点的系统误差算术平均值皆相等。利用这一特点，可将测量对称安排，取各对称点两次读数的算术平均值作为测得值，即可消除线性系统误差。

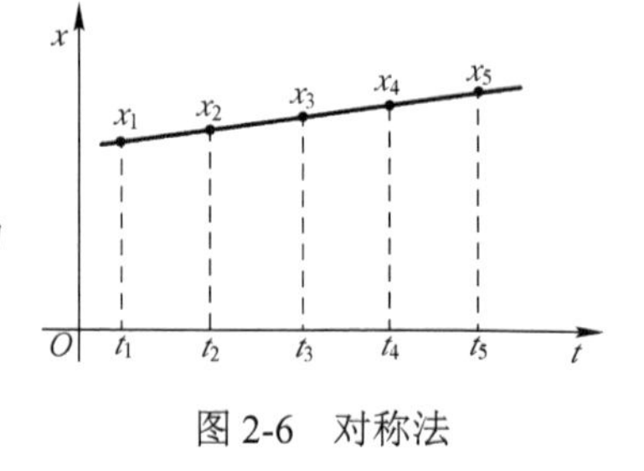

图2-6　对称法

（6）半周期法

对周期性系统误差，可以相隔半个周期进行两次测量，取两次读数平均值，即可有效地消除周期性系统误差。

周期性系统误差一般可表示为

$$\Delta l = a\sin\phi$$

设 $\phi=\phi_1$ 时，误差为 $\Delta l_1 = a\sin\phi_1$；当 $\phi_2=\phi_1+\pi$ 时，即相差半周期的误差为

$$\Delta l_2 = a\sin(\phi_1+\pi) = -a\sin\phi_1 = -\Delta l_1$$

取两次读数平均值，则有

$$\frac{\Delta l_1+\Delta l_2}{2}=\frac{\Delta l_1-\Delta l_1}{2}=0$$

由此可知，半周期法能消除周期性系统误差。

2.1.4　粗大误差

在一系列重复测量数据中，若有个别数据与其他数据有明显差异，则说明系统中很可能含有粗大误差，称其为可疑数据，记为 x_d。根据随机误差理论，出现大误差的概率虽然小，但也是可能的。因此，如果不恰当剔除含大误差的数据，就会造成测量精密度偏高的假象。反之，如果对混有粗大误差的数据，即异常值，未加剔除，必然会造成测量精密度偏低的后果。因此，对数据中异常值的正确判断与处理，是获得客观的测量结果的一个重要方法。

1. 粗大误差的产生原因

产生粗大误差的原因是多方面的，大致可归纳为以下几方面：

（1）测量人员的主观原因

测量者工作责任心不强、工作过于疲劳、缺乏经验操作不当，或在测量时不小心、不耐心、不仔细等，造成错误的读数或记录。

（2）客观外界条件的原因

测量条件意外地改变，如机械冲击、外界振动、电磁干扰等。

2. 粗大误差的判别准则

在测量完成后可采用统计的方法对粗大误差进行判别。统计法的基本思想是：给定一个显著水平，按一定分布确定一个临界值，凡超过这个界限的误差，就认为它不属于偶然误差的范围，而是粗大误差，应予以剔除。在判别某个测得值是否含有粗大误差时要特别慎重，应做充分的分析和研究，并根据判别准则予以确定。常用的判别准则如下：

（1）3σ 准则

3σ 准则（即拉依达准则）是最常用也是最简单的判别粗大误差的准则，它是以测量次数充分多为前提，但通常测量次数比较少，因此该准则只是一个近似的准则。实际测量中，常以贝塞尔公式计算得出 σ，以 $\bar{x}$ 代替真值。对某个可疑数据 x_{d}，若其残余误差满足

$$|v_{\mathrm{d}}|=|x_{\mathrm{d}}-\bar{x}|>3\sigma \tag{2-30}$$

则可认为该数据含有粗大误差，应予以剔除。

（2）格拉布斯准则

1950 年，格拉布斯根据顺序统计量的某种分布规律提出一种判别粗大误差的准则。为了检验 x_i 中是否含有粗大误差，将 x_i 按大小顺序排列成顺序统计量 $x_{(i)}$，而 $x_{(1)} \leqslant x_{(2)} \leqslant \cdots \leqslant x_{(n)}$。

格拉布斯导出了 $g_{(n)}=\dfrac{x_{(n)}-x}{\sigma}$ 及 $g_{(1)}=\dfrac{\bar{x}-x_{(1)}}{\sigma}$ 的分布，选定显著度 α（一般为 0.01 或 0.05），可得表 2-1 所列的格拉布斯系数 $g_0(n,\alpha)$。

表 2-1　格拉布斯系数 g_0（n, α）

n	α		n	α	
	0.01	0.05		0.01	0.05
3	1.16	1.15	17	2.78	2.48
4	1.49	1.46	18	2.82	2.50
5	1.75	1.67	19	2.85	2.53
6	1.94	1.82	20	2.88	2.56
7	2.10	1.94	21	2.91	2.58
8	2.22	2.03	22	2.94	2.60
9	2.32	2.11	23	2.96	2.62
10	2.41	2.18	24	2.99	2.64
11	2.48	2.23	25	3.01	2.66
12	2.55	2.28	30	3.10	2.74
13	2.61	2.33	35	3.18	2.81
14	2.66	2.37	40	3.24	2.87
15	2.70	2.41	50	3.34	2.96
16	2.75	2.44	100	3.59	3.17

若认为 $x_{(1)}$ 可疑，则有

$$g_{(1)}=\frac{\overline{x}-x_{(1)}}{\sigma} \tag{2-31}$$

若认为 $x_{(n)}$ 可疑，则有

$$g_{(n)}=\frac{x_{(n)}-\overline{x}}{\sigma} \tag{2-32}$$

当 $g_{(i)}\geqslant g_0(n,\alpha)$，即判别该测得值含有粗大误差，应予以剔除。

（3）狄克松准则

1950年，狄克松提出另一种无须估算 $\overline{x}$ 和 σ 的方法，它是根据测量数据按大小排列后的顺序差来判别是否存在粗大误差。设正态分布的一个样本 $x_1,x_2,\cdots,x_n$，将 x_i 按大小顺序排列成顺序统计量 $x_{(i)}$，即 $x_{(1)}\leqslant x_{(2)}\leqslant\cdots\leqslant x_{(n)}$。

构造检验高端异常值 $x_{(n)}$ 和低端异常值 $x_{(1)}$ 的统计量分别为 r_{ij} 和 r_{ij}'，分以下几种情形：

$$\begin{cases} r_{10}=\dfrac{x_{(n)}-x_{(n-1)}}{x_{(n)}-x_{(1)}} \quad 与 \quad r_{10}'=\dfrac{x_{(2)}-x_{(1)}}{x_{(n)}-x_{(1)}} & n\leqslant 7 \\ r_{11}=\dfrac{x_{(n)}-x_{(n-1)}}{x_{(n)}-x_{(2)}} \quad 与 \quad r_{11}'=\dfrac{x_{(2)}-x_{(1)}}{x_{(n-1)}-x_{(1)}} & n:8\sim10 \\ r_{21}=\dfrac{x_{(n)}-x_{(n-2)}}{x_{(n)}-x_{(2)}} \quad 与 \quad r_{21}'=\dfrac{x_{(3)}-x_{(1)}}{x_{(n-1)}-x_{(1)}} & n:11\sim13 \\ r_{22}=\dfrac{x_{(n)}-x_{(n-2)}}{x_{(n)}-x_{(3)}} \quad 与 \quad r_{22}'=\dfrac{x_{(3)}-x_{(1)}}{x_{(n-2)}-x_{(1)}} & n\geqslant 14 \end{cases} \tag{2-33}$$

式（2-33）中，$r_{10},r_{10}',\cdots,r_{22},r_{22}'$ 简记为 r_{ij} 和 r_{ij}'。狄克松导出了它们的概率密度函数，选定显著性水平 α，查表2-2可得临界值 $r_0(n,\alpha)$。当测量的统计值 r_{ij} 或 r_{ij}' 大于临界值时，则认为 $x_{(n)}$ 或 $x_{(1)}$ 含有粗大误差。

表2-2 狄克松临界值 $r_0(n,\alpha)$

n	$r_0(n,\ \alpha)$		n	$r_0(n,\ \alpha)$	
	$\alpha=0.01$	$\alpha=0.05$		$\alpha=0.01$	$\alpha=0.05$
3	0.988	0.941	11	0.679	0.576
4	0.889	0.765	12	0.642	0.546
5	0.780	0.642	13	0.615	0.521
6	0.698	0.560	14	0.641	0.546
7	0.637	0.507	15	0.616	0.525
8	0.683	0.554	16	0.595	0.507
9	0.635	0.512	17	0.577	0.490
10	0.597	0.477	18	0.561	0.475

（续）

n	$r_0(n,\ \alpha)$		n	$r_0(n,\ \alpha)$	
	$\alpha=0.01$	$\alpha=0.05$		$\alpha=0.01$	$\alpha=0.05$
19	0.547	0.462	25	0.489	0.406
20	0.535	0.450	26	0.486	0.399
21	0.524	0.440	27	0.475	0.393
22	0.514	0.430	28	0.469	0.387
23	0.505	0.421	29	0.463	0.381
24	0.497	0.413	30	0.457	0.376

（4）罗曼诺夫斯基准则

当测量次数较少时，按 t 分布的实际误差分布范围来判别粗大误差较为合理。罗曼诺夫斯基准则又称 t 检验准则，其特点是首先剔除一个可疑的测得值，然后按 t 分布检验被剔除的值是否含有粗大误差。设对某量做多次等精度测量，测得 $x_1,x_2,\cdots,x_n$ ，若认为测量值 x_j 为可疑数据，将其剔除后计算平均值为（计算时不包括 x_j ）

$$\bar{x}=\frac{1}{n-1}\sum_{\substack{i=1\\ i\neq j}}^{n}x_i \tag{2-34}$$

求得测量列的标准差为（计算时不包括 $v_j=x_j-\bar{x}$ ）

$$\sigma=\sqrt{\frac{\sum_{i=1}^{n}v_i^2}{n-2}} \tag{2-35}$$

根据测量次数 n 和选取的显著度 α ，即可由表 2-3 查得 t 分布的检验系数 $K(n,\alpha)$ 。

表 2-3　罗曼诺夫斯基检验系数 $K(n,\alpha)$

n	α		n	α		n	α	
	0.05	0.01		0.05	0.01		0.05	0.01
4	4.97	11.46	13	2.29	3.23	22	2.14	2.91
5	3.56	6.53	14	2.26	3.17	23	2.13	2.90
6	3.04	5.04	15	2.24	3.12	24	2.12	2.88
7	2.78	4.36	16	2.22	3.08	25	2.11	2.86
8	2.62	3.96	17	2.20	3.04	26	2.10	2.85
9	2.51	3.71	18	2.18	3.01	27	2.10	2.84
10	2.43	3.54	19	2.17	3.00	28	2.09	2.83
11	2.37	3.41	20	2.16	2.95	29	2.09	2.82
12	2.33	3.31	21	2.15	2.93	30	2.08	2.81

若 $\left|x_j-\bar{x}\right|>K(n,\alpha)\sigma$ ，则认为测量值 x_j 含有粗大误差，剔除 x_j 是正确的，否则认为

x_j 不含有粗大误差，应予以保留。

3. 防止与消除粗大误差的方法

对粗大误差，除了设法从测量结果中鉴别和发现而加以剔除外，更重要的是要加强测量者的工作责任心，要以严谨的科学态度对待测量工作；此外，还要保证测量条件的稳定，或者应避免在外界条件发生激烈变化时进行测量。如能达到以上要求，一般情况下是可以防止粗大误差产生的。

在某些情况下，为了及时发现与防止测得值中含有粗大误差，可采用不等精度测量和互相之间进行校核的方法。如对某一测量值，可由两位测量者进行测量、读数和记录；或者用两种不同仪器或两种不同测量方法进行测量。

2.2 误差的合成与分配

上节所讨论的主要是直接测量的误差计算，但在有些情况下，由于被测对象的特点，不能进行直接测量，或者直接测量难以保证测量精度，需要采用间接测量。

间接测量是通过直接测量与被测量之间有一定函数关系的其他量，按照已知的函数关系式计算出被测量。间接测量误差是各个直接测得值误差的函数，故称这种误差为函数误差。对于这种具有确定关系的误差计算，也称之为误差的合成。

2.2.1 误差的合成

1. 随机误差的合成

全面分析测量过程中影响测量结果的各个误差因素，若测量系统的 n 个环节的标准差分别为 $\sigma_{x_1},\sigma_{x_2},\cdots,\sigma_{x_n}$，根据方和根的运算方法，各个标准差合成后的总标准差为

$$\sigma_y=\sqrt{\left(\frac{\partial f}{\partial x_1}\right)^2\sigma_{x_1}^2+\cdots+\left(\frac{\partial f}{\partial x_n}\right)^2\sigma_{x_n}^2} \tag{2-36}$$

2. 系统误差的合成

在测量过程中，若有 r 个系统误差，其误差值分别为 $\varDelta_1,\varDelta_2,\cdots,\varDelta_r$，按代数和法进行合成，求得总的系统误差为

$$\varDelta=\sum_{i=1}^{r}\frac{\partial f}{\partial x_i}\varDelta_i \tag{2-37}$$

3. 系统误差与随机误差的合成

若用标准差来表示系统误差与随机误差的合成公式，系统误差和随机误差相互独立，则总的误差为

$$\delta=\sigma_y+\varDelta=\sum_{i=1}^{r}\frac{\partial f}{\partial x_i}\varDelta_i+\sqrt{\left(\frac{\partial f}{\partial x_1}\right)^2\sigma_{x_1}^2+\cdots+\left(\frac{\partial f}{\partial x_n}\right)^2\sigma_{x_n}^2} \tag{2-38}$$

2.2.2 误差分配

任何测量过程皆包含有多项误差，而测量结果的总误差则由单项误差的综合影响所确

定。误差分配的问题研究的是给定测量结果总误差的允许总误差，要求确定各个单项误差。在进行测量工作前，应根据给定测量总误差的允差来选择测量方案，合理进行误差分配，确定各单项误差，以保证测量精度。

设各误差因素皆为随机误差，且互不相关，可得

$$\sigma_y = \sqrt{\left(\frac{\partial f}{\partial x_1}\right)^2 \sigma_{x_1}^2 + \cdots + \left(\frac{\partial f}{\partial x_n}\right)^2 \sigma_{x_n}^2} = \sqrt{a_1^2\sigma_{x_1}^2 + \cdots + a_n^2\sigma_{x_n}^2} = \sqrt{D_1^2 + \cdots + D_n^2} \tag{2-39}$$

式中，D_i 为函数的部分误差，$D_i = \frac{\partial f}{\partial x_i}\sigma_{x_i} = a_i \sigma_{x_i}$。

若已给定 σ_y，需确定 D_i 或相应的 σ_{x_i}，满足

$$\sigma_y \geqslant \sqrt{D_1^2 + \cdots + D_n^2} \tag{2-40}$$

显然，D_i 可以是任意值，为不确定解。因此，一般需按以下步骤求解：

（1）按等作用原则分配误差

等作用原则认为各个部分误差对函数误差的影响相等，即

$$D_1 = \cdots = D_n = \frac{\sigma_y}{\sqrt{n}} \tag{2-41}$$

由此可得

$$\sigma_{x_i} = \frac{\sigma_y}{\sqrt{n}} \frac{1}{\partial f / \partial x_i} \tag{2-42}$$

如果各个测量值的标准差满足式（2-42），则所得的误差不会超过允许的给定值。

（2）按可能性调整误差

按等作用原则分配误差可能会出现不合理情况，这是因为计算出来的各个部分误差都相等，对于其中有的测量值，要保证它的测量误差不超出允许范围较为容易实现，而对于其中有的测量值则难以满足要求，若要保证它的测量精度，势必要用昂贵的高精度仪器，或者要付出较大的劳动。

对按等作用原则分配的误差，必须根据具体情况进行调整。在测量误差不超出允许范围情况下，对难以实现测量的误差项适当扩大其允许范围，对容易实现测量的误差项尽可能缩小其允许范围，而对其余误差不予调整。

（3）验算调整后的总误差

误差分配后，应按误差合成公式计算实际总误差，若超出给定允许误差范围，应选择可能缩小的误差。若实际总误差较小，可适当扩大难以测量的误差项的误差。

按等作用原则分配误差需注意，当有的误差已经确定而不能改变时（如受测量条件限制，必须采用某种仪器测量某一项目时）应先从给定的允许总误差中除掉，然后再对其余误差项进行误差分配。

2.2.3　微小误差取舍准则

测量过程包含多种误差时，往往有的误差对测量结果总误差的影响较小。当这种误差数值小到一定程度后，计算测量结果总误差时可不予考虑，则称这种误差为微小误差。为

了确定误差数值小到什么程度才能作为微小误差而予以舍去，需要给出一个微小误差的取舍准则。

若已知测量结果的标准差为

$$\sigma_y = \sqrt{D_1^2 + D_2^2 + \cdots + D_{K-1}^2 + D_K^2 + D_{K+1}^2 + \cdots + D_n^2} \tag{2-43}$$

将其中的部分误差 D_K 取出后，则得

$$\sigma_y' = \sqrt{D_1^2 + D_2^2 + \cdots + D_{K-1}^2 + D_{K+1}^2 + \cdots + D_n^2} \tag{2-44}$$

若有 $\sigma_y \approx \sigma_y'$，则称 D_K 为微小误差，在计算测量结果总误差时可予以舍去。

根据有效数字运算准则，对一般精度的测量，测量误差的有效数字取 1 位。在此情况下，若将某项部分误差舍去后，满足

$$\sigma_y - \sigma_y' \leqslant (0.1 \sim 0.05)\sigma_y \tag{2-45}$$

则对测量结果的误差计算没有影响。

将式（2-43）和式（2-44）代入式（2-45），可得

$$\begin{aligned} &\sqrt{D_1^2 + D_2^2 + \cdots + D_{K-1}^2 + D_K^2 + D_{K+1}^2 + \cdots + D_n^2} - \\ &\sqrt{D_1^2 + D_2^2 + \cdots + D_{K-1}^2 + D_{K+1}^2 + \cdots + D_n^2} \\ \leqslant &(0.1 \sim 0.05)\sqrt{D_1^2 + D_2^2 + \cdots + D_{K-1}^2 + D_K^2 + D_{K+1}^2 + \cdots + D_n^2} \end{aligned} \tag{2-46}$$

解式（2-46）得

$$D_K \leqslant (0.4 \sim 0.3)\sigma_y \tag{2-47}$$

因此，满足此条件只需取

$$D_K \leqslant \frac{1}{3}\sigma_y \tag{2-48}$$

对于比较精密的测量，误差的有效数字可取 2 位，则有

$$\sigma_y - \sigma_y' \leqslant (0.01 \sim 0.005)\sigma_y \tag{2-49}$$

由此可得

$$D_K \leqslant (0.14 \sim 0.1)\sigma_y \tag{2-50}$$

因此，满足此条件只需取

$$D_K \leqslant \frac{1}{10}\sigma_y \tag{2-51}$$

因此，对于随机误差和未定系统误差，微小误差舍去准则是被舍去的误差必须小于等于测量结果总标准差的 1/3～1/10。微小误差取舍准则在总误差计算和选择高一级精度的标准器具等方面有实际意义。计算总误差后误差分配时，若发现有微小误差可不考虑该误差对总误差的影响。选择高一级精度的标准器具时，其误差一般应为被检器具允许总误差的 1/3～1/10。

2.2.4　最佳测量方案的确定

当测量结果与多个测量因素有关时，采用什么方法确定各个因素，才能使测量结果的误差为最小，这就是最佳测量方案的确定问题。这里只研究间接测量中使函数误差为最小的最佳测量方案的各种途径，但这些途径同样也适用于其他情况的测量实践。

欲使 σ_y 为最小，可从以下几方面来考虑：

（1）选择最佳函数误差公式

一般情况下，间接测量中的部分误差项数越少，则函数误差也会越小，即直接测量值的数目越少，函数误差也就会越小。所以在间接测量中，如果可由不同的函数公式来表示，则应选取包含直接测量值最少的函数公式。若不同的函数公式所包含的直接测量值数目相同，则应选取误差较小的直接测量值的函数公式。如测量零件几何尺寸时，在相同条件下测量内尺寸的误差要比测量外尺寸的误差大，应尽量选择包含测量外尺寸的函数公式。

（2）使误差传递系数等于零或为最小

由函数误差公式可知，若使各个测量值对函数的误差传递系数 $\partial f/\partial x_i = 0$ 或最小，则函数误差可相应减小。若 $\partial f/\partial x_i = 0$，则该项部分误差 $D_i = (\partial f/\partial x_i)\sigma_{x_i}$ 也将为零，即该测量值的误差 D_i 对函数误差没有影响。若 $\partial f/\partial x_i$ 为最小，则可减小该项部分误差 D_i 对函数误差的影响。

根据这个原则，对某些测量实践，尽管有时不可能达到使 $\partial f/\partial x_i$ 等于零的测量条件，但却指出了达到最佳测量方案的方向。

2.3 有效数字与数据舍入准则

1. 有效数字

测量结果和数据处理中如何确定保留几位有效数字，是一个很重要的问题。测量结果既然包含误差，说明测量值实际就是一个近似数，在记录测量结果或者进行数据运算时取多少有效数字位，应该以测量能达到的精度为依据。如果认为测量结果中小数点后的位数越多，数据就越准确；或者运算的结果中，保留的位数越多精度就越高，这都是片面的。

含有误差的任何近似数，如果其绝对误差界是最末位数的半个单位，那么从这个近似数左边起的第一个非零的数字，称为第一位有效数字。从第一位有效数字起到最末一位数字止的所有数字，不论是零或非零的数字，都称为有效数字。若具有 n 个有效数字，就说有 n 位有效位数。如取 $\pi = 3.14$，第一位有效数字为 3，共有 3 位有效位数；又如 0.0027，第一位有效数字为 2，共有 2 位有效位数；而 0.00270，则有 3 位有效位数。

若近似数是右边带有若干个零的数字，通常把这个近似数写成 $a \times 10^n$ 的形式，而 $1 \leqslant a < 10$。利用这种写法，可从 a 含有几个有效数字来确定近似数的有效位数。如 2.400×10^3 表示 4 位有效位数；2.40×10^2 和 2.4×10^2 分别表示 3 位和 2 位有效位数。

在测量结果中，最末一位有效数字取到哪一位，是由测量精度来决定的，即最末一位有效数字应与测量精度是同一量级的。如用千分尺测量时，其测量精度只能达到 0.01mm，若测出长度 $l = 10.671$mm，显然小数点后第二位数字已不可靠，而第三位数字更不可靠，此时只应保留小数点后第二位数字，即写成 l = 10.67mm，有 4 位有效位数。

由此可知，测量结果应保留的位数原则是：其最末一位数字是不可靠的，而倒数第二位数字应是可靠的。测量误差一般取 1～2 位有效数字，因此上述用千分尺测量的结果可表示为 $l =$（10.67 ± 0.01）mm。在进行比较重要的测量时，测量结果和测量误差可比上述原则再多取一位数字作为参考，如测量结果可表示为 15.214 ± 0.042。因此，凡遇到这种形式表示的测量结果，其可靠数字为倒数第三位数字，不可靠数字为倒数第二位数字，而最后一位数字则为参考数字。

2. 数据舍入规则

对于位数很多的近似数，当有效位数确定后，其后面多余的数字应予以舍去，而保留的有效数字最末一位数字应按下面的舍入规则进行凑整：

1）若舍去部分的数值大于保留部分的末位的半个单位，则末位加1。

2）若舍去部分的数值小于保留部分的末位的半个单位，则末位不变。

3）若舍去部分的数值等于保留部分的末位的半个单位，则末位凑成偶数，即当末位为偶数时则末位不变，当末位为奇数时则末位加1。

由于数字舍入而引起的误差称为舍入误差，按上述规则进行数字舍入，其舍入误差皆不超过保留数字最末位的半个单位。必须指出，这种舍入规则的第三条明确规定，被舍去的数字不是逢5就入，从而使舍入误差成为随机误差，在大量运算时，其舍入误差的均值趋于零，从而避免了采用四舍五入规则时，由于舍入误差的累积而产生系统误差。

3. 数据运算规则

在近似数运算中，为了保证最后结果有尽可能高的精度，所有参与运算的数据在有效数字后可多保留一位数字作为参考数字（安全数字）。以下建议可作为参考：

1）在加减运算时，各运算数据以小数位数最少的数据位数为准，其余各数据可多取一位小数，但最后结果应与小数位数最少的数据小数位相同。

2）在乘除运算时，各运算数据应以有效位数最少的数据为准，其余各数据要比有效位数最少的数据位数多取一位数字，而最后结果应与有效位数最少的数据位数相同。

3）在平方或开方运算时，平方相当于乘法运算，开方是平方的逆运算，故可以按照乘除运算处理。

4）在对数运算时，n 位有效数字的数据应该用 n 或 $n+1$ 位对数表，以免损失精度。

5）三角函数运算中，所取函数值的位数应随角度误差的减小而增多，见表2-4。

表2-4 角度误差与函数值位数的对应关系

角度误差/（″）	10	1	0.1	0.01
函数值位数	5	6	7	8

测量不确定度

测量数据或经数据处理所给出的最终结果都不可能是被测量的客观真实值，只是被测量具有一定精度的近似值（或称为估计量）。所以，数据处理的结果仅给出被测量的估计量是不够的，还必须对估计量做出精度估计。

2.4.1 测量不确定度的基本概念

测量不确定度是指测量结果变化的不肯定，是表征被测量的真值在某个量值范围的一个估计，是测量结果含有的一个参数，用以表示被测量值的分散性。测量不确定度的定义表明，一个完整的测量结果应包含被测量值的估计与分散性参数两部分。例如，被测量 Y 的测量结果为 $y \pm U$ ，其中 y 是被测量值的估计，它具有的测量不确定度为 U ，$\pm U$ 表示被测量值的可能分散区间。显然，在测量不确定度的定义下，被测量的测量结果所表示的并非为一个确定的值，而是分散的无限个可能值所处的一个区间。

测量不确定度和误差是误差理论中的两个重要概念。误差是测量结果与真值之差，它以真值或约定真值为中心，而测量不确定度是以被测量的估计值为中心。因此，误差是一个理想的概念，一般不能准确知道，难以定量，而测量不确定度是反映人们对测量认识不足的程度，是可以定量评定的。

评定测量不确定度，实际上就是对测量结果的质量进行评定。测量不确定度按其评定方法分为 A、B 两类，可用 μ_A、 μ_B 表示两类方法评定的测量不确定度。

2.4.2 标准不确定度的评定

1. A 类标准不确定度的评定

A 类标准不确定度的评定是用统计分析方法评定的不确定度，即对某被测量的独立多次重复测量，得到的一系列测得值 x_i 。通常以测量列的算术平均值 $\bar{x}$ 作为被测量值的估计值，以 $\bar{x}$ 的标准差 $\sigma_{\bar{x}}$ 作为测量结果的 A 类标准不确定度 μ_A 。

2. B 类标准不确定度的评定

B 类标准不确定度是用非统计分析方法评定的不确定度，是基于其他方法估计概率分布或分布假设来评定标准差并得到的标准不确定度。采用 B 类评定方法，需先根据实际情况分析，对测量值进行一定的分布假设，可假设为正态分布，也可假设为其他分布，常见有下列几种情况：

1）当测量估计值 X 受到多个独立因数影响，且影响大小相近，则假设为正态分布，由所取置信概率 p 的分布区间半宽 a 与包含因子 K_p 来估计标准不确定度，即

$$\mu_x = \frac{a}{K_p} \tag{2-52}$$

式中， K_p 为包含因子，数值可由正态分布积分表查得。

2）当估计值 X 取自有关资料，所给出的测量不确定度 U_x 为标准差的 K 倍时，则其标准不确定度为

$$\mu_x = \frac{U_x}{K} \tag{2-53}$$

3）已知估计值 X 落在区间（ $x-a$ ， $x+a$ ）内的概率为 1，且在区间各处出现的概率相等，则 X 服从均匀分布，其标准不确定度为

$$\mu_x = \frac{a}{\sqrt{3}} \tag{2-54}$$

4）当估计值 X 受到两个独立且具有均匀分布的因素影响，则 X 服从在区间（ $x-a$ ， $x+a$ ）内的三角分布，其标准不确定度为

$$\mu_x = \frac{a}{\sqrt{6}} \tag{2-55}$$

5）当估计值 X 服从在区间（$x-a$，$x+a$）内的反正弦分布，则其标准不确定度为

$$\mu_x = \frac{a}{\sqrt{2}} \tag{2-56}$$

3. 自由度概念

根据概率论与数理统计所定义的自由度，在 n 个变量 v_i 的平方和 $\sum_{i=1}^{n} v_i^2$ 中，如果 n 个 v_i 之间存在着 k 个独立的线性约束条件，即 n 个变量中独立变量的个数仅为 $n-k$，则称平方和 $\sum_{i=1}^{n} v_i^2$ 的自由度为 $n-k$。

1）对A类评定的标准不确定度，其自由度 v 即为标准差 σ 的自由度。如用贝塞尔法计算的标准差，其自由度为 $v=n-1$。

2）B类标准不确定度评定的自由度的定义为

$$v = \frac{1}{2\left(\frac{\sigma_\mu}{\mu}\right)^2} \tag{2-57}$$

式中，σ_μ 为评定 μ 的标准差；σ_μ/μ 为评定 μ 的相对标准差。

2.4.3 测量不确定度的合成

1. 合成标准不确定度

当测量结果受多种因素影响形成了若干个不确定度分量时，测量结果的标准不确定度用各标准不确定度分量合成后所得的合成标准不确定度 μ_c 表示。

在间接测量中，被测量 Y 的估计值 y 是由 N 个其他量的测量值 $X_1, X_2, \cdots, X_N$ 的函数求得，即 $y=f\left(X_1, X_2, \cdots, X_N\right)$，且各直接测量值 X_i 的测量标准不确定度为 $\mu_{\bar{X}_i}$，它对被测量估计值影响的传递系数为 $\partial f/\partial X_i$，则由 X_i 引起的被测量 y 的标准不确定度分量为 $\mu_i = \left|\frac{\partial f}{\partial X_i}\right| \mu_{\bar{X}_i}$，若 X_i、X_j 的不确定度相互独立，则合成标准不确定度的计算公式为

$$\mu_c = \sqrt{\sum_{i=1}^{N}\left(\frac{\partial f}{\partial X_i}\right)\mu_{\bar{X}_i}{}^2} \tag{2-58}$$

2. 展伸不确定度

合成标准不确定度所表示的测量结果含被测量 Y 的真值的概率仅为68%。若要求给出的测量结果区间包含被测量真值的置信概率较大时，需使用展伸不确定度（也称扩展不确定度）表示测量结果。

展伸不确定度由合成标准不确定度 μ_c 乘以包含因子 k 得到，记为 U，即

$$U = k\mu_c \tag{2-59}$$

式中，k 为包含因子，由 t 分布的临界值 $t_p(\nu)$ 给出，即 $k=t_p(\nu)$；ν 为合成标准不确定度 μ_c 的自由度，根据给定的置信概率 p 与自由度 ν 查 t 分布表，可得到 $t_p(\nu)$ 的值。

当各不确定度分量 μ_i 相互独立时，合成标准不确定度 μ_c 的自由度 ν 计算公式为

$$\nu=\frac{\mu_c^4}{\sum_{i=1}^{N}\frac{\mu_i^4}{\nu_i}} \tag{2-60}$$

式中，ν_i 为各标准不确定度分量 μ_i 的自由度。

当各不确定度分量的自由度 ν_i 均为已知时，才能由式（2-60）计算合成不确定度的自由度 ν。而往往由于缺少资料难以确定每个分量的 ν_i，自由度 ν 无法按式（2-60）计算得出。为了求得展伸不确定度，一般情况下可取包含因子 $k=2\sim3$。

2.4.4 不确定度的报告

对测量不确定度进行分析与评定后，应给出测量不确定度的最后报告。

用合成标准不确定度作为被测量 Y 估计值 y 的测量不确定度时，应给出合成标准不确定 μ_c 及其自由度 ν，其测量结果可表示为

$$Y=y\pm\mu_c \tag{2-61}$$

例如：假设报告的被测量 Y 是标称值为 1000g 的标准砝码，其测量的估计值 $y=1000.00355\text{g}$，对应的合成标准不确定度 $\mu_c=0.50\,\text{mg}$，则测量结果可用以下几种方法表示：

1）$y=1000.00355\text{g}$，$\mu_c=0.50\,\text{mg}$。

2）$Y=1000.00355$（50）g。

3）$Y=1000.00355$（0.00050）g。

4）$Y=$（1000.00355±0.00050）g。

当测量不确定度用展伸不确定度表示时，除给出展伸不确定度 U 外，还应该说明它计算时所依据的合成标准不确定度 μ_c、自由度 ν、置信概率 p 和包含因子 k，则测量结果表示为

$$Y=y\pm U \tag{2-62}$$

例如：上述报告中，测量结果为 $Y=y\pm U=(1000.00355\pm0.00050)\,\text{g}$，其中伸展不确定度 $U=k\mu_c=0.00079\,\text{g}$，是由合成标准不确定度 $\mu_c=0.35\,\text{mg}$ 和包含因子 $k=2.26$ 确定的，k 是依据置信概率 $p=0.95$ 和自由度 $\nu=9$，并由 t 分布表查得的。

最后报告的合成不确定度或伸展不确定度，其有效数字一般不超过两位，不确定度的数值与被测量的估计值末位对齐。若计算出的 μ_c 或 U 的位数较多，作为最后的报告值时就需要取舍修约，将多余的位数舍去。但为了使舍去的数据对计算的不确定度影响很小，达到可以忽略的程度，就需按微小误差取舍准则，即依据“三分之一准则”进行数据取舍修约。先令测量估计值最末位的一个单位作为测量不确定度的基本单位，再将不确定度取至基本单位的整数位，其余位数按微小误差取舍准则，若小于基本单位的 1/3 则舍去。若大于或等于基本单位的 1/3，则舍去后将最末整数位加 1。这种修约方法得到的不确定度，在评定测量结果时更加可靠。

2.5 最小二乘法与回归分析

2.5.1 最小二乘法

由于误差的存在，为了求得一组最佳的解，通常的做法是使测量次数 n 大于所求未知量的个数 m，然后采用最小二乘法进行计算。最小二乘法是一类用于拟合实验曲线、确定经验公式（一般近似于多元线性关系）的数学方法，在对测量结果的误差处理中得到了广泛应用。

最小二乘法在误差理论中的基本含义是：利用等精度多次测定值求最可靠测量结果时，该测量结果等于当各测定值的残余误差平方和最小时所求得的值。也就是说，测定值与用最小二乘法拟合得出的直线或曲线（统称拟合线）上对应的点之间的残余误差平方和最小。

最小二乘法的基本处理方法如下：

设直接测量值 y 与 m 个间接测量值 x_i（$i=1,2,\cdots,m$）的函数关系为

$$y=f(x_1,x_2,\cdots,x_m) \tag{2-63}$$

对 y 进行 n 次等精度测量可得到 n 个测量值 l_i（$i=1,2,\cdots,n$），其对应的估计值为 $\hat{y}_i$（$i=1,2,\cdots,m$），即有

$$\begin{cases}\hat{y}_1=f_1(x_1,x_2,\cdots,x_m)\\ \hat{y}_2=f_2(x_1,x_2,\cdots,x_m)\\ \quad\vdots\\ \hat{y}_n=f_n(x_1,x_2,\cdots,x_m)\end{cases} \tag{2-64}$$

则测量值 l_i（$i=1,2,\cdots,n$）的残余误差为

$$\begin{cases}v_1=l_1-\hat{y}_1\\ v_2=l_2-\hat{y}_2\\ \quad\vdots\\ v_n=l_n-\hat{y}_n\end{cases} \tag{2-65}$$

即

$$\begin{cases}v_1=l_1-f_1(x_1,x_2,\cdots,x_m)\\ v_2=l_2-f_2(x_1,x_2,\cdots,x_m)\\ \quad\vdots\\ v_n=l_n-f_n(x_1,x_2,\cdots,x_m)\end{cases} \tag{2-66}$$

式（2-65）、式（2-66）称为误差方程式，也可称为残余误差方程式（简称残差方程式）。

所以，最小二乘法原理要求的条件转化为

$$\min\sum_{i=1}^{n}v_i^2 \tag{2-67}$$

式（2-67）表明，测量结果的最可靠测量结果应在残余误差平方和（在非等精度测量

的情况下，应为加权残余误差平方和）为最小的条件下求出，这就是最小二乘法原理。

实质上，按最小二乘法条件给出最终结果能充分地利用误差的抵偿作用，可以有效地减小随机误差的影响，因而所得结果最可信。

必须指出，上述最小二乘法原理是在测量误差无偏、正态分布和相互独立的条件下推导出的，但在不严格服从正态分布的情况下也常被使用。

一般情况下，最小二乘法可以用于线性测量参数的处理，也可用于非线性测量参数的处理。由于测量的实际问题中，大量的测量参数是线性的，而非线性测量方程借助级数展开的方法，可以在某一区域近似地化为线性的形式。因此，线性测量参数的最小二乘法处理是最小二乘法理论研究的基本内容。

2.5.2　一元线性回归

由于相关变量之间不存在确定性关系，故应用数学的方法，对大量的测量数据进行处理，可得出比较符合事物内部规律的数学表达式。回归分析就是一种处理变量之间相关关系的数理统计方法。

一元回归是处理两个变量之间关系的数理统计方法，即两个变量 x 和 y 之间若存在一定的关系，则可通过实验分析所得数据，找出两者之间关系的经验公式。假如两个变量之间的关系是线性的，就称为一元线性回归，这就是工程上和科研中常遇到的直线拟合问题。

一元线性回归方程可表示为

$$y = b_0 + b_1 x \tag{2-68}$$

设有 n 对测量数据（x_i，y_i），用一元线性回归方程 $y = b_0 + b_1 x$ 拟合，根据测量数据，求方程中系数 b_0、b_1 的最佳估计值。应用最小二乘法原理，使各测量数据与回归直线的偏差平方和为最小，其残余误差方程组为

$$\begin{cases} v_1 = y_1 - (b_0 + b_1 x_1) \\ v_2 = y_2 - (b_0 + b_1 x_2) \\ \quad\vdots \\ v_n = y_n - (b_0 + b_1 x_n) \end{cases} \tag{2-69}$$

知识拓展

单位制与基准

单位制是指为给定量制建立的一组单位。国际单位制（SI）是由国际计量大会采用和推荐的在全世界广泛应用的单位制。

国际单位制按一贯计量单位制的原则构成，采用十进制构成其倍数和分数单位，只有少数测量单位例外；只能通过 SI 词头构成倍数和分数的单位，其基本单位及其定义只能由国际计量大会决定，SI 导出单位的专门名称及其符号只能由国际计量大会选定。

国际单位制有米 m（长度）、千克 kg（质量）、秒 s（时间）、安培 A（电流）、开尔文 K（热力学温度）、摩尔 mol（物质的量），坎德拉 cd（发光强度）七个基本单位和弧度 rad（平面角）、球面度 sr（立体角）两个辅助单位。

导出单位是指用基本单位或辅助单位，按物理量之间的关系，以代数式的乘、除数学运算所表示的单位，共19个，见表2-5。

表2-5 国际单位制中的导出单位

量的名称	单位名称	单位符号	量的名称	单位名称	单位符号
频率	赫［兹］	Hz	磁通量	韦［伯］	Wb
力、重力	牛［顿］	N	磁通量密度、磁感应强度	特［斯拉］	T
压力、压强、应力	帕［斯卡］	Pa	电感	亨［利］	H
能量、功、热	焦［耳］	J	摄氏温度	摄氏度	℃
功率、辐射通量	瓦［特］	W	光通量	流明	lm
电荷量	库［仑］	C	光照度	勒克斯	lx
电位、电压、电动势	伏［特］	V	放射性活度	贝克勒尔	Bq
电容	法［拉］	F	吸收剂量	戈瑞	Gy
电阻	欧［姆］	Ω	剂量当量	希沃特	Sv
电导	西［门子］	S			

在SI中，用以表示倍数单位的词头，称为SI词头。它们是构词成分，用于附加在SI单位之前构成倍数单位（十进倍数单位和分数单位），而不能单独使用。常用的SI词头有太T（10^{12}）、兆M（10^{6}）、千k（10^{3}）、百h（10^{2}）、分d（10^{-1}）、厘c（10^{-2}）、毫m（10^{-3}）、微μ（10^{-6}）、纳n（10^{-9}）、皮p（10^{-12}）。

由于实用上的广泛性和重要性，在我国法定计量单位中，为11个物理量选定了16个与SI单位并用的非SI单位，其中10个是国际计量大会同意并用的非SI单位，它们是：时间单位——分、[小]时、日（天）；[平面]角单位——度、[角]分、[角]秒；体积单位——升；质量单位——吨和原子质量单位；能量单位——电子伏。另外6个非SI单位，即海里、节、公顷、转每分、分贝、特[克斯]，则是根据国内外的实际情况选用的。

为了保证量值准确统一，对基本量已建立了相应的基准（基本单位），由基准给出量值单位的真值。

长度：Kr-86发出的射线在真空中（1/299792458）s的时间内走过的路程为1m。

质量：在4℃情况下1dm^3的水的质量为1kg。

时间：Cs-133由基态的两个超精细能级之间跃迁对应辐射的9192631770个周期的持续时间为1s。

电流：一段长导线内电流对每米导线的作用力为2×10^{-7}N时为1A。

温度：1K是水的三相点热力学温度的1/273.16。273.15K = 0℃。

物质的量：由阿伏伽德罗常数（N_A，约为6.02×10^{23}）个粒子组成的物质的量为1mol。

发光强度：一光源在给定方向上的发光强度，该光源发出频率为540×10^{12}Hz的单色辐射，且在此方向上的辐射强度为（1/683）W/sr。

习　题

1. 通常在相同的条件下，多次测量同一量时，误差的绝对值和符号保持恒定或在条件改变时，按某种规律而变化的误差称为（　　）。

A. 随机误差　　B. 系统误差　　C. 影响误差　　D. 固有误差

2. 下列情况属系统误差的是（　　）。

A. 看错刻度线造成的误差

B. 选错单位造成的误差

C. 用普通万用表测同一电压造成的误差

D. 读数不当造成的误差

3. 关于系统误差，下面说法错误的是（　　）。

A. 产生系统误差的主要原因是仪表本身的缺陷，使用仪表方法不正确，测量者的习惯或偏向，单因素环境条件变化

B. 系统误差又称规律误差，其大小不改变但符号可以按一定规律变化

C. 系统误差的大小和符号均不改变或按一定规律变化

D. 差压变送器承受静压变化造成的误差是系统误差

4. 下列（　　）不是产生系统误差的条件。

A. 仪表自身缺陷　　B. 仪表使用方法不当

C. 测量者的习惯或偏向　　D. 测量者精神不集中

5. 以下不属于系统误差的是（　　）。

A. 读数不当造成的误差　　B. 安装位置不当产生的误差

C. 看错刻度线造成的误差　　D. 环境条件变化产生的误差

6. 下列情况属疏忽误差的是（　　）。

A. 标准电池的电动势值随环境温度变化产生的误差

B. 仪表安装位置不当造成的误差

C. 测量者凑数不当造成的误差

D. 看错刻度线造成的误差

7. 下列情况不属于疏忽误差的是（　　）。

A. 用万用表测量电阻值时没有反复调整零点而造成的误差

B. 看错刻度线造成的误差

C. 因精神不集中而写错数据造成的误差

D. 选错单位造成的误差

8. 一台压力表的刻度范围为 0～100kPa，在 50kPa 处计量检定值为 49.5kPa，该表在 50kPa 处的示值引用误差是（　　）。

A. 1%　　B. ±1%　　C. 0.5%　　D. ±0.5%

9. 仪表的准确度等级是根据（　　）来划分的。

A. 绝对误差　　B. 引用误差　　C. 相对误差　　D. 仪表量程大小

10. 误差按仪表使用条件可分为（ ）；误差按被测量随时间变化的关系可分为（ ）；误差按误差出现的规律可分为（ ）；误差按数值表示的方法可分为（ ）。

A. 绝对误差、相对误差、引用误差 B. 系统误差、随机误差、粗大误差

C. 基本误差、附加误差 D. 静态误差、动态误差

11. 什么是误差？误差产生的原因是什么？

12. 什么是系统误差和随机误差？准确度和精密度的含义是什么？它们各反映何种误差？

13. 服从正态分布规律的随机误差有哪些特性？

14. 测量不确定度和误差有何区别？

15. 某压力表准确度等级为2.5级，量程为0～1.5MPa，求：

1）可能出现的最大满度相对误差γ_m。

2）可能出现的最大绝对误差Δ_m为多少kPa。

3）测量结果显示为0.7MPa时，可能出现的最大示值相对误差γ_x。

16. 一台准确度等级为0.5级，量程范围为600～1200℃的电子电位差计，它的最大允许绝对误差是多少？校验时，若其中的某一点最大绝对误差是4℃，问此表是否合格？

17. 现有准确度等级为0.5级的0～300℃和准确度为1.0级的0～100℃的两只温度计，要测量80℃的温度，试问采用哪一只温度计好？

18. 有两台测温仪表，其测量范围分别是0～800℃和600～1100℃，已知其最大绝对误差均为±6℃，试分别确定它们的准确度等级。

19. 某台差压计的最大差压为1600mmH_2O，准确度等级为1.0级，试问该表最大允许的误差是多少？若校验点为800mmH_2O，那么该点差压允许变化的范围是多少？

20. 测量小轴直径共10次，得到一系列等精度测得值如下（单位mm）：25.0360，25.0365，25.0362，25.0364，25.0367，25.0363，25.0366，25.0363，25.0366，25.0364。

若已排除了系统误差的影响和剔除了粗大误差，试求其算术平均值及标准差，并写出测量结果。

21. 对某量进行15次测量，测得数据为：28.53，28.52，28.50，29.52，28.53，28.53，28.50，28.49，28.49，28.51，28.53，28.52，28.49，28.40，28.50。

若这些测得值已消除系统误差，试用3σ准则和狄克松准则分别判断该测量列中含有粗大误差的测量值。

22. 对某一角度进行6组非等精度测量，各组测量结果如下：测6次得$\alpha_1 = 75°18'06''$，测30次得$\alpha_2 = 75°18'10''$，测24次得$\alpha_3 = 75°18'08''$，测12次得$\alpha_4 = 75°18'16''$，测12次得$\alpha_5 = 75°18'13''$，测36次得$\alpha_6 = 75°18'09''$。

求加权算术平均值和加权算术平均值的标准差。

第3章 信号调理

信号调理是对传感器输出的电信号进行加工，如将信号放大、调制解调、阻抗变换、线性化、将阻抗变换为电压或电流的变化等，原始信号经这个环节处理后，就转换成便于输送、显示、记录、转换以及可做进一步后续处理的中间信号。

信号调理环节常采用模拟电路有电桥电路、相敏检波电路、测量放大器、振荡器等。常用的数字电路有门电路、各种触发器、A/D 和 D/A 转换器等。信号调理有时可能是许多仪器的组合，有时也可能仅有一个电路，甚至仅是一根导线。

3.1 信号放大

信号放大电路可将微弱电压、电流或电荷信号放大。若采用放大增益可调整的放大器，可更好地匹配 A/D 转换器的输入电压范围，满足需要的分辨力。常用的放大电路，包括同相放大器、反相放大器、仪表放大器、差动放大器、可变增益放大器和隔离放大器等。

信号放大电路可分为分立元件组合而成、通用集成运算放大器组合而成和单片集成芯片直接实现三类。随着集成工艺的发展，单片集成测量放大器的应用日益广泛。

3.1.1 同相放大电路和反相放大电路

图 3-1 为运算放大（简称运放）电路。图 3-1a 为同相运算放大电路，运放的同相输入端接信号 u_i，反向输入端通过电阻 R_1 接地，输出电压 u_o 与 u_i 同相，u_o 通过电阻 R_1 和 R_f 反馈到运放的反相输入端，构成电压串联负反馈放大电路。根据虚短和虚断，求得输出电压为

$$u_o = \left(1+\frac{R_f}{R_1}\right)u_i \tag{3-1}$$

式中，$1+\frac{R_f}{R_1}$ 为同相运算比例系数，也称为电路的电压放大倍数。

同相运算放大电路具有输入电阻高、输出电阻低、共模抑制比高的特点。

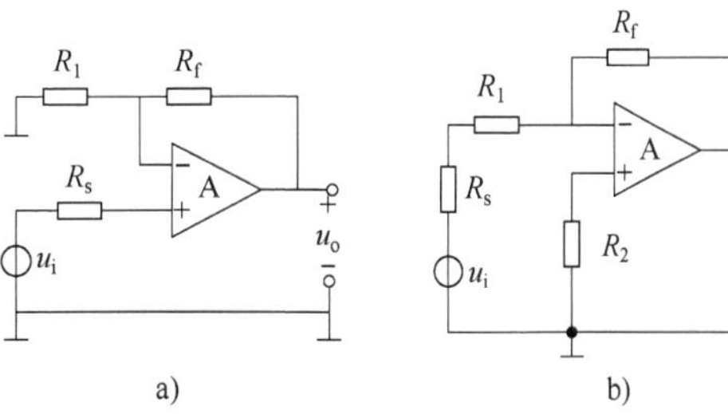

图 3-1　运算放大电路

a）同相运算放大电路　b）反相运算放大电路

图 3-1b 为反相运算放大电路，运放的反相

输入端接信号u_i，同向输入端通过电阻R_2接地，输出电压u_o与u_i反相，u_o通过电阻R_f反馈到运放的反相输入端，构成负反馈电路。根据虚短，求得输出电压为

$$u_o = -\frac{R_f}{R_1}u_i \tag{3-2}$$

式中，$-\frac{R_f}{R_1}$为反相运算比例系数，也称为电路的电压放大倍数。

如果两个电阻的值相等，即$R_f = R_1$，则反相放大器的增益将为-1，从而在其输出上产生互补形式的输入电压，即$u_o = -u_i$。这种类型的反相放大器配置通常称为简单的反相缓冲器的单位增益反相器。

3.1.2 仪表放大器

仪表放大器是一种精密差分电压放大器，源于运算放大器，且优于运算放大器，其具有高共模抑制比、高输入阻抗、低噪声、低线性误差、低失调漂移、增益设置灵活和使用方便等特点，在数据采集、传感器信号放大、高速信号调节、医疗仪器和高档音响设备等方面广泛应用。

1. 双运放组成的仪表放大器

双运放电路如图3-2所示，A1、A2都是理想运放，令$R_1 = R_4$，$R_2 = R_3$。

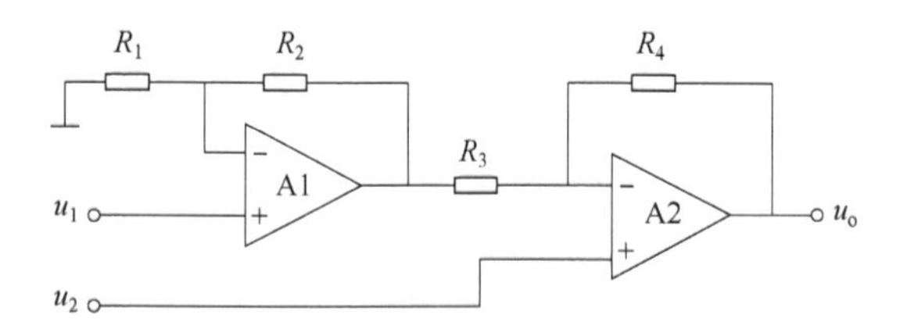

图3-2 双运放电路

A1为同相放大器，输出电压为

$$u_{o1} = \left(1+\frac{R_2}{R_1}\right)u_1 \tag{3-3}$$

A2的反相输入电压为u_{o1}，同相输入电压为u_2。根据电路线性叠加原理，输出电压为

$$u_o = \left(1+\frac{R_4}{R_3}\right)u_2 - \frac{R_4}{R_3}u_{o1} = \left(1+\frac{R_1}{R_2}\right)(u_2 - u_1) \tag{3-4}$$

2. 三运放组成的仪表放大器

3-1 三运放组成的仪表放大器

三运放组成的仪表放大器电路如图3-3所示。它由两级放大器组成，第一级是由集成运放A1、A2、电阻R_1和R_g组成的同相输入式差动放大器，具有非常高的输入阻抗。第二级是由A3和电阻R_2、R_3组成的减法器，它将双端输入变成单端输出。假设A1、A2和A3都是理想运放，满足放大器的虚短和虚断条件。

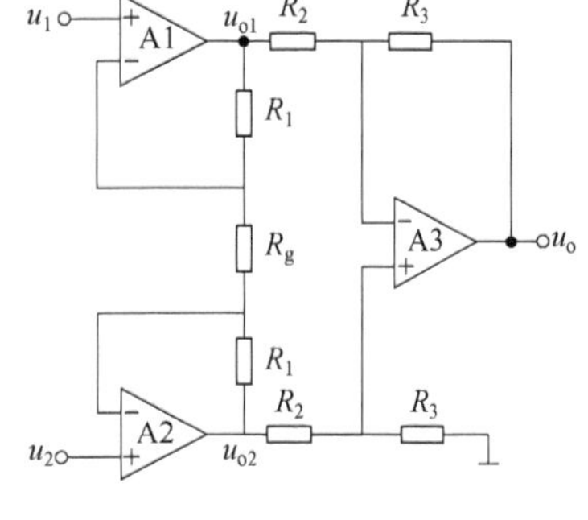

图 3-3　三运放组成的仪表放大器电路

根据电路线性叠加原理及基本定理可得，A1 放大器输出电压为

$$u_{o1}=\left(1+\frac{R_1}{R_g}\right)u_1-\frac{R_1}{R_g}u_2 \qquad (3\text{-}5)$$

A2 放大器输出电压为

$$u_{o2}=-\frac{R_1}{R_g}u_1+\left(1+\frac{R_1}{R_g}\right)u_2 \qquad (3\text{-}6)$$

u_{o1}、u_{o2} 作为 A3 放大器的输入信号，其输出电压为

$$u_o=-\frac{R_3}{R_2}u_{o1}+\left(1+\frac{R_3}{R_2}\right)\left(\frac{R_3}{R_2+R_3}\right)u_{o2} \qquad (3\text{-}7)$$

整理后，可得

$$u_o=\frac{R_3}{R_2}\left(1+\frac{2R_1}{R_g}\right)(u_2-u_1) \qquad (3\text{-}8)$$

在集成运算放大器中，R_g 为外接电位器，通过改变 R_g 的大小即可改变增益。

3. 集成仪表放大器

在实际应用精度要求较高的情况下，常采用集成仪表放大器。如美国模拟器件公司（ADI，即亚德诺半导体技术有限公司）的 AD62x 系列和 Burr Brown（2000 年被德州仪器公司收购）的 INA 系列等。

下面以 AD620 为例介绍集成仪表放大器。AD620 是一款低成本、高精度的单芯片仪表放大器，采用经典的三运放改进设计，仅需要一个外部电阻来设置增益，增益范围为 1～10000，其性能高于三运放分立仪表放大器。如图 3-4 所示，AD620 采用 8 引脚 SOIC 和 DIP 封装，尺寸小于分立电路设计，并且功耗更低（最大电源电流仅 1.3mA），适合电池供电及便携式或远程应用，如电子秤、医疗仪器等。

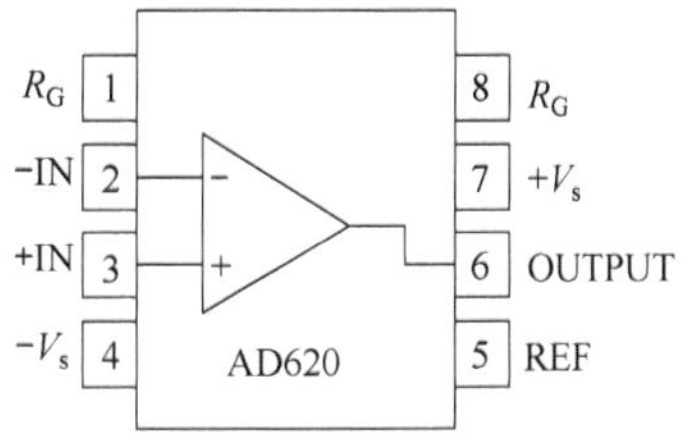

图 3-4　AD620 采用 8 引脚 SOIC 和 DIP 封装

图 3-5 为压力检测仪电路。其中压力传感器电桥采用 5V 电源供电，电桥功耗仅为 1.7mA。增加 AD620 和缓冲分压器（AD705）后便可对信号进行调理，总电源电流仅为 3.8mA。由于 AD620 的低噪声和低漂移特性，因此它也适合无创血压测量。

利用一个四通道单刀单掷开关（ADG1611）和仪表放大器（AD620）可构建 16 级可编程序增益仪表放大器电路，如图 3-6 所示，ADG1611 的四个单刀单掷开关与四个精密电阻相连，利用选择开关 S1、S2、S3 和 S4 的不同组合来改变 R_G，便可改变增益。85℃时 ADG1611 的增益设置见表 3-1。通过 ADG1611 并行接口可以控制 16 种可能的增益设置。AD620 的增益通过引脚 1 与引脚 8 之间的电阻进行编程设置。

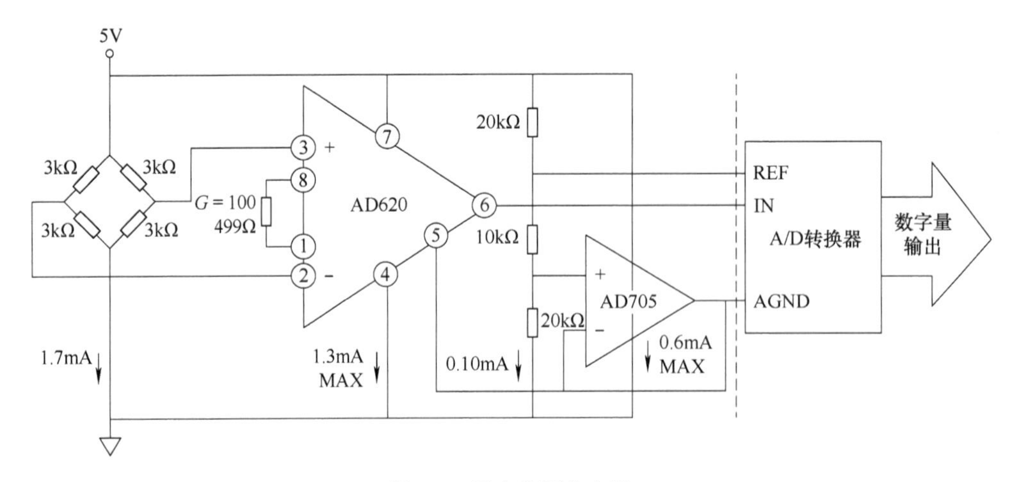

图 3-5 压力检测仪电路

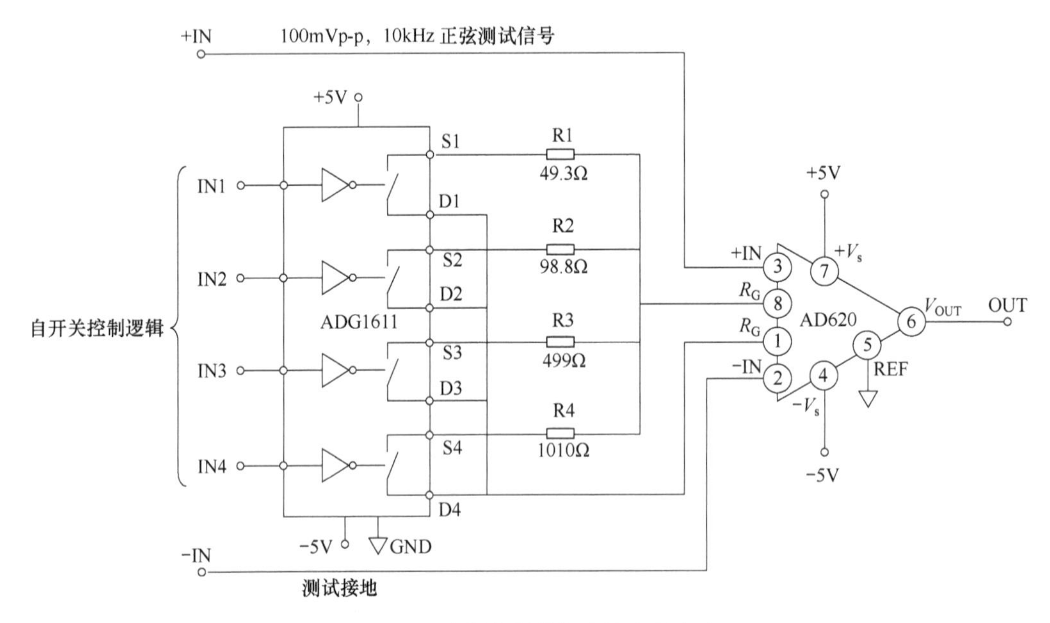

图 3-6 可编程序增益仪表放大器电路

表 3-1 85℃时 ADG1611 的增益设置

IN1	IN2	IN3	IN4	电阻值/Ω	增益设置（不含开关）	包括开关的总电阻/Ω	增益设置（含 ADG1611）
0	0	0	0	∞	1	∞	1
0	0	0	1	1010	49.91	1011	49.85
0	0	1	0	499	100	500	99.8
0	1	0	0	98.8	501	99.8	496
1	0	0	0	49.3	1003	50.3	983
1	1	1	1	29.9	1653	30.3	1631

3.1.3　隔离放大器

隔离放大器是一种特殊的测量放大电路，其输入、输出和电源电路之间没有直接电路耦合，即信号在传输过程中没有公共接地端。输入电路和放大器输出之间有欧姆隔离的器件。检测系统的传感器信号中往往包含高共模电压和干扰，采用隔离放大器可使共模电压和干扰信号隔离，同时又放大了有用信号。在工业中，应用隔离放大器以防止因故障而使电网电压对低压信号电路（包括计算机）造成损坏。按耦合方式的不同，隔离放大器可分为变压器耦合、电容耦合和光电耦合三种。

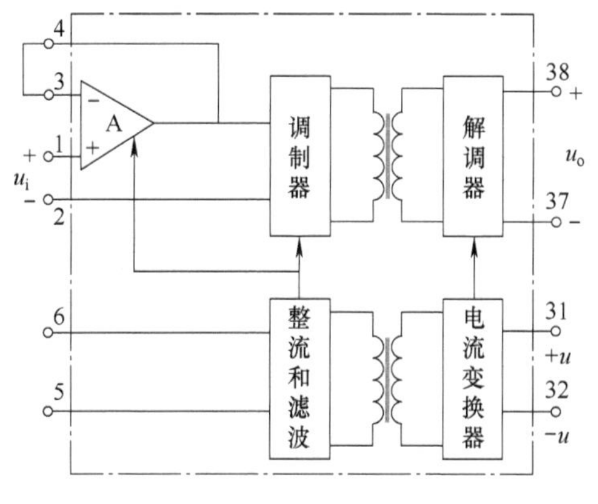

图 3-7　AD204 变压器耦合隔离放大器电路

AD204 是一种变压器耦合、微型封装的精密隔离放大器。它通过片内变压器耦合。对信号的输入和输出进行电气隔离。AD204 变压器耦合隔离放大器电路如图 3-7 所示。1～4 引脚为放大器的输入接线端，一般可接成跟随器，也可根据需要外接电阻，接成同相放大器或反相放大器，以便放大输入信号。输入信号经调制器调制成交流信号后，经变压器耦合送到解调器，然后由 37、38 引脚输出。31、32 引脚为芯片电源输入端。片内的 DC/DC 电流变换器把输入直流电压变换并隔离，然后将经隔离后的电源供给放大器输入级，同时送到 5、6 引脚输出。这样隔离放大器的输入级与输出级不共地，从而达到输入、输出隔离的目的。

ISO122 是精密的电容耦合隔离放大器，采用了新颖的占空比调制解调技术。发送信号时，数字信号通过一个 2pF 的差动电容隔离栅，具有数字调制特性的隔离栅不会影响数字信号的完整性，因此有着极好的可靠性和高频瞬态抑制特性。放大器和栅电容一同密封在 DIP 内。

光电耦合隔离放大器一般由三部分组成：光的发射、光的接收及信号放大装置。输入的电信号驱动发光二极管，使之发出一定波长的光，被光探测器接收而产生光电流，再经过进一步放大后输出，完成了电—光—电的转换，起到输入、输出、隔离的作用。由于光电耦合器输入、输出间是通过光信号的传送实现耦合的，输入和输出之间没有直接的电气联系，因此具有很强的隔离作用，电信号传输具有单向性等特点，因而具有良好的电绝缘能力和抗干扰能力。ISO100 光电耦合隔离放大器如图 3-8 所示，它由两个运放 A_1、A_2，两个恒流源

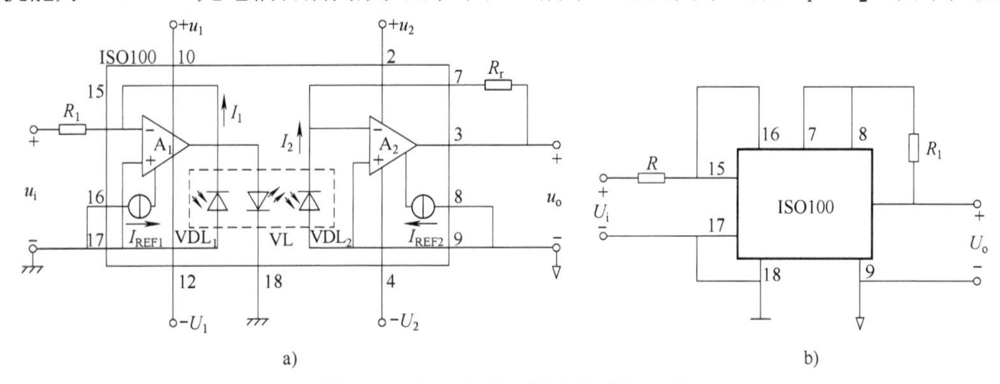

图 3-8　ISO100 光电耦合隔离放大器

a）结构　b）接线图

I_{REF1}、I_{REF2} 及光电耦合器组成。光电耦合器有一个发光二极管 VL 和两个光电二极管 VDL_1、VDL_2。其中，VDL_1 的作用是从 VL 信号中引入反馈；VDL_2 的作用是将 VL 信号进行隔离耦合传送。ISO100 光电耦合隔离放大器在实际应用中的基本接线如图 3-8b 所示。R 和 R_1 为外接电阻，用来调整放大器的增益。

3.2 信号滤波

由于传感器工作环境中的强电和电磁干扰，以及传感器和放大电路本身的影响，被测信号中往往夹杂多种频率成分的噪声，噪声干扰引起的输出信号变化与被测对象引起的输出信号变化对于传感器是无法分辨的，这势必影响测量结果的准确性。因此检测系统中必须有相应的措施来减小和抑制干扰的影响。

滤波是一种信号处理方法，它保持需要的频率成分，去除不需要的频率成分。滤波器即是实现这一选频功能的电路，其允许某一部分频率的信号顺利地通过，而另外一部分频率的信号则受到较大的抑制，它实质上是一个选频电路。滤波器中，把信号能够通过的频率范围称为通频带或通带，把信号受到很大衰减或完全被抑制的频率范围称为阻带。通带和阻带之间的分界频率称为截止频率。理想滤波器在通带内的电压增益为常数，在阻带内的电压增益为零，实际滤波器的通带和阻带之间存在一定的过渡带。

1）按所处理的信号，滤波器可分为模拟滤波器和数字滤波器两种。

模拟滤波器：能对模拟或连续时间信号进行滤波的电路和器件。

数字滤波器：由数字乘法器、加法器和延时单元组成的一种算法或装置。数字滤波器的功能是对输入离散信号的数字代码进行运算处理，以达到改变信号频谱的目的。

3-2 滤波电路

2）按所通过信号的频率范围，滤波器可分为低通滤波器、高通滤波器、带通滤波器和带阻滤波器四种。它们的幅频特性如图 3-9 所示，图中，粗实线为理想滤波器的幅频特性曲线，粗虚线为实际滤波器的幅频特性曲线。

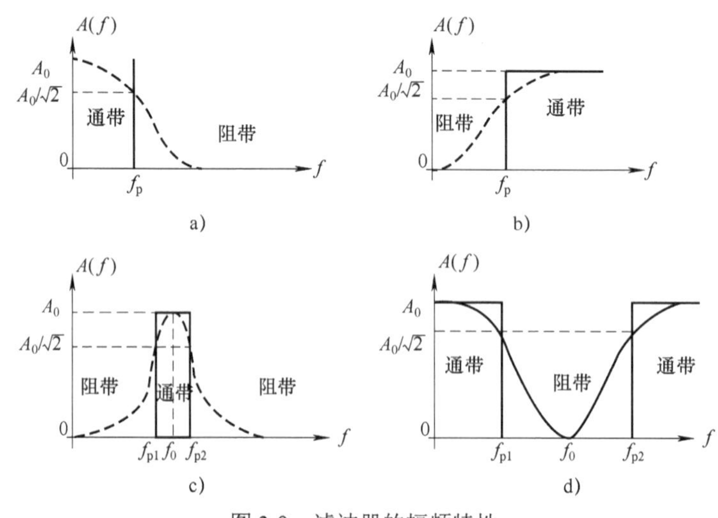

图 3-9 滤波器的幅频特性

a）低通滤波器 b）高通滤波器 c）带通滤波器 d）带阻滤波器

低通滤波器：允许信号中的低频或直流分量通过，抑制高频分量的干扰和噪声。

高通滤波器：允许信号中的高频分量通过，抑制低频或直流分量。

带通滤波器：允许一定频段的信号通过，抑制低于或高于该频段的信号、干扰和噪声。

带阻滤波器：抑制一定频段内的信号，允许该频段以外的信号通过。

3）按所采用的元器件，滤波器可分为无源和有源滤波器两种。

无源滤波器：仅由无源元件（R、L 和 C）组成的滤波器，利用电容和电感元件的电抗随频率的变化而变化的原理构成。优点是电路比较简单，不需要直流电源供电，可靠性高；缺点是通带内的信号有能量损耗，负载效应比较明显，使用电感元件时容易引起电磁感应，在低频域使用时电感的体积和重量较大。

有源滤波器：由无源元件（一般用 R 和 C）和有源器件（如集成运算放大器）组成。优点是通带内的信号不仅没有能量损耗，而且还可以放大，负载效应不明显，多级相连时相互影响很小，利用简单的级联方法很容易构成高阶滤波器，并目滤波器的体积小、重量轻，不需要磁屏蔽（由于不使用电感元件）；缺点是通带范围受有源器件（如集成运算放大器）的带宽限制，而且需要直流电源供电，可靠性不如无源滤波器高，在高压、高频、大功率的场合不适用。

4）按微分方程或传递函数的阶数，滤波器可分为有一阶滤波器、二阶滤波器或高阶滤波器等。设计和组成模拟滤波器时，高阶滤波器由多级一阶和二阶滤波器串联而成，故一阶和二阶滤波器是设计的关键。

实际滤波器幅频特性与理想滤波器的差异主要表现在两方面：①通带不平坦；②存在过渡带。滤波器有两种经典的设计方法，它们采用不同的设计准则使实际的滤波器特性接近理想滤波器。一种称为巴特沃斯型滤波器设计方法，其指导思想是使通带内有最大平坦的幅频特性（但阻带衰减缓慢）；另一种是切比雪夫型滤波器设计方法，其指导思想是阻带内衰减较快（但通带内幅频特性有 1～3dB 的纹波）。一般来说，滤波器阶次越高，幅频特性越接近理想，但随之而来的问题是系统复杂、相位滞后大。具体设计时，滤波器类型和阶次的选择需要依信号的频域特性而定。

滤波器的主要特性指标：

（1）通带增益 A_0

滤波器的通带增益是指通带内的电压放大倍数。对于低通滤波器，A_0 为 $\omega=0$ 时的增益；对于高通滤波器，A_0 为 $\omega\to\infty$ 时的增益。

（2）固有频率 f_0 和截止频率 f_c

固有频率 f_0 由滤波器电路的元件参数决定。截止频率 f_c 是滤波器通带与阻带之间的分界线，通常以幅频特性下降到通带增益 A_0 的 1/2 时对应的频率作为截止频率 f_c，$f_c=\dfrac{\omega_c}{2\pi}$。

（3）通带截止频率 f_p 和阻带截止频率 f_r

通带截止频率为通带与过渡带边界点的频率，在该点信号增益下降到一个规定的下限，$f_p=\omega_p/2\pi$。

阻带截止频率 f_r 为阻带与过渡带边界点的频率，在该点信号衰耗（增益的倒数）下降到一个规定的下限，$f_r=\omega_r/2\pi$。

（4）阻尼系数 a 与品质因数 Q

阻尼系数 a 是表征滤波器对角频率为 ω_0 的信号的阻尼作用，是滤波器中表示能量衰耗的一项指标。阻尼系数的倒数 $1/a$ 称为品质因数 Q，是评价带通与带阻滤波器频率选择特性的一个重要指标，$Q=\omega_0/\Delta\omega$。其中 $\Delta\omega$ 为带通或带阻滤波器的 3dB 带宽，f_0 为中心频率，在很多情况下中心频率与固有频率相等。

3.2.1 无源滤波电路

无源滤波器具有结构简单、噪声小和动态范围大等特点。最简单的一阶无源滤波器如图 3-10 所示，也称 RC 无源滤波器。

一阶无源低通滤波器如图 3-10a 所示，其电路的输入电压为 u_i，输出电压为 u_o，则电路的微分方程为

$$RC\frac{\mathrm{d}u_o}{dt}+u_o=u_i \tag{3-9}$$

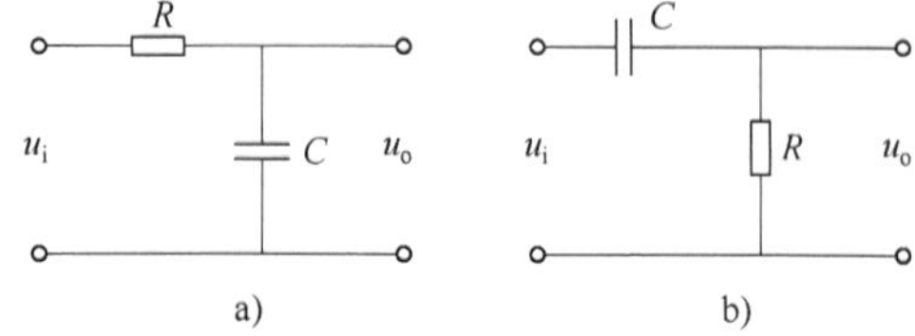

图 3-10 一阶无源滤波器

a）一阶无源低通滤波器 b）一阶无源高通滤波器

令 $\tau=RC$，称为时间常数，对式（3-9）取拉普拉斯变换，可得

$$G(s)=\frac{1}{\tau s+1} \tag{3-10}$$

或

$$G(f)=\frac{1}{\mathrm{j}\omega 2\pi\tau+1} \tag{3-11}$$

其幅频、相频特性为

$$A(f)=|G(f)|=\frac{1}{\sqrt{1+(2\pi f\tau)^2}} \tag{3-12}$$

$$\phi(f)=\arctan(2\pi f\tau) \tag{3-13}$$

分析可知，当 f 很小时，$A(f)=1$，信号不受衰减的影响，可以通过；当 f 很大时，$A(f)=0$，信号完全被阻挡，不能通过。

但由于无源滤波器存在损耗电阻，信号在传递过程中能量损耗大，且滤波器外接负载电阻对滤波器的特性参数（如通带增益、截止频率等）影响较大，使无源滤波器的应用受到一定的限制。RC 有源滤波器能有效地解决上述问题。

3.2.2 RC 有源滤波电路

RC 有源滤波器由电阻、电容和集成运算放大器组成。利用有源器件的放大和隔离作用，RC 有源滤波器在通带内有一定的增益和很强的带负载能力。

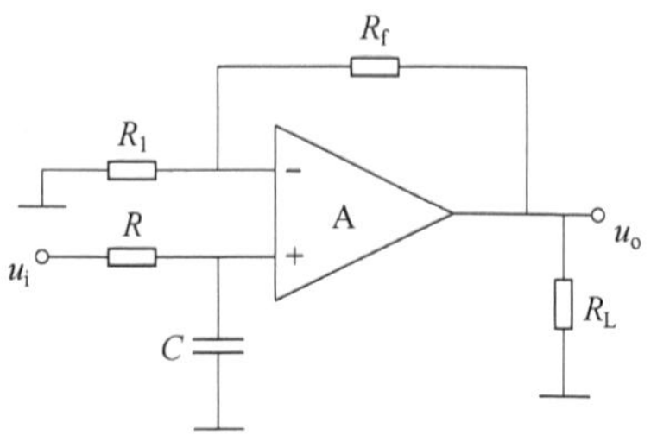

图 3-11 一阶 RC 有源低通滤波器

图 3-11 所示为一典型的一阶 RC 有源低通滤波器。集成运放位于 RC 滤波器和负载 R_L 之间，起信号放大

和隔离作用，其频率响应特性为

$$A(\omega)=\frac{1}{1+\mathrm{j}\dfrac{\omega}{\omega_0}}\left(1+\frac{R_f}{R_1}\right) \tag{3-14}$$

式中，ω 为滤波器的固有频率，$\omega=1/RC$；截止频率 ω_p 等于固有频率 ω_0，其通带增益为 $A_0=1+R_f/R_1$。

若将图 3-11 中的 R 和 C 位置互换，其他接法不变，此时的电路具有高通滤波器的特性，称为典型的一阶 RC 有源高通滤波器。

3.3 信号变换

3.3.1 电压/电流变换

为了减小长线传输过程中线路电阻和负载电阻变化的影响，常采用电流传输的形式，为此需要进行电压/电流变换。目前国际标准的信号制式是 4～20mA 输出，即被测量在量程范围内的最小值对应 4mA 输出，最大值对应 20mA 输出。

（1）负载浮置的电压/电流转换电路

图 3-12 为负载接输出端的反向运算放大器电路，由图可知 $I_1=I_2=\dfrac{u_i}{R_1}$，$I_3=\dfrac{u_o}{R_3}$，$u_o=-I_2R_2$，则

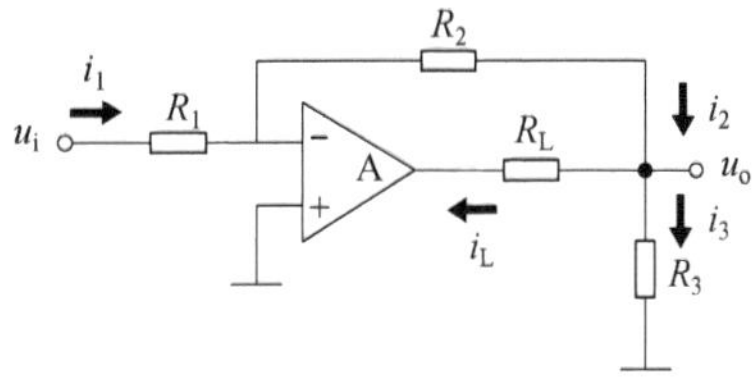

图 3-12　负载接输出端的反向运算放大器电路

$$i_L=i_2-i_3=\frac{u_i}{R_1}\left(1+\frac{R_2}{R_3}\right) \tag{3-15}$$

由式（3-15）可知，这种变换电路的负载电流由输入电压和放大器的输出共同提供，可以通过改变电阻的大小来调节负载电流。但由于这种电路的负载电流受到运算放大器带载能力的限制，一般在数毫安以下。

（2）负载接地的电压/电流变换电路

实际应用中常常要求负载电阻一端接地，以便与后续电路相连，所以可以采用单个或两个运算放大器电路组成负载接地的电压/电流变换器，负载接地的单运放电压/电流变换电路如图 3-13 所示。

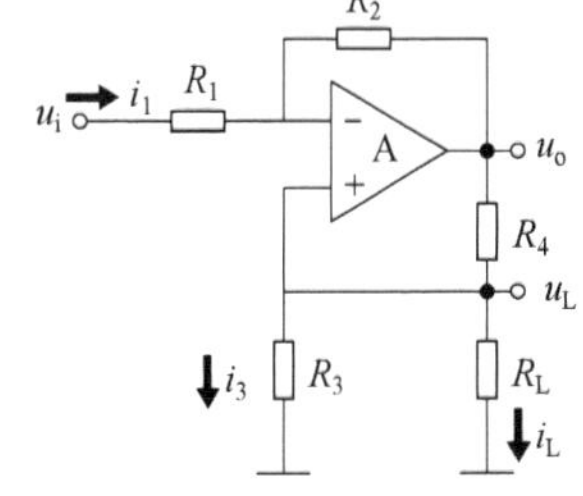

图 3-13　负载接地的单运放电压/电流变换电路

令 $\dfrac{R_4}{R_3}=\dfrac{R_2}{R_1}$，可知 $u_L=-\dfrac{R_L}{R_3}u_i$，则有

$$i_L=\frac{u_L}{R_L}=-\frac{1}{R_3}u_i \tag{3-16}$$

当单运放电压/电流变换器采用的电阻满足式（3-16）时，负载电流与输入电压呈线性

关系，与负载电阻无关。在选择电阻参数时，通常将 R_1、R_3 阻值取大一些，以减小输入信号源的电流 i_1 和 R_4 的分流作用，R_2、R_4 阻值要取小一些，以减小 R_2、R_4 上的电压降。

3.3.2 电压/频率变换

电压/频率（V/F）变换是将模拟输入电压转换成与之成正比的振荡频率，其频率信息可远距离传递并具有优良的抗干扰能力。除了提供一种具有较高抗干扰能力的信号传输形式以外，作为一种将模拟量转换成数字量的方式，V/F 变换还提供了一种节省系统接口资源的选择方式。

图 3-14a 为电荷平衡型 V/F 变换电路，图 3-14b 所示为其关键节点的波形。单稳态定时器的输出经由模拟开关 S 控制积分器的充放电过程。S 断开时，积分器输出电压 u_{o1} 线性下降，u_{o1} 下降到 0 时电压比较器输出一个正脉冲；该正脉冲触发单稳态定时器进入暂态过程，暂态时间 t_0 由 R_T 和 C_T 决定，单稳态定时器在暂态时输出高电平使开关 S 合上；由于 $I_R >> \dfrac{u_{imax}}{R}$，积分器输出线性上升，直到暂态时间结束，开关 S 断开，如此循环往复，由作为缓冲器的共射电路 VT 输出振荡波形，振荡频率与输入电压的关系为 $f = \dfrac{u_i}{RI_R t_0}$

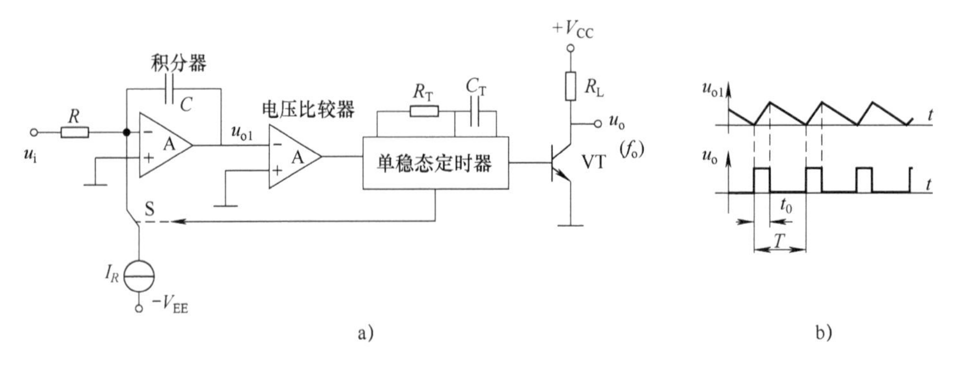

图 3-14 电荷平衡型 V/F 变换电路及其波形

a）电路 b）波形

习 题

1. 现有电路：

A. 反相运算电路 B. 同相运算电路 C. 积分运算电路

D. 微分运算电路 E. 加法运算电路 F. 乘方运算电路

选择一个合适的答案填入括号内。

1）将正弦波电压移相 +90°，应选用（ ）。

2）将正弦波电压转换成 2 倍频电压，应选用（ ）。

3）将正弦波电压叠加上一个直流量，应选用（ ）。

4）实现放大倍数为−100 的放大电路，应选用（ ）。

5）将方波电压转换成三角波电压，应选用（　　）。

6）将方波电压转换成尖顶波电压，应选用（　　）。

2. 填空

1）为了避免 50Hz 电网电压的干扰进入放大器，应选用（　　）滤波电路。

2）已知输入信号的频率为 10～12kHz，为了防止干扰信号的混入，应选用（　　）滤波电路。

3）为了获得输入电压中的低频信号，应选用（　　）滤波电路。

3. 设计一个比例运算电路，要求输入电阻 R_i=20kΩ，放大倍数为－100。

4. 电路如图 3-15 所示，试求其输入电阻和放大倍数。

5. 分别推导如图 3-16 所示各电路的传递函数，并说明它们属于哪种类型的滤波电路。

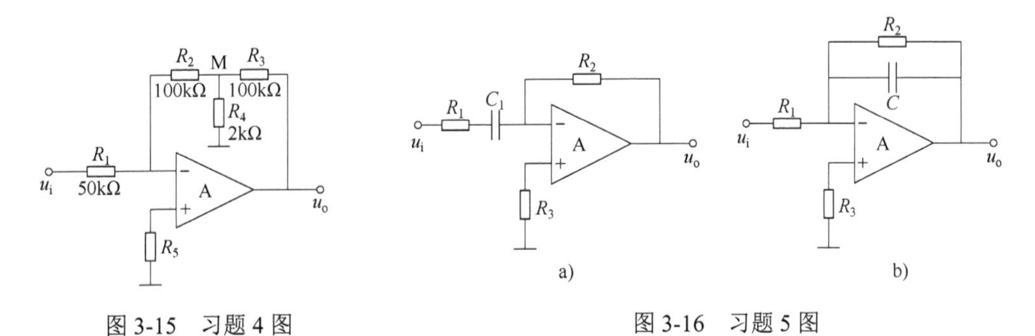

图 3-15　习题 4 图　　图 3-16　习题 5 图

综合训练

利用仿真软件 EWB 或 Multisim 仿真图 3-17 电路，画出波特图，并说明是哪种滤波电路。

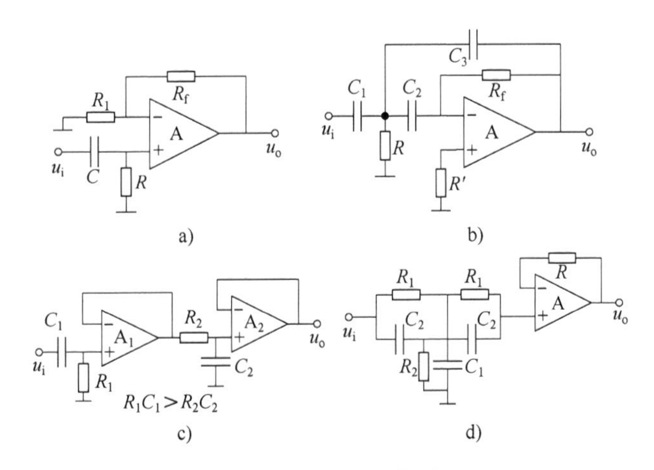

图 3-17　综合训练图

第二篇

传感器原理及应用

第 4 章　电阻式传感器

电阻式传感器是将被测非电量的变化经敏感元件及转换元件转换成电阻值的变化，通过测量此电阻值达到测量非电量的目的。电阻式传感器的种类很多，包括电位器式传感器、电阻应变式传感器和压阻式传感器等。利用电阻式传感器可以测量形变、压力、力、位移和加速度等非电量参数。

4.1　电阻应变式传感器

4-1 电阻应变效应

4.1.1　工作原理

1. 电阻应变效应

电阻应变片的工作原理是金属电阻的应变效应，即当电阻丝在外力下作用发生形变时，其电阻值将发生变化。

设有一根长度为l、截面积为S、电阻率为ρ的电阻丝，如图 4-1 所示。在未受力时，原始电阻值为

$$R=\rho\frac{l}{S} \tag{4-1}$$

当电阻丝受到轴向拉力F作用（仅讨论受拉力情况）时，电阻丝将伸长Δl，横截面积相应减少 ΔS。而电阻率也因形变而改变，故引起电阻丝电阻值变化。

图 4-1　电阻丝受力作用后几何尺寸发生变化

对式（4-1）进行全微分，则得

$$\mathrm{d}R=\frac{\rho}{S}\mathrm{d}l+\frac{l}{S}\mathrm{d}\rho-\frac{\rho l}{S^2}\mathrm{d}S$$

结合式（4-1），可得

$$\frac{\mathrm{d}R}{R}=\frac{\mathrm{d}l}{l}+\frac{\mathrm{d}\rho}{\rho}-\frac{\mathrm{d}S}{S} \tag{4-2}$$

也可用相对变化量来表示，则有

$$\frac{\Delta R}{R}=\frac{\Delta l}{l}+\frac{\Delta\rho}{\rho}-\frac{\Delta S}{S} \tag{4-3}$$

式中，$\frac{\Delta R}{R}$为电阻的相对变化；$\frac{\Delta\rho}{\rho}$为电阻率的相对变化；$\frac{\Delta l}{l}$为电阻丝长度的相对变化，用ε表示，$\varepsilon=\frac{\Delta l}{l}$称为电阻丝长度方向的应变或轴向应变；$\frac{\Delta S}{S}$为横截面积的相对变化。电阻丝横截面积为$S=\pi r^2$，微分后可得

$$\mathrm{d}S=2\pi r\mathrm{d}r \tag{4-4}$$

则电阻丝横截面积的相对变化量与半径的相对变化量的关系为

$$\frac{\Delta S}{S}=2\frac{\Delta r}{r} \tag{4-5}$$

式中，$\frac{\Delta r}{r}$为电阻丝半径的相对变化，即径向应变ε_{r}。

由材料力学的相关知识可知，在弹性范围内金属丝沿长度方向伸长时，径向（横向）尺寸缩小，反之亦然。即轴向应变ε与径向应变ε_{r}存在关系：

$$\varepsilon_{\mathrm{r}}=-\mu\varepsilon \tag{4-6}$$

式中，μ为金属丝的泊松比。

根据实验研究结果，金属材料电阻率相对变化与其体积相对变化之间有下列关系：

$$\frac{\Delta\rho}{\rho}=C\frac{\Delta V}{V} \tag{4-7}$$

式中，C为金属材料的某个常数（由材料和加工方式决定）；V为体积，因为$V=Sl$，则体积相对变化为

$$\frac{\Delta V}{V}=\frac{\Delta S}{S}+\frac{\Delta l}{l}=2\varepsilon_{\mathrm{r}}+\varepsilon=(1-2\mu)\varepsilon \tag{4-8}$$

由此得

$$\frac{\Delta\rho}{\rho}=C\frac{\Delta V}{V}=C(1-2\mu)\varepsilon \tag{4-9}$$

将上述各关系式一并代入式（4-3），得

$$\frac{\Delta R}{R}=\left[(1+2\mu)+C(1-2\mu)\right]\varepsilon=K_{\mathrm{m}}\varepsilon \tag{4-10}$$

式中，K_{m}为电阻丝的应变灵敏系数，即单位应变所引起的电阻相对变化，$K_{\mathrm{m}}=(1+2\mu)+C(1-2\mu)$。

可见，K_{m}受两个因素的影响，前一项仅由电阻丝材料受力后的几何尺寸变化引起；后一项是由电阻丝的电阻率ρ随应变引起的变化。

金属电阻的应变效应以结构尺寸变化为主，即$1+2\mu$的值要比$C(1-2\mu)$大得多，后者可忽略不计。

2. 金属电阻应变片

根据应变片原材料形状和制造工艺的不同，应变片的结构形式有丝绕式、箔式和薄膜式三种。

虽然电阻应变片的结构形式各异，但其结构大体相同，一般由敏感栅、引出线、基底、

覆盖层、黏结剂等组成。

图 4-2 所示为丝绕式应变片结构示意图，其中敏感栅是应变片最重要的部分，以直径约为 0.025mm 的合金电阻丝绕成形如栅栏。敏感栅的纵向轴线称为应变片轴线，l 为应变片的标距或称工作基长，b 为应变片的工作宽度，$l \times b$ 为应变片的使用面积。根据不同用途，栅长可为 0.2～200mm。敏感栅粘贴在绝缘的基底上，基底用以保持敏感栅及引出线的几何形状和相对位置，并将被测件上的应变迅速准确地传递到敏感栅上，因此基底做得很薄，一般为 0.02～0.4mm。敏感栅上面粘有保护作用的覆盖层。黏结剂将敏感栅、基底及覆盖层黏结在一起。在使用应变片时也采用黏结剂将应变片与被测件粘牢。引出线常用直径为 0.10～0.15mm 的镀锡铜线，并与敏感栅两输出端焊接。

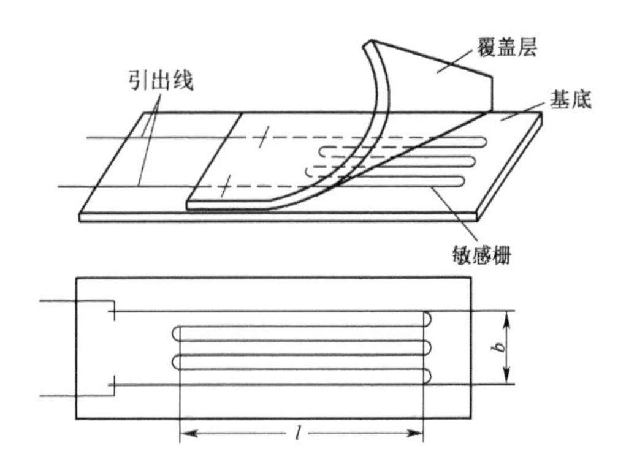

图 4-2　丝绕式应变片结构示意图

金属箔式应变片的敏感栅是由很薄的箔片制成，箔厚只有约 0.003～0.10mm，用光刻技术制作，如图 4-3 所示。箔式应变片具有横向效应小、测量精度高、散热好、工作电流大、测量灵敏度高和易于成批生产等多种优点，目前已经在许多场合取代了丝绕式应变片。

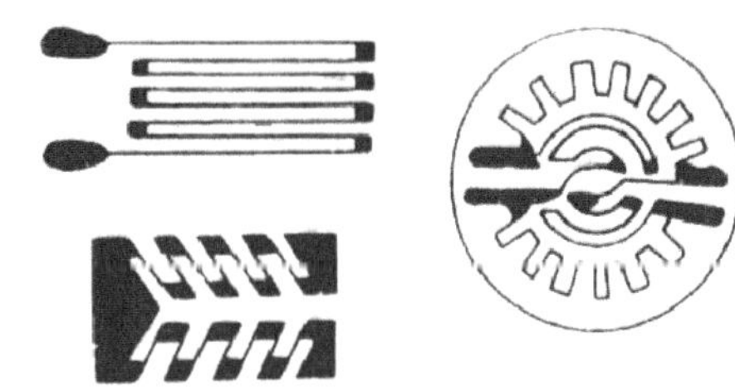

图 4-3　箔式应变片结构示意图

薄膜式应变片采用真空蒸发或真空淀积方法在薄的绝缘基底上形成金属电阻材料薄膜（厚度 0.1μm 以下）作为敏感栅，其优点是应变灵敏系数高，允许电流密度大，易实现工业化生产，是一种很有前途的新型应变片，目前实际使用中面临的主要问题是尚难控制其电阻对温度和时间的变化关系。

3. 主要特性

（1）灵敏系数

应变片的应变灵敏系数是指应变片安装于试件表面后，在其轴线方向的单向应力作用下，应变片的阻值相对变化与试件表面上安装应变片区域的轴向应变之比，又称标称灵敏系数，其计算公式为

$$K = \frac{\Delta R/R}{\varepsilon} \tag{4-11}$$

电阻应变片的应变特性与金属单丝时不同，因此必须用实验方法对应变片的应变灵敏系数 K 进行测定。

实验表明，电阻应变片的应变灵敏系数 K 恒小于电阻丝的应变灵敏系数 K_m，其原因除了黏结层传递变形失真外，还存在横向效应。

（2）横向效应

由上述应变片结构可知，粘贴在受单向拉伸力试件上的应变片，其敏感栅是由多条直

线的纵栅和圆弧形或直线形的横栅组成。纵栅只感受沿轴向拉力应变 ε_x，但横栅既对应变片轴线方向的应变敏感，又对垂直于轴线方向的横向应变敏感，应变片横栅的电阻变化将纵栅的电阻变化抵消了一部分，使总阻值变化减小，从而降低了整个应变片的灵敏系数，这就是应变片的横向效应。这种现象的产生和影响与应变片的结构有关。为了减小横向效应产生的测量误差，现在一般多采用箔式应变片。

（3）机械滞后

应变片安装在试件上以后，在一定的温度下，在零和某一指定应变之间，做出应变片电阻相对变化 ($\Delta R/R$，即指示应变 ε_i) 与试件机械应变 ε_R 之间加载和卸载的特性曲线，如图 4-4 所示。实验发现这两条曲线并不重合，在同一机械应变下，卸载时的 ε_i 高于加载时的 ε_i，这种现象称为应变片的机械滞后，加载和卸载特性曲线之间的最大差值 $\Delta\varepsilon_m$ 称为应变片的滞后值。

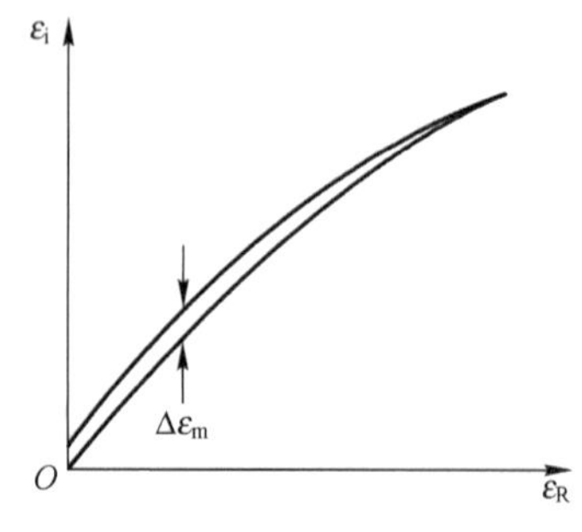

图 4-4 机械滞后

机械滞后的大小与应变片所承受的应变量有关，加载时的机械应变越大，卸载过程中的机械滞后就越大。尤其是新粘贴的应变片，第一次承受应变时，常产生较大的机械滞后，经历几次加载卸载循环后，机械滞后便显著减小。所以，一个传感器制作完成后，最好预先加载和卸载数次，以减小机械滞后。

机械滞后产生的原因主要是敏感栅、基底和黏结剂在承受机械应变 ε_R 之后留下的残余形变。在制造或粘贴应变片时，如果敏感栅受到不适当的形变，或黏结剂固化不充分，都会使机械滞后增大。应变片在较高的温度下工作时，机械滞后也会显著地增大。

（4）温度效应及其补偿

1）温度效应。粘贴在试件上的电阻应变片除感受机械应变而产生电阻相对变化外，环境温度的变化也会引起电阻的相对变化，产生虚假应变，这种现象称为温度效应。

由于环境温度改变引起电阻值变化的原因：一是敏感栅的电阻温度系数；二是电阻丝与被测件材料的线膨胀系数不同。

当环境温度变化 Δt 时，应变片电阻的增量 ΔR_t 可表示为

$$\Delta R_t = R_0\alpha\Delta t + R_0K(\beta_1 - \beta_2)\Delta t = R_0\left[\alpha + K(\beta_1 - \beta_2)\right]\Delta t \tag{4-12}$$

令 $\alpha_t = \alpha + K(\beta_1 - \beta_2)$，则

$$\Delta R_t = R_0\alpha_t\Delta t \tag{4-13}$$

式中，R_0 为 0°C 时电阻丝应变片的电阻值；α 为电阻丝材料的电阻温度系数；K 为电阻应变片的应变灵敏系数；β_1 为被测试件材料的线膨胀系数；β_2 为电阻丝材料的线膨胀系数；α_t 为电阻丝应变片的电阻温度系数。

由式（4-13）可以看出，α_t 越小，温度影响越小。

2）温度补偿。如上所述，温度变化会引起应变片电阻的变化，从而引入测量误差。为确保精度，即使在常温条件下使用也需要采取温度补偿措施。温度补偿方法通常有两种：应变片自补偿法和电桥补偿法。

采用特殊应变片，当温度变化时，产生的虚假应变为零或相互抵消，这种应变片称为

自补偿应变片，利用这种应变片实现温度补偿的方法称为应变片自补偿。

① 单丝自补偿应变片。应变片最简单的自补偿，是在无应力状态时，仅仅考虑材料的线膨胀系数，选择合适温度系数的电阻材料，消除温度变化所引起的电阻变化。因此，实现温度自补偿的条件是使应变片在温度变化 Δt 时的电阻输出为零，即

$$\alpha + K(\beta_1 - \beta_2) = 0 \tag{4-14}$$

则可得

$$\alpha = K(\beta_2 - \beta_1) \tag{4-15}$$

每一种材料的被测试件，其线膨胀系数 β_1 都为确定值，可以在相关的材料手册中查到。在选择应变片时，若应变片的敏感栅是用单一的合金丝制成，并使其电阻温度系数 α 和线膨胀系数 β_2 满足上式的条件，即可实现温度自补偿。具有这种敏感栅的应变片称为单丝自补偿应变片。单丝自补偿应变片的优点是结构简单，制造和使用都比较方便，但它必须在具有一定线膨胀系数材料的试件上使用，否则不能达到温度补偿的目的。

② 双丝组合式自补偿应变片双丝组合式自补偿应变片由两种不同电阻温度系数（一种为正值，一种为负值）的材料串联组成敏感栅，在一定的温度范围内在一定材料的试件上实现温度补偿，如图 4-5 所示。

应变片的两段敏感栅随温度变化而产生的电阻增量大小相等，符号相反，即 $(\Delta R_1)_t = -(\Delta R_2)_t$ 。这种补偿方法的优点是在制造时可以调节两段敏感栅的线段长度比，以便在一定材料的受力件上和一定的温度范围内获得较好的温度补偿效果。

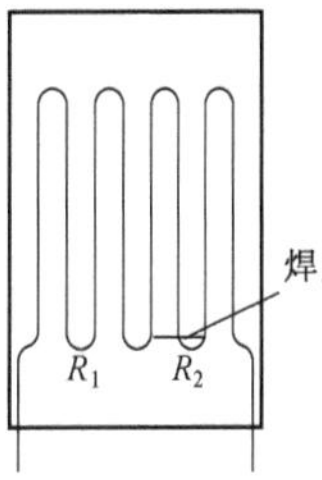

图 4-5　双丝组合式自补偿应变片

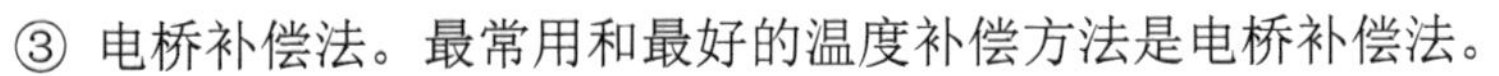

③ 电桥补偿法。最常用和最好的温度补偿方法是电桥补偿法。

工作应变片 R_1 安装在被测试件上，另选一个其特性与 R_1 相同的补偿片 R_B ，安装在材料与试件相同的某补偿块上，工作环境温度与 R_1 相同，但不承受应变，则 $(\Delta R_1)_t$ 和 $(\Delta R_B)_t$ 相同，如图 4-6 所示。 R_1 和 R_B 接入电桥相邻臂上，如图 4-7 所示。根据电桥理论可知，当工作应变片感受应变时电桥将产生相应输出电压 u_o ，而该电压与温度变化无关。

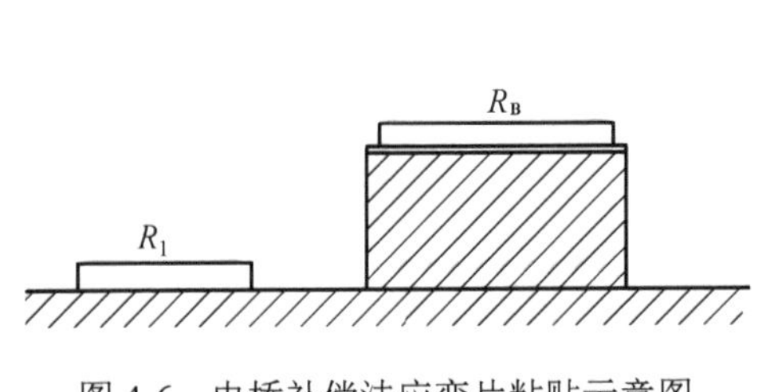

图 4-6　电桥补偿法应变片粘贴示意图

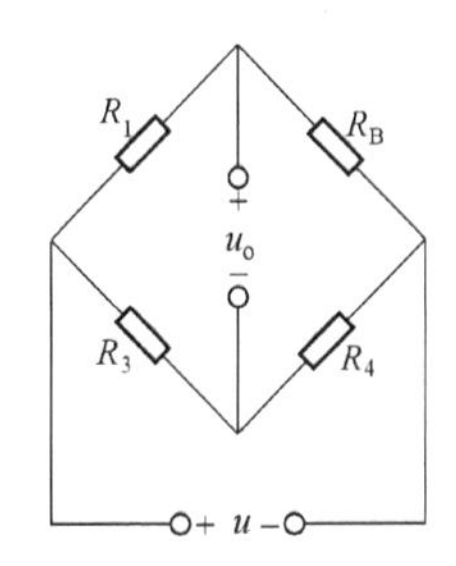

图 4-7　电桥补偿法

应当指出，若要达到完全的温度补偿，需满足以下三个条件：① R_1 和 R_B 属于同一批号制造的电阻，即它们的电阻温度系数 α 、线膨胀系数 β 、应变灵敏系数 K 都相同，两应变片的初始电阻值也要求一样；②粘贴补偿片的构件材料和粘贴工作片的材料必须一样，即

要求两者的线膨胀系数一样；③两应变片处于同一温度场。

电桥补偿法简单易行，而且能在较大的温度范围内补偿，但上述三个条件不易满足，尤其是第三个条件，温度梯度变化大，R_1和R_B很难处于同一温度场。在应变测试的某些条件下，可以巧妙地安装应变片，无须温度补偿也可提高测量灵敏度。如图4-8所示，将特性相同的两个应变片R_1和R_B分别贴于梁上下两面对称位置，当梁受力弯曲应变时，R_1和R_B电阻变化值相同而符号相反，将R_1和R_B接入差动电桥，当梁上下温度一致时，R_1和R_B可起温度补偿作用。差动电桥补偿法简单易行，使用普通应变片即可对各种试件材料在较大温度范围内进行补偿，因而最为常用。

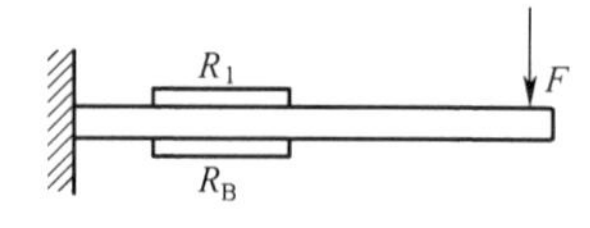

图4-8 差动电桥补偿法

4.1.2 测量电路

应变片将试件应变ε转换成电阻相对变化$\Delta R/R$，为了能使用电测量仪器进行测量，还必须将$\Delta R/R$进一步转换成电压或电流信号。这种测量电路通常采用桥式测量电路，如图4-9所示。它由被连接成四边形的四个阻抗、跨接在其中一条对角线上的激励源（电压源或电流源）和跨接在另一个对角线上的电压检测器构成。图中四个桥臂Z_1、Z_2、Z_3、Z_4按顺时针方向为序，A、B为输出端，C、D为电源端。

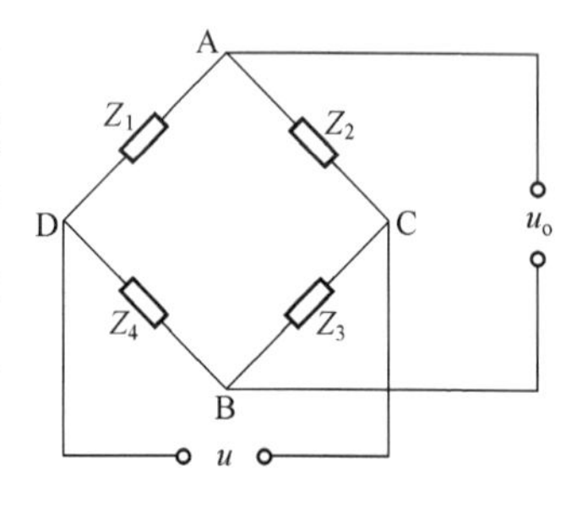

图4-9 桥式测量电路

按供电电源情况，可将桥式测量电路分为直流电桥和交流电桥。直流电桥采用直流电源供电，其四个桥臂只能接入电阻。交流电桥采用交变电源供电，其四个桥臂可接入电阻、电感或者电容。电桥中任何一个桥臂都可以是电阻应变片，分别构成惠斯通、差动和全臂电桥。

桥式测量电路的特点是当四个桥臂阻抗达到某一关系时，电桥处于平衡状态，电桥输出为零，否则就有电压输出，可用电压表来测量，故桥式测量电路能够精确地测量微小的电阻变化。

1. 直流电桥

假设电源为电压源，内阻为零，电桥的负载电阻为无穷大，则电桥的输出电压为

$$U_o=\frac{R_1R_3-R_2R_4}{(R_1+R_2)(R_3+R_4)}U \tag{4-16}$$

电桥平衡时，电桥输出为零，即$U_o=0$，则根据式（4-16）可知，$R_1R_3=R_2R_4$，即相对臂电阻乘积相等。

下面分别针对惠斯通电桥、双臂电桥和全臂电桥进行讨论。

（1）惠斯通电桥

一个桥臂接入应变片，其余桥臂上为固定阻值电阻，如图4-10所示。图中，R_1为电阻应变片，R_2、R_3和R_4为固定阻值电阻。

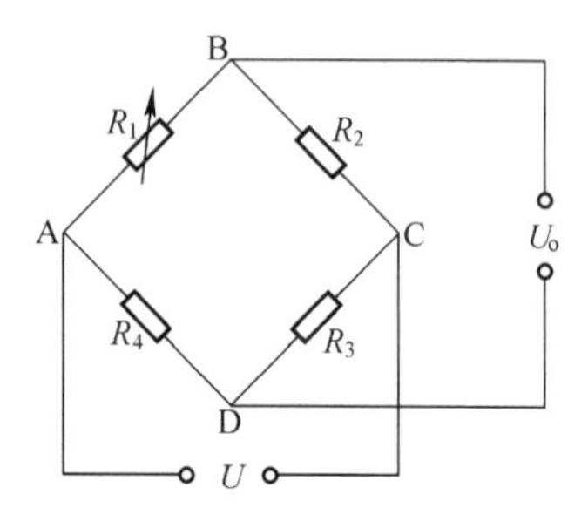

图4-10 惠斯通电桥

当应变片未承受应变时，电桥处于平衡状态，电桥输出电压为零，此时$R_1R_3=R_2R_4$；当应变片承受应变时，应变片R_1产

生一增量 ΔR_1，电桥失去平衡，电桥输出电压为

$$U_o = \frac{(R_1+\Delta R_1)R_3 - R_2R_4}{(R_1+\Delta R_1+R_2)(R_3+R_4)}U = \frac{\dfrac{\Delta R_1}{R_1}\dfrac{R_3}{R_4}}{\left(1+\dfrac{\Delta R_1}{R_1}+\dfrac{R_2}{R_1}\right)\left(1+\dfrac{R_3}{R_4}\right)}U \tag{4-17}$$

令桥臂电阻比 $\dfrac{R_2}{R_1}=\dfrac{R_3}{R_4}=n$，因 $\Delta R_1 << R_1$，略去分母中的微小项 $\dfrac{\Delta R_1}{R_1}$，则有

$$U_o = U\frac{n}{(1+n)^2}\frac{\Delta R_1}{R_1} \tag{4-18}$$

令

$$K_u = \frac{U_o}{\dfrac{\Delta R_1}{R_1}} = U\frac{n}{(1+n)^2} \tag{4-19}$$

式中，K_u 为电桥的电压灵敏度。可见，电桥的电压灵敏度与电桥电源电压 U 和桥臂电阻比 n 有关。适当提高电源电压 U 和桥臂电阻比 n，可提高惠斯通电桥的灵敏度。如果电源电压一定，当 $n=1$，即 $R_1=R_2$，$R_3=R_4$ 时，可得最大的电压灵敏度，此时电压灵敏度为 $K_u=U/4$，电桥输出电压为

$$U_o - \frac{U}{4}\frac{\Delta R_1}{R_1} \tag{4-20}$$

式（4-20）是在假定 $\Delta R_1 << R_1$ 的情况下得到的一种理想情况，而根据式（4-17），可知实际输出为

$$U_o' = \frac{\dfrac{\Delta R_1}{R_1}}{2\left(2+\dfrac{\Delta R_1}{R_1}\right)}U \tag{4-21}$$

则非线性误差 γ 为

$$\gamma = \frac{U_o'-U_o}{U_o} = \frac{-\dfrac{\Delta R_1}{R_1}}{2+\dfrac{\Delta R_1}{R_1}} \tag{4-22}$$

（2）差动电桥

在两个相邻桥臂接入应变片，其余桥臂上为固定阻值电阻，如图 4-11 所示。图中，R_1 和 R_2 为电阻应变片，且 $R_1=R_2=R$，R_3 和 R_4 为固定阻值电阻。

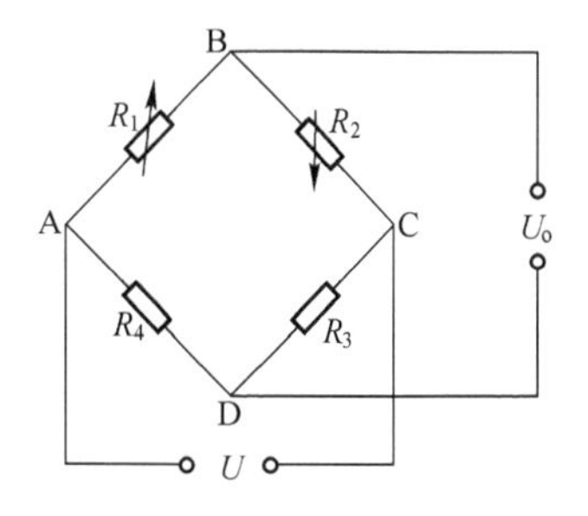

图 4-11　差动电桥

当应变片未承受应变时，电桥处于平衡状态，电桥输出电压为零，此时 $R_1R_3=R_2R_4$；当应变片承受应变时，应变片 R_1 阻值增大 ΔR_1，应变片 R_2 阻值减小 ΔR_2，且 $\Delta R_1=\Delta R_2=\Delta R$，则电桥失去平衡，根据式（4-17），输出电压为

$$U_o = \frac{(R_1 + \Delta R_1)R_3 - (R_2 - \Delta R_2)R_4}{(R_1 + \Delta R_1 + R_2 - \Delta R_2)(R_3 + R_4)} U = \frac{U}{2}\frac{\Delta R}{R} \tag{4-23}$$

由式（4-23）可知，差动电桥输出的非线性误差为零，电压灵敏度为$K_u = U/2$，比惠斯通电桥提高了一倍，同时起到了温度补偿的作用。

（3）全臂电桥

为了提高电桥的灵敏度或进行温度补偿，可采用全桥电路，如图 4-12 所示。图中，R_1、R_2、R_3和R_4均为电阻应变片，且初始阻值相等，即$R_1 = R_2 = R_3 = R_4 = R$，当应变片承受应变时，应变片$R_1$和$R_3$阻值增大$\Delta R$，应变片$R_2$和$R_4$阻值减小$\Delta R$，电桥输出电压为

$$U_o = \frac{(R_1 + \Delta R_1)(R_3 + \Delta R_3) - (R_2 - \Delta R_2)(R_4 - \Delta R_4)}{(R_1 + \Delta R_1 + R_2 - \Delta R_2)(R_3 + \Delta R_3 + R_4 - \Delta R_4)} U = \frac{\Delta R}{R} U \tag{4-24}$$

由式（4-24）可知，全臂电桥输出的非线性误差为零，电压灵敏度为$K_u = U$，比差动电桥提高了一倍，同时起到了温度补偿的作用。

考虑一般情况，电桥四臂分别接入四个型号相同、初始阻值相等，灵敏度为K的电阻应变片，设粘贴处的应变分别为ε_1、ε_2、ε_3、ε_4，因$\Delta R_i << R_i$，故电桥的输出电压近似为

$$U_o = \frac{U}{4}\left(\frac{\Delta R_1}{R_1} - \frac{\Delta R_2}{R_2} + \frac{\Delta R_3}{R_3} - \frac{\Delta R_4}{R_4}\right) \tag{4-25}$$

将$\dfrac{\Delta R_i}{R_i} = K\varepsilon_i$（$i = 1,2,3,4$）代入式（4-25）得

$$U_o = \frac{U}{4} K(\varepsilon_1 - \varepsilon_2 + \varepsilon_3 - \varepsilon_4) \tag{4-26}$$

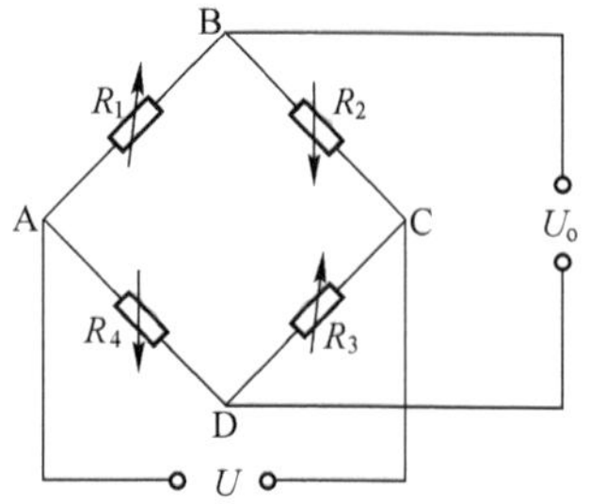

图 4-12　全臂电桥

因为应变电阻一般满足$\Delta R_i << R_i$，则式（4-25）或式（4-26）可认为是求电阻应变传感器接入直流电桥输出电压的通式。注意：每个传感器接入电桥（见图 4-12）的位置与式（4-25）、式（4-26）中的位置对应。通过分析表明，当$\Delta R_i << R_i$时，电桥的输出电压与应变成正比关系。

（4）应变片的串并联

在测量应变的电桥中，可将多片应变片串联或并联接入桥臂。

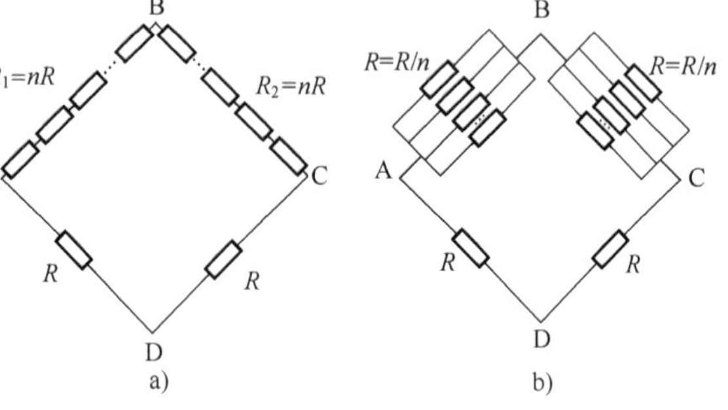

图 4-13　串并联电桥

a）串联电桥　b）并联电桥

如图 4-13a 所示，在 AB 桥臂中串联了n个阻值为R的应变片，则该桥臂的总阻值为nR，当每个应变片的电阻变化量分别为$\Delta R_1'$、$\Delta R_2'$、…、$\Delta R_n'$时，则有

$$\varepsilon_1 = \frac{1}{K}\frac{\Delta R_1}{R_1} = \frac{1}{K}\left(\frac{\Delta R_1' + \Delta R_2' + \cdots + \Delta R_n'}{nR}\right) = \frac{1}{n}(\varepsilon_1' + \varepsilon_2' \cdots + \varepsilon_n') \tag{4-27}$$

由式（4-27）可知，应变片串联后桥臂的应变为各个应变片应变值的算术平均值，应变片串联后电桥的输出反映了n个应变片的平均应变。

如图 4-13b 所示，在 AB 桥臂中并联了 n 个阻值为 R 的应变片，则该桥臂的总阻值为 R/n，当每个应变片的电阻变化量分别为 $\Delta R_1'$、$\Delta R_2'$、…、$\Delta R_n'$ 时，则有

$$\varepsilon_1 = \frac{1}{K}\frac{\Delta R_1}{R_1} = \frac{1}{K}\frac{\dfrac{1}{\dfrac{1}{\Delta R_1'}+\dfrac{1}{\Delta R_2'}+\cdots+\dfrac{1}{\Delta R_n'}}}{\dfrac{R}{n}} \tag{4-28}$$

若 $\Delta R_1' = \Delta R_2' = \cdots = \Delta R_n' = \Delta R'$，则式（4-28）变为

$$\varepsilon_1 = \frac{1}{K}\frac{\Delta R'}{R} = \varepsilon' \tag{4-29}$$

由式（4-29）可知，应变片并联后不改变电桥的输出电压，但电桥的输出电流相应地提高 n 倍。

（5）桥路调零

实际使用中，R_1、R_2、R_3 和 R_4 不可能严格成比例，所以即使在未受力时，电桥的输出也不一定能严格为零，因此需设置调零电路，如图 4-14 所示。调节 R_P，最终可以使 $R_1'R_3 = R_2'R_4$（R_1'、R_2' 是 R_1 与 R_P左 + R_5、R_2 与 R_P右 + R_5 并联之后的等效电阻），电桥趋于平衡，U_o 被预调到零位，这一过程称为调零。R_5 的作用是减小调节范围的限流电阻。

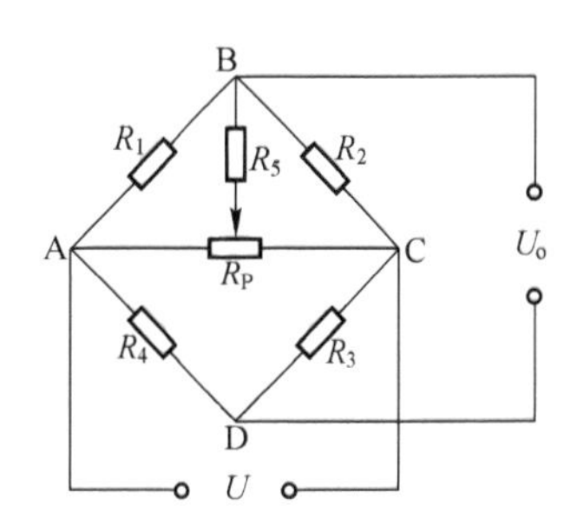

图 4-14　桥路的调零原理

2. 交流电桥

交流电桥常采用正弦电压供电，电桥的平衡条件受引线分布电感、分布电容、平衡调节、后续放大电路零漂等因素的影响，与直流电桥有明显的差别。

由图 4-9 可确定交流电桥的平衡条件为

$$Z_1Z_3 = Z_2Z_4 \tag{4-30}$$

将 $Z_i = z_i e^{j\phi_i}$（i=1，2，3，4）代入式（4-30），可得交流电桥的平衡条件为

$$\begin{cases} z_1z_3 = z_2z_4 \\ \phi_1+\phi_3 = \phi_2+\phi_4 \end{cases} \tag{4-31}$$

由式（4-31）可知，交流电桥的平衡条件是相对臂阻抗模的乘积相等；相对臂阻抗角的和相等。

交流电桥调平衡更为复杂，既要电阻调平衡，也要电容调平衡。

4.1.3　典型应用

电阻应变式传感器除可测量应力之外，还可用于测量力、荷重、扭矩、加速度、位移、压力等多种物理量。

1. 柱（筒）式力与荷重传感器

柱（筒）式力传感器的弹性敏感元件为实心圆柱或薄壁圆筒，如图 4-15 所示。

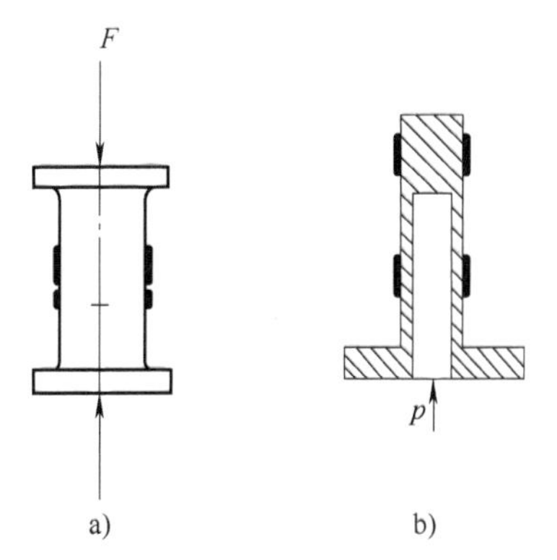

图 4-15　弹性敏感元件

a）实心圆柱　b）薄壁圆筒

柱（筒）式弹性敏感元件在弹性范围内的应力σ与应变ε的关系为

$$\varepsilon=\frac{\sigma}{E}=\frac{F/S}{E} \tag{4-32}$$

式中，F为作用在柱（筒）式弹性敏感元件上的轴向力；S为柱（筒）的受力面积；E为弹性敏感元件的弹性模量。

由式（4-32）可知，只要测出弹性敏感元件的应变就可以计算出作用在弹性敏感元件上的力F的大小，利用粘贴在弹性敏感元件上的应变片测量应变的大小，为消除偏心力的影响，需要进行有效的温度补偿，采用均匀分布、横竖贴法粘贴应变片。

在轴向布置一个或几个应变片，在圆周方向布置同样数目的应变片，后者取符号相反的横向应变，从而构成了差动对，如图4-16所示。

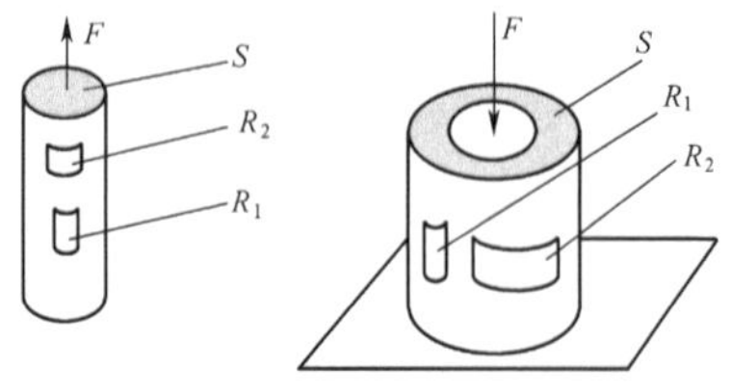

图4-16 应变片差动对

图4-17所示为荷重传感器，它是通过检验受力载体所受的载荷来完成对物体受力测量的传感器，将载体传来的压力转换成相应的电信号，从而达到测量的目的。电阻应变片粘贴在弹性体外壁应力分布均匀的中间部分，对称地粘贴多片，R_1和R_3串接，R_2和R_4串接，并置于桥路相对桥臂上以减小弯矩影响，横向贴片R_5、R_6、R_7和R_8的主要作用是温度补偿。

a)

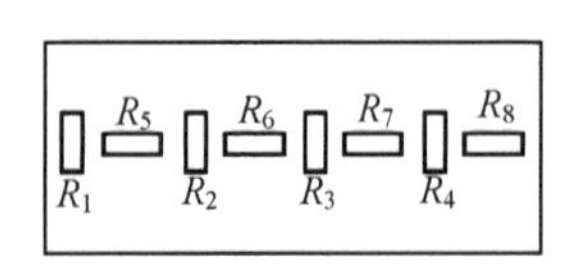

b)

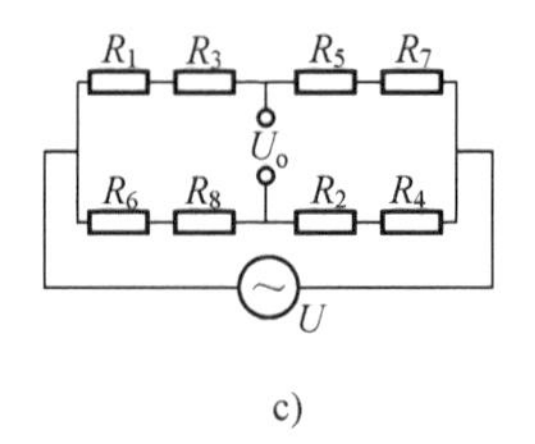

c)

图4-17 荷重传感器

a）实物图 b）圆柱面展开图 c）测量电路

2. 悬臂梁式力传感器

4-2 悬臂梁

悬臂梁是一端固定、一端自由的弹性敏感元件。它的特点是灵敏度比较高，所以多用于较小力的测量。

（1）等截面悬臂梁

等截面悬臂梁的表面沿l方向各点的力分布不等，等截面悬臂梁表面上的应变随位置l_0变化，四个（或两个）应变片的位置要对称，如图4-18所示。力作用在等截面悬臂梁的自由端，在距力作用点l_0处的上下表面，沿着轴线方向分别粘贴R_1、R_2、R_3和R_4四个电阻应变片，R_1和R_2粘贴在上表面，R_3和R_4粘贴在下表面，此时R_1和R_2若受拉，则R_3和R_4受压，上下表面发生极性相反的等量应变，把四个应变片组成全桥测量电路。

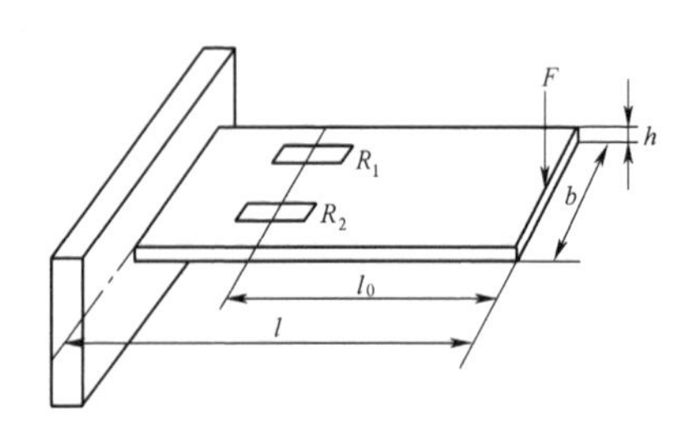

图4-18 等截面悬臂梁

$$\sigma = \frac{6Fl_0}{bh^2} \tag{4-33}$$

式中，b 为悬臂梁宽；h 为悬臂梁厚。

等截面悬臂梁适合于 5000N 以下的载荷测量。

（2）等强度悬臂梁

等强度悬臂梁是一种特殊形式的悬臂梁，如图 4-19 所示。当集中力 F 作用在自由端时，距作用力任何距离的截面上的应力相等，即

$$\sigma = \frac{6Fl}{b_0 h^2} \tag{4-34}$$

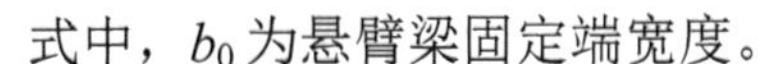

式中，b_0 为悬臂梁固定端宽度。

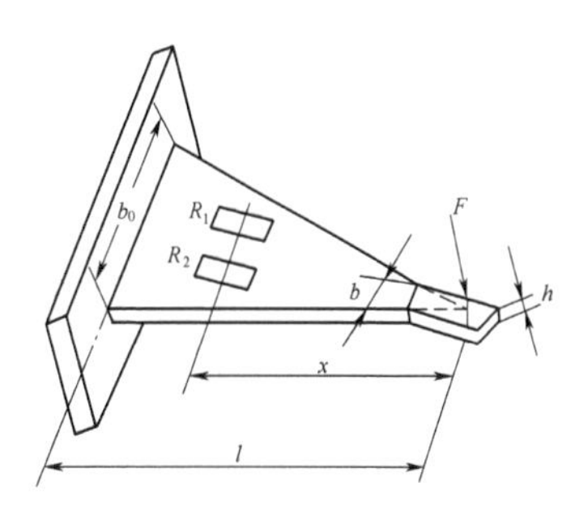

图 4-19　等强度悬臂梁

等强度悬臂梁对 l 方向上粘贴应变片的位置的要求不严格，设计时应根据最大载荷 F 和材料允许应力选择梁的尺寸。

图 4-20 为常用悬臂梁。

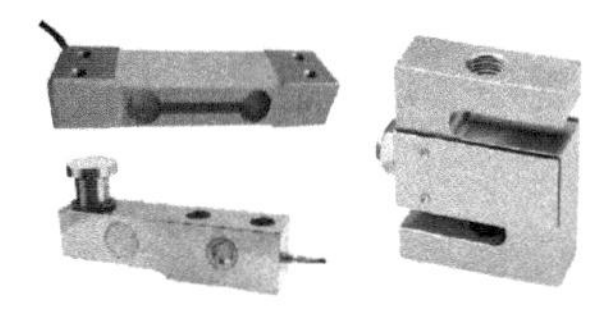

图 4-20　常用悬臂梁实物图

3. 应变式扭矩传感器

将专用的测扭应变片用应变胶粘贴在被测弹性轴上，并组成应变桥，可测试该弹性轴受扭的电信号，这就是应变式扭矩传感器。应变式扭矩传感器如图 4-21 所示，扭矩传感器水平安装示意图如图 4-22 所示。

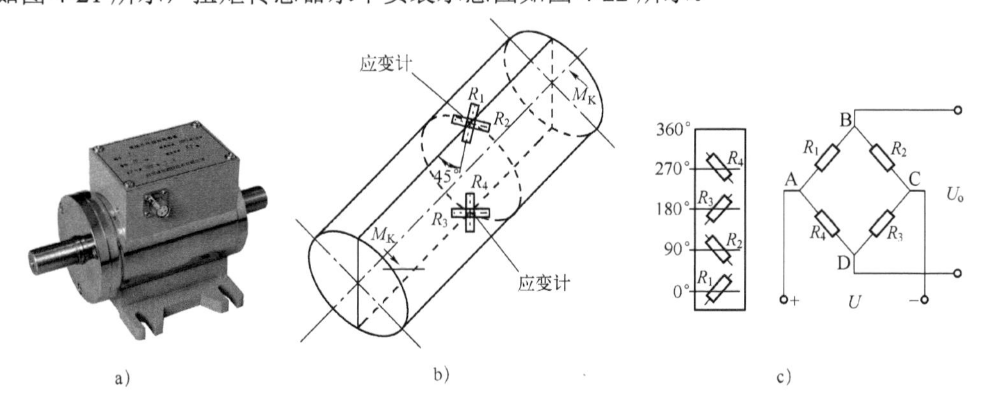

图 4-21　应变式扭矩传感器

a）实物图　b）应变片在弹性轴上的粘贴方式　c）测量电路

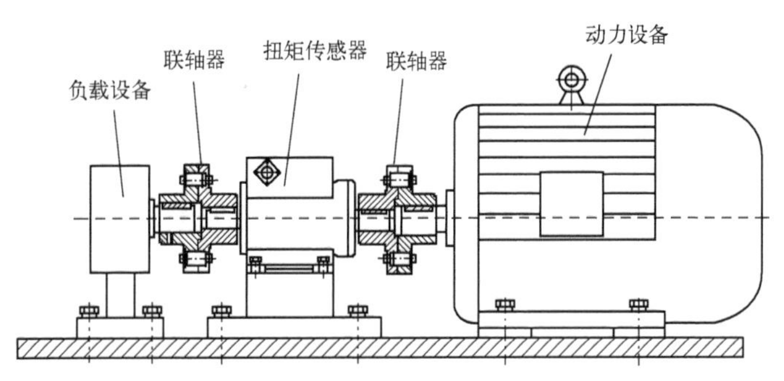

图 4-22　扭矩传感器水平安装示意图

扭矩扳手是一种可以设定和调节扭矩大小的扳手，如图 4-23 所示。当调整连接弹簧的调节螺帽后，可以设置扭矩，在扭矩超过设定值时打滑以保护螺栓结构，同时可以保证每个螺栓的预紧力相同。一般在精密器件的螺栓装配时使用。

图 4-23 扭矩扳手实物图

4. 应变式加速度传感器

应变电阻式加速度传感器如图 4-24 所示。等强度悬臂梁的自由端安装质量块，另一端固定在壳体上，等强度悬臂梁上粘贴四个电阻应变片，通常壳体内充满硅油等阻尼液以调节系统阻尼系数。

测量时，将传感器壳体与被测对象刚性连接，当被测物体以加速度 a 运动时，质量块受到一个与加速度方向相反的惯性力 $F = ma$ 作用，使悬臂梁变形，应变片感受应变，阻值发生变化，引起测量电桥不平衡而输出电压，即可得出加速度的大小。

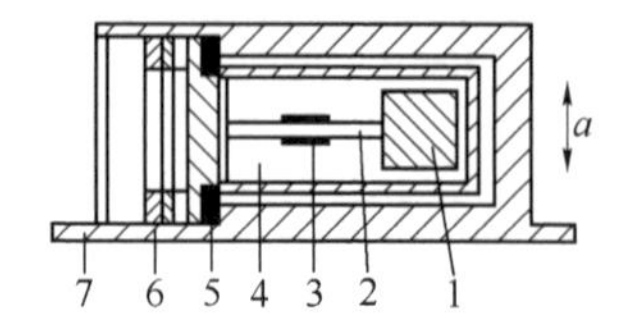

图 4-24 应变式加速度传感器
1—质量块 2—悬臂梁 3—应变片 4—阻尼液
5—密封垫 6—接线板 7—底座

4.2 压阻式传感器

压阻式传感器是根据半导体材料的压阻效应，在半导体材料基片上经扩散工艺形成电阻，其基片可直接作为测量传感元件，扩散电阻在基片内接成电桥形式。当基片受到外力作用而产生形变时，各电阻值将发生变化，电桥就会产生相应的不平衡输出。用作压阻式传感器的基片（或称膜片）材料主要为硅和锗，以硅片为敏感材料而制成的硅压阻式传感器，尤其是以测量压力和加速度的固态压阻式传感器应用最为普遍。

压阻式传感器的优点：

1）灵敏度非常高，有时传感器的输出无须放大，可直接用于测量。

2）分辨力高，如测量压力时可测出 10～20Pa 的微压。

3）测量元件的有效面积可做得很小，故频率响应高。

4）可测量低频加速度与直线加速度。

5）无须粘贴，滞后与蠕变现象减少，便于传感器的集成化。

压阻式传感器的最大缺点是易受温度影响，温度误差较大，故需温度补偿或在恒温条件下使用。

4.2.1 工作原理

半导体材料受到应力作用时，其电阻率发生变化的现象称为压阻效应。由半导体理论可知，锗、硅等单晶半导体材料的电阻率相对变化与作用于材料的轴向应力 σ 成正比，即

$$\frac{\Delta\rho}{\rho} = \pi\sigma \tag{4-35}$$

式中，π 为半导体材料在受力方向的压阻系数，即单位应力引起的电阻率的相对变化量，

$\pi = 40\times10^{-11}\sim81\times10^{-11}\,\mathrm{m^2/N}$。

由材料力学可知，轴向应力与轴向力 F 及轴向线应变 ε 的关系为

$$\sigma = \frac{F}{S} = \varepsilon E \tag{4-36}$$

式中，E 为半导体材料的弹性模量，$E = 1.3\times10^{11}\sim1.9\times10^{11}\,\mathrm{Pa}$。

就半导体而言，式（4-10）中由压阻效应引起的第二项比由材料几何尺寸变化引起的第一项要大得多，故半导体材料电阻的相对变化为

$$\frac{\Delta R}{R} = \left[(1+2\mu)+\pi E\right]\varepsilon = K_{\mathrm{s}}\,\varepsilon \tag{4-37}$$

式中，K_{s} 为半导体材料的应变灵敏系数，$K_{\mathrm{s}} = (1+2\mu)+\pi E$。

对于半导体材料而言，$1+2\mu$ 可以忽略不计，则 $\frac{\Delta R}{R} \approx \pi E\varepsilon = \pi\sigma$。

4.2.2　测量电路与温度补偿

由于半导体材料对温度比较敏感，半导体应变片电阻值及应变灵敏系数将随温度变化而变化，引起零点温度漂移和灵敏度漂移，因此必须采用温度补偿措施。

压阻式传感器一般利用扩散工艺制作四个半导体应变电阻处于同一硅片上，如图 4-25 所示，四个扩散电阻工艺一致性好，阻值相等或相差不大，温度系数相等，灵敏度相等，漂移抵消，该传感器迟滞、蠕变非常小，动态响应快。

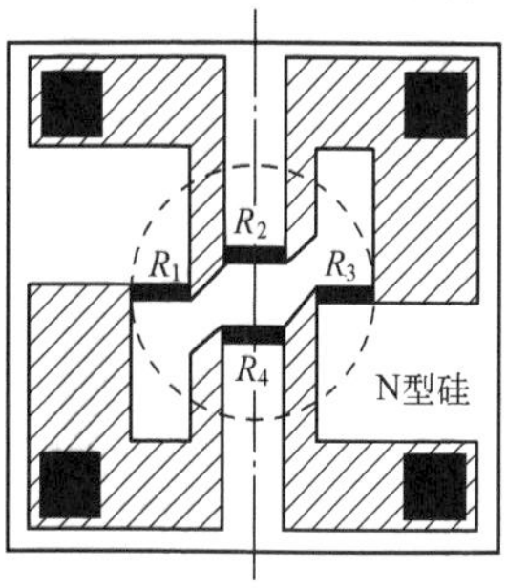

压阻式传感器基片上扩散出来的四个电阻一般接成电桥，使电桥输出与被测量成正比，如图 4-26 所示。

图 4-25　扩散电阻

零点温度漂移是由于扩散电阻的阻值及其温度系数不一致造成的，一般用串、并联电阻的方法进行温度补偿，如图 4-27 所示。其中串联电阻 R_{s} 主要起调零作用，并联电阻 R_{p} 主要起补偿作用。

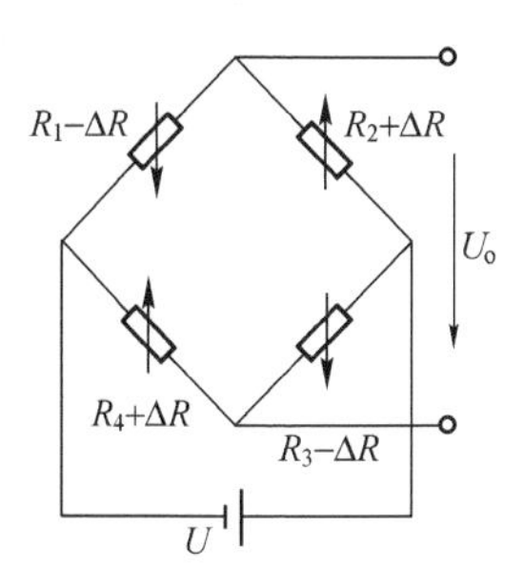

图 4-26　桥式测量电路

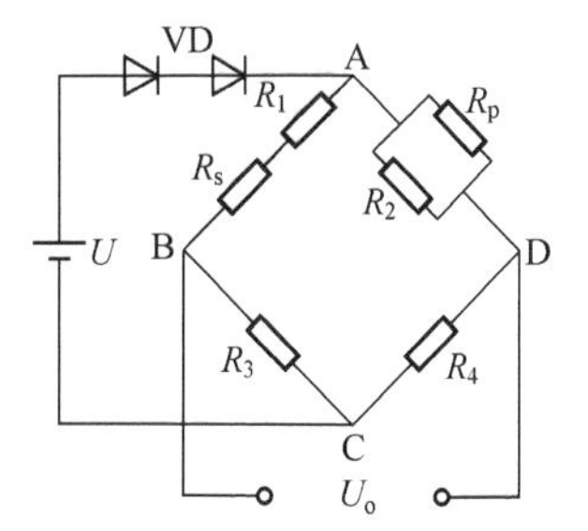

图 4-27　温度漂移补偿电路

灵敏度温度漂移是由于压阻系数随温度变化而引起的。温度升高时，压阻系数变小，温度降低时，压阻系数变大，说明传感器的温度系数为负值。如图 4-27 所示，在电源回路中串联二极管进行温度补偿，电源采用恒压源，当温度升高时，二极管的正向电压将减小，电桥输出增大。只需确定串入电桥电源回路的二极管的个数，即可达到补偿的目的。

4.2.3 典型应用

1. 压阻式压力传感器

压阻式压力传感器是压力式传感器的一种，又称扩散硅压力传感器，结构如图4-28所示，实物如图4-29所示。其核心部分是一块圆形硅膜片。在硅膜片上利用集成电路的工艺方法设置四个阻值相等的电阻，用低阻导线连接成平衡电桥。硅膜片四周用一圆环（硅杯）固定，硅膜片两边有两个压力腔，一个是与被测系统相连接的高压腔，另一个是与大气相通的低压腔。当硅膜片两边存在压力差时，硅膜片产生变形，圆形硅膜片上各点产生径向应力和切向应力。

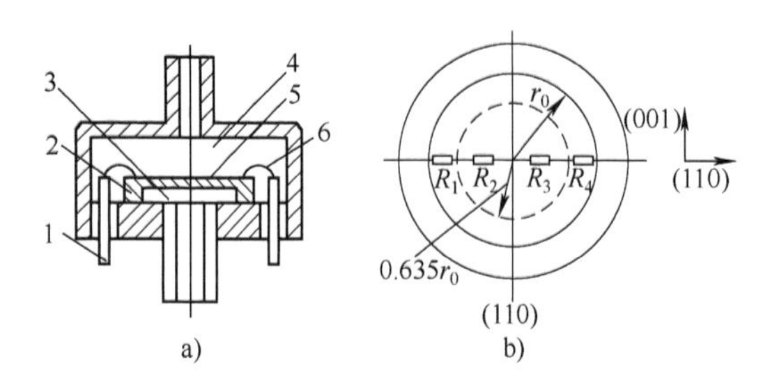

图4-28 压阻式压力传感器

a）结构 b）圆形硅膜片上的电阻布置

1—引线 2—硅杯 3—低压腔 4—高压腔 5—硅膜片 6—金丝

图4-29 压阻式压力传感器实物图

可沿径向对称于$0.635r_0$的两侧，采用扩散工艺制作四个电阻，其中R_1、R_4接于电桥对角线上，R_2、R_3接于电桥另外一条对角线上。当硅膜片两边存在压力差时，膜片上各点产生应力，四个电阻在应力的作用下阻值发生变化，电桥失去平衡，输出相应的电压。此电压与膜片两边的压力差成正比，测得不平衡电桥的输出电压就能求得硅膜片所受的压力差大小。应变电桥输出电压较弱，一般为mV级电压，需要经过仪表放大器将其放大到A/D转换器所需的标准电压。

2. 压阻式液位传感器

压阻式液位传感器是一种测量液位的压力传感器，如图4-30所示。基于所测液体静压与该液体的高度成比例的原理，采用隔离型扩散硅敏感元件或陶瓷电容压力敏感传感器，将静压转换为电信号，再经过温度补偿和线性修正，转化成标准电信号，一般适用于石油化工、冶金、电力、制药、供排水、环保等系统和行业的各种介质的液位测量。

图4-30 压阻式液位传感器实物图

知识拓展

力、力矩检测

力是物体之间的相互作用。各种机械运动实质都是力或力矩传递的结果，因此力是最重要的物理量之一。

力的效应包括动力效应和静力效应。动力效应将改变物体的机械运动状态或改变物体所具有的动量使物体产生加速度，测定了物体的质量及所获得的加速度大小就测定了力值。静力效应使物体产生形变，在材料中产生应力，通过测定物体的形变量或用与内部应力相对应参量的物理效应变化来确定力值。

力的测量装置有电阻应变式测力计、压电式测力仪、压磁式测力仪。

力矩是力和力臂的乘积，单位为 N·m。力矩会使机械零部件转动，也称为转矩。在转矩的作用下，机械零部件会发生一定程度的扭曲变形，又称为扭矩。力矩的测量方法有以下三种：

传递法：根据弹性元件在传递力矩时产生的物理参量的变化（变形、应力或应变）来测量其力矩，常用的有电阻应变式力矩仪、相位差式力矩测量仪。

力平衡法：当转轴受力矩作用时，机体上必定同时作用着方向相反的平衡力矩，因此测量出机体上的平衡力矩就可以知道被测力矩的大小。该方法只能用于测量匀速工作情况的力矩，不能用来测量动态力矩。

能量转换法：按照能量守恒定律来测量力矩，通过测量其他与力矩有关的能量系数（如电能系数）来确定被测力矩大小的。

习　题

1. 采用直流电桥进行测量时，每一桥臂增加相同的应变片数时，电桥测量精度（　）。

A. 增大　B. 不变　C. 减小　D. 变化不定

2. 测量应变所用电桥的特性是指（　）。要提高电桥的灵敏度，极性相同的应变片应接于（　）臂，极性相反的应变片应接于（　）臂。

A. 电桥的和差特性　B. 电桥的调幅特性

C. 相邻　D. 相对

3. 电阻应变片配用的测量电路中，为了克服分布电容的影响，多采用（　）。

A. 直流平衡电桥　B. 变压器电桥

C. 交流平衡电桥　D. 运算放大电路

4. 用电桥进行测量时，可采用零测法和偏差测量法，其中零测法具有（　）的特点。

A. 测量精度较低　B. 测量速度较快

C. 适合测量动态量　D. 适合测量静态量

5. 将 100Ω 电阻应变片贴在弹性试件上，若试件受力横截面积 $S=5\times10^{-4}\,\mathrm{m}^2$，弹性模量 $E=2\times10^{11}\,\mathrm{N/m^2}$，由 $F=5\times10^{4}\,\mathrm{N}$ 的拉力引起的应变电阻变化为 1.1Ω，试求该应变片的应变灵敏系数。

6. 电阻应变片阻值为 120Ω，应变灵敏系数 $K=2.0$，沿纵向粘贴于直径为 0.05m 的圆形钢柱表面，钢材的弹性模量 $E=2\times10^{11}\,\mathrm{N/m^2}$，$\mu=0.3$。试求：①钢柱受 $9.8\times10^{4}\,\mathrm{N}$ 拉力作用时，应变片电阻的变化量 ΔR 和相对变化量 $\Delta R/R$；②若应变片沿钢柱圆周方向粘贴，问受同样拉力作用时应变片电阻的相对变化量为多少？

7. 如图 4-31 所示为一悬臂梁式测力传感器结构示意图，在其中部的上、下两面各粘贴两片电阻应变片。已知弹性元件各参数分别为 $l=25\text{cm}$，$t=3\text{cm}$，$x=l/2$，$W=6\text{cm}$，$E=70\times10^5\text{Pa}$，电阻应变片应变灵敏系数 K=2.1，且初始电阻阻值（在外力 $F=0$ 时）均为 $R_0=120\Omega$。

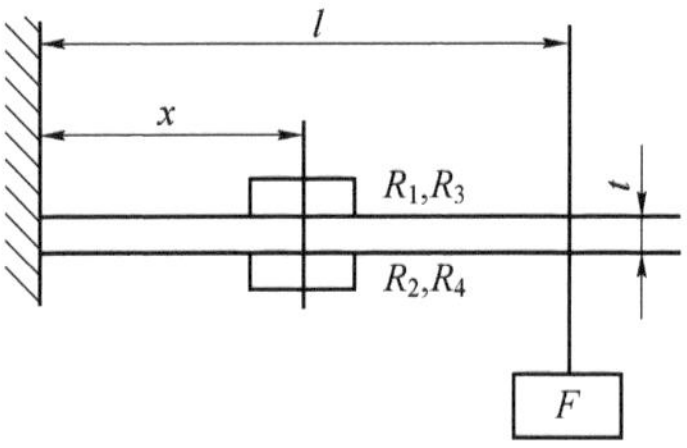

图 4-31 习题 7 图

1）设计适当的测量电路，画出相应电路图。

2）分析说明该传感器测力的工作原理（配合所设计的测量电路）。

3）当悬臂梁一端受一向下的外力 $F=0.5\text{N}$ 作用时，试求四片应变片的电阻值（提示：$\varepsilon_x=\dfrac{6(l-x)}{WEt^2}F$）。

4）若桥路供电电压为直流10V，计算传感器的输出电压。

8. 一台用等强度悬臂梁作为弹性元件的电子秤，在梁的上下表面各粘贴两片相同的电阻应变片，应变灵敏系数 $K=2$，如图 4-32a 所示。已知 $b=11\text{mm}$，$t=3\text{mm}$，$l=100\text{mm}$，$E=2\times10^4\text{N/mm}^2$。现将四片应变片接入如图 4-32b 所示的直流桥路中，电桥电源电压 $U=6\text{V}$。当力 $F=5\text{N}$ 时，求电桥输出电压 U_o 为多大？

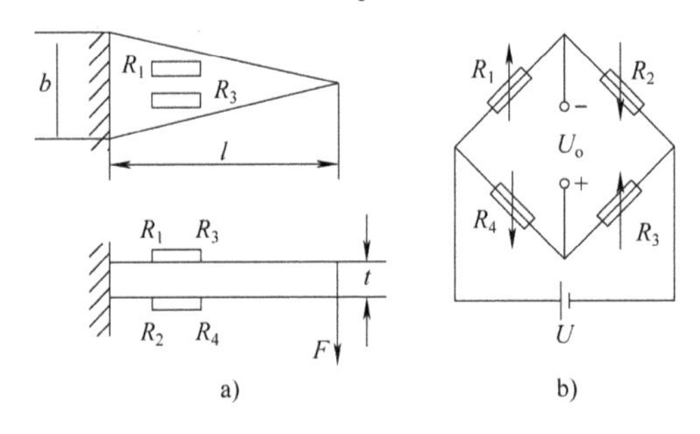

图 4-32 习题 8 图

9. 一个测量吊车起吊重物时拉力的传感器如图 4-33a 所示，将 R_1、R_2、R_3、R_4 按要求贴在等截面轴上。已知等截面轴的横截面面积 $A=0.00196\text{m}^2$，材料的弹性模量 $E=2\times10^{11}\text{N/m}^2$，泊松比 $\mu=0.3$，且 $R_1=R_2=R_3=R_4=120\Omega$，$K=2$，所组成的全桥电路如图 4-33b 所示，电桥供电电压 $U=2\text{V}$。现测得输出电压 $U_o=2.6\text{mV}$。求：①等截面轴的纵向应变计横向应变为多大？②力 F 为多大？

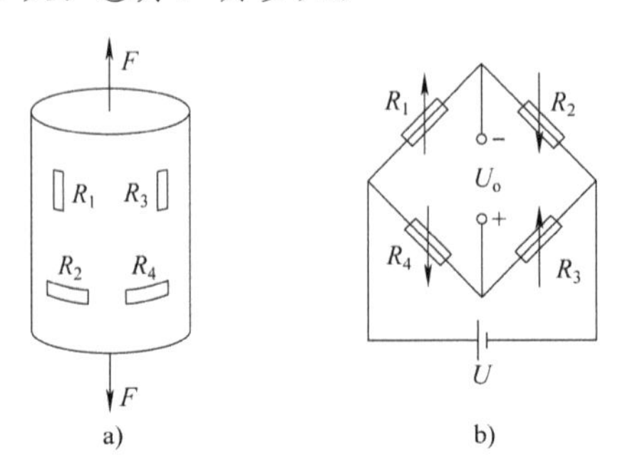

图 4-33 习题 9 图

10. 采用四个性能完全相同的电阻应变片（灵敏系数为 K），粘贴在如图 4-34 所示的薄壁圆筒式压力传感器元件外表面圆周方向。设待测压力为 p，材料的泊松比为 μ，杨氏模量为 E，筒内径为 d，筒外径为 D。已知圆筒外表面圆周方向的应变为 $\varepsilon_t = \dfrac{(2-\mu)d}{2(D-d)E}p$，采用直流电桥电路，电桥供电电压为 U。要求该压力传感器具有温度补偿作用，并且桥路输出的电压灵敏度最高。试画出应变片粘贴位置和相应的桥路原理图，并写出桥路输出电压的表达式。

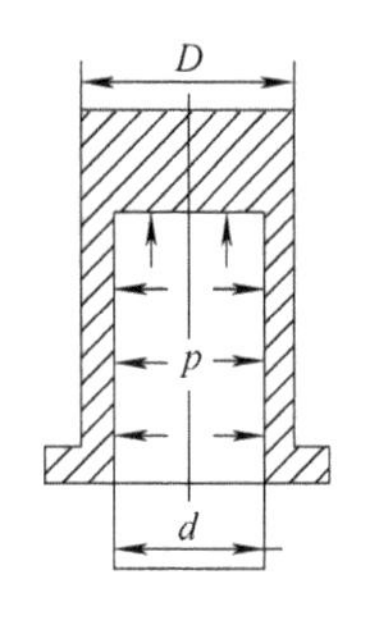

图 4-34　习题 10 图

综合训练

制作简易电子秤

设计要求：采用 51 系列单片机或 STM32，设计并制作一个以电阻应变片为称重传感器的简易电子秤，其结构如图 4-35 所示。电子秤主要由微处理器、称重传感器、滤波放大器、A/D 转换电路、液晶显示屏、键盘等部分组成。

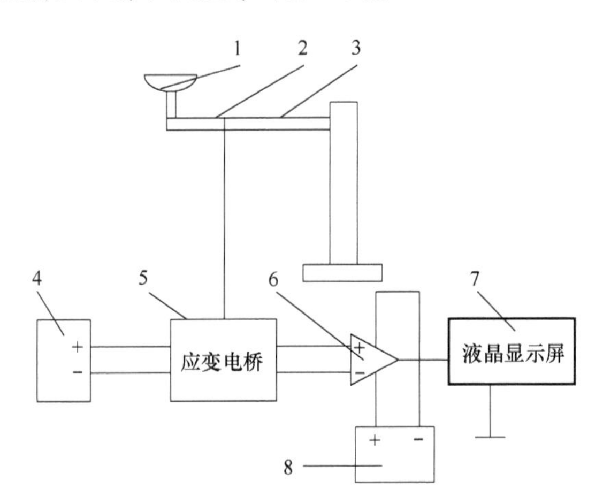

图 4-35　简易电子称重结构

1—称重托盘　2—电阻应变片　3—应变梁　4—±4V 直流稳压电源　5—测量电路
6—滤波放大器　7—液晶显示屏　8—±15V 直流稳压电源

系统功能及主要技术指标：质量的实时精确测量与显示，称重精度为 0.1g；可进行历史测量数据的查询与删除；具备断电记忆功能，更换电池后，原设置参数及记录数据不丢失；称重范围为 10～1000g。

第5章　电容式传感器

电容式传感器以各种类型的电容器作为传感器元件，将被测非电量的变化转换为电容的变化，再通过测量电路转换为电压、电流或频率。电容式传感器具有结构简单、适应性强、动态响应时间短、易实现非接触测量等特点。电容式传感器已在位移、压力、厚度、物位、湿度、振动、转速、流量及成分分析的测量等方面得到了广泛的应用。

5.1 工作原理

5-1 平板电容工作原理

1. 基本工作原理及结构类型

以平行平面电容器为例进行分析，在极板的几何尺寸（长和宽）远大于极间距离且介质均匀的条件下（此时电场的边缘效应可忽略），平行平面电容器的电容为

$$C = \frac{\varepsilon S}{d} \tag{5-1}$$

式中，S为两个极板相互覆盖的面积；d为两个极板间的距离；ε为极板间介质的介电常数，$\varepsilon = \varepsilon_0 \varepsilon_r$，$\varepsilon_r$为两极板间介质的相对介电常数，真空介电常数$\varepsilon_0 = 8.85 \times 10^{-12}\ \mathrm{F/m}$。

由式（5-1）可知，电容C取决于S、d、ε三个参数，如果让其中一个参数随被测量变化而变化，保持其余两个参数不变，就能使电容与被测量有单值的函数关系，从而把被测量变化转换为电容器电容的变化，这就是电容式传感器的基本工作原理。

按被测量所改变的电容器的参数，电容式传感器可分为变极距型、变面积型和变介电常数型三种类型。

2. 输入-输出特性

（1）变极距型电容式传感器

当动极板受被测物体作用引起位移时，两极板间极距改变，从而使电容发生变化，如图5-1所示。

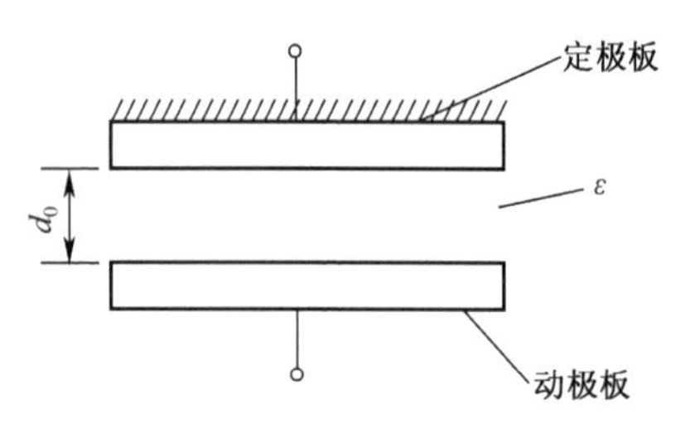

图5-1　单一式变极距型电容式传感器

1）单一式。设初始时，动极板与定极板间距（极距）为d_0，电容为

$$C_0 = \frac{\varepsilon S}{d_0} \tag{5-2}$$

当被测量变化使动极板上移Δd时，电容为

$$C = C_0 + \Delta C = \frac{\varepsilon S}{d_0 - \Delta d} = \frac{\varepsilon S}{d_0\left(1 - \frac{\Delta d}{d_0}\right)} = \frac{C_0}{1 - \frac{\Delta d}{d_0}} \tag{5-3}$$

$$\frac{\Delta C}{C_0} = \frac{\frac{\Delta d}{d_0}}{1 - \frac{\Delta d}{d_0}} \tag{5-4}$$

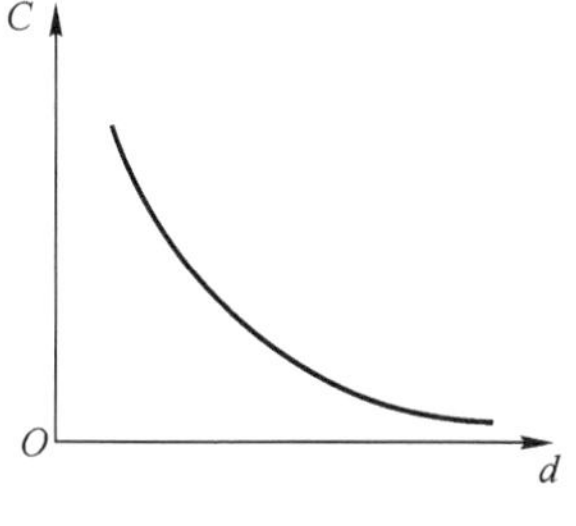

图 5-2　单一式变极距型电容式传感器的特性曲线

单一式变极距型电容式传感器的特性曲线如图 5-2 所示，当 $\Delta d << d_0$ 时，式（5-4）可以展开为级数形式，即

$$\frac{\Delta C}{C_0} = \frac{\Delta d}{d_0}\left[1 + \frac{\Delta d}{d_0} + \left(\frac{\Delta d}{d_0}\right)^2 + \left(\frac{\Delta d}{d_0}\right)^3 + \cdots\right] \tag{5-5}$$

若忽略式（5-5）中的高次项，可得

$$\frac{\Delta C}{C_0} \approx \frac{\Delta d}{d_0} \tag{5-6}$$

式（5-6）表明，在 $\Delta d / d_0 << 1$ 的条件下，电容的变化量 ΔC 与极板间距的变化量 Δd 近似呈线性关系，一般取 $\Delta d / d_0 = 0.02 \sim 0.1$。

显然，非线性误差与 $\Delta d / d_0$ 的大小有关，其表达式为

$$\gamma = \frac{\left|\left(\frac{\Delta d}{d_0}\right)^2\right|}{\left|\frac{\Delta d}{d_0}\right|} = \left|\frac{\Delta d}{d_0}\right| \times 100\% \tag{5-7}$$

例如，位移相对变化量为 0.1，则 $\gamma = 10\%$，可见单一式变极距型电容式传感器的非线性误差较大，仅适用于微小位移的测量。

单一式变极距型电容式传感器的灵敏度为

$$K = \frac{\Delta C}{\Delta d} = \frac{\varepsilon_0 \varepsilon_r S}{d^2} \tag{5-8}$$

式（5-8）表明，单一式变极距型电容式传感器的灵敏度 K 是极板间隙 d 的函数，d 越小，灵敏度越高。实际使用时，总是使初始极距尽量小些，以提高灵敏度，但这也带来了变极距型电容式传感器的行程较小的缺点。同时，减小 d 会使非线性误差增大，为此常采用差动式结构。

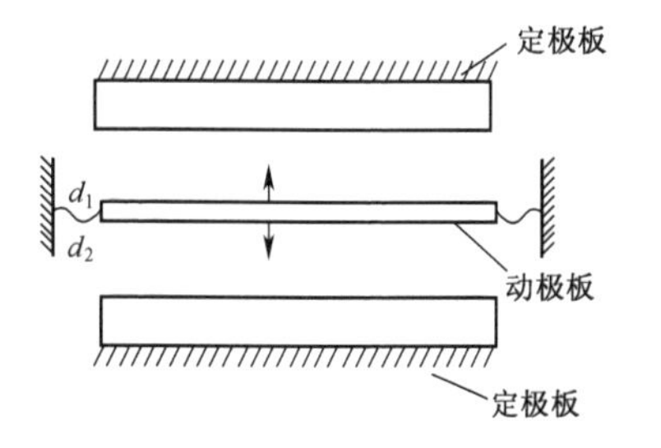

图 5-3　差动式变极距型电容式传感器

2）差动式。差动式变极距型电容式传感器由两个定极板和一个共用的动极板构成，如图 5-3 所示。

当动极板位移 Δd 时，$d_1 = d_0 - \Delta d$，$d_2 = d_0 + \Delta d$，则电容为

$$C_1 = C_0 \Big/ \left(1 - \frac{\Delta d}{d_0}\right) \qquad C_2 = C_0 \Big/ \left(1 + \frac{\Delta d}{d_0}\right) \tag{5-9}$$

由式（5-9）可得，差动式变极距型电容式传感器的差动电容计算公式为

$$\Delta C = C_1 - C_2 \qquad \frac{\Delta C}{C_0} \approx 2\frac{\Delta d}{d_0} \tag{5-10}$$

其非线性误差为

$$\delta = \frac{\left|\left(\frac{\Delta d}{d_0}\right)^3\right|}{\left|\frac{\Delta d}{d_0}\right|} = \left(\frac{\Delta d}{d_0}\right)^2 \times 100\% \tag{5-11}$$

由此可见，差动式变极距型电容式传感器不仅使灵敏度提高一倍，而且非线性误差可以减小一个数量级。

3）具有固体介质的变极距型电容式传感器。设极板的面积为S，气隙为d_1，ε_{r1}为气体的相对介电常数，固体介质的厚度为d_2，ε_{r2}为固体介质的相对介电常数，如图5-4所示，则电容器的初始电容为

$$C = \frac{\varepsilon_0 S}{\frac{d_1}{\varepsilon_{r1}} + \frac{d_2}{\varepsilon_{r2}}} \tag{5-12}$$

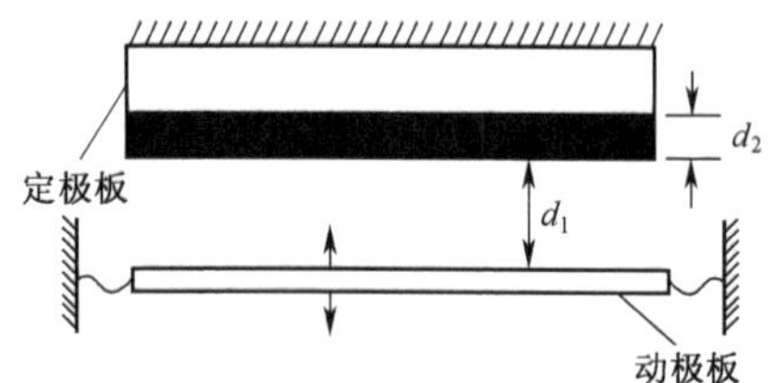

图5-4 具有固体介质的变极距型电容式传感器

如果气隙d_1减小了Δd_1，电容C将增大ΔC，变为

$$C + \Delta C = \frac{\varepsilon_0 S}{\frac{d_1 - \Delta d_1}{\varepsilon_{r1}} + \frac{d_2}{\varepsilon_{r2}}} \tag{5-13}$$

（2）变面积型电容式传感器

1）单一式。图5-5是平板形直线位移式结构，其中上极板可以左右移动，称为动极板。下极板固定不动，称为定极板。被测量使动极板左右移动，引起两极板有效覆盖面积S改变，从而使电容相应改变。

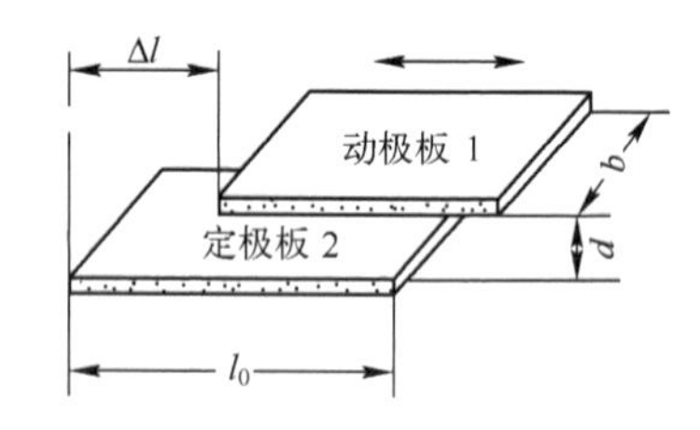

图5-5 直线位移式变面积型电容式传感器

设极板长为l_0，宽为b，极板间距为d，介电常数为ε，则初始电容为

$$C_0 = \frac{\varepsilon b l_0}{d} \tag{5-14}$$

在保持d不变的前提下，动极板沿长度方向平移Δl后，电容变为

$$C = \frac{\varepsilon b(l_0 - \Delta l)}{d_0} = C_0\left(1 - \frac{\Delta l}{l_0}\right) \tag{5-15}$$

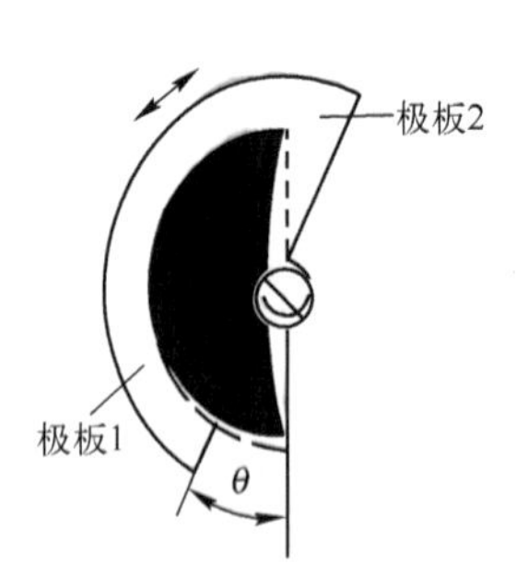

图5-6 角位移式变面积型电容式传感器

图5-6是一个角位移式的结构。两极板完全相对，极板2的轴由被测物体带动旋转一个角位移θ时，两极板的遮盖面积S就减小，因而电容也随之减小，可表示为

$$C_\theta=\frac{\varepsilon S}{d}\left(\frac{\pi-\theta}{\pi}\right)=C_0\left(1-\frac{\theta}{\pi}\right) \tag{5-16}$$

图5-7是同心圆筒式变面积型电容式传感器。外圆筒不动，内圆筒在外圆筒内做上、下直线运动。忽略边缘效应，电容为

$$C_0=\frac{2\pi\varepsilon l}{\ln(r_2/r_1)} \tag{5-17}$$

式中，l为外圆筒与内圆筒覆盖部分的长度；r_1、r_2为内圆筒外半径和外圆筒内半径。

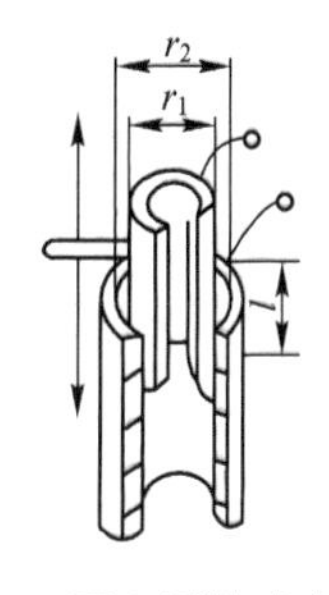

图5-7 同心圆筒式变面积型电容式传感器

当两圆筒相对移动Δl时，电容变化为

$$C=\frac{2\pi\varepsilon(l-\Delta l)}{\ln(r_2/r_1)}=C_0\left(1-\frac{\Delta l}{l}\right) \tag{5-18}$$

可见，单一式变面积型电容式传感器的输入–输出特性都是线性的。

2）差动式。差动式变面积型电容式传感器常做成扇形和柱面形，如图5-8a、b所示。

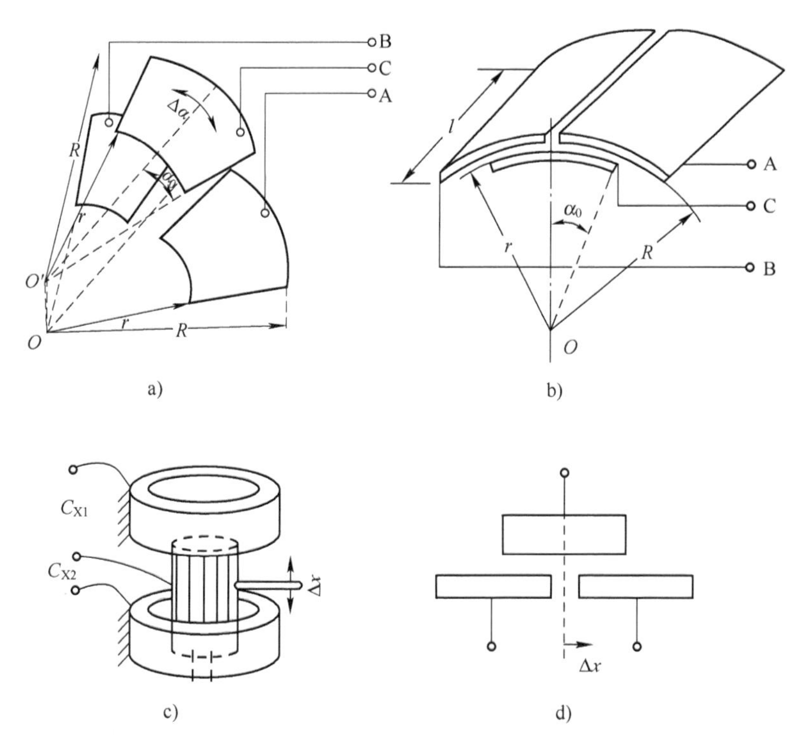

图5-8 差动式变面积型电容式传感器

a）扇形结构 b）柱面形结构 c）同心圆筒 d）平行板结构

扇形差动式变面积型电容式传感器的初始电容为

$$C_{\mathrm{AC0}}=C_{\mathrm{BC0}}=C_0=\frac{\dfrac{\alpha_0}{2\pi}\pi R^2-\dfrac{\alpha_0}{2\pi}\pi r^2}{d}\varepsilon=\varepsilon\alpha_0\frac{R^2-r^2}{2d} \tag{5-19}$$

动极板转动$\Delta\alpha$后，电容分别为

$$\begin{cases} C_1 = C_0\left(1+\dfrac{\Delta\alpha}{\alpha_0}\right) \\ C_2 = C_0\left(1-\dfrac{\Delta\alpha}{\alpha_0}\right) \end{cases} \tag{5-20}$$

$$\frac{\Delta C}{C_0} = 2\frac{\Delta\alpha}{\alpha_0} \tag{5-21}$$

柱面形差动式变面积型电容式传感器的初始电容为

$$C_{\mathrm{AC0}} = C_{\mathrm{BC0}} = C_0 = \frac{\varepsilon\dfrac{\alpha_0}{2\pi}2\pi rl}{R-r} = \varepsilon\alpha_0\frac{lr}{R-r} \tag{5-22}$$

动极板转动 $\Delta\alpha$ 后，差动电容变化同式（5-21）。

图 5-8c 与 5-8d 说明从略，感兴趣的读者可自行推导。

（3）变介质型电容式传感器

变介质型电容式传感器大多用来测量电介质的厚度、液位，还可根据极间介质的介电常数随温度、湿度改变而改变来测量介质材料的温度、湿度等。

不同介质的相对介电常数见表 5-1。两电容极板之间的介质变化引起电容的变化，常见有两种情况：一种是两电容极板之间只有一种介质，介质的介电常数随被测非电量（如温度、湿度）而变化，电容式温度传感器和电容式湿度传感器就属于这种情况；另一种是两电容极板之间有两种介质，两介质的位置或厚度变化，电容式位移传感器、电容式厚度传感器、电容式物（液）位传感器就属于这种情况。

表 5-1 不同介质的相对介电常数

介质名称	真空	空气	聚乙烯	硅油	金刚石	氧化铝	云母
相对介电常数	1	≈1	2.26	2.7	5.5	6.5～8.6	6～8.5

1）电容式位移传感器。测位移用差动式变介质型电容式传感器结构如图 5-9 所示。设极板长为 l，宽为 b，间距为 d，固体介质相对介电常数为 ε_{r}，长宽也为 l、b，空气介电常数为 ε_0。

初始时固体介质居中，有

$$C_1 = C_2 = C_0 = \frac{lb}{2d}(\varepsilon_0 + \varepsilon_0\varepsilon_{\mathrm{r}}) \tag{5-23}$$

介质块右移 Δl 时，有

$$C_1 = \frac{\varepsilon_0 b\left(\dfrac{l}{2}+\Delta l\right)}{d} + \frac{\varepsilon b\left(\dfrac{l}{2}-\Delta l\right)}{d} \tag{5-24}$$

$$C_2 = \frac{\varepsilon_0 b\left(\dfrac{l}{2}-\Delta l\right)}{d} + \frac{\varepsilon b\left(\dfrac{l}{2}+\Delta l\right)}{d} \tag{5-25}$$

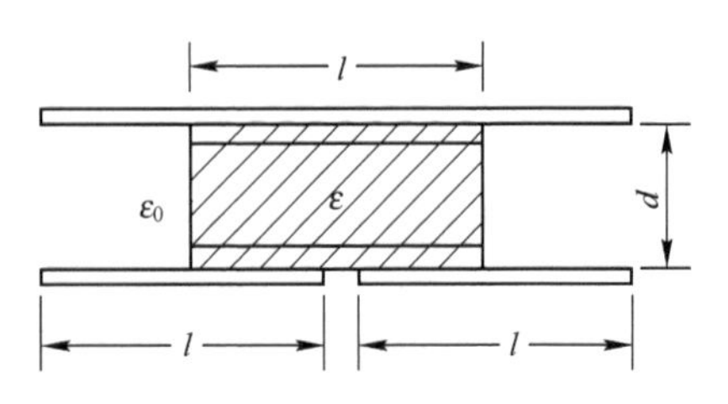

图 5-9 电容式位移传感器

则有

$$C_1=\frac{lb}{2d}(\varepsilon_0+\varepsilon)+\frac{b\Delta l}{d}(\varepsilon_0-\varepsilon)=C_0\left(1+\frac{2\Delta l}{l}\frac{\varepsilon_0-\varepsilon}{\varepsilon_0+\varepsilon}\right) \tag{5-26}$$

$$C_2=C_0\left(1-\frac{2\Delta l}{l}\frac{\varepsilon_0-\varepsilon}{\varepsilon_0+\varepsilon}\right) \tag{5-27}$$

5-2 电容式液位计工作原理

所以，当固体介质偏离中间位置Δl时，差动电容计算公式为

$$\frac{\Delta C}{C_0}=2\frac{\varepsilon_0-\varepsilon}{\varepsilon_0+\varepsilon}\frac{2\Delta l}{l}=2\frac{1-\varepsilon_{\mathrm{r}}}{1+\varepsilon_{\mathrm{r}}}\frac{2\Delta l}{l} \tag{5-28}$$

2）电容液位计。在被测介质中放入两个同心圆柱形极板 1 和 2，若容器内介质的介电常数为ε_1，上部气体的介电常数为ε_2，当容器内液面变化时，两极板间的电容C就会发生变化，如图 5-10 所示。

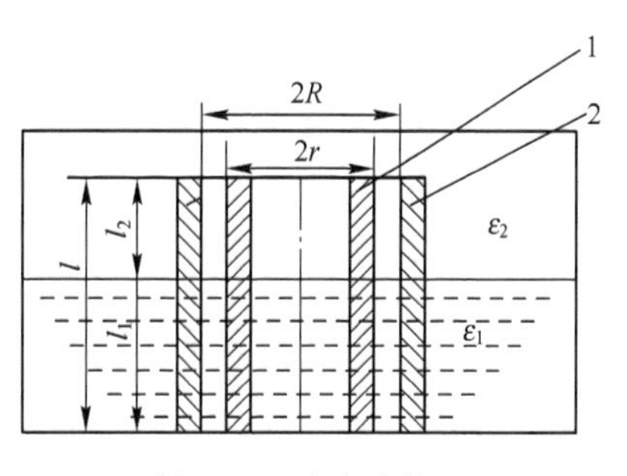

图 5-10　电容液位计

1、2—圆柱形极板

设容器中的介质是非导电的（如果液体是导电的，则电极需要绝缘），容器中液体介质浸没电极的高为l_1，这时总的电容C等于气体介质间的电容和液体介质间的电容之和。

液体介质间的电容C_1和气体介质间的电容C_2分别为

$$C_1=\frac{2\pi l_1\varepsilon_1}{\ln\frac{R}{r}} \tag{5-29}$$

$$C_2=\frac{2\pi l_2\varepsilon_2}{\ln\frac{R}{r}}=\frac{2\pi(l-l_1)\varepsilon_2}{\ln\frac{R}{r}} \tag{5-30}$$

式中，ε_1为容器中液体介质的介电常数；ε_2为容器中气体介质的介电常数；l为电极总长度，$l=l_1+l_2$；l_1为液体介质浸没的电极高度；l_2为气体介质中的电极高度；R、r为两同心圆电极半径。

因此，总电容为两电容并联，由式（5-29）、式（5-30）可得

$$C=C_2+C_1=\frac{2\pi l_1\varepsilon_1}{\ln\frac{R}{r}}+\frac{2\pi(l-l_1)\varepsilon_2}{\ln\frac{R}{r}}=\frac{2\pi l\varepsilon_2}{\ln\frac{R}{r}}+\frac{2\pi l_1(\varepsilon_1-\varepsilon_2)}{\ln\frac{R}{r}} \tag{5-31}$$

令

$$\frac{2\pi l\varepsilon_2}{\ln\frac{R}{r}}=A,\quad \frac{2\pi(\varepsilon_1-\varepsilon_2)}{\ln\frac{R}{r}}=B$$

则式（5-31）可写为

$$C=A+Bl_1 \tag{5-32}$$

可见，电容C与液位l_1成比例关系。

3. 等效电路分析

（1）等效电路

前面的所有讨论都是在将电容式传感器视为纯电容的条件下进行的。这在大多数实际情况下是允许的，因为对于大多数电容器，除了在高温、高湿条件下工作外，它的损耗通常可以忽略。在低频工作时，它的电感效应也是可以忽略的。

当电容器的损耗和电感效应不可忽略时，电容式传感器的等效电路如图5-11所示。

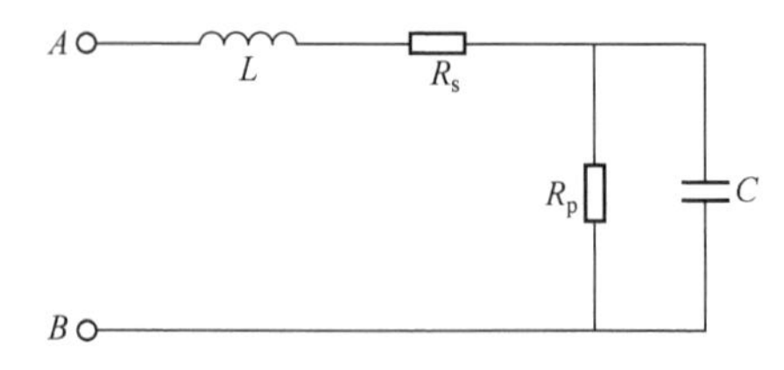

图5-11 电容式传感器的等效电路

图5-11中，R_p为并联损耗电阻，它代表极板间的泄漏电阻和极板间的介质损耗。这部分损耗的影响通常在低频时较大，随着频率增高，容抗减小，它的影响也就减弱了。串联电阻R_s代表引线电阻，电容器支架和极板的电阻在几兆赫以下的频率工作时，R_s的值通常是极小的，随着频率的增高产生趋肤效应，R_s的值也增大。因此只有在很高的工作频率时才考虑R_s。电感L是电容器本身的电感与外部引线电感，它与电容器的结构形式和引线长度有关。如果用电缆与电容式传感器相连，则L中应包含电缆的电感。

（2）引线电感的影响

由图5-11可知，电容式传感器的等效电路有一谐振频率，通常为几十兆赫。当频率为谐振频率或接近谐振时，将影响电容器的正常作用，因此，只有在低于谐振频率（通常为谐振频率的$\frac{1}{2}\sim\frac{1}{3}$）时电容传感元件才能正常运用。同时，由于电路的感抗抵消了一部分容抗，传感器元件的有效电容C_e将有所增加，由C_e近似求取等效电容的计算公式为

$$\frac{1}{j\omega C_e}=j\omega L+\frac{1}{j\omega C} \tag{5-33}$$

$$C_e=\frac{C}{1-\omega^2 LC} \tag{5-34}$$

因此，在实际使用电容式传感器时必须与标定时的条件相同，否则将会引入测量误差。当改变激励频率或更换连接电缆时，必须重新对电容式传感器进行标定。

4. 电容式传感器的一些相关问题

（1）边缘效应

理想条件下，平行板电容器的电场均匀分布于两极板所围成的空间，这仅是简化电容计算的一种假定。理想平行板电容器的电场线是直线，但实际情况下，在靠近边缘的地方有的电场线会变弯，越接近边缘，电场线越弯，在边缘处弯曲最严重，这种电场线弯曲的现象称为边缘效应。

当考虑电场的边缘效应时，电容式传感器的情况要复杂得多。边缘效应的影响相当于传感器并联了一个附加电容，引起了传感器的灵敏度下降和非线性增大。

为了克服边缘效应，首先应增大初始电容C_0，即增大极板面积，减小极板间距。此外，加装等位环也是消除边缘效应的有效方法。如图5-12所示，除定极板和动极板外，又在定

极板的同一平面内加装一个保护极。定极板和动极板在电气上相互绝缘，使用时定极板和保护极两面间始终保持等电位，于是传感器的定极板和动极板间的电场接近理想状态的均匀分布，而发散的边缘电场位于等位环（保护极）的外周。

（2）驱动电缆技术

如图 5-13 所示，传感器与测量电路不能放置在一起时，传感器与前置放大电路间的引线为双屏蔽电缆，其内屏蔽层与信号传输导线（即电缆芯线）通过 1∶1 放大器保持等电位，从而消除了芯线与内屏蔽层之间的电容。由于双屏蔽电缆上有随传感器输出信号变化而变化的电压，因此称为驱动电缆，也称为双层屏蔽等位传输技术。采用这种技术可使电缆线长达 10m 也不影响传输的性能。

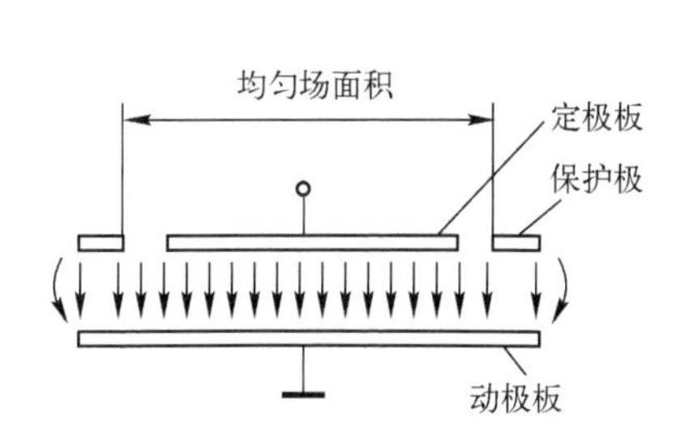

图 5-12　带有等位环的电容式传感器原理结构

图 5-13　驱动电缆原理图

5.2 测量电路

电容式传感器将液位等非电量转换为电容的变化，为了将电容的变化转换为电压或频率，还必须选择适当的测量电路。选择测量电路的基本原则是尽可能使输出电压或频率与被测非电量呈线性关系。

1. 电桥电路

电容式传感器可采用高频交流正弦波供电的交流电桥作为测量电路。将电容式传感器接入交流电桥的一个臂（另一个臂为固定电容）或两个相邻臂，另两个臂可以是电阻或电容或电感，也可以是变压器的两个二次绕组。该测量电路的输出阻抗很高（几兆欧至几十兆欧），输出电压低，必须后接高输入阻抗、高放大倍数的处理电路，如图 5-14 所示。

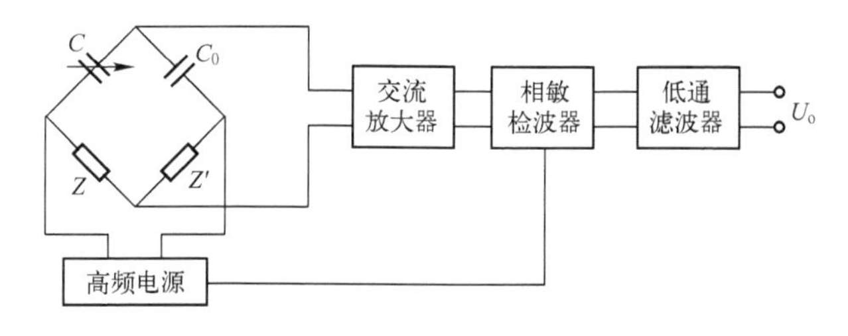

图 5-14　交流电桥

电阻平衡臂电桥如图 5-15 所示，两个平衡臂为纯电阻 $R_1 = R_2$。变压器电桥电路如图 5-16 所示，变压器电桥中两个桥臂为交流变压器的两个二次绕组，它们的电气参数完全相同。

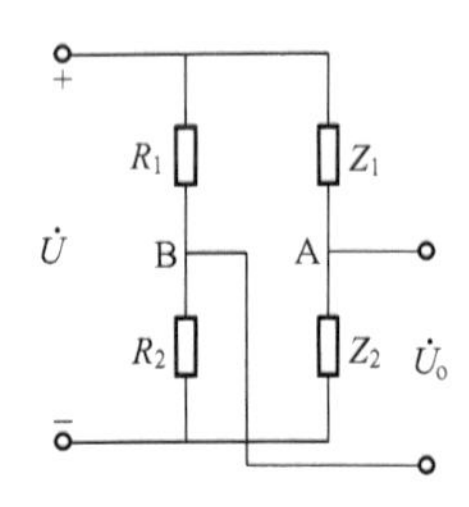

图5-15 电阻平衡臂电桥

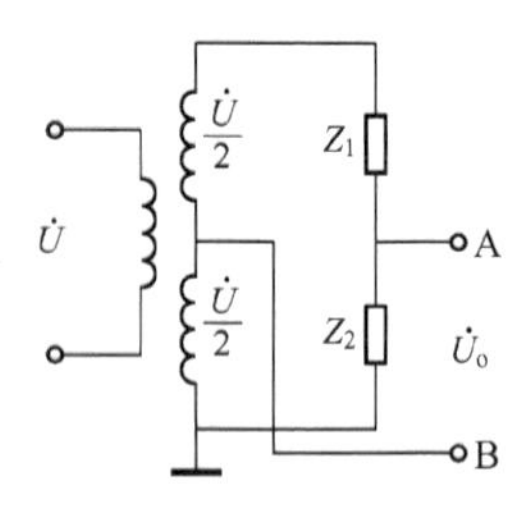

图5-16 变压器电桥

当负载阻抗为无穷大时，两电桥输出电压为

$$\dot{U}_{\mathrm{o}}=\dot{U}_{\mathrm{AB}}=\dot{U}_{\mathrm{A}}-\dot{U}_{\mathrm{B}}=\frac{\dot{U}}{Z_1+Z_2}Z_2-\frac{\dot{U}}{2}=\frac{\dot{U}}{2}\frac{Z_2-Z_1}{Z_2+Z_1} \tag{5-35}$$

将差动式电容式传感器的两个电容作为电桥的两个工作臂 Z_1 和 Z_2，将 $Z=\dfrac{1}{\mathrm{j}\omega C}$ 代入式（5-35），可得

$$\dot{U}_{\mathrm{o}}=\frac{\dot{U}}{2}\frac{C_1-C_2}{C_1+C_2} \tag{5-36}$$

差动式电容式传感器的输入–输出特性正好是这个形式，见式（5-10）、式（5-22）和式（5-28），说明这两种电桥很适合差动式电容式传感器。

2. 双T电桥

二极管双T电桥的电路十分简单，不需要附加相敏解调器，即能获得高电平的直流输出，而且灵敏度很高，如图5-17a所示。

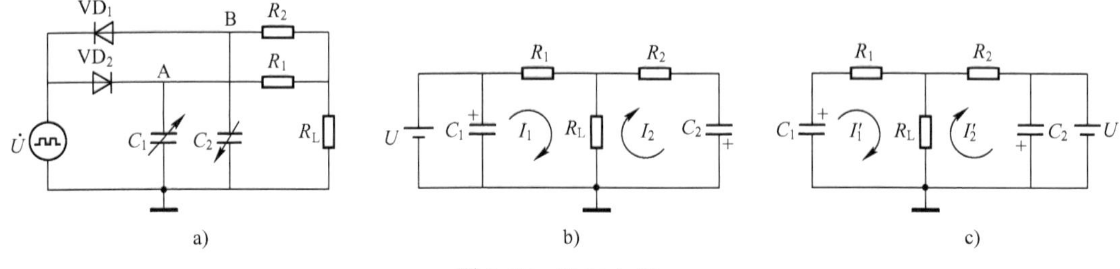

图5-17 双T电桥

图5-17a中，$\dot{U}$ 为一高频（MHz）振荡源，可为方波或正弦波；C_1、C_2 可为传感器的两个差动电容，也可以一个是传感器的可变电容、另一个是固定电容；VD_1、VD_2 为两个特性完全相同的二极管；$R_1=R_2=R$ 为固定电阻；R_{L} 为输出负载。高频振荡源、传感器电容、负载采用一个公共接地点。

当 $\dot{U}$ 为正半周时，VD_2 导通，VD_1 截止，C_1 充电，C_2 放电，其等效电路如图5-17b所示；当 $\dot{U}$ 为负半周时，VD_1 导通，VD_2 截止，C_2 充电，C_1 放电，其等效电路如图5-17c所示。由于 $C_1=C_2$，$R_1=R_2$，通过 R_{L} 的平均电流为零，R_{L} 上输出电压的正负半波对称，其平均值为零。当传感器电容变化时，$C_1\neq C_2$，此时通过 R_{L} 的平均电流不为零，则输出电压的平均值为

$$U_o = \frac{R(R+2R_L)}{(R+R_L)^2} R_L U f (C_1 - C_2) \tag{5-37}$$

式中，f 为振荡源频率。

若 R_L 已知，令 $K = \frac{R_L R(R+2R_L)}{(R+R_L)^2}$ 为常数，则

$$U_o = KUf(C_1 - C_2) \tag{5-38}$$

由式（5-38）可知，双 T 电桥测量电路适用于各种电容式传感器，其输出电压与电容变化成正比。传感器的频率响应取决于电源频率，灵敏度与振荡源频率有关，因此振荡源频率需要稳定。

3. 比例运算法电路

比例运算法电路中，C_x 为传感器电容，C_0 为固定电容，通常取其值等于传感器的初始电容。若 C_0 也采用与 C_x 同型号的电容式传感器，且与 C_x 处于同一温度环境中，但不随被测量变化，这样就可以补偿温度变化产生的影响。比例运算法电路的输入及输出电压均为交流电压。

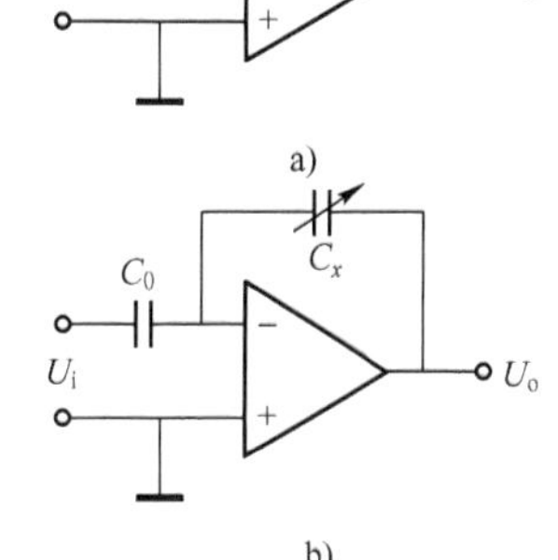

图 5-18　比例运算法电路

对于图 5-18a 电路，其输出电压与被测电容成正比，即

$$\dot{U}_o = -\dot{U}_i \frac{C_x}{C_0} \tag{5-39}$$

将单一式变面积型电容式传感器的表达式式（5-14）代入，得

$$\dot{U}_o = -\dot{U}_i \left(1 - \frac{\Delta l}{l_0}\right) \tag{5-40}$$

可见，输出电压与被测位移 Δl 呈线性关系。

对于图 5-18b 电路，其输出电压与被测电容成反比，即

$$\dot{U}_o = -\dot{U}_i \frac{C_0}{C_x} \tag{5-41}$$

将单一式变极距型电容式传感器的表达式式（5-4）代入，得

$$\dot{U}_o = -\dot{U}_i \left(1 - \frac{\Delta d}{d_0}\right) \tag{5-42}$$

可见，单一式变极距型电容式传感器的特性是非线性的，采用了比例运算法电路后，输出电压与被测位移 Δd 的关系是线性的。这就从原理上解决了单一式变极距型电容式传感器的非线性问题，但要求放大器具有足够大的放大倍数，而且输入阻抗很高。由于检测精度取决于信号源电压的稳定性，故需要高精度的交流稳压源。

4. 差动脉冲调宽电路

差动脉冲调宽电路也称脉冲调制电路，如图 5-19a 所示。C_1、C_2 为差动式电容式传感器的两个电容敏感元件。当双稳态触发器 Q 端输出高电位时，通过 R_1 对 C_1 充电，$\overline{Q}$ 端的输

出为低电位，电容 C_2 通过二极管 VD_2 迅速放电，G 点被钳制在低电位。当 F 点电位高于参考电压 U_r 时，比较器 IC_1 将产生脉冲，触发双稳态触发器翻转，Q 端的输出变为低电位，而 $\bar{Q}$ 端变为高电位，这时 C_2 充电，C_1 放电。当 G 点电位高于 U_r 时，IC_2 的输出使触发器再一次翻转。当 $C_1=C_2$ 时，各点的电压波形如图 5-19b 所示，输出电压 U_{oAB} 的平均值为零，但在差动电容 C_1、C_2 值不相等时，如 $C_1>C_2$，则 C_1、C_2 的充电时间常数就会发生改变，电压波形如图 5-19c 所示。输出电压 U_{oAB} 的平均电压值就不再是零。

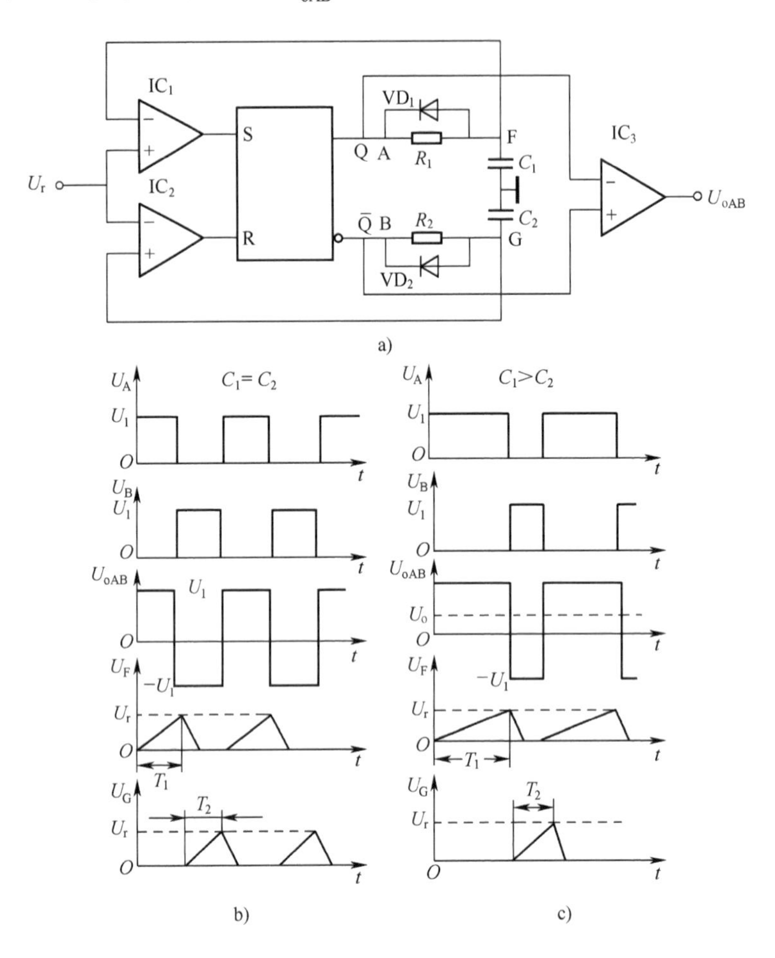

图 5-19 差动脉冲调宽电路及电压波形

a）电路 b）$C_1=C_2$ 时的电压波形 c）$C_1>C_2$ 时的电压波形

输出电压 U_{oAB} 经低通滤波后，即可得到一直流输出电压 U_o，在理想情况下，它等于 U_{oAB} 的电压平均值，即

$$U_o=\frac{T_1U_1}{T_1+T_2}-\frac{T_2U_1}{T_1+T_2}=\frac{T_1-T_2}{T_1+T_2}U_1 \tag{5-43}$$

式中，U_1 为触发器的输出高电位；T_1、T_2 为 C_1、C_2 的充电时间常数。

由于 U_1 的值已确定，因此输出直流电压 U_o 随 T_1 和 T_2 而改变，即随 U_A 和 U_B 的脉冲宽度而改变。

电容 C_1 和 C_2 的充电时间为

$$T_1 = R_1 C_1 \ln \frac{U_1}{U_1 - U_r} \qquad T_2 = R_2 C_2 \ln \frac{U_1}{U_1 - U_r} \tag{5-44}$$

当电阻 $R_1 = R_2 = R$ 时，可得

$$U_o = \frac{T_1 - T_2}{T_1 + T_2} U_1 = \frac{C_1 - C_2}{C_1 + C_2} U_1 \tag{5-45}$$

由式（5-45）可知，直流输出电压 U_o 正比于电容 C_1 和 C_2 的差值，其极性可正可负，大小受 C_1 和 C_2 之比的极限所限制。

使用变间隙型电容式传感器，则得

$$U_o = \frac{d_2 - d_1}{d_1 + d_2} U_1 \tag{5-46}$$

式中，d_1、d_2 为 C_1、C_2 的板间极距。

当传感器差动电容 $C_1 = C_2 = C_0$ 时，$d_1 = d_2 = d$，则 $U_o = 0$；如果 $C_1 \neq C_2$，并设 $C_1 > C_2$，则变间隙型电容式传感器有 $d_1 = d_0 - \Delta d$，$d_2 = d_0 + \Delta d$，其中 Δd 为差动电容动极板的微小位移，则式（5-46）可写为

$$U_o = \frac{\Delta d}{d_0} U_1 \tag{5-47}$$

对于差动式变面积型电容式传感器，可得

$$U_o = \frac{\Delta \alpha}{\alpha_0} U_1 \tag{5-48}$$

差动脉冲调宽电路适用于变气隙型或变面积型电容式传感器，并具有理论上的线性特性。该电路采用直流电源，电压稳定度高，不存在稳频、波形纯度的要求，也不需要相敏检波与解调等，只要经过低通滤波器就可以得到较大的直流输出，对输出矩形波的纯度要求也不高。对元器件无线性要求，这些都是其他电容测量电路无法比拟的。

5. LC 谐振回路

图 5-20 是 LC 谐振回路的原理框图。图中，固定电感 L 和电容式传感器 C_0 组成了 LC 谐振回路，当被测量使 C_0 发生变化时，就会使谐振频率发生变化，再将频率的变化通过鉴频器变换为振幅的变化，经过放大后，可用仪表指示或用记录仪记录。

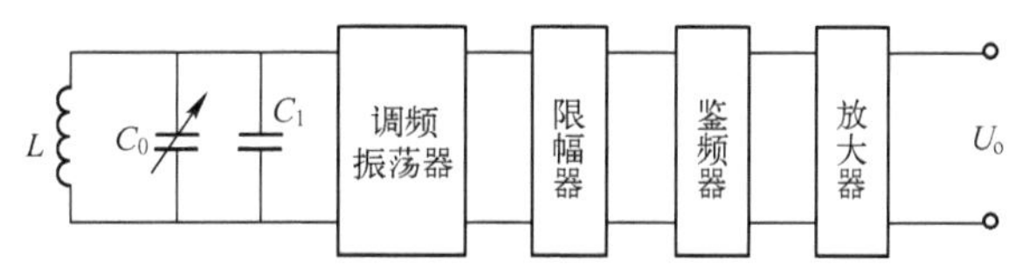

图 5-20　LC 谐振回路的原理框图

调频振荡器的振荡频率为

$$f = \frac{1}{2\pi\sqrt{LC}} \tag{5-49}$$

式中，L 为谐振回路电感；C 为总电容，包括电缆分布电容 C_1 和传感器电容 C_0。

当被测量没有变化时，$C = C_1 + C_0$ 为常数，则振荡器频率为固定频率 f_0，有

$$f_0 = \frac{1}{2\pi\sqrt{L(C_1 + C_0)}} \tag{5-50}$$

当被测量改变时，$\Delta C \neq 0$，振荡频率也有一个相应的改变量Δf，此时振荡频率为

$$f_0 = \frac{1}{2\pi\sqrt{L(C_1 + C_0 \mp \Delta C)}} = f_0 \pm \Delta f \tag{5-51}$$

LC 谐振回路的优点是灵敏度高，且为频率输出，易于和数字式仪表及计算机连接；缺点是振荡频率受温度和电缆电容影响大，线路复杂，且不易做得很稳定，输出非线性较大等。

5.3 典型应用

1. 电容式测厚仪

非金属材料如有机薄膜、纸张等在生产过程中需要检测其厚度。图 5-21 是采用电容式传感器检测绝缘材料薄膜厚度的结构原理图。

图 5-21a 为采用变间隙型电容式传感器检测绝缘材料薄膜厚度的结构原理图。图中，活动电极和固定电极由弹簧支承使之始终与被测薄膜贴合，从而将薄膜厚度的变化转换成电容的变化而被检测出来。

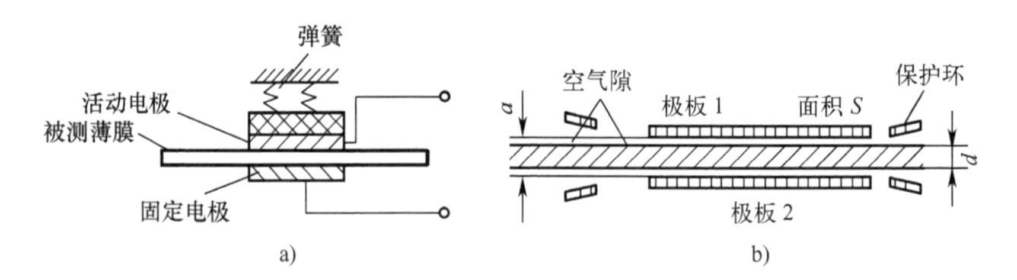

图 5-21 电容式传感器检测绝缘材料薄膜厚度结构原理图
a）变间隙型 b）变介质型

初始状态薄膜厚度为d时，电容器的电容为

$$C_0 = \frac{\varepsilon S}{d} \tag{5-52}$$

薄膜厚度变化为x时，电容器的电容为

$$C_x = \frac{\varepsilon S}{x} \tag{5-53}$$

此电容传感器若接入比例运算法电路中，则电路的输出电压为

$$\dot{U}_x = \dot{U}_o \frac{C_0}{C_x} = \frac{\dot{U}C_0}{\varepsilon S} x = kx \tag{5-54}$$

图 5-21b 为采用变介质型电容式传感器测量板材或薄膜厚度变化的结构原理图。设电容的极板面积为S，固定间隙为a，绝缘薄膜或板材的厚度为d，相对介电常数为ε_r，空气的介电常数为ε_0，则该电容式传感器的电容为

$$C_0=\frac{S}{\dfrac{a-d}{\varepsilon_0}+\dfrac{d}{\varepsilon}}=\frac{\varepsilon_0 S}{a-d+d/\varepsilon_r}=\frac{\varepsilon_0 S}{a-\dfrac{\varepsilon_r-1}{\varepsilon_r}d} \tag{5-55}$$

极板间板材或薄膜厚度的变化将引起电容的变化，将 $d=d_0+\Delta d$ 代入式（5-55），可得

$$C_x=\frac{\varepsilon_0 S}{a-\dfrac{\varepsilon_r-1}{\varepsilon_r}(d_0+\Delta d)}=\frac{\varepsilon_0 S}{a-\dfrac{\varepsilon_r-1}{\varepsilon_r}d_0-\dfrac{\varepsilon_r-1}{\varepsilon_r}\Delta d} \tag{5-56}$$

所以有

$$C_x=\frac{\varepsilon_0 S}{\left(a-\dfrac{\varepsilon_r-1}{\varepsilon_r}d_0\right)\left(1-\dfrac{(\varepsilon_r-1)/\varepsilon_r}{a-\dfrac{\varepsilon_r-1}{\varepsilon_r}d_0}\Delta d\right)}=\frac{C_0}{1-n\dfrac{\Delta d}{d_0}} \tag{5-57}$$

其中，$n=\dfrac{(\varepsilon_r-1)/\varepsilon_r}{\dfrac{a}{d_0}-\dfrac{\varepsilon_r-1}{\varepsilon_r}}=\dfrac{\varepsilon_r-1}{1+\varepsilon_r(a-d_0)/d_0}$。

此电容传感器若接入比例运算法电路中，则电路的输出电压为

$$\dot{U}_x=\dot{U}\frac{C_0}{C_x}=\dot{U}\left(1-n\frac{\Delta d}{d}\right) \tag{5-58}$$

可见，输出电压与厚度的相对变化呈线性关系。

图 5-21 测量原理适合测量控制绝缘板材的厚度，对于导电金属材料的厚度可用如图 5-22 所示的另一种电容式测厚仪进行测量。

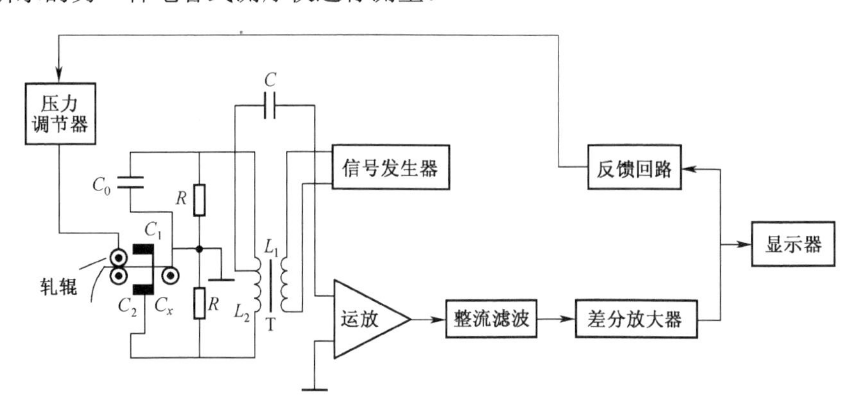

图 5-22 电容式金属板厚度测量原理

图 5-22 中，两块面积相等的极板固定在被测金属板材的上、下两侧，两极板与板材形成的两个电容的并联（两极板相连）电容 C_x 随板材厚度变化，C_x 与固定电容 C_0 接入变压器电桥。若板材变厚，电容 C_x 增大，电桥输出发生变化，经放大、整流滤波，一路送显示仪表显示厚度，另一路经反馈电路送调节器，调节器根据测量值与设定值间的偏差进行计算，得到输出值，然后加大轧辊的压力，将板材压薄，使其等于或接近设定值（控制在误差允许的范围内）。

2. 电容式差压变送器

电容式差压变送器的结构及实物如图5-23所示。图5-23a为两室结构，1、2为测量膜片，与被测介质直接接触，3为感压膜片，此膜片在圆周方向张紧，1与3膜片间为一室，2与3膜片间为另一室，故称两室结构。其中，感压膜片3为可动电极，与固定电极4、5构成一对差动电容，6为绝缘体。感压膜片的变形引起差动电容变化，经测量电路将电容变化量转换为标准电路信号，即构成电容式差压变送器。

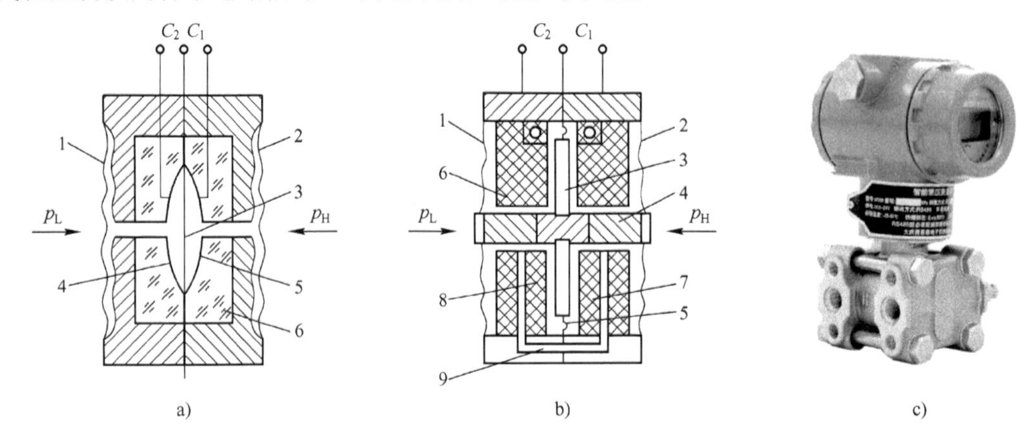

图5-23 电容式差压变送器的两种结构及实物图

a）两室结构 b）一室结构 c）实物图

电容式差压变送器两差动电容C_1和C_2与差压$p_H - p_L$的关系为

$$\frac{C_1 - C_2}{C_1 + C_2} = \frac{a^2}{4Td_0}(p_H - p_L) \tag{5-59}$$

式中，a为动极板的工作半径；T为动极板初始张力；d_0为定、动极板的初始距离。

图5-23b中，1、2为测量膜片，与被测介质直接接触，3为可动平板电极，中心轴4把1、2、3连为一体，片簧5把可动电极在圆周方向张紧。在绝缘体6上蒸镀金属层构成固定电极7、8，并与可动电极构成平行板式差动电容。在可动电极与测量膜片间充满硅油作为密封液，并由通道经节流孔9将两电容连通，所以称为一室结构。

这两种结构中公共动极板将两侧压力差转换成位移，使两电容差动变化与压差成正比，即

$$\frac{C_1 - C_2}{C_1 + C_2} = K(p_H - p_L) = K\Delta p \tag{5-60}$$

3. 电容式物位传感器

电容式物位传感器是利用被测介质面的变化引起电容变化的一种变介质型电容式传感器。由于被测介质的性质不同，采用的方式也不同。详见第15章物位检测。

4. 电容式加速度传感器

差动式电容式加速度传感器结构如图5-24所示。它有两个固定极板（与壳体绝缘），中间有一用弹簧片支撑的质量块，此质量块的两个端面经过磨平抛光后作为动极板（与壳体电连接）。

当传感器壳体随被测对象在垂直方向做直线加速运动时，质量块因惯性相对静止，因此将导致固定电极与动极板间的距离发生变化，一个增加，另一个减小，从而改变两个电容器的电容，形成差动结构。

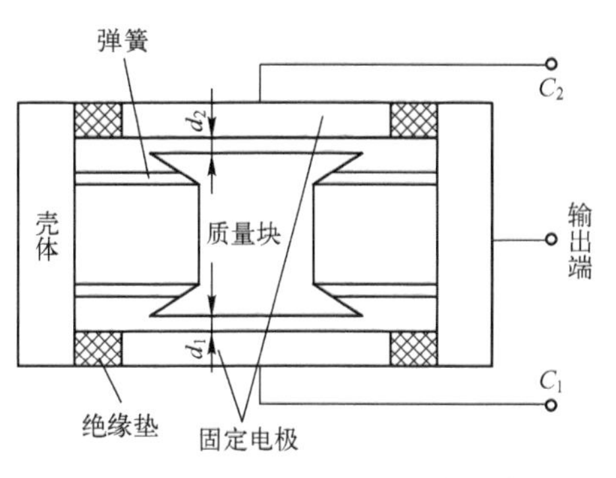

图 5-24　差动式电容式加速度传感器

差动式电容式加速度传感器的精度较高，频率响应范围宽，量程大，可以测得很高的加速度。

随着微电子技术的发展，可以将一块多晶硅加工成多层结构，如图 5-25a 所示。在硅衬底上，利用表面微加工技术，制造出三个多晶硅电极，组成差动电容 C_1、C_2。底层多晶硅和顶层多晶硅固定不动，中间层多晶硅是一个可以上下微动的振动片，其左端固定在衬底上，相当于悬臂梁。当电容式加速度传感器感受到上下振动时，C_1、C_2 呈差动变化。测量转换电路可将 ΔC 转换成直流电压输出。这种电容式加速度传感器体积较小，与测量转换电路、激励源封装在同一壳体中，集成度高，频率响应可达 1kHz 以上，适用于惯性测量、倾斜测量以及地震/振动测量等多个领域。

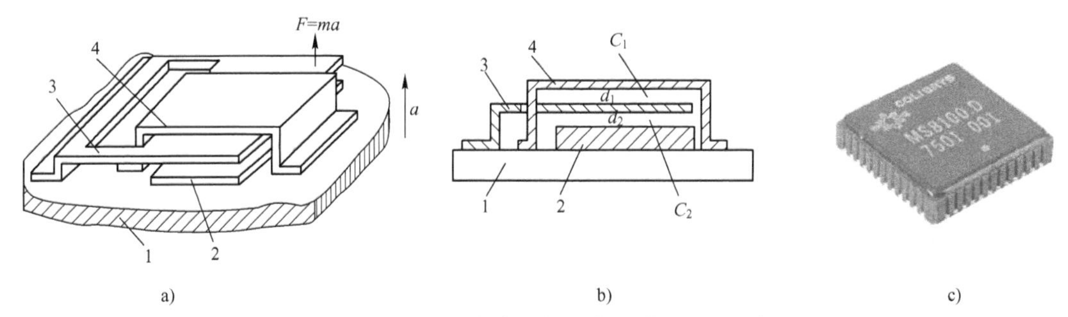

图 5-25　表面微加工电容式加速度传感器结构及实物图

a）多晶硅多层结构　b）加速度测试单元工作原理　c）微硅电容式传感器

1—衬底　2—底层多晶硅（下电极）　3—多晶硅悬臂梁　4—顶层多晶硅（上电极）

5. 电容式接近开关

电容式接近开关属于一种具有开关量输出的位置传感器，它的测量头通常构成电容器的一个极板，而另一个极板是被测物体。电容式接近开关的工作原理如图 5-26 所示，当有

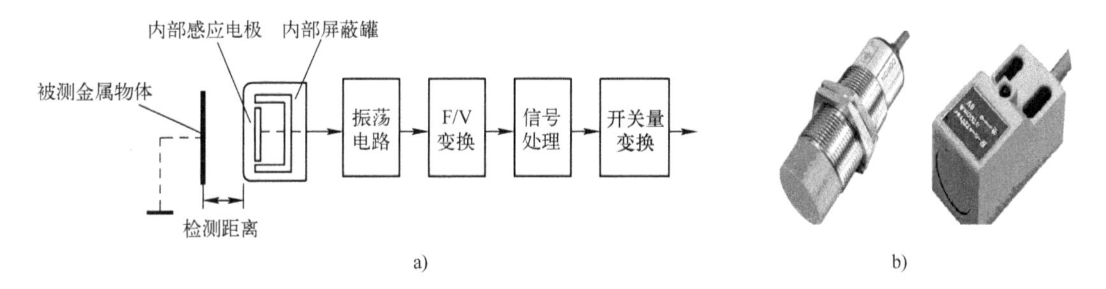

图 5-26　电容式接近开关工作结构原理及实物图

a）结构原理　b）实物图

物体移向接近开关时，不论它是否为导体，由于它的接近，电容发生变化，从而改变 LC 振荡器的振荡频率，F/V 电路将 LC 振荡器输出的频率量转化成电压，经信号处理电路放大、整形，传送给开关量变换电路，使得和测量头相连的电路状态也随之发生变化，由此便可控制开关的接通或断开。电容式接近开关检测的被检测物体可以是导电体、介质损耗较大的绝缘体、含水的物体等。调节接近开关尾部的灵敏度调节电位器，可以根据被测物不同来改变动作距离。

6. 湿敏电容

湿敏电容是一种电容随环境湿度变化而明显变化的湿敏元件。利用具有很大吸湿性的绝缘材料作为电容传感器的介质，在其两侧面镀上多孔性电极。当相对湿度增大时，吸湿性介质吸收空气中的水蒸气，使两块电极之间的介质相对介电常数大为增加（水的相对介电常数约为 80），所以电容增大。

湿敏电容一般是用高分子薄膜电容制成，常用的高分子材料有聚苯乙烯、聚酰亚胺、醋酸纤维等。高分子吸湿膜为感湿材料，在该薄膜的两面制作多孔透气金电极，空气中的水分子透过多孔金电极被感湿膜吸附，使得两电极间的介电常数发生变化，环境湿度越大，感湿膜吸附的水分子就越多，使湿度传感器的电容增加得越多，根据电容的变化可测得空气的相对湿度，如图 5-27 所示。

图 5-27　湿敏电容

湿敏电容的主要优点是灵敏度高、产品互换性好、响应速度快、湿度测量结果的滞后量小、便于制造、容易实现小型化和集成化，其精度一般比湿敏电阻要低一些。

知识拓展

一次仪表与二次仪表

一次仪表在自动检测、自动调节系统中，首先接触被测参数（如压力、差压、液位、流量、温度等），并将被测参数转换成可测信号或标准信号，然后根据检测、调节系统的要求送入有关单元进行显示或调节。

一次仪表多数分散安装在现场。为了便于现场观察，某些一次仪表还具备显示被测参数的机构，但多数是将被测参数转换成标准输出信号送给显示仪表，由显示仪表进行指示、记录、报警或计算，所以显示仪表相对一次仪表而言又称为二次仪表，它一般集中安装在控制室的仪表盘上。使用时，要考虑一次仪表和二次仪表的适当配合。

一次仪表的输出信号可以是电压，也可以是电流。由于电流信号不易受干扰，且便于远距离传输（可以不考虑线路电压降），所以在一次仪表中多采用电流输出型。国家标准规定：电流输出为 4～20mA，电压输出为 1～5V。4mA 对应于零输入，20mA 对应于满度输入。信号不占有 0～4mA 范围的原因，一方面是有利于判断线路故障（开路）和仪表故障；另一方面，这类一次仪表内部均采用微电流集成电路，总的耗电还不到 4mA，因此利用 0～4mA 这一部分“本底”电流为一次仪表的内部电路提供工作电流，使一次仪表成为两线制仪表。

所谓两线制仪表是指仪表与外界的联系只需两根导线。多数情况下，其中一根为+24V电源线，另一根既作为电源负极引线，又作为信号传输线。在信号传输线的末端通过一个标准取样电阻接地，将电流信号转变成电压信号。

习　题

1. 能够感受湿度的电容式传感器属于变（　　）的电容传感器。
   A. 相对面积　　B. 极距　　C. 介质　　D. 参数
2. 电容式液位计属于（　　）。
   A. 容栅型电容式传感器　　B. 改变介电常数型电容式传感器
   C.改变极距型电容式传感器　　D. 改变极板面积型电容式传感器
3. 如将变面积型电容式传感器接成差动形式，其灵敏度将（　　）。
   A. 保持不变　　B. 增大为原来的一倍
   C. 减小一半　　D. 增大为原来的两倍
4. 平板式电容传感器依据测量原理可以分为________、________、________三种。
5. 分别用公式推导出单一式变极距型与差动式变极距型电容式传感器的灵敏度。
6. 为什么说变间隙型电容式传感器的特性是非线性的?采取什么措施可改善其非线性特征?
7. 试分析圆筒形电容式传感器测量液面高度的基本原理。
8. 说明差动脉冲调宽电路的工作过程和特点。
9. 查阅相关资料，分析说明图5-28数显卡尺的工作原理。

图5-28　数显卡尺

10. 有一只变极距型电容式传感元件，两极板重叠的有效面积为$8\times10^{-4}\text{m}^2$，极板之间的距离为1mm，已知空气的相对介电常数为1.0006，试计算该传感器的位移灵敏度。
11. 已知圆盘电容极板直径$D=50\text{mm}$，极板间距$d_0=0.2\text{mm}$，在电极间置一块厚$d_g=0.1\text{mm}$的云母片，其相对介电常数$\varepsilon_{r1}=7$，空气相对介电常数$\varepsilon_{r2}=1$。
   1）求无、有云母片两种情况下电容值C_1、C_2各为多大?
   2）当间距变化$\Delta d=0.025\text{mm}$时，电容相对变化量$\Delta C_1/C_1$与$\Delta C_2/C_2$各为多大?
12. 已知两极板电容式传感器，其极板面积为S，两极板间介质为空气，极板间距1mm，当极距减少0.1mm时，求其电容变化量和传感器的灵敏度。若参数不变，将其改为差动式结构，当极距变化0.1mm时，求其电容变化量和传感器的灵敏度，并说明差动式电容式传感器为什么能提高灵敏度并减少非线性误差。

综合训练

1. 纸张计数显示装置（来自2019年全国大学生电子设计竞赛）

设计要求：使用MSP430/MSP432，设计并制作纸张计数显示装置，其组成如图5-29所示。两块平行极板（极板A、极板B）分别通过导线a和导线b连接到测量显示电路，装置可测量并显示置于极板A与极板B之间的纸张数量。

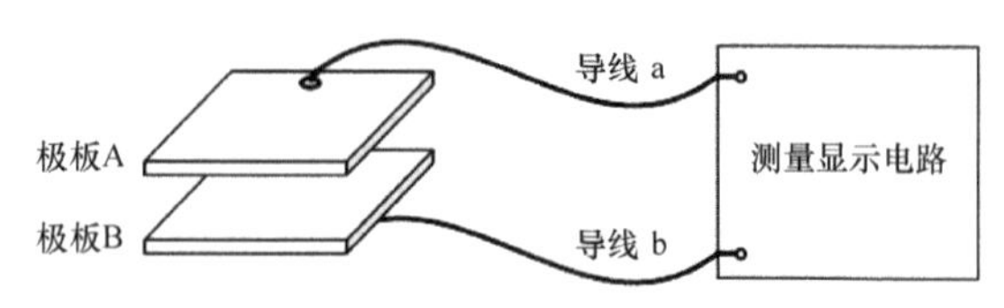

图5-29 纸张计数显示装置组成示意图

系统功能及主要技术指标：极板A和极板B为边长（50±1）mm的正方形金属电极，导线a和导线b长度均为(500±5)mm。测量置于两极板之间1～10张不等的70g规格的A4复印纸数量。测量显示电路应具有自校准功能，即正式测试前，对置于两极板间不同张数的纸张进行测量，以获取测量校准信息。测量显示电路可自检并报告极板A和极板B电极之间是否短路。

2. 手势识别装置（来自2018年全国大学生电子设计竞赛）

设计要求：利用芯片FDC2214设计制作一个手势识别装置，实现对猜拳游戏和划拳游戏的判决。猜拳游戏的判决是指对手势比划“石头”“剪刀”和“布”的判定，划拳游戏的判决是指对手势比划“1”“2”“3”“4”和“5”的判定。

系统功能及主要技术指标：在训练模式下，对任意测试者进行手势训练，每种动作训练次数不大于3次，总的训练时间不大于1min；在判决模式下，能进行猜拳和划拳的正确判决，每次判决的时间不大于1s。

第 6 章　电感式传感器

电感式传感器是利用磁路磁阻变化，引起传感器线圈的自感和线圈间的互感的变化来实现非电量电测的一种装置。利用这种转换原理，电感式传感器可以测量位移、振动、压力、应变、流量、相对密度等非电量参数。这里仅介绍自感式传感器、差动变压器和电涡流式传感器。

6.1 自感式传感器

6-1 自感式传感器工作原理

6.1.1　工作原理

1. 工作原理与结构类型

自感式传感器主要由线圈、衔铁和铁心等组成。图 6-1 中点画线表示磁路，磁路中的空气隙总长为l_δ，工作时衔铁与被测体相连，被测体的位移引起气隙磁阻的变化，从而使线圈电感值变化，当将传感器线圈接入测量电路后，电感的变化进一步转换成电压、电流或频率的变化，从而完成非电量到电量的转换。

线圈的电感计算公式为

$$L=\frac{N^2}{R_{\mathrm{m}}} \tag{6-1}$$

式中，N为线圈匝数；R_{m}为磁路总磁阻。

因为气隙厚度较小，且不考虑磁路的铁损，则总磁阻为

$$R_{\mathrm{m}}=\frac{l_1}{\mu_1 A_1}+\frac{l_2}{\mu_2 A_2}+\frac{l_\delta}{\mu_0 A} \tag{6-2}$$

图 6-1　自感式传感器结构示意图

式中，A为气隙磁通横截面积；A_1、A_2为铁心、衔铁横截面积（近似认为$A=A_1$）；l_1为铁心的磁路长；l_2为衔铁的磁路长；l_δ为气隙总长，$l_\delta=2\delta$；μ_1为铁心磁导率；μ_2为衔铁磁导率；μ_0为真空磁导率，$\mu_0=4\pi\times10^{-7}\ \mathrm{H/m}$。

因此有

$$L=\frac{N^2}{R_{\mathrm{m}}}=\frac{N^2}{\dfrac{l_1}{\mu_1 A_1}+\dfrac{l_2}{\mu_2 A_2}+\dfrac{l_\delta}{\mu_0 A}} \tag{6-3}$$

当铁心、衔铁的结构和材料确定后，式（6-3）中分母的第一、二项为常数，且铁心、衔铁的磁阻远远小于气隙磁阻，式（6-3）可简化为

$$L=\frac{N^2\mu_0 A}{2\delta} \tag{6-4}$$

由式（6-4）可知，此时电感L是气隙横截面积和气隙长度的函数，即$L=f\left(A,\delta\right)$。如果将A保持不变，则L为δ的单值函数，可构成变气隙型自感式传感器；若保持δ不变，则L为A的单值函数，则构成变面积型自感式传感器；还有一种常用的是螺管型自感式传感器。

（1）变气隙型自感式传感器

设初始气隙为δ_0，初始电感为

$$L_0=\frac{N^2\mu_0 A}{2\delta_0} \tag{6-5}$$

设衔铁向下移动$\Delta\delta$，即$\delta=\delta_0+\Delta\delta$时，由式（6-5）得自感$L$为

$$L=\frac{N^2\mu_0 A}{2(\delta_0+\Delta\delta)}=\frac{N^2\mu_0 A}{2\delta_0\left(1+\dfrac{\Delta\delta}{\delta_0}\right)}=\frac{L_0}{1+\dfrac{\Delta\delta}{\delta_0}} \tag{6-6}$$

由式（6-5）可知，$L=f(\delta)$不是线性的，当$\delta=0$时，L不等于∞，而有一定的数值，这是因为推导过程中忽略了铁心和衔铁的磁阻，其曲线在δ较小时，灵敏度较大，如图6-2虚线所示，图中实线是理论值，虚线是实际值。

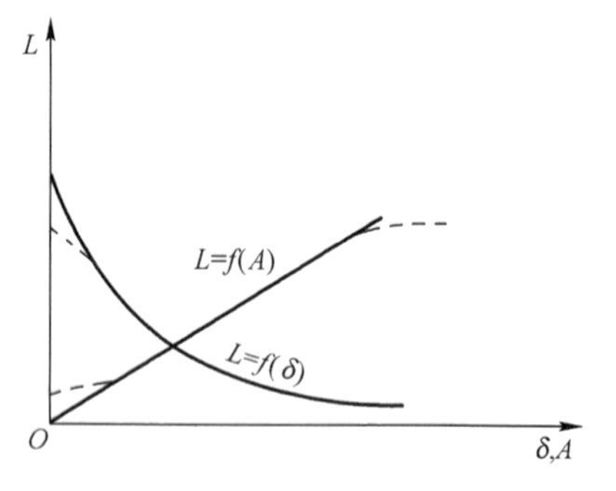

图6-2 变气隙型与变面积型自感式传感器的特性曲线

差动式变气隙型自感式传感器如图6-3a所示。差动式结构采用两个相同的线圈（两个线圈的导线电阻、电感、匝数等电气参数完全一致，有定铁心时，两个定铁心的几何结构和材料完全相同，结构完全对称），共用一个活动衔铁，输出为两个线圈输出之差。

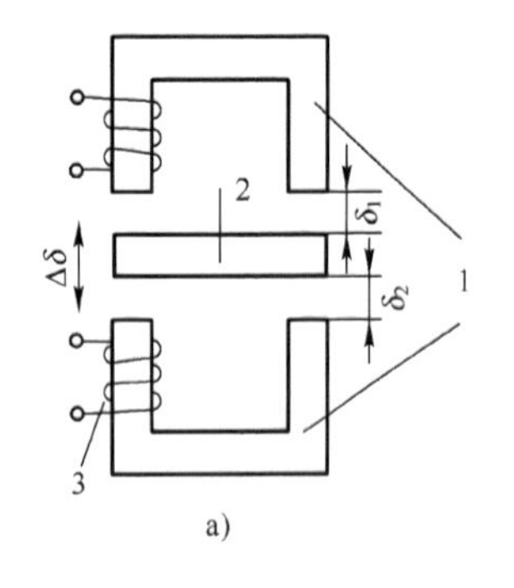

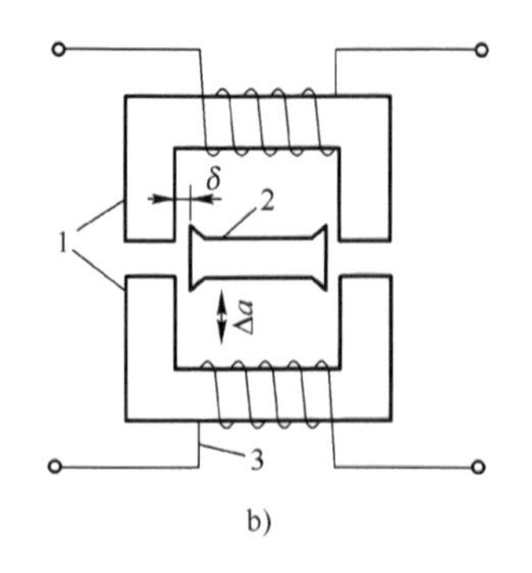

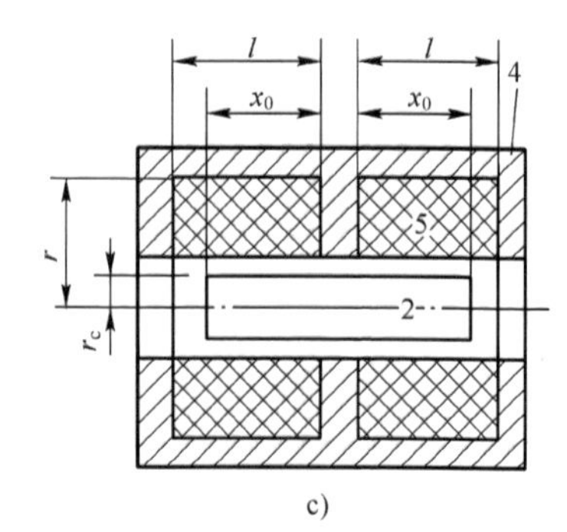

图6-3 差动式自感式传感器结构原理

a）变气隙型 b）变面积型 c）螺管型

1—铁心 2—衔铁 3—线圈 4—磁性套筒 5—螺线管

设 $\delta_1=\delta_0+\Delta\delta$，$\delta_2=\delta_0-\Delta\delta$，则由式（6-6）可知，两线圈自感分别为

$$L_1=L_0\bigg/\left(1+\frac{\Delta\delta}{\delta_0}\right),\quad L_2=L_0\bigg/\left(1-\frac{\Delta\delta}{\delta_0}\right)$$

可得

$$\frac{L_2-L_1}{L_1+L_2}=\frac{\Delta\delta}{\delta_0} \tag{6-7}$$

差动式变气隙型自感式传感器对于干扰、电磁吸力有一定的补偿作用，还能改善特性曲线的非线性。

（2）变面积型自感式传感器

变面积型自感式传感器改变的是气隙截面面积，设气隙截面面积是矩形 a_0b，当衔铁向左移动 Δa，气隙截面面积变成（$a_0-\Delta a$）b，代入式（6-4）可得

$$L=\frac{N^2\mu_0(a_0-\Delta a)b}{2\delta}=\frac{N^2\mu_0a_0b}{2\delta}\left(1-\frac{\Delta a}{a_0}\right)=L_0\left(1-\frac{\Delta a}{a_0}\right) \tag{6-8}$$

若左右移动衔铁使面积 A 改变，从而改变 L 值时，则 $L=f(A)$ 的特性曲线为一条直线，理论特性见图 6-2 中的实线，但由于漏感等原因，在 $A=0$ 时实际电感值不为零，而有较大的电感，其实际特性见图 6-2 中虚线。

差动式变面积型自感式传感器结构如图 6-3b 所示。设 $A_1=(a_0-\Delta a)b$，$A_2=(a_0+\Delta a)b$，代入式（6-8）可得

$$L_1=L_0\left(1+\frac{\Delta a}{a_0}\right),\quad L_2=L_0\left(1-\frac{\Delta a}{a_0}\right)$$

则有

$$\frac{L_2-L_1}{L_1+L_2}=\frac{\Delta a}{a_0} \tag{6-9}$$

（3）螺管型自感式传感器

螺管型自感式传感器结构如图 6-4 所示。它由螺线管 1、铁心 2 和衔铁 3 等组成。磁性套筒构成线圈的外部磁路，并作为传感器的磁屏蔽。随着衔铁插入深度的不同将引起线圈漏磁通路径中磁阻的变化，从而使线圈的自感发生变化。

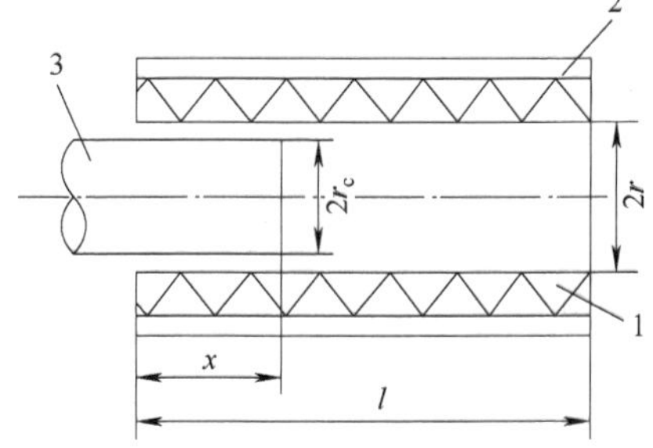

图 6-4　螺管型自感式传感器结构

1—螺线管　2—铁心　3—衔铁

为分析简单起见，假设线圈的长径比 l/r 足够大，因此线圈内部的磁场可以认为是均匀的，可求得未插入衔铁时空心线圈的电感为

$$L_0=\frac{N^2\pi r^2\mu_0}{l} \tag{6-10}$$

式中，l 为线圈长度（单位：m）；r 为线圈半径（单位：m）；N 为线圈匝数。

当衔铁进入线圈时，被其覆盖的线圈局部电感增大，自感 L 为

$$L=L_0\left[1+(\mu_r-1)\frac{r_c^2}{r^2}\frac{x}{l}\right] \tag{6-11}$$

式中，x 为衔铁插入线圈中的长度（单位：m）；r_c 为衔铁的半径（单位：m）；μ_r 为相对磁

导率（单位：H/m）。

可见，在线圈和磁心长度一定时，自感相对变化量与磁心插入长度的相对变化量成正比，但由于线圈内磁场强度的不均匀性，实际单线圈螺管型自感式传感器的输出特性为非线性。

差动式螺管型自感式传感器结构如图 6-3c 所示。当衔铁处于中间位置时，即 $x_1 = x_2 = x_0$，两个电感相等，即

$$L_1 = L_2 = L_0\left[1+(\mu_r-1)\frac{r_c^2}{r^2}\frac{x_0}{l}\right] \tag{6-12}$$

若衔铁偏离中间位置 Δx，令 $x_1 = x_0 - \Delta x$， $x_2 = x_0 + \Delta x$，则有

$$L_1 = L_0\left[1+(\mu_r-1)\frac{r_c^2}{r^2}\frac{x_0-\Delta x}{l}\right] \tag{6-13}$$

$$L_2 = L_0\left[1+(\mu_r-1)\frac{r_c^2}{r^2}\frac{x_0+\Delta x}{l}\right] \tag{6-14}$$

可得

$$\frac{L_2-L_1}{L_2+L_1} = \frac{(\mu_r-1)\left(\frac{r_c}{r}\right)^2\frac{\Delta x}{l}}{1+(\mu_r-1)\left(\frac{r_c}{r}\right)^2\frac{x_0}{l}} \approx \frac{\Delta x}{x_0} \tag{6-15}$$

2. 等效电路分析

在前面分析自感式传感器工作原理时，可以把自感线圈看成一个理想的纯电感 L。实际上线圈导线存在铜损电阻 R_c，传感器中铁磁材料在交变磁场中一方面被磁化，另一方面形成涡流及损耗，这些损耗可分别用磁滞损耗电阻 R_h 和涡流损耗电阻 R_e 表示，此外还存在线圈的匝间电容和电缆线分布电容 C，因此，自感传感器的等效电路如图 6-5a 所示。

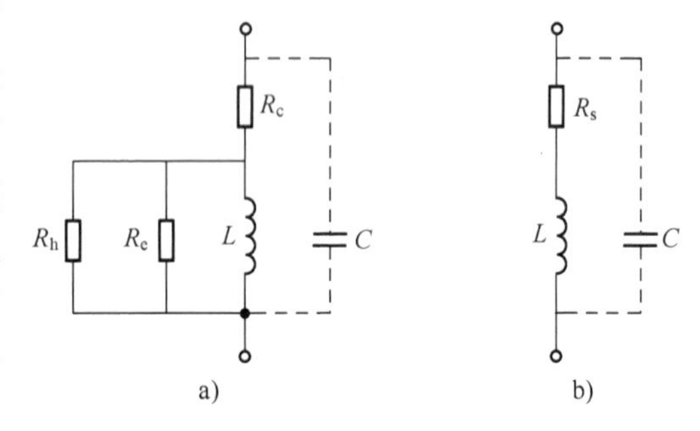

图 6-5 自感式传感器等效电路

图 6-5b 是 6-5a 的等效电路，R_s 为总的等效损耗电阻，等效阻抗 Z_p 可表示为

$$Z_p = \frac{R_s}{(1-\omega^2 LC)^2} + j\frac{\omega L}{(1-\omega^2 LC)^2} = R_p + j\omega L_p \tag{6-16}$$

由式（6-16）可知，并联电容 C 的存在增加了有效损耗电阻和有效电感，而有效 Q_p 值减小为

$$Q_p = \frac{\omega L_p}{R_p} = (1-\omega^2 LC)Q \tag{6-17}$$

其电感的相对变化值为

$$\frac{dL_p}{L_p}=\frac{1}{1-\omega^2 LC}\frac{dL}{L} \tag{6-18}$$

根据以上分析，由于电缆线分布电容即并联电容 C 的存在，会引起自感式传感器性能的一系列的变化。因此，自感式传感器在更换连接电缆后需重新校正或采用并联电容加以调整。

6.1.2　测量电路

电感式传感器可将位移等非电量转换为电感的变化，为了将电感的变化转换为电压、电流或频率，还必须选择适当的测量电路。测量电路选择的基本原则是尽可能使输出电压、电流或频率与被测非电量呈线性关系。

在电容式传感器的部分测量电路中，将传感器电容换成传感器电感，就变成了电感式传感器的测量电路。

交流电桥是电感式传感器的主要测量电路，它的作用是将线圈电感的变化转换成电桥电路的电压或电流输出。差动式结构可以提高灵敏度，改善线性，所以交流电桥也多采用双臂工作形式。通常将传感器作为电桥的两个工作臂，电桥的平衡臂可以是纯电阻，也可以是变压器的二次绕组或紧耦合电感线圈。

1. 电阻平衡臂电桥和变压器电桥

电阻平衡臂电桥如图 5-15 所示，将差动式自感式传感器的两个线圈 Z_1 和 Z_2 作为电桥的两个工作臂，另外两个平衡臂为纯电阻 $R_1=R_2$ 或交流变压器的两个二次绕组。工作时，电桥的输出电压同式（5-35）。将式（6-7）、式（6-9）和式（6-15）代入式（5-35），即可得到差动式变气隙型、变面积型和螺管型电感式传感器的输出电压 U_o 与位移的线性关系式，且方程形式一致。

2. 紧耦合电感臂电桥

紧耦合电感臂电桥由差动式传感器的两个传感器阻抗 Z_1、Z_2 和两个固定的紧耦合电感线圈组成，既可用于电感式传感器，也可用于电容式传感器，其电路如图 6-6 所示。这种测量电路可以消除与电感臂并联的分布电容对输出信号的影响，使电桥平衡稳定，并简化了接地和屏蔽的问题。

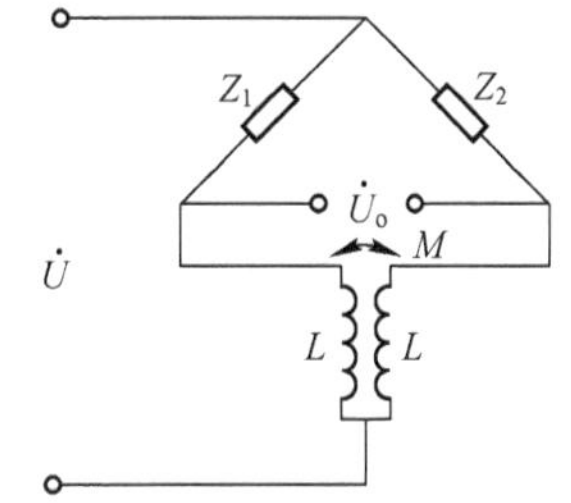

图 6-6　紧耦合电感臂电桥

3. 带相敏整流的交流电桥

采用变压器电桥只能判别位移的大小，不能判别位移的方向。图 6-7 中，Z_1 和 Z_2 为差动式自感式传感器线圈的阻抗，与两个平衡电阻 $R_1=R_2$ 组成交流电桥，电桥 A、B 端接交流电源 $\dot{U}_s$，电桥输出 C、D 端接有双向指示的直流电压表，VD_1～VD_4 构成相敏整流器。

当差动衔铁处于中间位置时，$Z_1=Z_2=Z$，输出电压 U_o 为零。

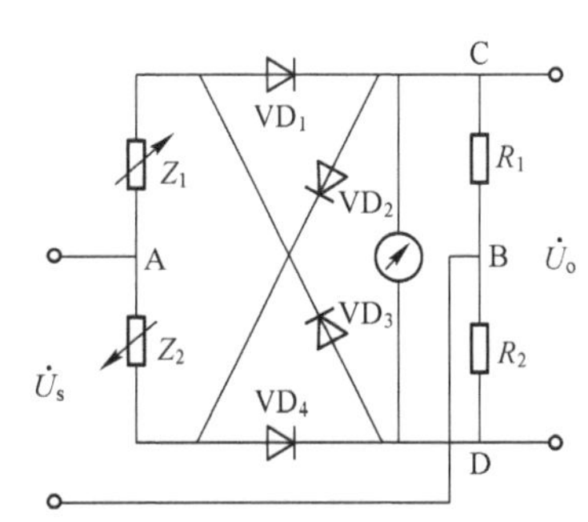

图 6-7　带相敏整流的交流电桥

在交流电源正半周，A点电位为正，B点电位为负，VD_1和VD_4导通，VD_2和VD_3截止，R_1上的电压U_{CB}是C点电位为正，B点电位为负，R_2上的电压U_{BD}是D点电位为正，B点电位为负。若衔铁上移，$Z_1>Z_2$，使$U_{CB}<U_{DB}$，$U_{CD}=U_{CB}-U_{DB}<0$；若衔铁下移，$Z_1<Z_2$，使$U_{CB}>U_{DB}$，$U_{CD}>0$。

在交流电源负半周，B点电位为正，A点电位为负，VD_1和VD_4截止，VD_2和VD_3导通，R_1上的电压U_{CB}是B点电位为正，C点电位为负，R_2上的电压U_{BD}是B点电位为正，D点电位为负。若衔铁上移，$Z_1>Z_2$，使$U_{BC}>U_{BD}$，$U_{CD}=U_{CB}+U_{BD}<0$；若衔铁下移，$Z_1<Z_2$，使$U_{BC}<U_{BD}$，$U_{CD}>0$。

无论正弦交流处于正负半周，只要衔铁上移，电压表指针负偏，位移越大，指针偏转越大；只要衔铁下移，电压表指针正偏，位移越大，指针偏转越大。电压表读数大小反映衔铁的位移；电压表极性反映移动方向。可见采用带相敏整流的交流电桥，输出信号既能反映位移大小又能反映位移的方向。

4. 差动电感脉冲调宽电路

图5-19差动脉冲调宽电路中利用了RC电路的充放电过程。如果利用RL的充放电过程，就构成了适合电感式传感器的差动脉冲调宽电路，如图6-8所示，可推出与式（5-45）相似的表达式为

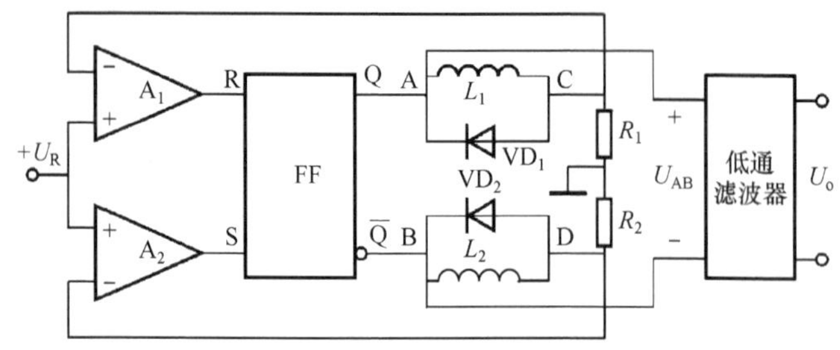

图6-8 差动电感脉冲调宽电路

$$U_o=\frac{L_1-L_2}{L_1+L_2}U_1 \tag{6-19}$$

式中，U_1为触发器的输出高电位。

将式（6-7）、式（6-9）和式（6-15）代入式（6-19），即可得到差动式变气隙型、变面积型和螺管型电感式传感器的输出电压U_o与位移的线性关系。

6.1.3 典型应用

1. 自感式压力传感器

（1）单一式自感式压力传感器

将两片压有同心波纹的波纹膜片的外边缘密封而构成的盒体称为膜盒，如图6-9所示。在压力、轴向力作用下，两侧存在压力差时，膜片将弯向压力小的一侧，因此能够将压力变换为直线位移。膜盒用于测量微小压力。

图6-9 膜盒

当压力进入膜盒时，膜盒的顶端在压力 p 的作用下产生与压力 p 大小成正比的位移，衔铁也随之发生移动，使气隙发生变化，线圈自感变化，流过线圈的电流也发生相应的变化，电流表 A 的指示值反映了被测压力的大小，如图 6-10 所示。

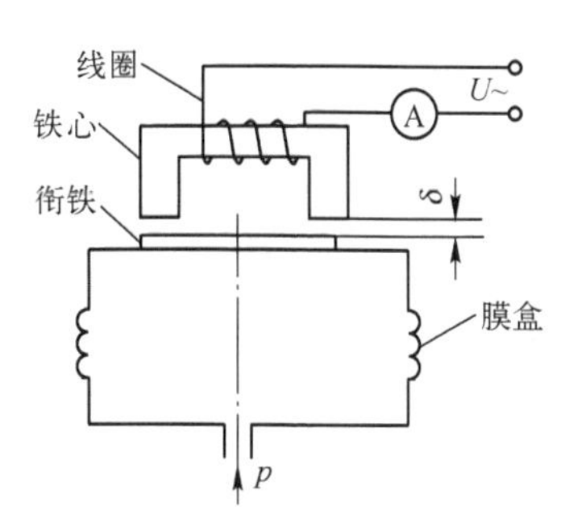

图 6-10　单一式自感式压力传感器

（2）差动式自感式压力传感器

弹簧管是常用的测压弹性元件，为一端封闭的特种成型管。当被测压力进入弹簧管时，弹簧管产生变形，其自由端发生位移，带动与自由端连接成一体的衔铁运动，使线圈 1 和线圈 2 中的电感发生大小相等、符号相反的变化，即一个电感量增大，另一个电感量减小。电感的这种变化通过电桥电路转换成电压输出，如图 6-11 所示。

2. 电感测微仪

（1）轴向式电感测微仪

电感测微仪是一种能够测量微小位移量的精密测量仪器，由电感式传感器将被测对象的微小位移转换成电信号，其结构如图 6-12b 所示。

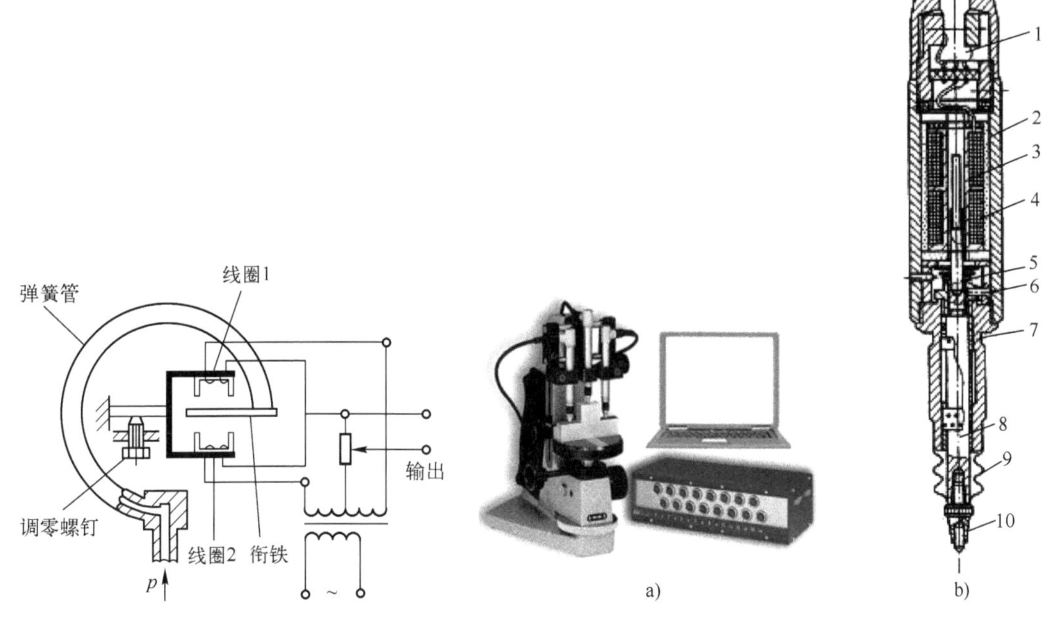

图 6-11　差动式自感式压力传感器

图 6-12　轴向式电感测微仪

a）实物图　b）结构示意图

1—传感器引线　2—铁心套筒　3—衔铁　4—电感线圈　5—弹簧　6—防转件　7—滚珠导轨　8—测杆　9—密封套　10—测端

智能电感测微仪的硬件电路主要包括电感式传感器、正弦波振荡器、放大器、相敏检波器及单片机系统。正弦波振荡器为电感式传感器和相敏检波器提供了频率和幅值稳定的激励电压，正弦波振荡器输出的信号加到测量头中由线圈和电位器组成的电感桥路上。工件的微小位移经电感式传感器的测量头带动两线圈内衔铁移动，使两线圈内的电感量发生相对的变化。当衔铁处于两线圈的中间位置时，两线圈的电感量相等，电桥平衡。当测量头带动衔铁上下移动时，若上线圈的电感量增加，则下线圈的电感量减少；若上线圈的电感量减少，则下线圈的电感量增加。交流阻抗相应地变化，电桥失去平衡，从而输出一个幅值与位移成正比、频率与振荡器频率相同、相位与位移方向相对应的调制信号。此信号经放大，由相敏检波器鉴出极性，得到一个与衔铁位移相对应的直流电压信号，经 A/D 转换器输入到单片机，经过数据处理进行显示、传输、超差报警、统计分析等。

电感测微仪能检查工件的厚度、内径、外径、椭圆度、平行度、直线度、径向跳动等，广泛应用于精密机械制造业、晶体管和集成电路制造业，以及国防、科研、计量部门的精密长度测量。

（2）电感式不圆度计

电感式不圆度计采用旁向式电感测微头的不圆度计，测量端与轴类工件接触，工件旋转或测量头绕工件缓慢旋转，通过杠杆，将工件不圆度引起的位移变化传递给电感测量头中的衔铁，从而使差动式电感产生相应的输出，如图 6-13 所示。

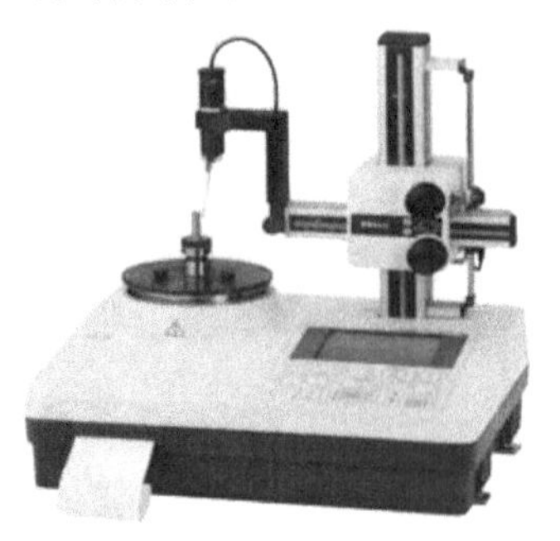

图 6-13　电感式不圆度计

6.2 差动变压器

差动变压器是互感式传感器，是把被测位移转换为传感器线圈互感的变化量。

6-2 差动变压器的工作原理

6.2.1 工作原理

1. 工作原理

差动变压器基于变压器的工作原理。差动变压器主要由一个绝缘框架和一个铁心组成。在绝缘框架上绕有一组一次线圈作为输入绕组，一次绕组上加交变的激励电压，在同一框架上另绕两组二次线圈作为输出绕组，二次绕组即产生电动势，在负载上输出相应的电压。在绝缘框架中央圆柱孔中放入铁心，如图 6-14 所示。

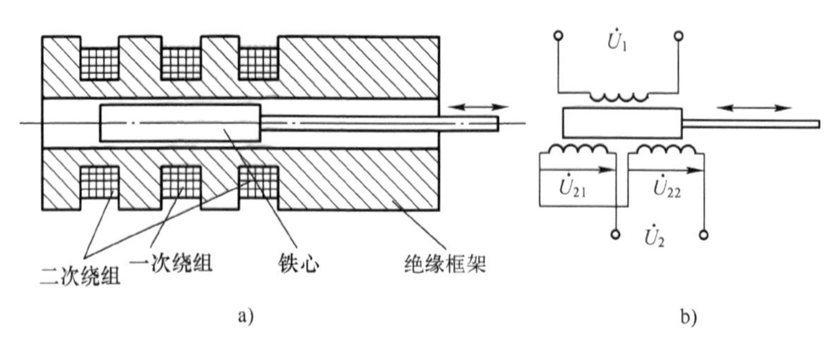

图 6-14　差动变压器

a）结构图　b）原理图

一般变压器铁心相对绕组没有位置变动，互感 M 是常数，输出电压只反映激励电压的大小。差动变压器的铁心是活动的或部分活动的，变压器铁心相对绕组有位置变动，一、二次绕组的互感 M 则随着铁心的移动而变化。在激励电压为定值的情况下，二次绕组的输出电压的大小反映了铁心位移的大小。

差动变压器的二次绕组一般采用两个结构尺寸和参数都相同的线圈反接而成（同名端串接在一起），以差动方式输出。

差动变压器的等效电路如图 6-15 所示，图中 $\dot{U}_1$ 为一次绕组励磁电压；$\dot{U}_{21}$ 和 $\dot{U}_{22}$ 为二次绕组的输出电压；L_1、R_1 分别为一次绕组的自感和有效电阻；M_1、M_2 分别为一次绕组和左右两个二次绕组的互感；L_{21}、L_{22} 分别为两个二次绕组的自感；R_{21}、R_{22} 分别为两个二次绕组的有效电阻；N_1、N_2 为一、二次绕组匝数。

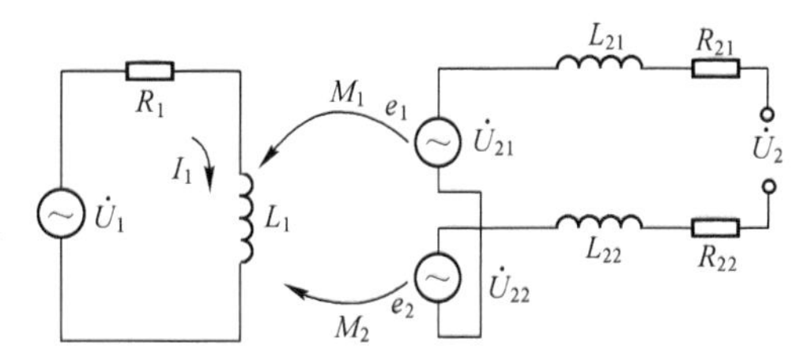

图 6-15　差动变压器的等效电路

在一次绕组上加上一定的正弦交流电压 $\dot{U}_1$ 后，二次绕组中的感应电动势 $\dot{U}_{21}$ 和 $\dot{U}_{22}$ 与铁心在绕组中的位置有关。当铁心在中间位置时，两个二次绕组同一次绕组的互感相等，即 $M_1 = M_2$，因而由一次绕组激励引起的感应电动势相同，即 $\dot{U}_{21} = \dot{U}_{22}$，二次差动输出电压 $\dot{U}_2 = \dot{U}_{21} - \dot{U}_{22} = 0$。当铁心向左或向右移动时，互感 M_1 减小、M_2 增大或 M_1 增大、M_2 减小，两个二次绕组感应电动势不再相等，$\dot{U}_{21} > \dot{U}_{22}$ 或 $\dot{U}_{21} < \dot{U}_{22}$，则差动输出电压 $\dot{U}_2 = \dot{U}_{21} - \dot{U}_{22} \neq 0$。$\dot{U}_2$ 的大小反映了铁心位移 x 的大小，$\dot{U}_2$ 的相位不同反映了位移 x 的不同方向，因此由 $\dot{U}_2$ 可测量位移。

由图 6-15 可知，当二次侧开路时，一次绕组的交流电流复数值为

$$\dot{I}_1 = \frac{\dot{U}_1}{R_1 + \mathrm{j}\omega L_1} \tag{6-20}$$

式中，ω 为励磁电压的角频率；$\dot{U}_1$ 为一次绕组的励磁电压。

由于 $\dot{I}_1$、M_1、M_2 的存在，在二次绕组中分别感应出电动势 $\dot{U}_{21}$ 和 $\dot{U}_{22}$ 为

$$\dot{U}_{21} = -\mathrm{j}\omega M_1 \dot{I}_1,\quad \dot{U}_{22} = -\mathrm{j}\omega M_2 \dot{I}_1 \tag{6-21}$$

因此得到空载输出电压 $\dot{U}_2$ 为

$$\dot{U}_2 = \dot{U}_{21} - \dot{U}_{22} = -\mathrm{j}\omega(M_1 - M_2)\dot{I}_1 = -\frac{\mathrm{j}\omega(M_1 - M_2)}{R_1 + \mathrm{j}\omega L_1}\dot{U}_1 \tag{6-22}$$

其有效值为

$$U_2 = \frac{\omega(M_1 - M_2)U_1}{\sqrt{R_1^2 + (\omega L_1)^2}} \tag{6-23}$$

式（6-23）表明，空载输出电压只与 M_1、M_2 有关。

2. 特性分析

（1）灵敏度

差动变压器的灵敏度是指差动变压器在单位电压励磁下，铁心移动一单位距离时的输出电压，以 mV/mm 表示，一般差动变压器的灵敏度大于 50 mV/mm。可采用下列方法提高差动变压器的灵敏度：

1）提高绕组的品质因数Q值，为此需增大差动变压器的尺寸，一般长度为直径的1.2～2.0倍较恰当。

2）选择较高的励磁频率，以1～10kHz为好。

3）增大铁心直径，使其接近于线圈框架内径，铁心采用磁导率高、铁损小、涡流损失小的材料。

4）减少涡流损耗，为此绕组框架采用非导电的且膨胀系数小的材料。

5）在不使一次绕组过热的情况下，尽量提高励磁电压，一般不超过10V为宜。

（2）频率特性

差动变压器的励磁频率一般以50Hz～10kHz为宜。频率太低时，差动变压器的灵敏度显著降低，温度误差和频率误差增加，要进行高精度和高灵敏度的测量比较困难；频率太高，将增加铁损和耦合电容等的影响。

（3）线性范围

理想的差动变压器二次输出电压应与铁心位移呈线性关系，还希望二次侧的相位为一定值，这一点比较难满足。考虑到这些因素，差动变压器线性范围一般约为绕组框架长度的1/10～1/4。采用差动整流电路对输出电压进行处理，可以改善差动变压器的线性。

（4）零点残余电压

差动变压器的两组二次绕组由于反向串联，因此当铁心处在中央位置时，输出电压理论上应为零。但在实际情况中，研究零点附近的特性可发现，在所谓零点时，输出信号电压并不是零，而有一个很小的电压值，这个电压值一般称为零点残余电压。图6-16中，实线是理论特性曲线，虚线是实际特性曲线，ΔU_0为零点残余电压。

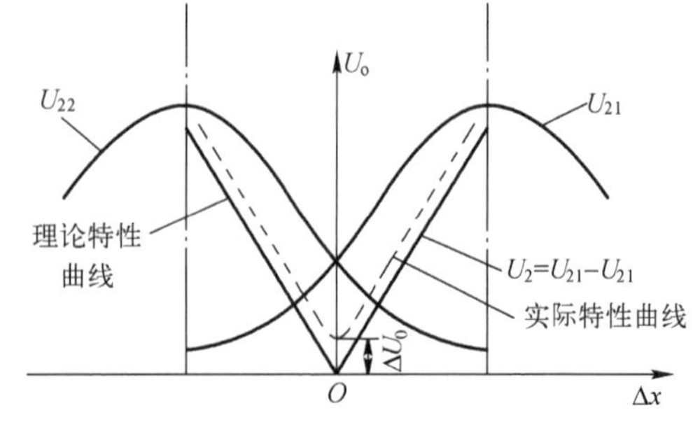

图6-16 差动变压器的输出特性

零点残余电压产生的原因有以下几个方面：

1）基波分量。由于差动变压器两个二次绕组不可能完全一致，因此它的等效电路参数（互感M、自感L及损耗电阻R）不可能相同，从而使两个二次绕组的感应电动势值不等。又因一次绕组中铜损电阻及导磁材料的铁损和材质的不均匀，存在绕组匝间电容等因素，使激励电流与所产生的磁通相位不同。

2）高次谐波。高次谐波分量主要由导磁材料磁化曲线的非线性引起。由于磁滞损耗和铁磁饱和的影响，使得激励电流与磁通波形不一致产生了非正弦（主要是3次谐波）磁通，从而在二次绕组感应出非正弦电动势。

3）激励电流波形失真。因激励电流含高次谐波分量，将导致零点残余电压中有高次谐波成分。

消除零点残余电压一般可用以下方法：

1）从设计和工艺上保证结构的对称性。提高衔铁等重要零件的加工精度，两二次绕组的绕法要完全一致，必要时对两二次绕组进行选配，把电感和电阻值十分接近的两绕组配对使用。

2）选用补偿电路。消除零点残余电压可以采用各种形式的补偿电路，如图6-17所示。

归纳起来，加串联电阻消除基波同相成分；并联电容改变相移，消除高次谐波分量；加并联电阻消除基波中的正交成分；加反馈绕组和反馈电容补偿基波及高次谐波分量。

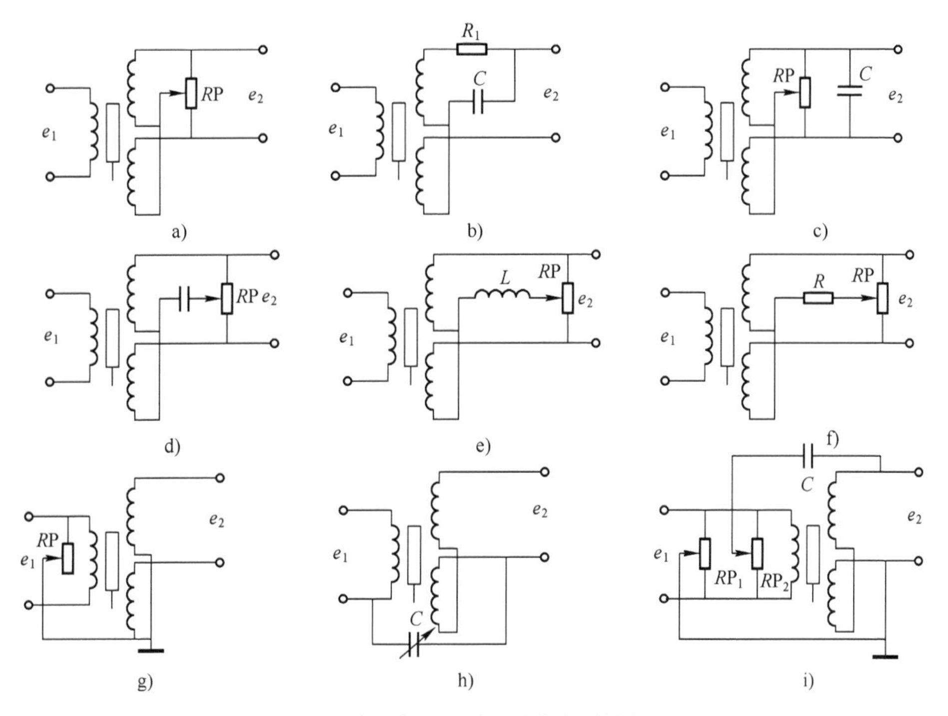

图 6-17　差动变压器零点残余电压补偿电路

3）选用合适的测量电路。消除零点残余电压的最有效的方法是采用在放大电路前加差动整流电路的方法。这样不仅使输出电压能反映铁心移动的方向，而且使零点残余电压可以小到忽略不计的程度。

6.2.2　测量电路

为了反映铁心移动的方向，对于差动变压器最常用的测量电路是差动整流电路，如图 6-18 所示。把两个二次电压分别整流后，以它们的差作为电路输出（a 端和 b 端），从而不必考虑二次电压的相位和零点残余电压。

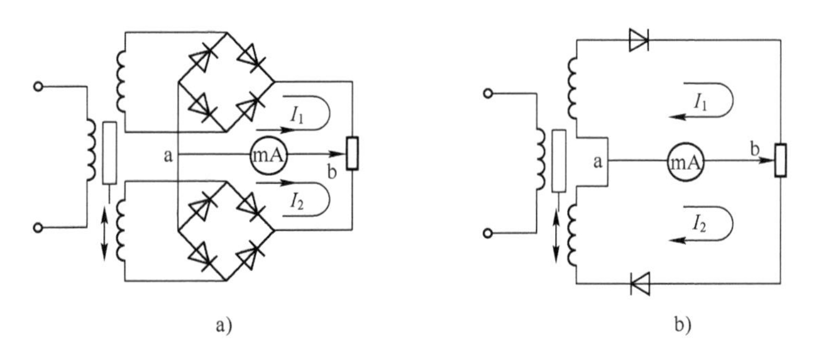

图 6-18　差动整流电路

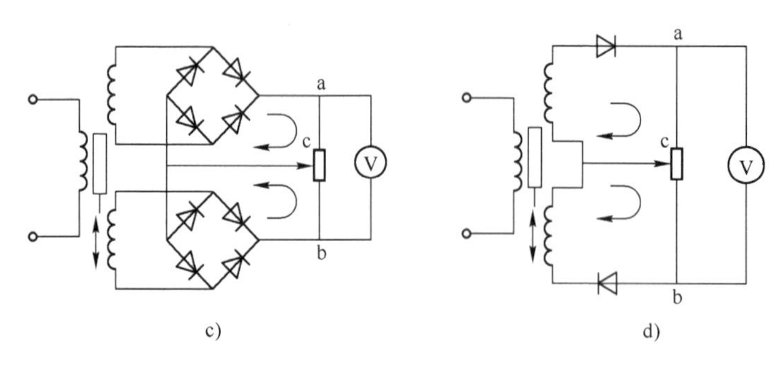

图 6-18 差动整流电路（续）

a）全波电流输出型 b）半波电流输出型 c）全波电压输出型 d）半波电压输出型

图 6-18a、b 分别为全波电流输出型电路和半波电流输出型电路，用于连接低阻抗负载的场合，其线性基本上与负载大小无关；图 6-18c、d 分别为全波电压输出型电路和半波电压输出型电路，用于连接高阻抗负载的场合。图中的可调电阻用于调整零点输出电压。

图 6-18a、b 中的输出电流为 $I_{ab}=I_1-I_2$，图 6-18c、d 中的输出电压为 $U_{ab}=U_{ac}-U_{bc}$，当铁心位于零位时，$I_1=I_2$，$U_{ac}=U_{bc}$，故 $I_{ab}=0$，$U_{ab}=0$；当铁心上移时，$I_1>I_2$，$U_{ac}>U_{bc}$，故 $I_{ab}>0$，$U_{ab}>0$；当铁心下移时，$I_1<I_2$，$U_{ac}<U_{bc}$，故 $I_{ab}<0$，$U_{ab}<0$。

6.2.3 典型应用

差动变压器可以用于位移及与位移有关的机械量的测量，如振动、加速度、应变、比重、张力或厚度等，都可以用差动变压器进行测量。

1. 差动变压器式力传感器

图 6-19a 为环形弹性元件，图 6-19b 为筒形弹性元件，弹性元件受力产生位移，带动差

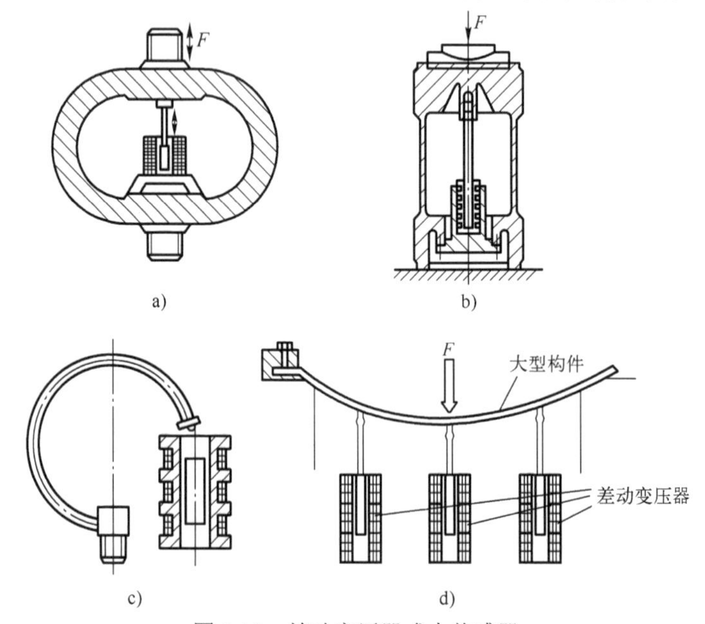

图 6-19 差动变压器式力传感器

a）环形弹性元件 b）筒形弹性元件 c）弹簧管弹性元件 d）大型构件的应力和位移测量

动变压器的铁心运动，使两绕组间的互感发生变化，差动变压器的输出电压反映了弹性元件的受力大小。图 6-19c 为弹簧管弹性元件，图 6-19d 为大型构件的应力和位移测量。

2. 差动变压器式微压力变送器

将差动变压器与弹性敏感元件相结合，组成压力传感器。无压力时，连接于膜盒中心的铁心位于差动变压器绕组的中部，输出电压为零。当被测压力由接口 1 传入膜盒 2 时，其自由端产生一正比于被测压力的位移，推动铁心 6 在差动绕组 5 中移动，使差动变压器输出相应的电压，如图 6-20 所示。

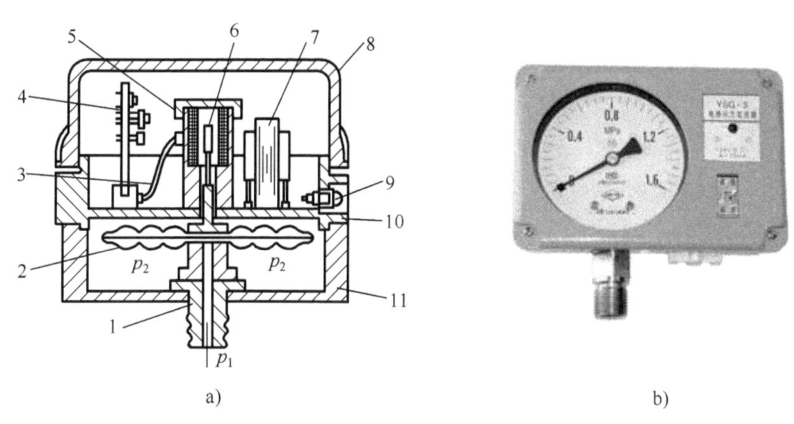

a)　　b)

图 6-20　差动变压器式微压力变送器

a）结构示意图　b）实物图

1—压力输入接口　2—波纹膜盒　3—电缆　4—印制电路板　5—差动绕组

6—铁心　7—电源变压器　8—壳体　9—指示灯　10—密封隔板　11—安装底座

差动变压器式微压力变送器经相敏检波、滤波后，输出 4～20mA 直流电流信号可反映被测压力的数值。这种微压力变送器可测量 -4×10^4～6×10^4Pa 范围内的压力。

3. 差动变压器式加速度传感器

如图 6-21 所示，差动变压器式加速度传感器由悬臂梁和差动变压器组成。测量时，将悬臂梁底座及差动变压器的绕组固定，将铁心 A 端与被测物体相连，当被测物体带动铁心以加速度 a 振动时，使差动变压器的输出电压按相同的规律变化。用于测定振动物体的频率和振幅时其励磁频率必须是振动频率的 10 倍以上，才能得到精确的测量结果。差动变压器式加速度传感器可测量的振幅为 0.1～5mm，振动频率为 0～150Hz。

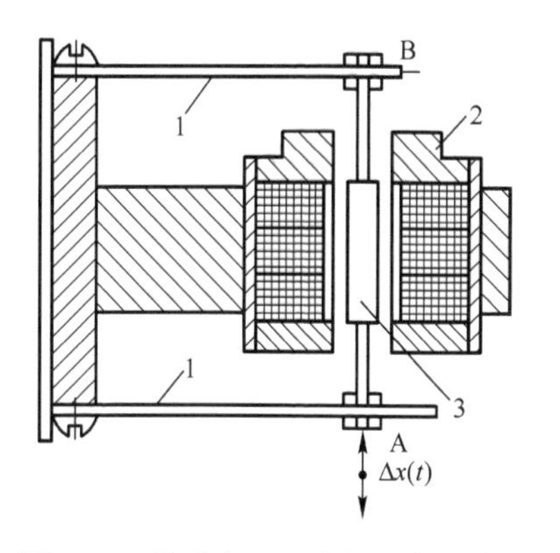

图 6-21　差动变压器式加速度传感器

1—悬臂梁　2—差动变压器　3—铁心

6.3 电涡流式传感器

电涡流式传感器是基于电涡流效应工作的传感器。电涡流式传感器的特点是结构简单、测量线性范围大、易于进行非接触的连续测量、灵敏度较高、抗干扰能力强、不受油污等介质的影响，广泛地应用于工业生产和科学研究的各个领域，可用来测量位移、振幅、尺寸、厚度、热膨胀系数、轴心轨迹、非铁磁材料电导率和金属件探伤等。

6.3.1 工作原理

1. 工作原理

成块的金属置于交变磁场中时，金属导体内将产生感应电流，这种电流在金属导体内是自行闭合的，类似投入湖水的石子产生的水涡，称为电涡流。这种现象称为电涡流效应。

如图 6-22a 所示，根据法拉第定律，一个通有交变电流 $\dot{I}_1$ 的传感器线圈，其周围产生一个交变磁场 $\dot{H}_1$，当被测金属块置于该磁场范围内时，金属导体内便产生涡流 $\dot{I}_2$，涡流也将产生一个新磁场 $\dot{H}_2$，$\dot{H}_2$ 与 $\dot{H}_1$ 方向相反，由于磁场 $\dot{H}_2$ 的反作用，抵消了部分原磁场，从而导致线圈的电感量、阻抗和品质因数发生变化。

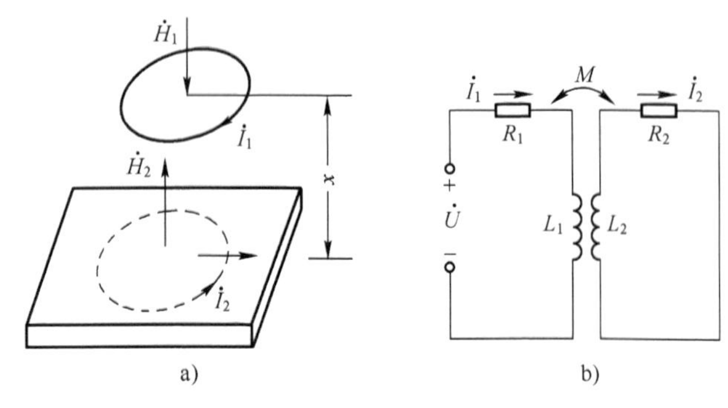

图 6-22 电涡流式传感器的基本原理

a）电涡流工作原理 b）等效电路

传感器线圈与金属导体之间存在磁性联系，若把导体形象地看作一个短路线圈，那么其间的关系可用如图 6-22b 所示的电路来表示。根据基尔霍夫定律，可列出电路方程组为

$$R_1\dot{I}_1 + j\omega L_1\dot{I}_1 - j\omega M\dot{I}_2 = \dot{U} \tag{6-24}$$

$$R_2\dot{I}_2 + j\omega L_2\dot{I}_2 - j\omega M\dot{I}_1 = 0 \tag{6-25}$$

式中，R_1、L_1 为传感器线圈的电阻和电感；R_2、L_2 为被测金属导体的电阻和电感；$\dot{U}$ 为线圈激励电压。

解方程组，可得传感器工作时的等效阻抗为

$$Z = \frac{\dot{U}}{\dot{I}_1} = R_1 + R_2\frac{\omega^2 M^2}{R_2^2 + \omega^2 L_2^2} + j\omega\left(L_1 - L_2\frac{\omega^2 M^2}{R_2^2 + \omega^2 L_2^2}\right) \tag{6-26}$$

等效电阻、等效电感分别为

$$R = R_1 + R_2\omega^2 M^2/(R_2^2 + \omega^2 L_2^2) \tag{6-27}$$

$$L = L_1 - L_2\omega^2 M^2/(R_2^2 + \omega^2 L_2^2) \tag{6-28}$$

线圈的品质因数为

$$Q = \frac{\omega L}{R} = \frac{\omega L_1}{R_1}\frac{1 - \dfrac{L_2}{L_1}\dfrac{\omega^2 M^2}{R_2^2 + \omega^2 L_2^2}}{1 + \dfrac{R_2}{R_1}\dfrac{\omega^2 M^2}{R_2^2 + \omega^2 L_2^2}} \tag{6-29}$$

由式（6-26）～式（6-29）可知，传感器线圈与金属导体的阻抗、电感和品质因数都是此系统互感系数二次方的函数，从麦克斯韦互感系数的基本公式出发，可以求得互感系数是两个磁性相关联线圈距离为 x 的非线性函数。因此，$Z = F_1(x)$、$L = F_2(x)$、$Q = F_3(x)$

均为非线性函数。但在某一范围内，可以将这些函数关系近似地通过某一线性函数来表示。也就是说，电涡流传感器不是在电涡流能波及的整个范围内都能呈线性。

电涡流线圈除了受距离x的影响外，与金属导体的电阻率ρ、磁导率μ、金属导体形状及表面因素（粗糙度、裂纹等）r以及线圈的励磁电流角频率ω等参数，都将通过电涡流效应和磁效应与线圈阻抗发生联系。或者说，线圈阻抗是这些参数的函数，可表示为

$$Z = f(\rho, \mu, r, x, \omega) \tag{6-30}$$

若能控制其余参数不变，只改变其中一个参数，阻抗就能成为这个参数的单值函数。如被测材料的情况不变，即ρ、μ、r固定，激励电流的角频率ω不变，则阻抗Z就成为距离x的单值函数，便可制成涡流位移传感器。

电涡流式传感器，主要由一个扁平线圈固定在框架上构成。线圈用高强度漆包线或银线绕制，用黏合剂粘在框架端部或绕制在框架槽内。线圈框架采用损耗小、电性能好、热膨胀系数小的材料，如高频陶瓷、环氧玻璃纤维的聚四氟乙烯等。电涡流探头内部结构如图6-23所示。

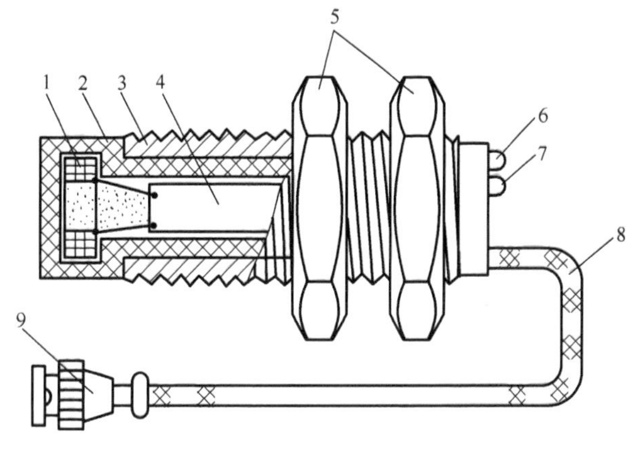

图6-23 电涡流探头内部结构

1—电涡流线圈 2—探头壳体 3—位置调节螺纹 4—印制电路板 5—夹持螺母 6—电源指示灯 7—阈值指示灯 8—输出屏蔽电缆 9—电缆插头

2. 电涡流形成范围

在金属导体上形成的电涡流的分布是不均匀的，电涡流密度不仅是距离x的函数，而且电涡流只能在金属导体的表面薄层内形成，在半径方向也只能在有限的范围内形成电涡流。

（1）电涡流与距离的关系

若产生交变磁场的激励线圈的外半径为R，激励电流为$\dot{I}_1$，金属导体与线圈间的距离为x，则金属导体上的电涡流强度为

$$\dot{I}_2 = \dot{I}_1\left(1 - \frac{x}{\sqrt{x^2 + R^2}}\right) \tag{6-31}$$

由图6-24可见，电涡流强度$\dot{I}_2$正比于激励电流$\dot{I}_1$，并随x/R的增加而迅速减小，因此利用电涡流式传感器测量位移时，只在很小的范围内（一般取$x/R = 0.05 \sim 0.15$）能得到较好的线性和较高的灵敏度。

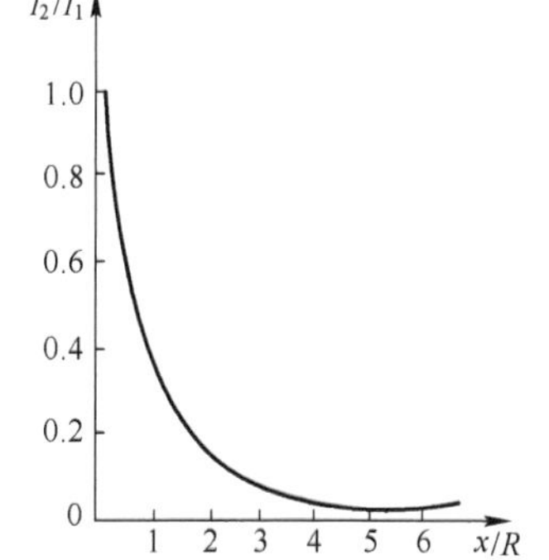

图6-24 电涡流强度与x/R的关系

（2）电涡流的径向形成范围

电涡流在径向有一定的形成范围，它随着激励线圈的外半径大小而变，并且与激励线圈外半径有固定的比例关系，激励线圈的外半径决定后，电涡流的径向形成范围就已确定。在等于激励线圈的外半径处，电涡流密度最大，而在等于激励线圈外半径的1.8倍处，电涡流密度将衰减到最

大值的5%。

（3）电涡流的轴向贯穿深度

电涡流在金属导体内的纵深方向并不是均匀分布的，而只集中在金属导体的表面，这种现象称为趋肤效应。由于趋肤效应的缘故，电涡流不能透过所有厚度的金属导体，只能在金属导体靠近激励线圈一侧的表面薄层内形成。

电涡流轴向贯穿（渗透）深度h定义为电涡流强度减小到表面电涡流强度的$1/e$处的表面厚度，它的数值与线圈的激励频率f、金属导体的电阻率ρ、磁导率μ等有关，即有

$$h=\sqrt{\frac{\rho}{\pi\mu f}} \tag{6-32}$$

电涡流式传感器在金属导体中产生的涡流，其渗透深度与传感器线圈的励磁电流的频率有关，所以电涡流式传感器主要可分为高频反射和低频透射两类，前者应用较广泛。

6.3.2 测量电路

由电涡流式传感器的工作原理可知，被测量的变化可以转换成传感器线圈的品质因数Q、等效阻抗Z和等效电感L的变化。测量电路的任务是把这些参数转换为电压或电流输出。总的来说，利用Q值的转换电路使用较少。利用Z的转换电路一般用电桥电路，它属于调幅电路。利用L的转换电路一般用谐振电路，根据输出是电压幅值还是电压频率，谐振电路又分为调幅和调频两种。

1. 电桥电路

如图6-25所示，Z_1和Z_2为线圈阻抗，可以是差动式传感器的两个线圈阻抗，也可以一个是传感器线圈，另一个是平衡用的固定线圈，分别并联电容C_1、C_2，电阻R_1、R_2组成电桥的四个臂。电源U由振荡器供给，振荡频率根据电涡流式传感器的需求选择。电桥将反映线圈阻抗的变化，把线圈阻抗变化转换成电压幅值的变化。电桥电路简单，主要用在差动式电涡流式传感器中。

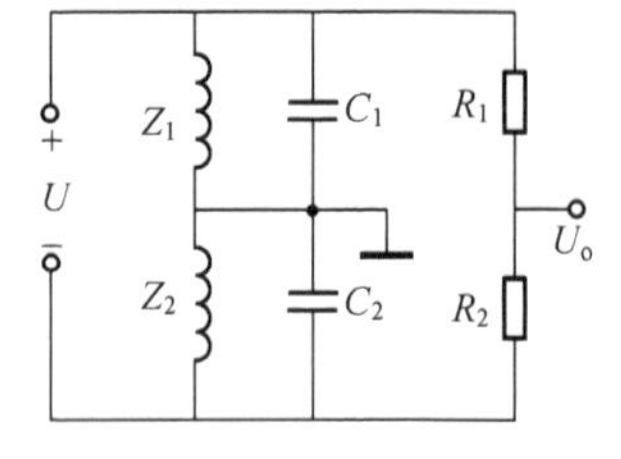

图6-25 电桥电路

2. 谐振调幅电路

谐振调幅电路的主要特征是由传感器线圈和一个微调电容组成并联谐振回路，由稳频稳幅的振荡器（如石英晶体振荡器）提供高频激励信号，如图6-26所示。

图6-26中的电阻R称为耦合电阻，用来降低传感器对振荡器工作的影响，其大小将影响转换电路的灵敏度。R大，灵敏度低；R小，灵敏度高。但如果R太小，由于振荡器的旁路作用，反而会使灵敏度降低。耦合电阻的选择应考虑振荡器的输出阻抗和传感器线圈的品质因数。

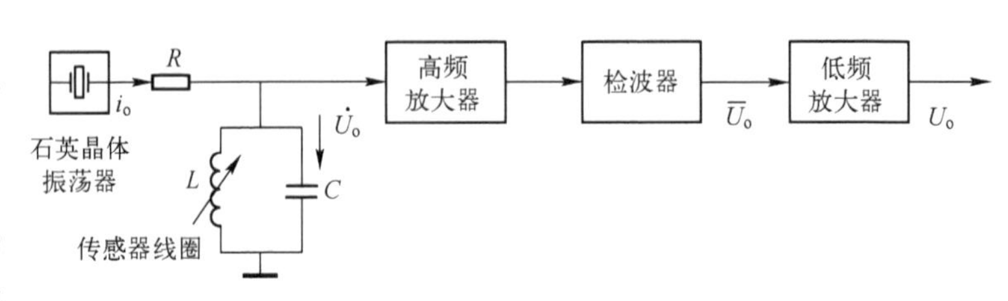

图6-26 谐振调幅电路

电路起始时，传感器远离被测导体，调整 C 使 LC 回路谐振频率 $f_0=1/2\pi\sqrt{LC}$ 等于激励振荡器的振荡频率，这时 LC 回路呈现阻抗最大，输出电压的幅值也是最大的。当传感器接近被测导体时，线圈的等效电感发生变化，谐振回路的谐振频率和等效阻抗也跟着发生变化，致使回路失谐而偏离激励频率，回路的谐振峰将左右移动。如图 6-27 所示，若被测导体为非磁性材料，传感器线圈的等效电感减小，回路的谐振频率提高，谐振峰右移。若被测导体为磁性材料，由于磁路的等效磁导率增大使传感器线圈的等效电感增大，回路的谐振频率降低，谐振峰左移。

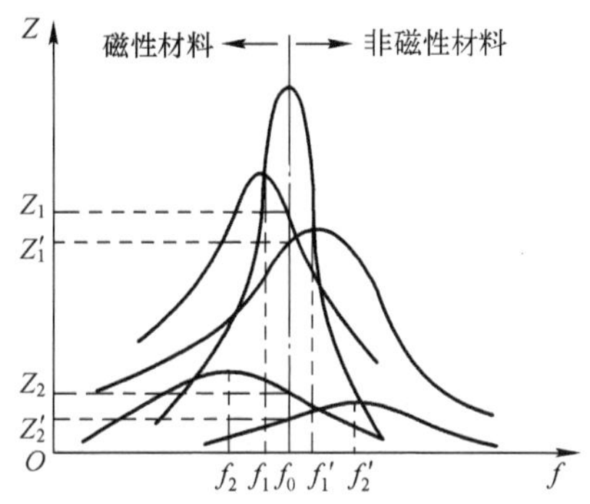

图 6-27　谐振曲线

3. 谐振调频电路

图 6-28 为一种谐振调频电路。传感器线圈接在 LC 振荡器中作为电感使用，以振荡器的频率 f 作为输出量。当电涡流线圈与被测导体的距离 x 改变时，电涡流线圈的电感量 L 也随之改变，引起 LC 振荡器的输出频率变化，此频率可以通过鉴频器（即 F/V 转换器）将 Δf 转换为电压 ΔU，由电压表显示出电压值，也可以直接将频率信号（TTL 电平）送到计算机的计数/定时器，测量出频率的变化。

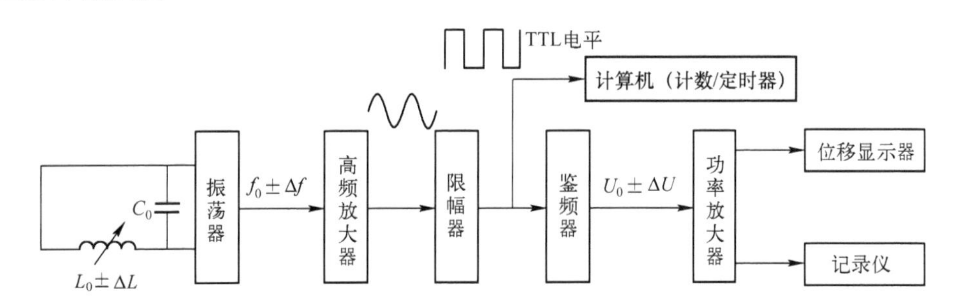

图 6-28　谐振调频电路

6.3.3　典型应用

1. 电涡流式位移传感器

电涡流式位移传感器是一种输出为模拟电压的电子器件。接通电源后，电涡流探头的感应工作面将产生一个交变磁场。当金属物体接近此感应面时，金属表面将吸收电涡流探头中的高频振荡能量，使振荡器的输出幅值线性地衰减，根据衰减量的变化，可计算出被测金属导体距探头表面的距离。电涡流式位移传感器属于非接触测量，工作时不受灰尘等非金属因素的影响，寿命较长，可在各种恶劣条件下使用，如图 6-29 所示。

电涡流式位移传感器最大量程达数百毫米，分辨率为 0.1%。凡可转换为位移量的参数，都可用电涡流式位移传感器测量，如轴的径向振动、振幅以及轴向位置、金属材料的热膨胀系数、钢水液位等。

2. 电涡流式厚度传感器

高频反射式电涡流式传感器可无接触地测量金属板的厚度，当金属板的厚度变化时，传感器与金属板间的距离改变，从而引起电压的变化。由于在工作过程中金属板会上下移动，这将影响其测量精度，因此常用比较的方法进行测量。如图6-30所示，在板的上下各装一涡流传感器，其距离为D，它们与板的上下表面的距离分别为d_1和d_2，板厚$d = D-(d_1+d_2)$，当分别把测得的d_1和d_2转换成电压值后送加法器，相加后的电压值再与两传感器间距离D相应的设定电压相减，就得到与板厚度相对应的电压值。

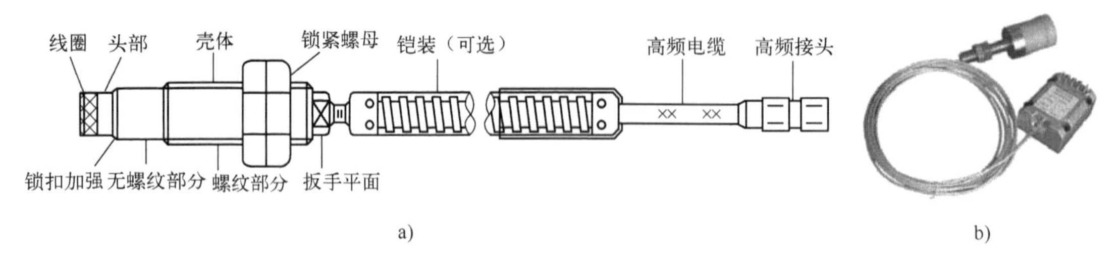

图6-29 电涡流式位移传感器

a）结构图 b）实物图

低频透射式电涡流式传感器工作原理如图6-31所示，发射线圈L_1和接收线圈L_2是两个绕于胶木棒上的线圈，分别位于被测金属板M的上、下方。由振荡器产生的音频电压U_1加到L_1的两端后，L_2两端将产生感应电压U_2。若两线圈之间无金属板，L_1的磁场就能直接贯穿L_2，这时U_2最大。当两线圈之间有金属板后，其产生的涡流削弱了L_1的磁场，造成U_2下降。金属板厚度d越大，涡流越大，U_2就越小。即

$$U_2 = kU_1\mathrm{e}^{-\frac{d}{h}} \tag{6-33}$$

式中，d为金属板厚度；h为涡流贯穿深度；k为比例常数。

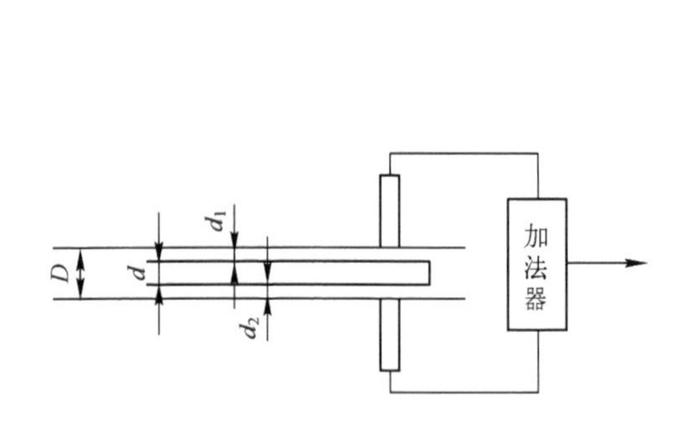

图6-30 高频反射式电涡流式传感器

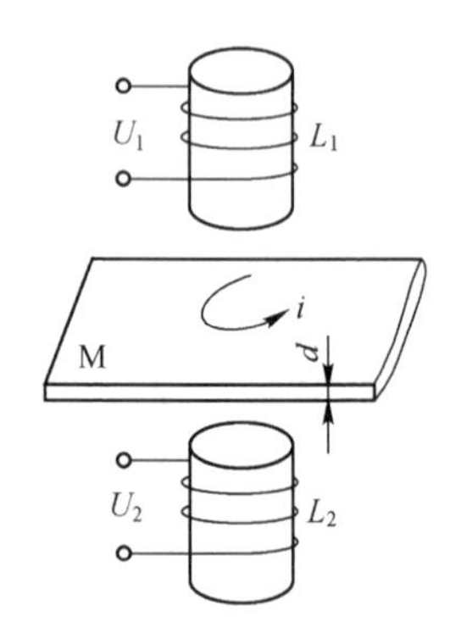

图6-31 低频透射式电涡流式传感器

3. 电涡流式转速传感器

在被测金属旋转体上开槽或做成齿轮状，旁边安装一个电涡流式传感器，就构成了电涡流式转速传感器，如图6-32所示。当旋转体转动时，电涡流式传感器将输出周期性的电压信号，经过放大、整形，可用频率计指示出频率值，此值与槽（齿）数及被测转速有关。

4. 电涡流式接近开关

电涡流式接近开关俗称电感接近开关，属于一种开关量输出的位置传感器，如图 6-33 所示。它由 LC 高频振荡器和放大处理电路组成，利用金属物体在接近能产生交变电磁场的振荡探头时，使物体内部产生涡流。这个涡流反作用于接近开关，使接近开关振荡能力衰减，内部电路的参数发生变化，由此识别出有无金属物体接近，进而控制开关的通或断。电涡流式接近开关通常用于加工物件定位检测、潮湿环境加工工件定位检测等场合，它所能检测的物体必须是导电性能良好的金属物体。

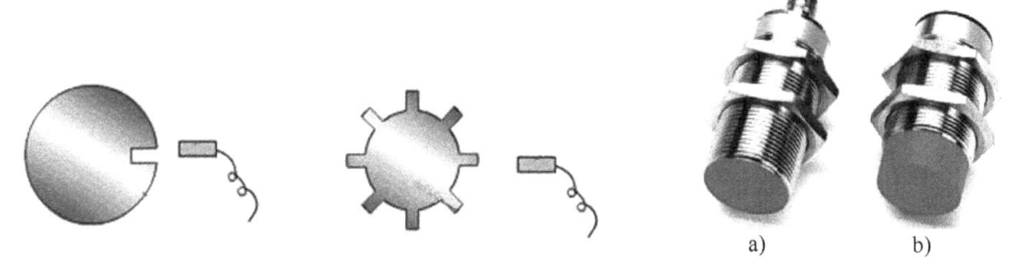

图 6-32　电涡流式转速传感器

图 6-33　电涡流式接近开关

a）齐平式　b）非齐平式

5. 涡流无损检测

利用铁磁线圈在工件中感生的涡流，分析工件内部质量状况的无损检测方法称为涡流检测。

通以交变电流的检测线圈靠近导电体会生产涡流，由电磁感应理论可知，由涡流形成的感应磁场会与原磁场叠加，使得检测线圈的复阻抗改变。由于导电体内感生涡流的幅值、相位、流动形式及其感应磁场不可避免要受导电体的物理及其制造工艺性能的影响，因此通过监测检测线圈阻抗的变化即可非破坏地评价被检材料或工件的物理或工艺性能，以及发现某些工艺性缺陷。

（1）涡流探伤仪

涡流探伤仪一般由三个主要部分组成：探头（即检测线圈）；试件及其传送装置部分；仪器的显示或指示部分（包括信号放大器和处理装置）。其中主要部分是探头。

将检测线圈通以交变电流便产生激励磁场、使试件产生涡流，涡流又产生反磁场。由于涡流磁场中包含有各种缺陷信息，探头可将缺陷信息收集并转变为电信号，并通过处理和显示，以达到探伤的目的。

将探头置于各种不同电导率的材料上，在同一频率和其他条件相同的情况下，所收集到的信号也是不同的。

涡流探伤仪能够分选出材料和探出材料缺陷。其主要依据就是材料不同、有无缺陷的电导率都各不相同，因此影响到检测线圈的阻抗变化。此外，检测线圈对管材和棒材的电导率、直径、频率、裂纹以及管的壁厚等的变化也会引起阻抗变化。因此可采用相位分离法将需要检测的因素从干扰因素中分离出来，达到检测的目的。

（2）涡流检测的特点及应用

1）涡流检测只适用于导电材料。在被检试件中能产生涡流是涡流检测的必要条件，只有在导电材料中才能产生涡流，所以涡流检测被广泛用于各种金属、非金属导电材料及其制作的成品、工艺和维修检验等各个质量控制环节。

2）涡流检测不需要耦合剂。涡流因电磁感应而生，进行涡流检测时，检测线圈不必与被检材料或工件紧密接触，可以实现非接触检测，检测过程不影响被检测材料或工件的使用性能。

3）可在高温、薄壁管、细线、零件内孔表面等其他检测方法难以适用的场合进行检测。

知识拓展

接近开关

接近开关又称无触点行程开关。接近开关是一种开关型传感器，它既有行程开关、微动开关的特性，同时具有传感性能。它无须与运动部件进行直接机械接触，能在一定的距离内检测有无物体靠近。当物体与其接近到设定距离时，就可以发出动作信号，从而驱动直流电器或给计算机装置提供控制指令。

接近开关与被测物不接触，不会产生机械磨损和疲劳损伤，工作寿命长，响应快，无触点，无火花，无噪声，防潮，防尘，防爆性能较好，输出信号负载能力强，体积小，安装、调整方便；缺点是触点容量较小、输出短路时易烧毁。

接近开关除了有电容式接近开关、电感式接近开关之外，还有霍尔式、光电式、超声波式、微波式等，广泛应用于机床、冶金、化工、轻纺和印刷等行业。在自动控制系统中，接近开关可作为限位、计数、定位控制和自动保护环节等。

习　题

1. 差动变压器式电感式传感器是把被测位移量转换成（　　）的变化的装置，通过这一转换，从而获得相应的电压输出。

A. 绕组自感　　B. 绕组互感　　C. LC 调谐振荡　　D. RC 调谐振荡

2. 电路中鉴频的作用是（　　）。

A. 使高频电压转变成直流电压　　B. 使电感量转变成电流

C. 使频率变化转变成电压变化　　D. 使频率转变成电流

3. 高频反射式电涡流式传感器是基于（　　）效应和（　　）效应来实现信号的感受和变换的。

A. 霍尔效应　　B. 压电　　C. 热电　　D. 趋肤

4. 变面积型自感式传感器，当铁心移动使磁路中空气缝隙的面积增大时，铁心上线圈的电感量（　　）。

A. 增大　　B. 减小　　C. 不变

5. 试分析变气隙型厚度传感器的工作原理。

6. 差动式比单一式结构的变磁阻型电感式传感器在灵敏度和线性度方面有什么优势？为什么？

7. 试分析变压器式交流电桥测量电路的工作原理。

8. 引起零点残余电压的原因是什么？如何消除零点残余电压？

9. 在使用螺管型电感式传感器时，如何根据输出电压来判断衔铁的位置？

10. 为什么电涡流式传感器被归类为电感式传感器？它属于自感式还是互感式？

11. 已知变气隙型电感式传感器的铁心横截面积 $S = 1.5\text{cm}^2$，磁路长度 $L = 20\text{cm}$，相对磁导率 $\mu_1 = 5000$，气隙 $\delta_0 = 0.5\text{cm}$，$\Delta\delta = \pm 0.1\text{cm}$，真空磁导率 $\mu_0 = 4\pi \times 10^{-7}\text{H/m}$，线圈匝数 $W = 3000$，求单一式变气隙型电感式传感器的灵敏度 $\Delta L / \Delta\delta$，若做成差动结构，其灵敏度将如何变化？

12. 利用电涡流法测量板材厚度，已知激励电源频率 $f = 1\text{MHz}$，被测材料相对磁导率 $\mu_r = 1$，电阻率 $\rho = 2.9 \times 10^{-6}\Omega \cdot \text{cm}$，被测板厚为 $(1 + 0.2)\text{mm}$。要求：

1）计算采用高频反射法测量时，涡流穿透深度 t 为多少？

2）能否用低频透射法测板厚？

综合训练

简易金属分拣探测器

采用 51 系列单片机或 STM32 和电涡流式传感器，设计并制作一种可进行硬币识别、金属分拣的简易金属分拣探测器。

第 7 章　压电式传感器

压电式传感器是一种自发电式传感器。压电式传感器的工作原理是以某些物质的压电效应为基础，在外力作用下，在电介质表面产生电荷，从而实现非电量电测的目的。压电效应是可逆的。因此，压电式传感器是一种典型的双向传感器。

压电式传感器具有使用频带宽、灵敏度高、信噪比高、结构简单、工作可靠、质量轻、测量范围广等许多优点，主要用于压力冲击和振动等动态参数测试中，它可以把加速度、压力、位移、温度、湿度等许多非电量转换为电量，但不能用于静态参数的测量。

压电式传感器的主要缺点是无静态输出，阻抗高，需要低电容的低噪声电缆，很多压电材料的最高工作温度只有 120℃左右。

7.1 工作原理

1. 压电效应

某些电介质，当沿着一定方向对其施力而使它变形时，内部就产生极化现象，同时在它的两个相对的表面上产生符号相反的电荷，当外力去掉后，又重新恢复不带电的状态，当作用力的方向改变时，电荷的极性也随着改变。晶体受力所产生的电荷量与外力的大小成正比，上述这种现象称为正压电效应。

当在电介质的极化方向上施加电场时，这些电介质会产生变形，外电场撤离，变形也随着消失，这种现象称为逆压电效应，也称为电致伸缩效应。

三维坐标下六面体压电效应的力–电分布如图 7-1 所示。为方便说明，垂直 x、y、z 轴的平面定义为 1、2、3 面，σ_1、σ_2、σ_3 分别表示沿 x、y、z 轴的正应力，σ_4、σ_5、σ_6 分别表示绕 x、y、z 轴的切应力，q_1、q_2、q_3 分别表示在垂直于 x、y、z 轴的表面上的电荷密度。

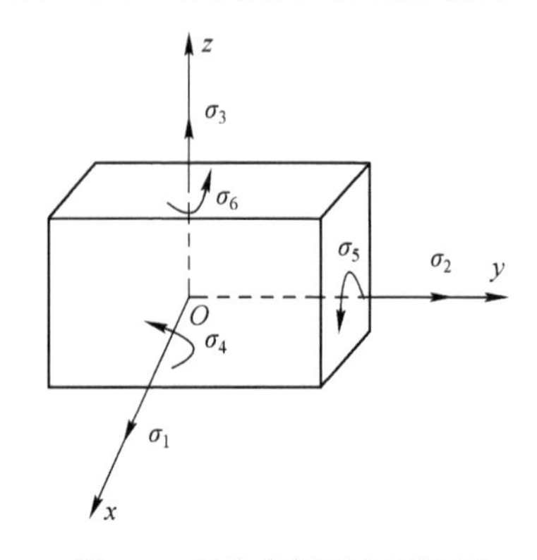

图 7-1　三维坐标下六面体压电效应的力–电分布

单一应力下的压电效应方程为

$$q_i = d_{ij}\sigma_j \tag{7-1}$$

式中，i 为产生电荷面下标，i = 1，2，3；j 为应力方向下标，j =1，2，3，4，5，6；d_{ij} 为由 j 方向应力引起 i 面产生电荷的压电常数。

应力单位为 Pa，电荷密度单位为 C/m^2，压电常数单位为 C/N。

在 6 个方向应力作用下，在 1、2、3 面可能产生电荷，因此，理论上压电常数 d_{ij} 有 18 个参数，即

$$\boldsymbol{d}_{ij}=\begin{bmatrix} d_{11} & d_{12} & d_{13} & d_{14} & d_{15} & d_{16} \\ d_{21} & d_{22} & d_{23} & d_{24} & d_{25} & d_{26} \\ d_{31} & d_{32} & d_{33} & d_{34} & d_{35} & d_{36} \end{bmatrix} \tag{7-2}$$

例如，d_{11} 是在沿 x 轴应力 σ_1 作用下，在垂直 x 轴的 1 平面产生电荷的压电常数；d_{24} 是在绕 x 轴的应力 σ_4 作用下，在 2 面产生电荷的压电常数。对于不同的压电材料，压电常数矩阵中的 18 个常数有的为零，有的与其他常数呈倍数关系。

对于具体的压电元件，更需要确定压电效应产生的电荷与受力的关系，若产生电荷面的面积为 A_i，电荷量 Q_i 为

$$F_j=\sigma_j A_i \tag{7-3}$$

在 j 方向受力面积为 A_i，j 方向的应力 σ_j，那么 j 方向受的力 F_j 为

$$F_j=\sigma_j A_j \tag{7-4}$$

将式（7-3）、式（7-4）代入式（7-1），可得

$$Q_i=d_{ij}F_j\frac{A_i}{A_j} \tag{7-5}$$

2. 压电材料

具有压电效应的物质很多，常用的压电材料有压电晶体、压电陶瓷、高分子压电材料等。

对于压电材料的选择，应考虑以下特性要求：

1）转换性能。压电常数直接关系到压电输出灵敏度，一般要求具有较大的压电常数。

7-1 石英晶体的压电效应

2）机械性能。机械强度高、刚度大，以期获得宽的线性范围和高的固有振动频率。

3）电性能。具有高电阻率和大介电常数，以减弱外部分布电容的影响并获得良好的低频特性。

4）环境适应性强。温度和湿度稳定性要好，要求具有较高的居里点，获得较宽的工作温度范围。

5）时间稳定性。要求压电性能不随时间变化。

（1）石英晶体

具有压电特性的单晶体统称为压电晶体，石英晶体是最常用的压电晶体之一。图 7-2 为天然结构的石英晶体理想外形，中部是一个六角棱柱，两端呈六角棱锥形状。在晶体学中可以把它用三根互相垂直的轴来表示，其中纵向轴 z 称为光轴，光线沿该轴通过石英晶体不会发生折射；经过正六面体棱

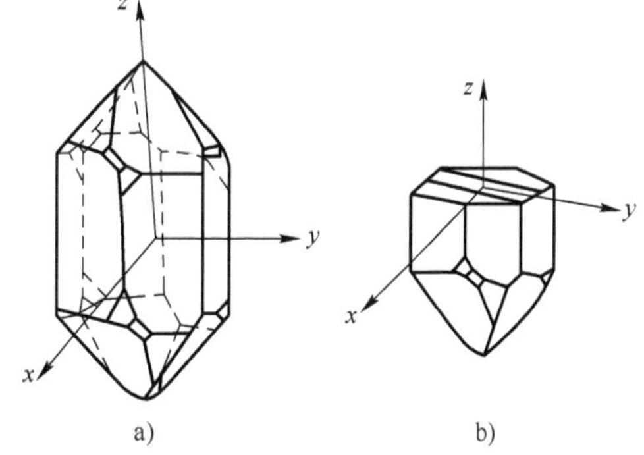

图 7-2　石英晶体及坐标系定义

a）石英晶体外形　b）坐标系定义

线并垂直于光轴的 x 轴称为电轴，因垂直此轴的面上压电效应最强；与 z 轴和 x 轴同时垂直的 y 轴（垂直于正六面体的棱面）称为机械轴，在电场作用下该轴方向机械变形最明显。

石英晶体中，硅离子和氧离子在垂直于 z 轴的平面上呈正六边形排列，如图 7-3a 所示，其中“⊕”代表正的硅离子 Si^{4+}，“⊖”代表负的氧离子 O^{2-}。当石英晶体不受力作用时，正、负离子正好分布在正六边形的顶角上，形成三个大小相等、互成120°夹角的电偶极矩 $\boldsymbol{p}_1$、$\boldsymbol{p}_2$ 和 $\boldsymbol{p}_3$，$p=ql$，q 为电荷量，l 为正、负电荷之间的距离。此时电偶极矩的矢量和等于零，即 $\boldsymbol{p}_1+\boldsymbol{p}_2+\boldsymbol{p}_3=0$，晶体表面不产生电荷，呈现电中性状态。

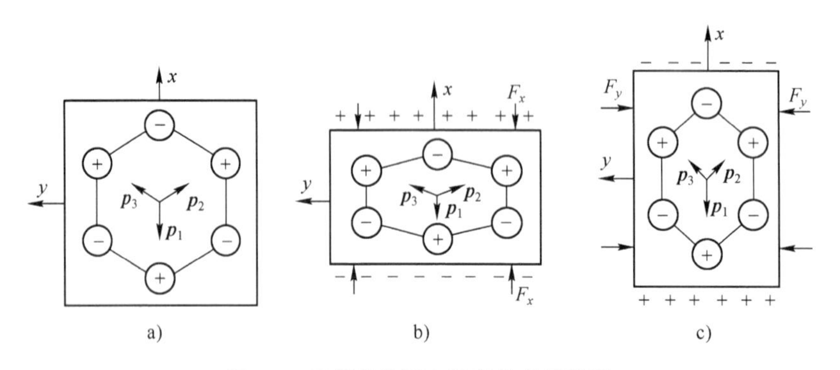

图 7-3 石英晶体压电效应机理示意图

a）不受力时 b）x 轴方向受压力作用 c）y 轴方向受压力作用

当石英晶体沿 x 轴方向受压力 F_x 作用时，晶体沿 x 方向产生压缩变形，正、负离子的相对位置随之变动，正、负电荷的中心不再重合，电偶极矩在 x 轴方向的分量为 $(\boldsymbol{p}_1+\boldsymbol{p}_2+\boldsymbol{p}_3)_x>0$，如图 7-3b 所示，在 x 轴的正方向的晶体表面上出现正电荷，负方向的晶体表面上出现负电荷。而在 y 轴和 z 轴方向的分量均为零，不出现电荷。若沿 x 轴受拉力作用，则电荷极性相反。通常将沿电轴 x 方向的力作用下产生电荷的压电效应称为纵向压电效应。

当石英晶体沿 y 轴方向受压力 F_y 作用时，晶体沿 y 方向产生压缩变形，正、负离子的相对位置随之变动，正、负电荷的中心不再重合，电偶极矩在 x 轴方向的分量为 $(\boldsymbol{p}_1+\boldsymbol{p}_2+\boldsymbol{p}_3)_x<0$，如图 7-3c 所示，在 x 轴的正方向的晶体表面上出现负电荷，负方向的晶体表面上出现正电荷。而在 y 轴和 z 轴方向的分量均为零，不出现电荷。若沿 y 轴受拉力作用，则电荷极性相反。通常将沿机械轴 y 方向的力作用下产生电荷的压电效应称为横向压电效应。

如果沿 z 轴方向施加作用力，因为晶体在 x 方向和 y 方向所产生的形变完全相同，所以正、负电荷的中心保持重合，电偶极矩在 x、y 方向的分量等于零，石英晶体不产生电荷，所以沿光轴 z 方向受力时不产生压电效应。

从晶体上沿轴线切下的一片平行六面体称为压电晶体切片，如图 7-4 所示。并在垂直 x 轴方向两面用真空镀膜或沉银法得到电极面。

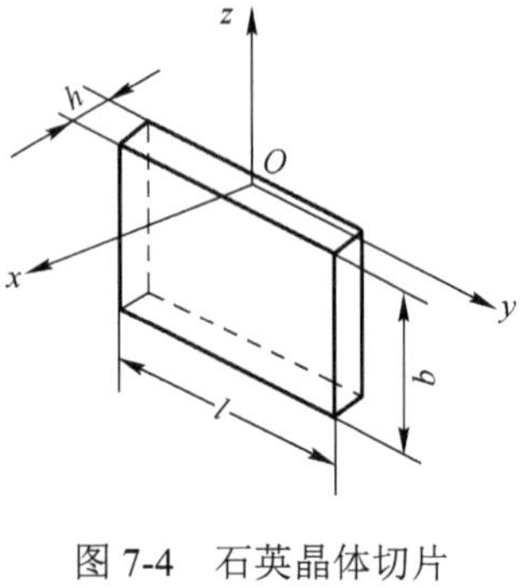

图 7-4 石英晶体切片

由于石英晶体结构的对称性，独立的压电常数只有两个，即 d_{11} 和 d_{14}，其压电常数矩阵为

$$\boldsymbol{d}_{ij}=\begin{bmatrix} d_{11} & -d_{11} & 0 & d_{14} & 0 & 0 \\ 0 & 0 & 0 & 0 & -d_{14} & -2d_{11} \\ 0 & 0 & 0 & 0 & 0 & 0 \end{bmatrix} \tag{7-6}$$

其中，$d_{11}=2.31\times10^{-12}\ \text{C/N}$，$d_{14}=0.73\times10^{-12}\ \text{C/N}$。

由式（7-6）可见，石英晶体仅在 T_1、T_2 和 T_4 应力作用下，在 x 方向（1 面）产生压电效应；在 T_5 和 T_6 应力作用下，在 y 方向（2 面）产生压电效应；在 z 方向没有任何压电效应。

石英是一种具有良好压电特性的压电晶体，其介电常数和压电常数的温度稳定性相当好，在常温范围内这两个参数几乎不随温度变化。在20～200°C 范围内，温度每升高1°C，压电常数仅减小0.016%。但是当温度达到居里点（573°C）时，石英晶体便失去了压电特性。石英晶体的突出特点是性能非常稳定，机械强度高，绝缘性能也相当好。但石英材料价格昂贵，且压电常数比压电陶瓷低得多，因此一般仅用于标准仪器或要求较高的传感器中。

需要指出的是，因为石英是一种各向异性晶体，因此，按不同方向切割的晶体，其物理性质（如弹性、压电效应、温度特性等）相差很大。在设计石英传感器时，应根据不同使用要求正确地选择石英片的切型。

7-2 压电陶瓷的工作原理

（2）压电陶瓷

压电陶瓷是人工制造的经过极化处理后的多晶体压电材料。材料内部的晶粒有许多自发极化的电畴，每一个电畴具有一定的极化方向。在无外电场作用时，电畴在晶体中杂乱分布，它们各自的极化效应被相互抵消，压电陶瓷内极化强度为零。因此原始的压电陶瓷呈电中性，不具有压电性质，如图 7-5a 所示。

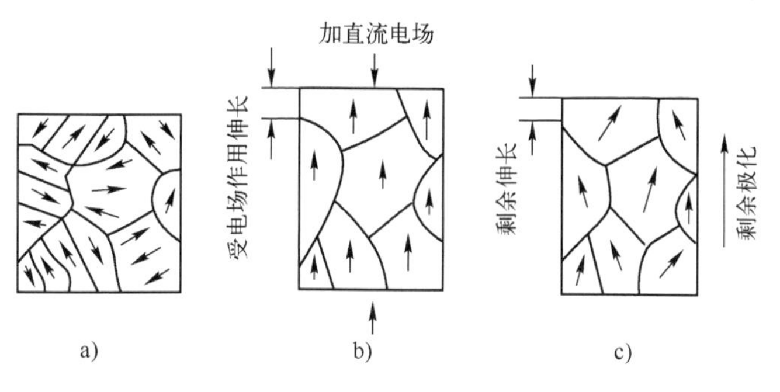

图 7-5 压电陶瓷的极化

a）极化前 b）极化 c）极化后

在压电陶瓷上施加外电场时，电畴的极化方向发生转动，趋向于按外电场方向排列，从而使材料得到极化。外电场越强，就有更多的电畴转向外电场方向，当外电场强度大到使材料的极化达到饱和的程度，即所有电畴极化方向都整齐地与外电场方向一致，如图 7-5b 所示。当外电场撤去后，电畴的极化方向基本不变，即剩余极化强度很大，这时的材料才具有压电特性，如图 7-5c 所示。

极化处理后压电陶瓷材料内部存在很强的剩余极化，当压电陶瓷材料受到外力作用时，电畴的界限发生移动，电畴发生偏转，从而引起剩余极化强度的变化，因而在垂直于极化方向的平面上将出现极化电荷的变化。这种因受力而产生的由机械能转变为电能的现象，就是压电陶瓷的正压电效应。此时的压电常数矩阵为

$$\boldsymbol{d}_{ij}=\begin{bmatrix}0 & 0 & 0 & 0 & d_{15} & 0\\ 0 & 0 & 0 & d_{15} & 0 & 0\\ d_{31} & d_{32} & d_{33} & 0 & 0 & 0\end{bmatrix} \tag{7-7}$$

其中，$d_{33}=190\times10^{-12}$C/N；$d_{31}=d_{32}=-78\times10^{-12}$C/N；$d_{15}=d_{24}=-250\times10^{-12}$C/N。

三向应力 T_1、T_2、T_3 同时作用下的压电效应方程为

$$\sigma_3=(d_{31}+d_{32}+d_{33})T=(2d_{31}+d_{33})T=d_3T \tag{7-8}$$

将压电陶瓷置于液体中，根据测得的电荷量，可用式（7-8）求出液体的压力，进而测得液位。

压电陶瓷的压电常数比石英晶体的大得多，所以采用压电陶瓷制作的压电式传感器的灵敏度较高。压电陶瓷材料的剩余极化强度和特性随温度和时间变化，极化处理后使其压电特性减弱。

目前使用较多的压电陶瓷材料有：

1）钛酸钡（$BaTiO_3$）：由碳酸钡和二氧化钛按1∶1摩尔分子比例混合后烧结而成，其压电常数约为石英的50倍，居里点只有115℃，使用温度不超过70℃，温度稳定性和机械强度都不如石英。

2）锆钛酸铅（PZT）系列压电陶瓷：由钛酸铅（$PbTiO_3$）和锆酸铅（$PbZrO_3$）组成的固溶体（Pb（ZrTi）O_3），居里点在300℃以上，性能稳定，有较高的介电常数和压电常数。

（3）高分子压电材料

高分子压电材料属于有机分子半结晶或结晶聚合物，其压电效应较复杂，不仅要考虑晶格中均匀的内应变对压电效应的贡献，还要考虑高分子材料中做非均匀内应变所产生的各种高次效应以及同整个体系平均变形无关的电荷位移而表现出来的压电特性。

目前已发现的压电常数最高且已进行应用开发的压电高分子材料是聚偏氟乙烯，其压电效应可采用类似铁电体的机理来解释。这种聚合物中碳原子的个数为奇数，经过机械滚压和拉伸制作成薄膜之后，带负电的氟离子和带正电的氢离子分别排列在薄膜的对应上下两边上，形成微晶偶极矩结构，经过一定时间的外电场和温度联合作用后，晶体内部的偶极矩进一步旋转定向，形成垂直于薄膜平面的碳–氟偶极矩固定结构。正是由于这种固定取向后的极化和外力作用时的剩余极化的变化，引起了压电效应。

3. 压电元件的连接方式

在压电式传感器中，产生的电荷量甚微。为了提高灵敏度，压电材料一般用两片或两片以上组合在一起，称为叠层式压电组合器件。由于压电材料是有极性的，因此连接方法有两种，如图7-6所示。

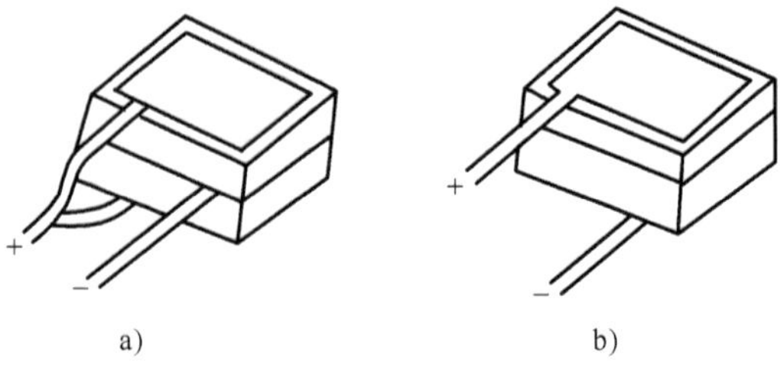

图7-6 两压电片的连接方式

a）并联方式 b）串联方式

图 7-6a 中，两压电片的负极都集中在中间电极上，正电极在两边的电极上，这种接法称为并联。其输出电容C'为单片电容C的 2 倍，但输出电压U'等于单片电压U，输出电荷q'为单片电荷q的 2 倍，即$C'=2C$，$U'=U$，$q'=2q$。

图 7-6b 中，正电荷集中在上极板，负电荷集中在下极板，而中间极板上片产生的负电荷与下片产生的正电荷相互抵消，这种接法称为串联。其输出电荷q'等于单片电荷q，输出电压U'为单片电压U的 2 倍，输出电容C'为单片电容C的一半，即$q'=q$，$U'=2U$，$C'=C/2$。

在这两种接法中，并联接法输出电荷大，本身电容也大，时间常数大，适用于测量慢变信号且以电荷作为输出量的场合。而串联接法输出电压大，本身电容小，适用于以电压作为输出信号且测量电路输入阻抗很高的场合。

压电片在压电式传感器中首先必须有一定的预应力，从而可以保证在作用力变化时，压电片始终受到压力。但是，这个预应力也不能太大，否则会影响其灵敏度。其次是保证压电材料的电压与作用力呈线性关系。这是因为压电片在加工时，即使研磨得很好，也难保证接触面绝对平坦。如果没有足够的压力，就不能保证均匀接触，因此接触电阻在最初阶段将不是常数，而是随着压力变化。

4. 等效电路

当压电式传感器的压电元件承受被测机械应力时，在它的两个极面上，将出现极性相反但电量相等的电荷。显然，可以把压电式传感器看作一个静电发生器，也可以把它视为两极板上聚集异性电荷、中间为绝缘体的电容器，其电容值为

$$C_a = \varepsilon_r \varepsilon_0 S / h \tag{7-9}$$

式中，S为压电片面积；h为压电片厚度；ε_r为压电材料相对介电常数；ε_0为真空介电常数，$\varepsilon_0 = 8.85 \times 10^{-12}\,\mathrm{F/m}$；$C_a$为两极板间的等效电容。

当两极板聚集异性电荷时，则两极板间呈现出一定的电压，其大小为

$$U_a = \frac{Q}{C_a} \tag{7-10}$$

式中，Q为极板上聚集的电荷电量（C）；U_a为两极板间的电压（V）。

因此，压电式传感器可等效为一个电压源U_a和一个电容器C_a的串联电路，如图 7-7a 所示，也可以等效为一个电荷源Q和一个电容器C_a的并联电路，如图 7-7b 所示。

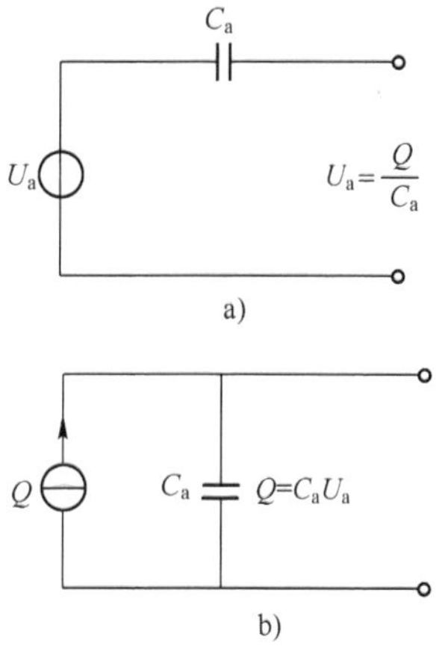

图 7-7 压电式传感器的等效电路

a）串联电路 b）并联电路

上述压电式传感器等效电路是只把压电元件作为一个空载的传感器而得到的简化模型。

压电式传感器在测量时要与测量电路相连接，要考虑电缆电容C_c、放大器的输入电阻R_i、输入电容C_i，以及压电式传感器的泄漏电阻R_a等因素，等效电路如图 7-8 所示。

由等效电路可知，只有传感器内部信号电荷无漏损，外电路负载无穷大时，压电式传

感器受力后产生的电压或电荷才能保存下来，否则电路将以某时间常数按指数规律放电。这对于静态标定以及低频准静态测量极为不利，必然带来误差。实际上传感器内部不可能没有泄漏，外电路负载也不可能无穷大，只有外力以较高频率不断地作用，传感器的电荷才能得以补充，从这个意义上讲，压电晶体不适合静态测量。

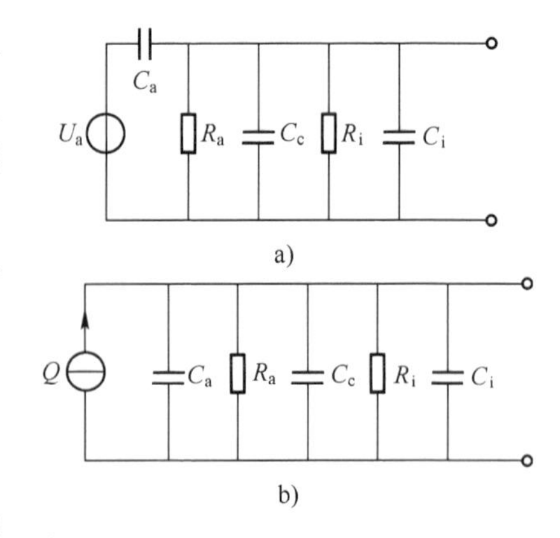

图 7-8　完整电路的等效电路

7.2 测量电路

压电式传感器本身的内阻很高，而输出的能量又非常微弱，因此它的测量电路通常需要由一个高输入阻抗的前置放大器作为阻抗匹配，然后方可采用一般的放大、检波、指示等电路，或者经功率放大至记录器。

压电式传感器的前置放大器有两个作用：一是把压电式传感器的高输出阻抗变换成低阻抗输出；二是放大压电式传感器输出的弱信号。因此，设计前置放大器也有两种形式：一种是电压放大器，其输出电压与输入电压（传感器的输出电压）成正比；另一种是电荷放大器，其输出电压与输入电荷成正比。

（1）电压放大器（阻抗变换器）

压电式传感器与电压放大器的连接电路如图 7-9a 所示，图 7-9b 为简化的等效电路。

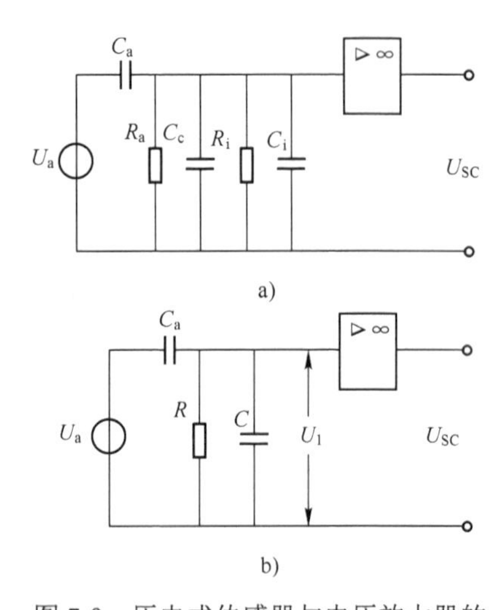

图 7-9　压电式传感器与电压放大器的连接电路及其等效电路

a）连接电路　b）等效电路

当改变连接传感器与前置放大器的电缆长度时，电缆电容 C_c 将改变，电压灵敏度随之变化。因此在使用时，如果更换连接电缆，必须重新校正灵敏度，否则将引入测量误差。

（2）电荷放大器

电荷放大器是一个具有深度负反馈的高增益放大器，其等效电路如图 7-10a 所示，图 7-10b 为简化的等效电路图。

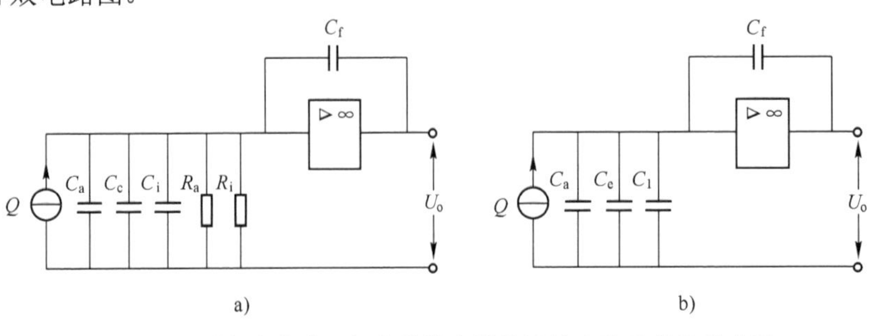

图 7-10　压电式传感器与电荷放大器的连接电路及其等效电路

a）连接电路　b）等效电路

电荷放大器的输出电压只取决于输入电荷 Q 和反馈电容 C_f，与电缆电容 C_c 无关，且与电荷 Q 成正比。这是电荷放大器的最大优点。若采用电荷放大器，更换电缆时无须重新校正灵敏度。

7.3 典型应用

1. 压电式加速度传感器

图 7-11 为压电式加速度传感器，压电元件一般由两片压电片组成。在压电片的两个表面上镀银层，并在银层上焊接输出引线，或在两个压电片之间夹一片金属，引线就焊接在金属片上，输出端的另一根引线直接与传感器基座相连。在压电片上放置一个比重较大的质量块，然后用硬弹簧或螺栓、螺帽对质量块预加载荷。整个组件装在一个厚基座的金属壳体中，为了隔离试件的任何应变传递到压电元件上去，避免产生假信号输出，一般要加厚基座或选用刚度较大的材料来制造基座。

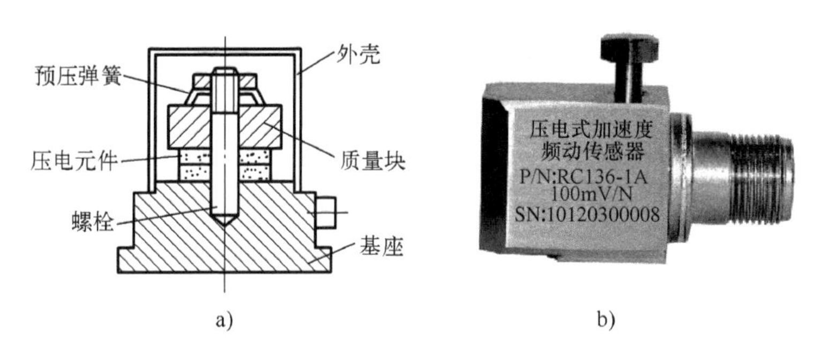

图 7-11 压电式加速度传感器

a）结构原理图 b）实物图

测量时，将传感器基座与试件刚性固定在一起。当传感器感受到振动时，由于弹簧的刚度相当大，而质量块的质量相对较小，可以认为质量块的惯性很小，因此质量块受到与传感器基座相同的振动，并受到与加速度方向相反的惯性力作用。这样，质量块就有一正比于加速度的交变力作用在压电片上。由于压电片具有压电效应，因此在它的两个表面上就产生了交变电荷（电压），当振动频率远低于传感器固有频率时，传感器的输出电荷（电压）与作用力成正比，即与试件的加速度成正比。输出电量由传感器输出端引出，输入到前置放大器后就可以测出试件的加速度，如在放大器中加进适当的积分电路，就可以测出试件的振动加速度或位移。

2. 压电薄膜传感器

压电薄膜传感器元件是银墨丝印电极的矩形压电薄膜元件，有很多不同的尺寸和厚度可供选择。DT 系列压电薄膜元件每微米的应变产生超过 10mV 的电压信号，比箔金属应变片的电压输出高大约 70dB。电容与元件面积成正比，与元件厚度成反比。DT 系列传感器是压电薄膜传感器的最简单形式，主要用于振动和冲击检测的动态应变计和接触式麦克风，如图 7-12 所示。

3. 压电式交通检测

图 7-12 压电薄膜传感器

图 7-13 为常见的压电式交通检测原理示意图。将两根相距数米的压电高分子材料电缆平行埋在公路路面下约 5cm 处，车辆通过时的碾压作用可使压电式传感器输出相应信号，通过信号处理及对存储在计算机中的档案资料进行对比分析，可以得出车辆的轮数、轮距、轴数、轴距、车速等信息，为汽车车型判断、交通流量、闯红灯以及停车监控等提供依据。

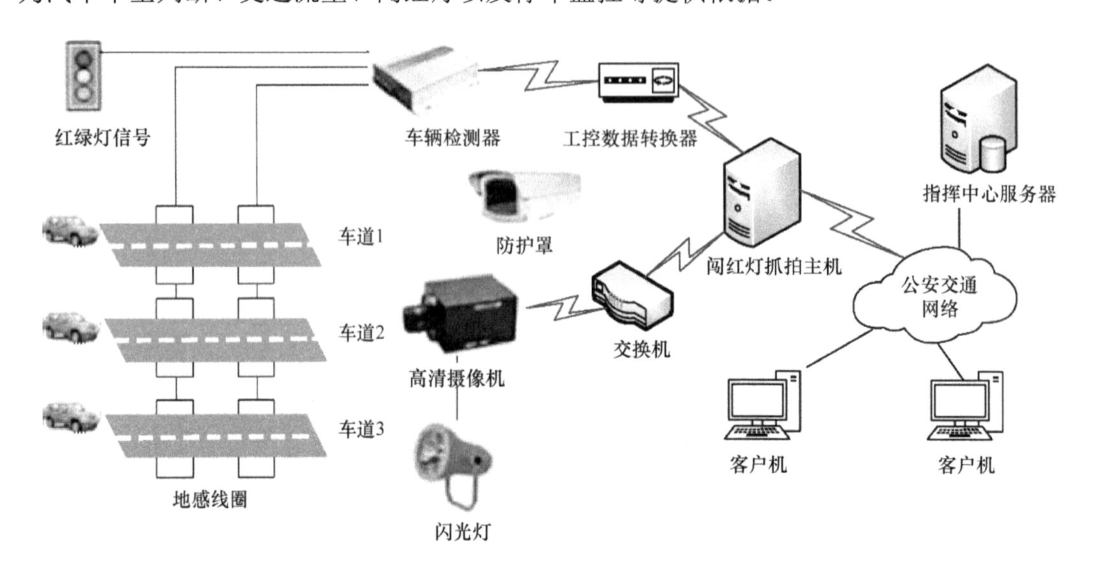

图 7-13 压电式交通检测原理示意图

知识拓展

双向传感器

在传感器中，有一大部分具有可逆特性，如压电式传感器、磁电式传感器、静电式传感器等。它们是按照可逆物理定律工作的，称为双向传感器。这类传感器，当输入为机械量时，可以通过它将机械量转换为电量；反之，当输入为电量时，也可以通过它将电量转换为机械量。给压电式传感器输入机械量（如动态力或速度）时，其输出量是电量（电压或电流），这种情况下，它是一个速度传感器，可以直接测量各种机械振动速度，如配上微积分电路，还可测量振动加速度；如果在这种传感器的压电元件位置上加上电压源或电流源，则输出为机械量（如力、速度等），此时它就成了一个力发生器。所谓双向传感器，就是具有这种可逆特性的传感器。

机电传感器的双向特性是以物理效应的可逆性为基础的，如磁电式传感器是以法拉第电磁感应定律为基础的，压电式传感器是以压电效应的居里定律为基础的，这些定律本身都具有可逆性。

双向传感器的统一理论是研究双向传感器的统一规律。它使用二端口网络理论和矩阵表示，分析双向传感器的共同特性，建立统一的数学模型。

习 题

1. 压电式传感器属于（ ）传感器。

A. 参量型 B. 发电型 C. 电感型 D. 电容型

2. 压电材料开始丧失压电特性时的温度称为（ ）。

A. 压电常数 B. 弹性系数 C. 机电耦合系数 D. 居里点

3. 为使电缆的长短不影响压电式传感器的灵敏度，应选用（ ）放大器。

A. 电压 B. 电荷 C. 微分 D. 积分

4. 压电式传感器是高内阻传感器，因此要求前置放大器的输入阻抗（ ）。

A. 很低 B. 很高 C. 较低 D. 较高

5. 结合压电式压力传感器，解释汽车安全气囊的工作原理。

6. 试分析石英晶体的压电效应原理。

7. 压电材料的主要指标有哪些？其各自含义是什么？

8. 在进行压电材料选取时，一般考虑的因素是什么？

9. 一只x切型的石英晶体压电元件，其中$d_{11}=2.31\times10^{-12}\,\text{C/N}$，相对介电常数$\varepsilon_r=4.5$，真空介电常数$\varepsilon_0=8.85\times10^{-12}\,\text{F/m}$，横截面积$A=5\text{cm}^2$，厚度$h=0.5\text{cm}$。求：

1）纵向受$F_x=9.8\text{N}$的压力作用时，压电片两电极间输出电压值为多大？

2）若此元件与高输入阻抗运放连接时，连接电缆的电容为$C_c=4\text{pF}$，该压电元件的输出电压值为多大？

10. 压电式压力传感器为两片石英晶体并联。每片厚度$t=0.2\text{mm}$，圆片半径$r=1\text{cm}$，当沿x轴方向以0.1MPa压力垂直作用于p_x平面时，求传感器输出电荷q和电极间电压U_a的值。石英晶体压电常数$d_{11}=2.31\times10^{-12}\,\text{C/N}$，真空介电常数$\varepsilon_0=8.85\times10^{-12}\,\text{F/m}$，压电晶体的相对介电常数$\varepsilon_r=4.5$。

综合训练

玻璃破碎报警装置

设计要求：使用PVDF压电薄膜，设计并制作一种玻璃破碎报警装置，装置主要由微处理器、PVDF压电薄膜、电荷放大器、蜂鸣器、按钮等部分组成。

系统功能及主要技术指标：将压电薄膜粘贴在玻璃上，当玻璃受到冲击发生振动时，蜂鸣器发出报警信息。需注意解决噪音干扰问题。

第 8 章　光电式传感器

光电式传感器是一种将被测量通过光量的变化转换成电信号输出的传感器。光电式传感器具有结构简单、非接触、不受电磁干扰的影响、可靠性高、体积小、质量轻、价格低廉、灵敏度高和反应快等优点。除可直接检测光信号外，光电式传感器还可以用来测量转速、位移、距离、温度、浓度、浊度等参量，也可以用作对各种产品的计数、机床的保护装置，在自动化、检测技术领域应用广泛。

随着科学技术的发展，特别是电子工业、半导体材料、器件的迅速发展，新光源、新的光电器件不断出现，因此也促进了光电传感器的不断发展，其应用范围日趋扩大，精度不断提高，不但能测一维量，而且能测二维量，直接获得图形符号，所以光电式传感器是一种很有前景的传感器。

8.1　光电器件

光电式传感器一般都是由光源、光学通路、光电转换元件和测量/显示电路组成，如图 8-1 所示。

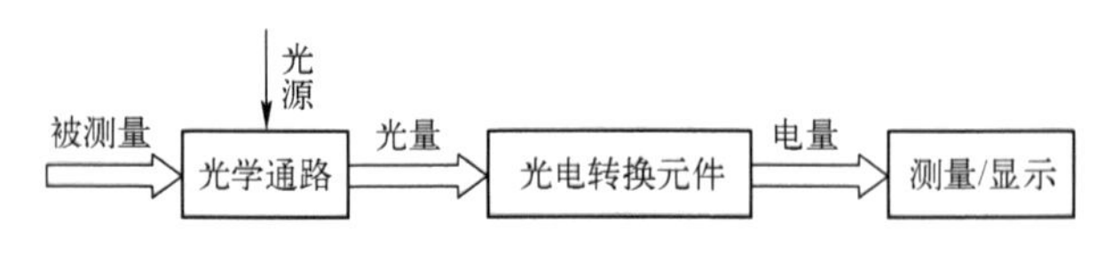

图 8-1　光电式传感器的组成框图

由于光源、光路和光电转换元件的种类很多，因此可以组合成很多种形式的光电式传感器。目前，光电式传感器基本上可以分为三大类：

1）光电式传感器的输出端为有或无电信号两种稳定状态，亦即为通或断的开关状态。这类传感器要求光电转换元件灵敏度高，而对元件的光照特性要求不高。在自动计数、光控开关、光电编码器、光电报警装置及其他光电输入设备方面有广泛的应用，如光电式转速表、光电继电器等。

2）当光作用在光电传感器上时，输出量为连续变化的光电流，如光电式位移计、光电式测振计等。这类光电式传感器，为了保证检测的精度，要求光电转换元件的光照特性呈单值线性，光源的光照要求保持均匀稳定。

3）光电式传感器将被测物体的形状直接反映出来，这类传感器利用电荷耦合摄像器件

（CCD）作为光电元件，主要用于在线的图案检查、文字识别等。

8.1.1　光源

光源是光电式传感器的一个组成部分，大多数的光电式传感器都离不开光源。光电式传感器对光源的选择要考虑很多因素，如波长、谱分布、相干性、体积、造价、功率等。

通电后发光的器件统称为电光源，或者称为电光元件。普通的电光源可以分为四类：热辐射光源、气体放电光源、电致发光器件和激光器。

1. 热辐射光源

热物体都会向空间发出一定的光辐射，基于这种原理的光源称为热辐射光源。物体温度越高，辐射能量越大，辐射光谱的峰值波长也就越短。

白炽灯就是一种典型的热辐射光源。钨丝密封在玻璃泡内，泡内充以惰性气体或者保持真空，钨丝被电加热到白炽状态而发光，将电能转换为可见光，同时还要产生大量的红外辐射和少量的紫外辐射。任何光敏元件都能接收白炽灯的光信号。

钨丝有正的电阻特性，其工作时的电阻远大于冷态时的电阻。一般情况下，灯丝的热电阻为冷电阻的 12～16 倍，因此在灯启动的瞬时有较大的电流通过，发热大。在光电式传感器中，为了防止过电流损坏，可以采用灯丝预热措施，或者采用恒流源供电。

在普通白炽灯基础上制作的发光器件有溴钨灯和碘钨灯，其体积较小，光效高，寿命也较长。

2. 气体放电光源

电流通过气体会产生发光现象，利用这种原理制成的光源称为气体放电光源。气体放电光源的光谱不连续，光谱与气体的种类及放电条件有关。改变气体的成分、压力、阴极材料和放电电流的大小，可以得到主要在某一光谱范围的辐射源。照明荧光灯是一种典型的气体放电光源。

气体放电光源消耗的能量仅为白炽灯的 1/2～1/3。气体放电光源发出的热量少，对检测对象和光电探测器件的温度影响小，对电压恒定的要求比白炽灯低。

3. 电致发光器件

固体发光材料在电场激发下产生的发光现象称为电致发光，它是将电能直接转换成光能的过程。利用这种现象制成的器件称为电致发光器件，如发光二极管、电致发光屏等。

发光二极管（LED）与普通二极管一样，由一个 PN 结组成，也具有单向导电性。当给发光二极管加上正向电压后，从 P 区注入 N 区的空穴和由 N 区注入 P 区的电子，在 PN 结附近数微米内分别与 N 区的电子和 P 区的空穴复合，产生自发辐射的荧光。发光二极管一般是单色，发光波长决定其颜色，如蓝光波长为 450mm，绿光波长为 520mm，黄光波长为 590mm，红光波长为 660mm。

与白炽灯和氖灯相比，发光二极管的特点是工作电压很低（有的仅一点几伏），工作电流很小（有的仅零点几毫安即可发光），抗冲击和抗振性能好，可靠性高，寿命长，通过改变电流大小可以方便地调节发光的强弱。

4. 激光器

激光是20世纪60年代出现的最重大科技成就之一，具有高方向性、高单色性和高亮度三个重要特性。激光波长从0.24μm到远红外整个光频波段范围。

激光器种类繁多，按工作物质可分为固体激光器（如红宝石激光器）、气体激光器（如氦-氖气体激光器、二氧化碳激光器）、半导体激光器（如砷化镓激光器）和液体激光器。

8.1.2 光学通路

在光电式传感器中，必须采用一定的光学元件，并按照一些光学定律和原理构成各种各样的光路。常用的光学元件有各种反射镜、透镜、棱镜、光阑、光栅、光能量调制器等。

8.1.3 光电效应与传统光电器件

由光的粒子学说可知，光具有粒子性，光是由具有一定能量的光子组成的。每个光子具有的能量为

$$E = h\nu \tag{8-1}$$

式中，h为普朗克常数，$h = 6.624\times10^{-34}\,\mathrm{J\cdot s}$；$\nu$为光的频率。

光照射在物体上可看作是一连串的具有能量E的粒子轰击在物体上。所谓光电效应即由于物体吸收能量为E的光后产生的电效应。光电器件的理论基础是光电效应。从传感器的角度看光电效应可分为两大类型：外光电效应和内光电效应。其中内光电效应又分为光导效应和光生伏特效应。

内光电效应是指物体受到光照后所产生的光电子只在物质内部运动，而不会逸出物体的现象。

外光电效应是指当光照射到物体上使电子逸出物体表面的现象。

1. 光敏电阻

光敏电阻是用具有内光电效应的光导材料制成的，为纯电阻元件，其阻值随光照增强而减小，如图8-2所示。

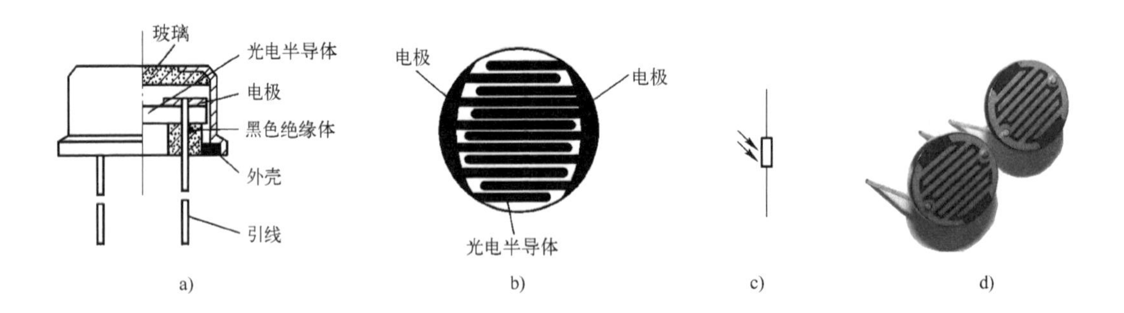

图8-2 光敏电阻及其图形符号

a）结构示意 b）梳状电极 c）图形符号 d）实物图

光敏电阻具有很高的灵敏度，光谱响应的范围可以从紫外区域到红外区域，且体积小，

性能稳定，价格低，质量轻，机械强度高，耐冲击、耐振动、抗过载能力强和寿命长等，广泛应用于自动测试系统中。但是，使用光敏电阻时需要有外部电源，同时当有电流通过光敏电阻时，会产生热的问题。光敏电阻的种类繁多，常用的制作材料有硫化镉、硒化铟和碲化铅等半导体。

（1）工作原理

在黑暗的环境下光敏电阻的电阻值很高，但当它受到光线照射时，若光子能量 $h\nu$ 大于本征半导体材料的禁带宽度 E_g，则价带中的电子吸收光子能量后跃迁到导带，激发出电子–空穴对，从而加强了导电性能，使电阻值降低，且照射的光线越强电阻值越低。光照停止，自由电子与空穴逐渐复合，电阻又恢复原值。这种由于光线照射强弱而导致半导体电阻值变化的现象，称为光导效应。

在半导体光敏材料两端装上电极引线，将其封装在带有透明窗的管壳里，为了增加灵敏度，电极一般做成梳状，如图 8-2b 所示。

（2）主要参数和基本特性

1）光电流。光敏电阻在不受光照射时的阻值称为暗电阻，此时流过的电流称为暗电流；光敏电阻在受光照射时的阻值称为亮电阻，此时的电流称为亮电流。亮电流与暗电流之差即为光电流。

光敏电阻的暗电阻越大、亮电阻越小，则性能越好，也即光电流要尽可能大，这样光敏电阻的灵敏度就高。实际上光敏电阻的暗电阻的阻值往往超过 1MΩ，甚至超过 100MΩ，而亮电阻的阻值为 1kΩ 以下。

2）光照特性。光敏电阻的光电流和光通量的关系称为光敏电阻的光照特性。不同类型光敏电阻的光照特性不同，但光照特性曲线均呈非线性，如图 8-3 所示。因此，光敏电阻不宜作为定量检测元件，这是光敏电阻的不足之处。光敏电阻一般在自动控制系统中用作光电开关。

3）光谱特性。光敏电阻的相对灵敏度与入射波长的关系称为光敏电阻的光谱特性。光谱特性与光敏电阻的材料有关。光敏电阻对于不同波长的入射光，其相对灵敏度不同。即不同的光敏电阻对不同波长的入射光有不同的响应特性，如图 8-4 所示。

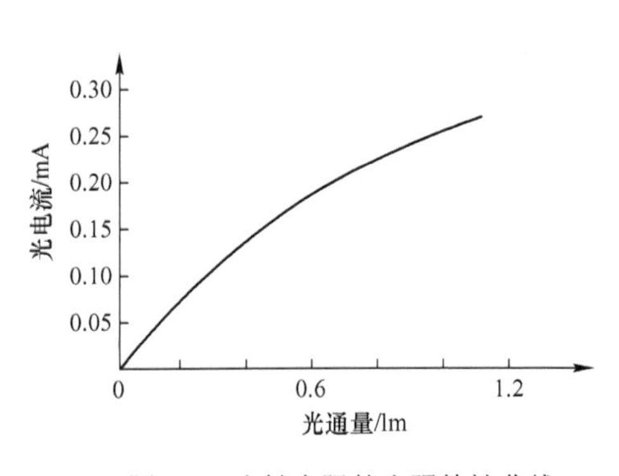

图 8-3　光敏电阻的光照特性曲线

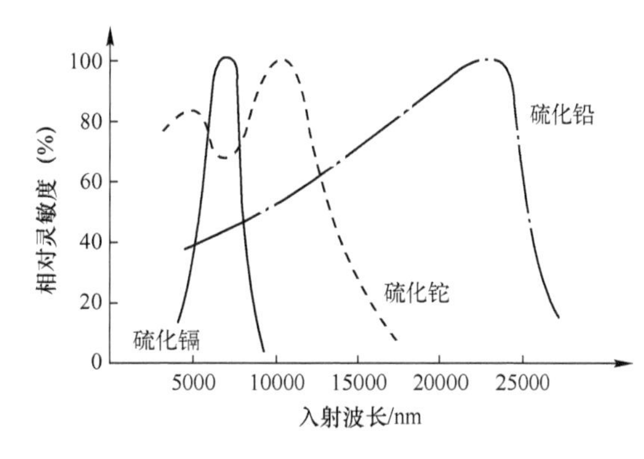

图 8-4　光敏电阻的光谱特性曲线

4）伏安特性。光敏电阻的两端所加电压和电流的关系称为光敏电阻的伏安特性。它是一条直线，所加电压U越高，光电流I也越大，而且没有饱和现象，如图8-5所示。在给定的光照度下，电阻值与外加电压无关；但电压不能无限地增大，因为任何光敏电阻都受额定功率、最高工作电压和额定电流的限制。超过最高工作电压和最大额定电流，可能导致光敏电阻永久性损坏。

5）频率特性。在使用光敏电阻时，它的光电流并不是随光强改变而立刻做出相应的变化，而是具有一定的惰性，这也是光敏电阻的缺点之一，如图8-6所示。

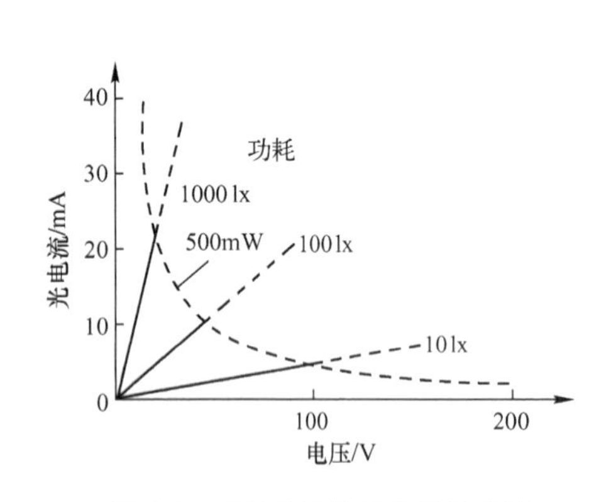

图8-5　光敏电阻的伏安特性曲线

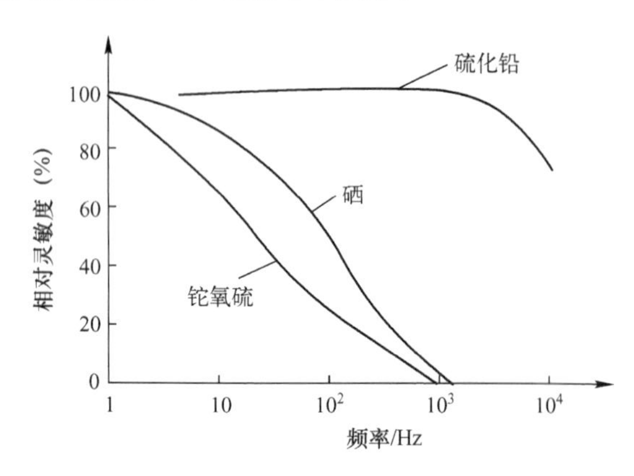

图8-6　光敏电阻的频率特性曲线

6）温度特性。光敏电阻的温度特性与光敏材料有密切关系，不同材料的光敏电阻有不同的温度特性。温度变化将影响其光谱特性、暗电阻和灵敏度。硫化铅光敏电阻的光谱温度特性如图8-7所示。

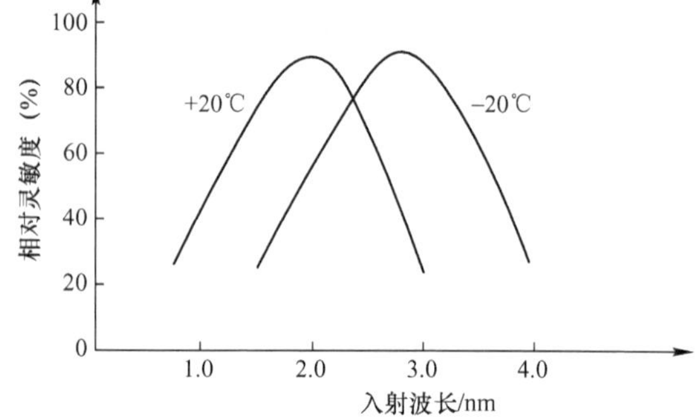

图8-7　硫化铅光敏电阻的光谱温度特性

7）稳定性。初制成的光敏电阻，由于体内机构工作不稳定，以及电阻体与其介质的作用还没有达到平衡，所以性能是不够稳定的。但在人为的加温、光照及加负载情况下，经1～2周的老化，性能可达到稳定。光敏电阻在开始一段时间的老化过程中，有些光敏电阻的阻值上升，有些光敏电阻的阻值下降，但最后达到一个稳定值后就不再改变。这就是光敏电阻的主要优点。在密封良好、使用合理的情况下，光敏电阻的使用寿命几乎是无限长的。

2. 光电池

光电池是基于光生伏特效应制成的，是自发电式有源器件。光生伏特效应指在光的照射下，物体内部产生一定方向的电动势。光电池是把光直接转变为电能的器件，又称为太阳能电池。

光电池的种类很多，有硒、氧化亚铜、硫化镉、锗、硅光电池等。光电池的名称是将制作光电池的半导体材料的名称冠于光电池之前组成，如硒光电池、砷化镓光电池、硅光电池等。目前，应用最广、最有发展前途的是硅光电池，硅光电池具有一系列优点，即性能稳定、光谱范围宽、频率特性好、转换效率高、能耐高温辐射、寿命长等，适于接收红外光。硒光电池光电转换效率低、寿命短，适于接收可见光（响应峰值波长 0.56μm），最适宜制造照度计。砷化镓光电池转换效率比硅光电池稍高，光谱特性则与太阳光谱最吻合，且工作温度最高，更耐受宇宙射线的辐射，主要用于宇宙飞船、卫星、太空探测器等的电源。

8-1 光电池的工作原理

（1）工作原理

硅光电池是在一块 N 型硅片上用扩散的办法掺入一些 P 型杂质而形成一个大面积的 PN 结。当光照射在 PN 结上时，若光子能量 $h\nu$ 大于半导体材料的禁带宽度 E_g，则在 PN 结附件激发出电子–空穴对。电池表面对光子的吸收最多，激发出的电子–空穴对最多，越向内部越少，由于浓度差便形成了从表面向体内扩散的自然趋势。电子通过漂移运动被拉到 N 型区，空穴留在 P 区，所以 P 型区带正电，N 型区带负电，形成光生电动势，如图 8-8 所示。

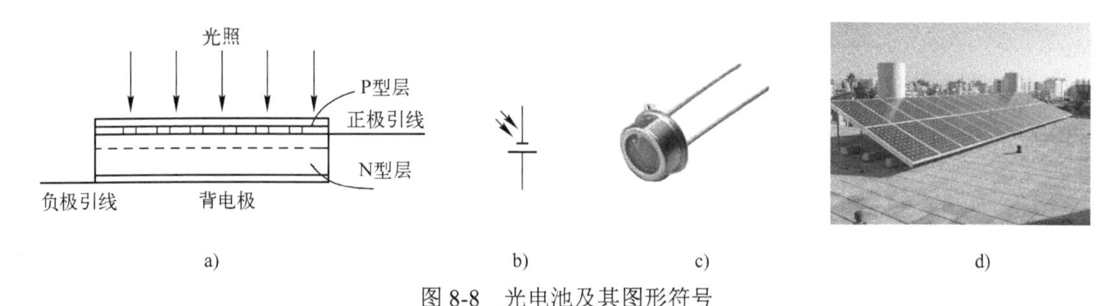

图 8-8　光电池及其图形符号

a）结构示意　b）图形符号　c）实物图　d）太阳能电池板

（2）基本特性

1）光照特性。光电池在不同光照度下，其光电流和光生电动势是不同的，它们之间的关系称为光照特性。光生电动势 U 与光照度 E_v 间的特性曲线称为开路电压曲线；光电流密度 J_e 与光照度 E_v 间的特性曲线称为短路电流曲线。硅光电池的短路电流在很大范围内与光照度呈线性关系，开路电压与光照度的关系呈非线性，近似于对数关系，在 2000lx 光照度以上趋于饱和，如图 8-9 所示。把光电池作为敏感元件时，应该把它视为电流源的形式使用，即利用短路电流与光照度呈线性的特点，这是光电池的主要优点之一。

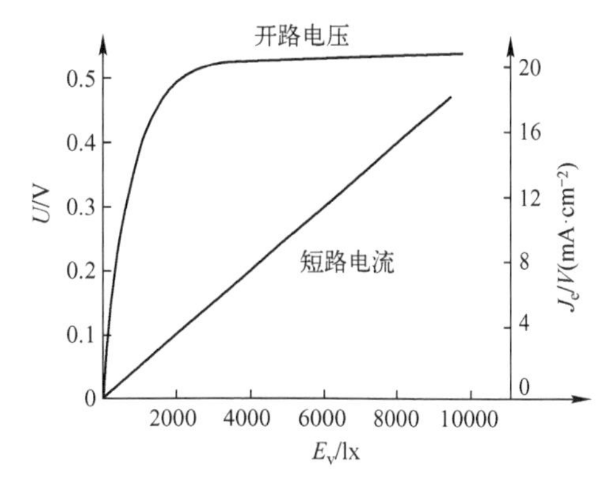

图 8-9　硅光电池的光照特性曲线

负载电阻越小，光电流与光照度之间的线性关系越好，且线性范围越宽。对于不同的负载电阻，可以在不同的光照度范围内，使光电流与光照度保持线性关系。所以用光电池作为检测元件时，所用的负载电阻大小，应根据光照的具体情况来决定。

2）光谱特性。在实际使用时应根据光源性质选择光电池，但要注意光电池的光谱峰值不仅与制造光电池的材料有关，同时也随使用温度而变。

光电池的光谱特性决定于材料。硒光电池在可见光谱范围内有较高的灵敏度，峰值波长在540nm附近，适宜测可见光。硅光电池的应用范围为400～1100nm，峰值波长在850nm附近，因此硅光电池可以在很宽的范围内应用，如图8-10所示。

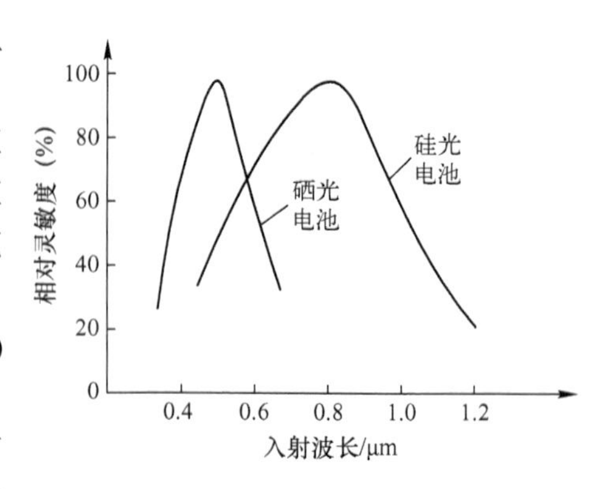

图8-10 光电池的光谱特性曲线

3）频率特性。光的调制频率 f 与光电池相对输出电流 I_r 的关系，称为光电池的频率特性。硅光电池具有较高的频率响应，而硒光电池较差，如图8-11所示。因此在检测动态参数、高速计数器、有声电影以及其他方面多采用硅电池。

4）温度特性。光电池的温度特性是描述光电池的开路电压 U 、短路电流 I 随温度 t 变化的曲线。开路电压与短路电流均随温度而变化，如图8-12所示，它关系到应用光电池设备的温度漂移，影响到测量精度或控制精度等主要指标。因此，当光电池作为测量元件时，最好能保持温度恒定，或采取温度补偿措施。

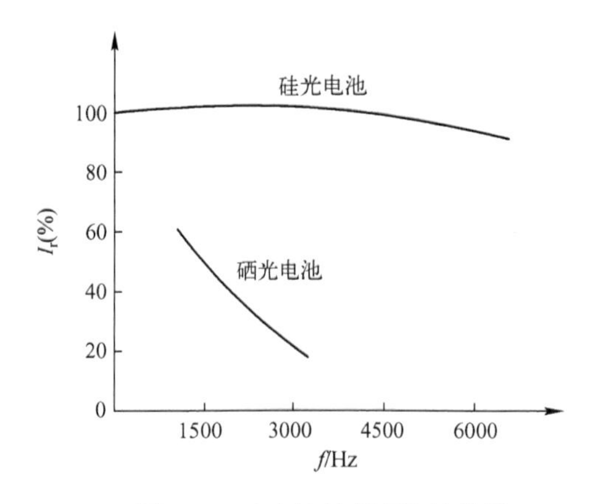

图8-11 光电池的频率特性曲线

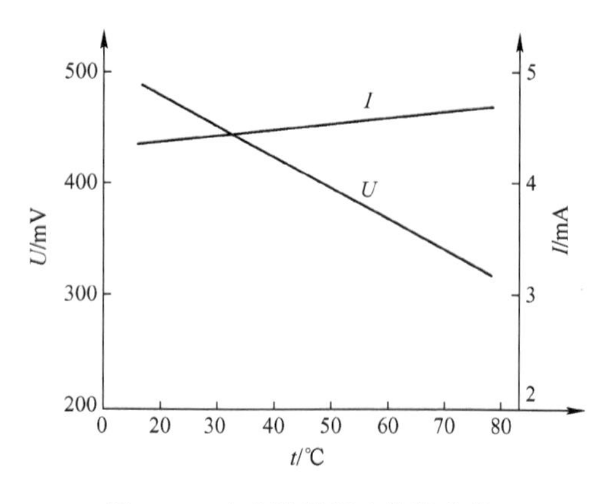

图8-12 光电池的温度特性曲线

3. 光电晶体管

（1）工作原理

光电晶体管是一种利用受光照时载流子增加的半导体光电器件，它与普通的晶体管一样，也具有PN结。通常把有一个PN结的器件称为光电二极管，而把有两个PN结的器件称为光电晶体管。光电晶体管不一定有三根引线，有时常常只装两根引线。

光电二极管的PN结装在管的顶部，可以直接受到光照射。光电二极管在电路中一般处于反向工作状态，在没有光照射时反向电阻很大，反向电流很小。当光照射光电二极管时，光子打在PN结附近，使PN结附近产生光生电子−空穴对，它们在PN结处的内电场作用下定向运动形成光电流。光照度越大，光电流越大。因此在不受光照射时，光电二极管处于截止状态；受光照射时，光电二极管处于导通状态，如图8-13所示。

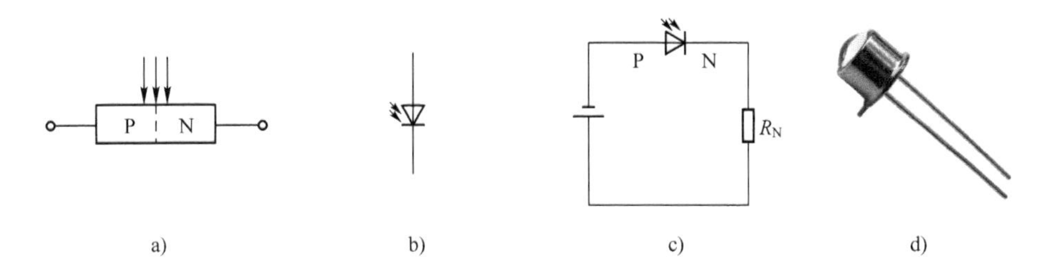

图 8-13　光电二极管

a）结构　b）图形符号　c）基本接线　d）实物图

光电晶体管的工作原理：当光照射到 PN 结附近时，使 PN 结附近产生光生电子–空穴对，它们在 PN 结处于内电场作用下做定向运动，形成光电流，因此 PN 结的反向电流大大增加，由于光照射产生的光电流相当于晶体管的基极电流，所以集电极电流是光电流的 β 倍。因此光电晶体管比光电二极管具有更高的灵敏度，如图 8-14 所示。

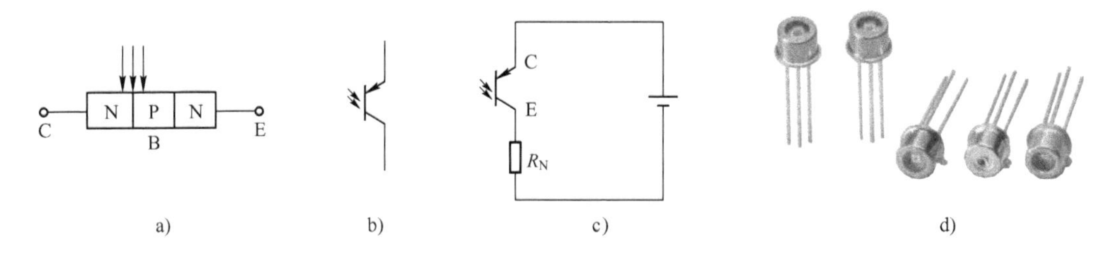

图 8-14　光电晶体管

a）结构　b）图形符号　c）基本接线　d）实物图

大多数半导体二极管和晶体管都是对光敏感的。也就是说，当二极管和晶体管的 PN 结受到光照射时，通过 PN 结的电流将增大，因此，常规的二极管和晶体管都用金属罐或其他壳体密封起来，以防光照。而光电二极管和光电晶体管则必须使 PN 结能受到最大的光照射。为了便于接收光照，光电二极管的 PN 结装在管的顶部，上面有一个用透镜制成的窗口，以便使入射光集中在 PN 结上。光电二极管和光电晶体管体积很小，所需偏置电压不超过几十伏。光电二极管有很高的带宽，在光电耦合器、光学数据传输装置和测试技术中得到了广泛应用。光电晶体管的带宽较窄，作为一种高电流响应器件，应用十分广泛。

（2）基本特性

1）光谱特性。光谱特性是指光电晶体管在光照度一定时，输出的光电流（或相对灵敏度）随入射光的波长而变化的关系。不同材料的光电晶体管对不同波长的入射光，其相对灵敏度 K_r 不同，即使是同一材料，只要控制其 PN 结的制造工艺，也能得到不同的光谱特性，如图 8-15 所示。由于锗管的暗电流比硅管大，

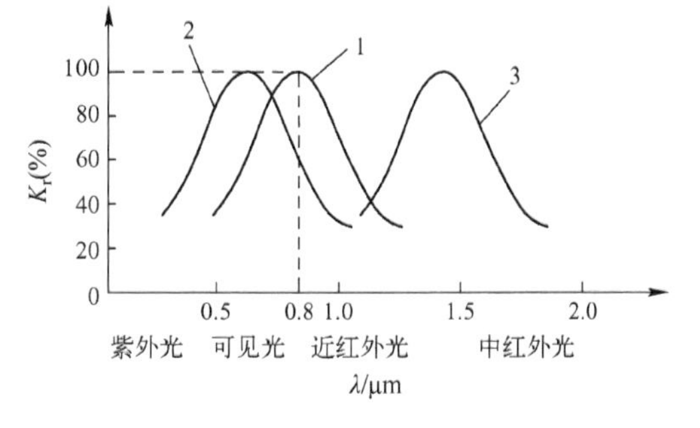

图 8-15　光电晶体管的光谱特性曲线

1—常规工艺的硅光电晶体管　2—特殊工艺的硅光电晶体管　3—锗光电晶体管

因此锗管的性能较差。在可见光或探测炽热状态物体时，都采用硅管。但对红外光探测时，锗管较为合适。

2）伏安特性。伏安特性是指光电晶体管在光照度一定的条件下，光电流与外加电压之间的关系。由图8-16a可以看出，流过光电二极管的电流与光照度成正比，正常使用时，应施加1.5V以上的反向偏置电压。在零偏压时，光电二极管仍有光电流输出，这是因为光电二极管存在光生伏特效应。由图8-16b可以看出，光电晶体管在不同光照度下的伏安特性，就像一般晶体管在不同的基极电流时的输出特性一样，只要将入射光在发射极与基极之间的PN结附近所产生的光电流看作基极电流，就可将光电晶体管看成一般的晶体管。光电晶体管的工作电压应大于3V。由于晶体管的放大作用，因此，其灵敏度比光电二极管高。

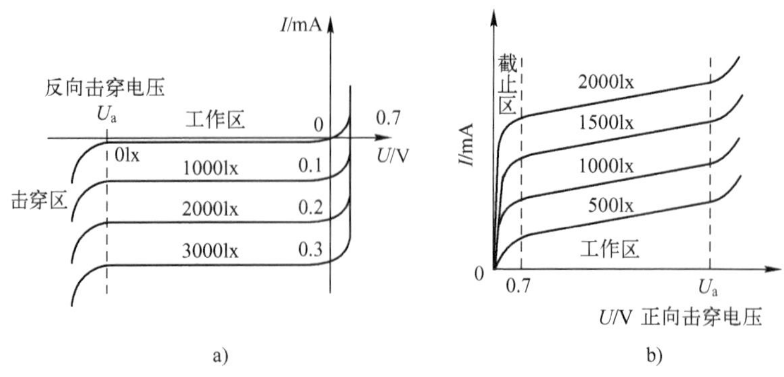

图8-16 光电器件的伏安特性曲线

a）光电二极管 b）光电晶体管

3）光照特性。光照特性是光电晶体管的输出电流和光照度之间的关系。由图8-17a可以看出，光照度越大，产生的光电流越强。光电二极管的光照特性曲线线性较好；由图8-17b可以看出，光电晶体管在光照度较小时，光电流随光照度增加缓慢，当光照度足够大（几千lx）时，会出现饱和现象，从而使光电晶体管既可作为线性转换元件，也可作为开关元件。

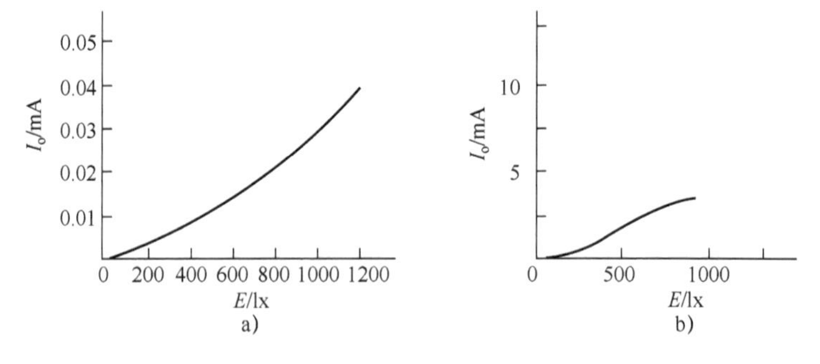

图8-17 光电器件的光照特性曲线

a）光电二极管 b）光电晶体管

4）温度特性。温度变化对亮电流的影响很小，而对暗电流的影响很大。硅光电晶体管的温漂比光电二极管大得多，如图8-18所示，虽然硅光电晶体管的灵敏度较高，但在高精度测量中选用硅光电二极管，并在电子线路中采用低温漂、高精度的运算放大器来提高检测灵敏度。

5）频率特性。光电晶体管的频率特性是光电晶体管输出光电流（或相对灵敏度）与光强变化频率的关系，如图8-19所示。光电二极管的频率特性好，其响应时间可达10^{-7}～10^{-8}s，因此适用于测量快速变化的光信号。光电晶体管的频率特性受负载电阻的影响，减小负载电阻可以提高频率响应。

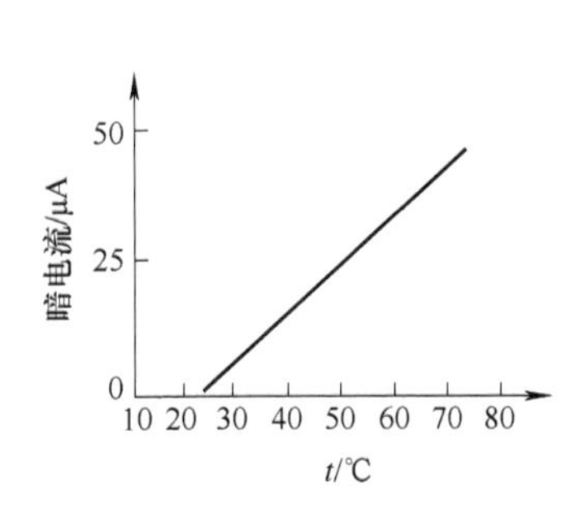

图 8-18　光电晶体管的温度特性曲线

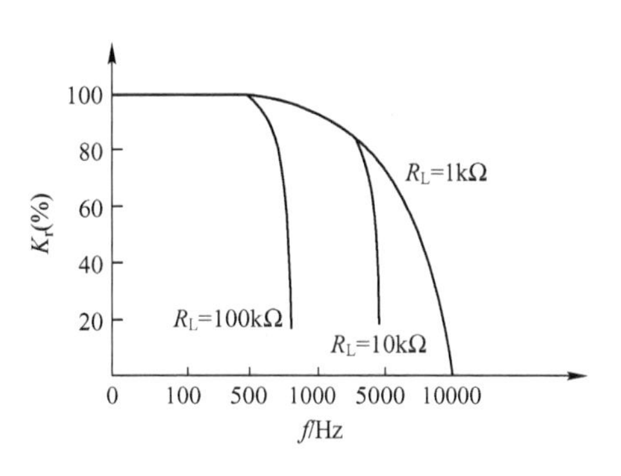

图 8-19　光电晶体管的频率特性曲线

4. 光电倍增管

8-2 光电管

光电倍增管是基于外光电效应和二次电子发射效应的电子真空器件，结合了高增益、低噪声、高频率响应和大信号接收区等特征，具有极高的灵敏度和超快时间响应，可以工作在紫外、可见和近红外的光谱区。

当入射光很微弱时，一般光电管能产生的光电流很小，在这种情况下，若放大光电流，则噪声与信号也同时被放大，因此在微弱光时，采用光电倍增管。光电倍增管中应用了电子的二次发射，可使光电灵敏度大大提高，光电倍增管的放大倍数可高达10^6～10^8；另外它的信噪比大，比一般光电管大几百倍，在一般情况下使用线性度好；工作频率高达100MHz左右。所以，光电倍增管在弱光、光度测量方面得到了广泛的应用。

（1）二次电子发射

当具有几百万电子伏动能的电子落到物体表面上时，它将一部分能量传给该物质中的电子，使这些电子能够从物体表面逸出。由于高速电子冲击而使物体产生电子发射的现象称为二次电子发射或次级电子发射。二次电子发射数值与材料性质、物质的表面状况，以及射入的一次电子能量和入射角等因素有关。

表征二次电子发射数值的参数是二次电子发射系数，它是二次发射电子数与一次发射电子数的比值，即

$$\delta = \frac{I_2}{I_1} \tag{8-2}$$

式中，δ为二次电子发射系数；I_1为一次发射电子数；I_2为二次发射电子数。

这里所指的二次发射电子数除包括由一次电子打击出来的二次电子外，还包括由一次电子被弹性反射（散射）回来的一次电子数及非弹性反射的一次电子数。所谓非弹性反射的一次电子，即入射的电子把部分能量传给物质以后，它本身又离开物质表面的电子。

每个二次发射电子在离开发射表面时，所具有的能量是不一样的，一般具有不超过20eV能量的电子最多，比这个能量高的电子数目逐渐减少。由于二次发射电子中包含有一部分弹性散射的一次电子，它的能量仍保持接近原来入射时的动能，所以二次发射电子中还有一部分接近一次发射电子能量的电子，但高于一次发射电子能量的电子几乎是没有的。

另外，二次电子发射系数还受一次电子入射角的影响。当入射角为60°～70°时，达到最大值，这是因为斜入射时，入射电子深入物质的深度要小些，因而沿表面逸出的电子要

多些。

（2）工作原理

光电倍增管的结构如图8-20a所示，在一个玻璃泡内除装有光电阴极和光电阳极外，还装有若干个光电倍增极，图中K为光电阴极，D_1、D_2、…为二次发射体，又称为倍增极，且在光电倍增极上涂以在电子冲击下可发射更多次级电子的材料，倍增极的形状及位置要正好能使轰击进行下去，在每个倍增极间均依次增大加速电压，设每级的倍增率为δ，若有n级，则光电倍增管的光电流倍增率将为δ^n。光电倍增极一般采用锑铯涂料或镁合金涂料，倍增极数可在4～14之间，A为阳极或收集阳极。δ值的范围为3～6。

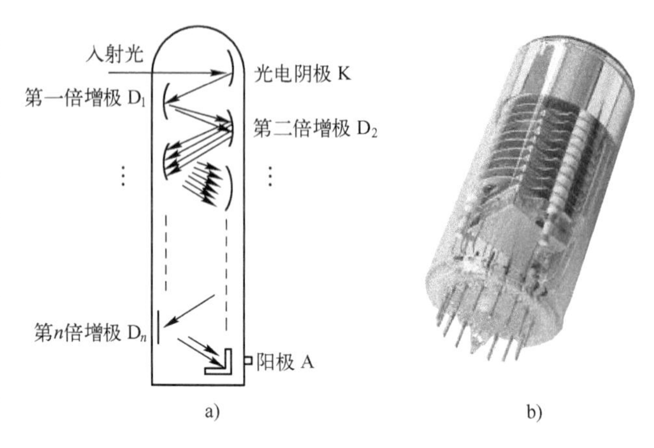

图8-20　光电倍增管

a）结构　b）实物图

（3）基本特性

1）倍增系数。倍增系数M等于各倍增电极的倍增率δ的乘积。如果n个倍增电极的δ都一样，则阳极电流为

$$I = iM = i\delta^n \tag{8-3}$$

式中，I为光电阳极的光电流；i为光电阴极发出的初始光电流。

倍增系数与电源电压有关，随着电源电压的增高，光电倍增管的放大倍数也将增大。电源电压与放大倍数之间的关系，是光电倍增管的主要特性。

2）灵敏度。一个光子在阴极上所能激发的平均电子数称为光电阴极灵敏度。光电倍增管灵敏度决定于光电阴极灵敏度和光电倍增管的放大倍数。假定光电阴极灵敏度为γ，倍增管的放大倍数为M，则光电倍增管灵敏度为γ_F可以表示为

$$\gamma_F = \gamma M \tag{8-4}$$

对于常用的光电倍增管，其灵敏度约为10A/lm。

3）噪声。光电倍增管的噪声由很多部分构成，包括光电阴极电子发射噪声、倍增管二次发射噪声、电阻热噪声等。即使外界入射光保持绝对恒定，光电倍增管的输出也不是稳定不变的，而是有一定的起伏。

综上，光电式传感器是基于光电效应的传感器，在受到可见光照射后即产生光电效应，将光信号转换成电信号输出。除能测量发光强度之外，光电式传感器还能利用光线的透射、遮挡、反射、干涉等测量多种物理量，如尺寸、位移、速度、温度等，因而是一种应用极其广泛的重要敏感器件。光电测量时不与被测对象直接接触，光束的质量又近似为零，在测量中不存在摩擦和对被测对象几乎不施加压力。因此在许多应用场合，光电式传感器比其他传感器有明显的优越性。

但在某些应用方面，光学器件和电子器件价格较贵，并且对测量的环境条件要求较高。目前，光电式传感器主要采用以下四种工作方式：

1）光电式传感器探测被测对象发出的光辐射，属于被动式测量方式。被测对象本身是光辐射源，辐射能与其某量值有关，经光路传播后，用光电器件接收并测量出其辐射能即可确定被测量的大小，如图 8-21a 所示。如光照度计、光电高温计、报警器、红外探测与遥感等。

2）在光电元件和恒定光源之间设置被测物，根据被测物对光的遮挡程度，通过光通量的大小来测定被测参量，如图 8-21b 所示。常用于几何测量，如测量孔径、缝宽、直径等。

3）在恒定光源与光电器件之间设置被测物，通过测定被测物对光的吸收程度以及对光谱线的选择性来测量被测参量，如图 8-21c 所示。常用于气体、液体成分分析或透明度、混浊度测量以及测量某种物质含量。

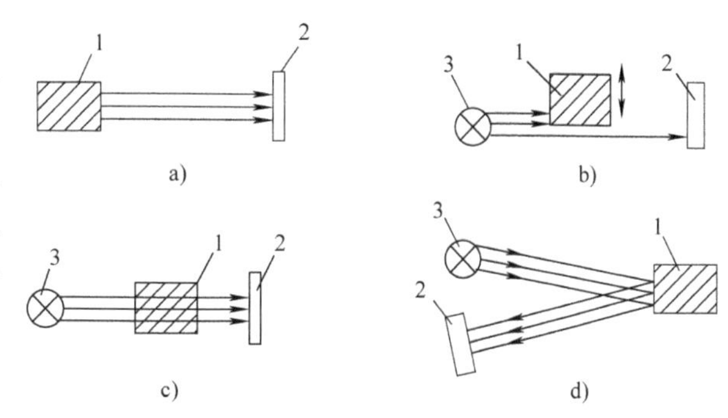

图 8-21 光电式传感器的几种应用形式

1—被测物 2—光电器件 3—光源

4）利用恒定光源发出的光投射到被测物体上，并用光电器件测量反射光的光通量，进而测定被测物体表面特征或状态等，如图 8-21d 所示。如测量机械参量中的表面粗糙度、表面缺陷、表面位移、表面白度、露点、湿度等。

8.1.4 应用举例

1. 火灾探测

基于光敏电阻的火灾探测电路如图 8-22 所示，火焰的特征波长为 2.2μm。由 VT_1、电阻 R_1、R_2 和稳压二极管 VS 构成对光敏电阻 R_3 的恒压偏置电路。当被探测物体的温度高于燃点或被点燃而发生火灾时，物体将发出波长接近于 2.2μm 的辐射（或跳变的火焰信号），该辐射光将被 PbS 光敏电阻接收（PbS 的峰值响应波长为 2.2μm），使前置放大器的输出跟随火焰“跳变”信号，并经电容 C_2 耦合，由 VT_2、VT_3 组成的高输入阻抗放大器放大。放大的输出信号再送给中心站放大器，由其发出火灾报警信号或自动执行喷淋等灭火动作。

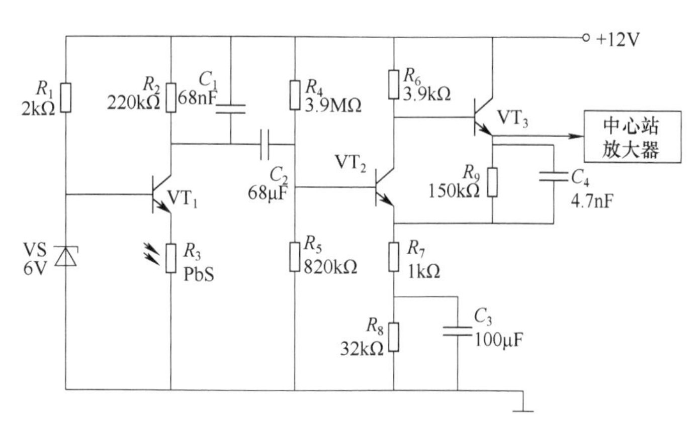

图 8-22 基于光敏电阻的火灾探测电路

2. 智能路灯

图 8-23 为路灯自动控制器电路原理图。VDL 为光电二极管。当夜晚来临时，光线变

暗，VDL截止，VT_1饱和导通，VT_2截止，继电器K线圈失电，其常闭触点K_1闭合，路灯HL点亮。天亮后，当光线亮度达到预定值时，VDL导通，VT_1截止，VT_2饱和导通，继电器K线圈带电，其常闭触点K_1断开，路灯HL熄灭。

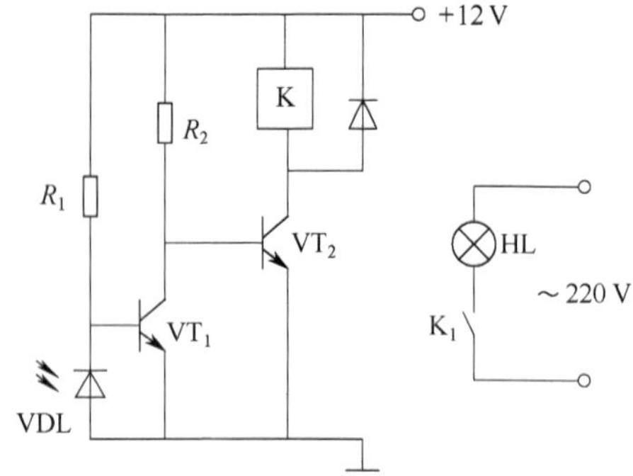

图8-23 路灯自动控制器电路原理图

3. 数字转速表

光电式转速传感器属于反射式光电式传感器，使用时光电式转速传感器的光源会对被测转轴发出光线，光线透过透镜和半透膜入射到被测转轴上，而当被测转轴转动时，反射光线会通过透镜投射到光敏元件上，传感器即可发出一个脉冲信号，而当反射光线随转轴转动到另一位置时，反射率变小光线变弱，光敏元件无法感应，即不会发出脉冲信号。

图8-24a为光电式数字转速表的工作原理图。在电动机的转轴上安装一个具有均匀分布齿轮的调制盘，当电动机转轴转动时，将带动调制盘转动，发光二极管发出的恒定光被调制成随时间变化的调制光，透光与不透光交替出现，光电二极管将间断地接收到透射光信号，输出电脉冲。图8-24b为放大整形电路，当有光照时，光电二极管产生光电流，使RP_2上的电压降增大，直到晶体管VT_1导通，作用到由VT_2和VT_3组成的射极耦合触发器，使其输出U_o为高电位；反之，U_o为低电位。放大整形电路输出整齐的脉冲信号，转速可由该脉冲信号的频率来确定，该脉冲信号可送到频率计进行计数，从而测出电动机的转速。每分钟的转速n与脉冲频率f之间的关系为

$$n=\frac{60f}{N} \tag{8-5}$$

式中，N为调制盘的齿数。

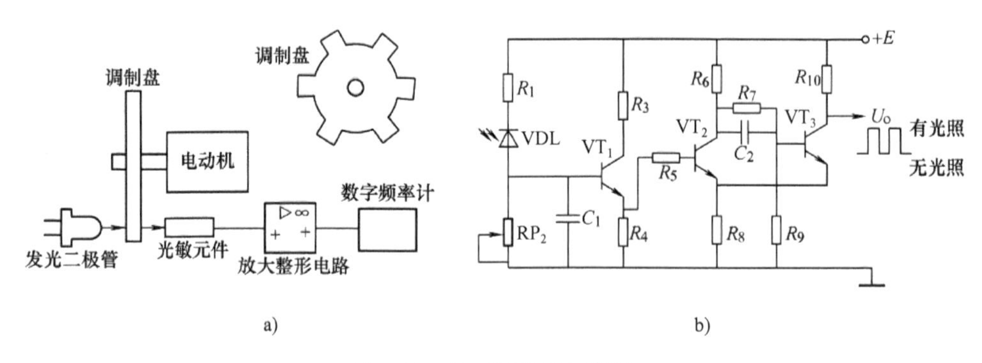

图8-24 数字转速表示意图

a）光电式数字转速表的工作原理图 b）放大整形电路

光电式转速传感器属于非接触式转速测量仪表，它的测量距离一般可达200mm左右。测量时无须与被测对象接触，不会对被测量形成额外的负载，因此光电式转速传感器的测量误差小，精度更高。光电式转速传感器的结构紧凑，一般质量不会超过200g，非常便于携带。光电式转速传感器有极强的抗干扰能力，不会受普通光线的干扰，可用于测量微小

的物体，尤其适用于高精密、小元件的机械设备测量，如图 8-25 所示。

图 8-25 光电式转速传感器

4. 光电式浊度计

光电浊度计内置微处理器，功能强大，是非常精密的浊度测量仪，其原理框图如图 8-26 所示。

光源透过光学透镜分成两束强度相等的光线，一路光线穿过标准水样 8，到达光电池 9，产生作为被测水样浊度的参比信号；另一路穿过被测水样 5 到达光电池 6，其中一部分光线由被测水样吸收，被测水样越混浊，光线衰减量越大，到达光电池 6 的光通量就越小。两路光信号均转换成电压信号 U_{o1}、U_{o2}，由运算器计算出 U_{o1}、U_{o2} 的比值，并进一步计算出被测水样的浊度。

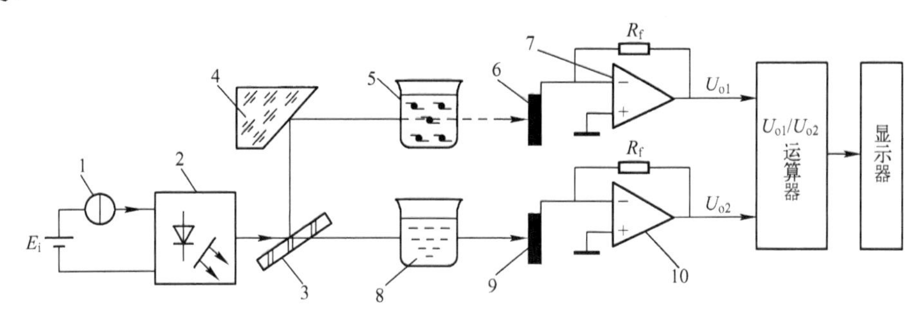

图 8-26 光电式浊度计原理框图

1—恒流源 2—半导体激光器 3—半反半透镜 4—反射镜 5—被测水样
6、9—光电池 7、10—电流/电压转换器 8—标准水样

光电浊度计可测量原水或纯净水的浊度，如饮用水，各种生产和工业用水，以及任何需要使用合格水的场合。

5. 光电开关

光电开关是利用被检测物对光束的遮挡或反射，来检测物体的有无。光电开关将输入电流在发射器上转换为光信号射出，接收器再根据接收到的光线的强弱或有无对目标物体进行探测，如图 8-27 所示。

图 8-27 光电开关

光电开关可分为遮断型和反射型两大类。遮断型光电开关的光发射器和光接收器相对安放，轴线严格对准。当有物体在两者中间通过时，光线被遮断，接收器接收不到红外线而产生一个负脉冲信号。遮断型光电开关的检测距离一般可达十几米，对所有能遮断光线的物体均可检测。反射型光电开关分为两种：反射镜反射型及漫反射型。

镜反射式光电开关是集发射器和接收器于一体，光电开关发射器发出的光线经过反射镜，反射回接收器，当被检测物体经过且完全阻断光线时，光电开关就产生了检测开关信号。当被检测物体的表面光亮或反射率极高时，漫反射型光电开关是首选的检测设备。

6. 光电耦合器

光电耦合器（简称光耦）是以光为媒介传输电信号的一种电—光—电转换器件。它由光源和光电接收器件组成。光源和光电接收器件装在同一密闭的壳体内，彼此间用透明绝缘体隔离。光源的引脚为输入端，光电接收器件的引脚为输出端，常见的光源为发光二极管，光电接收器件为光电二极管、光电晶体管等。在输入端加上电信号时，发光二极管发光，与之相对应的光电接收器件由于光电效应而产生光电流，并由输出端输出，从而实现了以光为媒介的电信号单向传输，而器件的输入和输出端在电气上完全保持绝缘，如图 8-28a 所示。

光电耦合器的主要特点是输入和输出端之间绝缘，由于光传输的单向性，信号从光源传输到光接收器时不会出现反馈现象，其输出信号也不会影响输入端。此外，光电耦合器能够很好地抑制干扰并消除噪声，其响应速度快（10μs 左右）、无触点、寿命长、体积小、耐冲击、容易和逻辑电路配合，应用很广泛。

光电耦合器的种类较多，常见有光电二极管型、光电晶体管型、光电电阻型、光电场效应晶体管型等。按封装形式可分为双列直插型、扁平封装型、贴片封装型等，引脚有 4、6、8、12、16、24 脚等多种，如图 8-28b 所示。

7. 多普勒测速装置

当单色光束入射到运动体上某点时，光波在该点被运动体散射，散射光频率与入射光频率相比，产生了正比于物体运动速度的频率变化，称为多普勒频移，也称为光学多普勒效应。多普勒频移不仅与入射光频率有关，而且还带有运动体的速度信息。因此，如果能测出多普勒频移，就可以知道物体的运动速度。

图 8-29 为一种差分多普勒测速系统。激光源 S 发出的激光束，经分光镜 1 和反射镜 2 分成两路平行光束，再经透镜 3 汇聚到运动体 4 的 P 点上，两光束均被 P 点所散射，两束散射光经过透镜 5 以后，被光电管 6 接收。

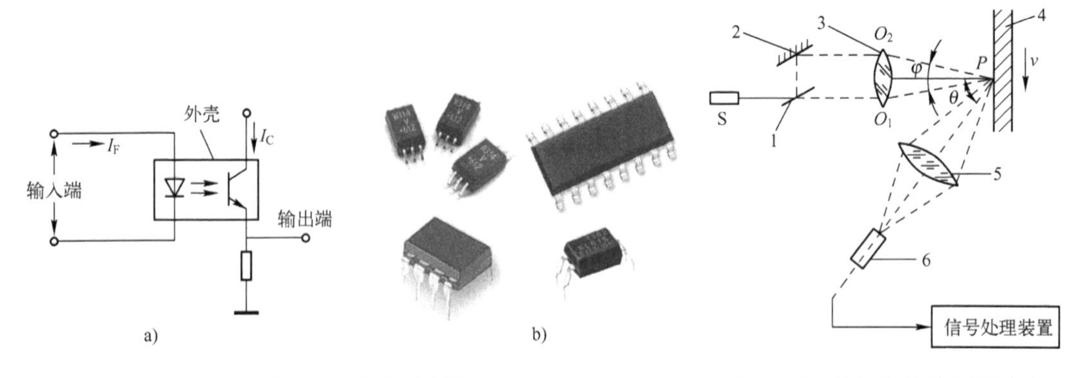

图 8-28 光电耦合器

a）结构示意图 b）实物图

图 8-29 差分多普勒测速系统

利用激光作为光源的多普勒测速装置，具有单色性强、波长稳定，而且容易在一个很小区域内聚焦成强光的优点。同时，它是一种非接触式测量，因而被广泛地应用于流体速度的测量和轧制钢板、铝材的速度测量。在多普勒测速装置中，还可以采用其他光波和声波产生多普勒效应对运动体的速度进行测量，如车辆对地面速度的测量。

8.2 CCD 图像传感器

电荷耦合器件 CCD（Charge Coupled Device）是一种大规模金属氧化物半导体（MOS）集成电路光电器件，以电荷为信号。它具备光电信号转换、存储、转移的功能，具有集成度高、功耗小、分辨力高、动态范围大等优点。CCD 图像传感器被广泛应用于生活、天文、医疗、电视、传真、通信以及工业检测和自动控制系统中。

8.2.1 工作原理

CCD 的基本部分由 MOS 光敏元阵列和读出位移寄存器组成。它是在半导体基片上（P 型硅）生长一种具有介质作用的氧化物（如 SiO_2），又在其上沉积一层金属电极，这样就形成了一种（MOS）结构元。由半导体原理可知，当在金属电极上施加一正电压时，在电场的作用下，电极下的 P 型硅区域里的空穴被赶尽，从而形成耗尽区，也就是说，对带负电的电子而言是一个势能很低的区域，这部分称为势阱。如果此时有光线入射到半导体硅片上，在光子的作用下，半导体硅片上产生电子和空穴，由此产生的光生电子就被附近的势阱所吸收，而同时产生的空穴则被电场排斥出耗尽区。此时势阱内所吸收的光生电子数量与入射到势阱附近的光照强度成正比。这样一个 MOS 结构元称为 MOS 光敏元或一个像素；把一个势阱所收集的若干光生电荷称为一个电荷包。像素数是指 CCD 上感光元件的数量，以百万像素为单位，如图 8-30 所示。

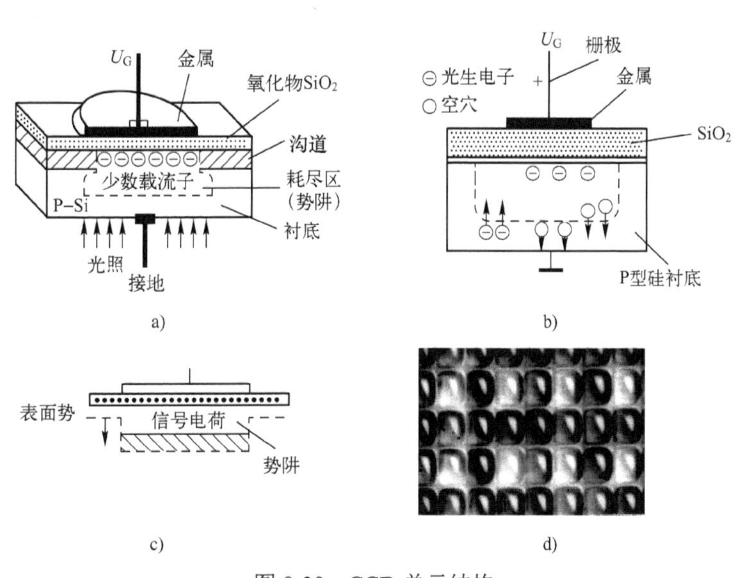

图 8-30 CCD 单元结构

a）MOS 电容器剖面图 b）结构 c）有信号电荷的势阱 d）MOS 光敏元显微结构

通常在半导体硅片上制有几百或几千个相互独立的 MOS 光敏元，如果在金属电极上施加一正电压，则在这半导体硅片上就形成几百个或几千个相互独立的势阱。如果照射在这些光敏元上的是一幅明暗起伏的图像，那么这些光敏元就感生出一幅与光照强度相对应的光生电荷图像，这就是 CCD 器件的光电物理效应的基本原理。

8.2.2 分类

CCD从功能上可分为线阵CCD和面阵CCD两大类，如图8-31所示。线阵CCD通常将CCD内部电极分成数组，每组称为一相，并施加同样的时钟脉冲。所需相数由CCD芯片内部结构决定，结构相异的CCD可满足不同场合的使用要求。线阵CCD有单沟道和双沟道之分，其光敏区是MOS电容器或光电二极管结构，生产工艺相对较简单。线阵CCD由光敏区阵列与移位寄存器扫描电路组成，特点是处理信息速度快，外围电路简单，易实现实时控制，但由于获取信息量小，不能处理复杂的图像。

线阵CCD包含的像素个数有256、512、1024和2048，根据用途选择1024较多，多用在传真机和工业自动化监测设备上。

面阵CCD的结构要复杂得多，它由很多光敏区排列成一个方阵，并以一定的形式连接成一个器件，获取信息量大，能处理复杂的图像。CCD的产品多半都是面阵CCD，如数码摄像机里的CCD图像传感器已有数百万甚至千万像素，每个像素面积都已经在10μm×10μm以下，广泛应用于人们的生活中。

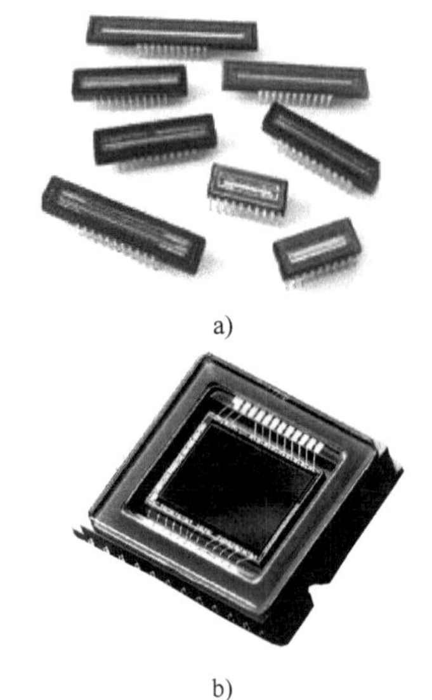

a)

b)

图8-31 CCD外形

a）线阵CCD b）面阵CCD

8.2.3 应用举例

CCD图像传感器的应用如下：

1）组成测试仪器，可以测量物位、尺寸、工件损伤、自动焦点等。

2）用作光学信息处理装置的输入环节，如传真、摄像、光学文字识别技术（OCR）与图像识别等。

传真机或扫描仪所用的线阵CCD影像经透镜成像于电容阵列表面后，依其亮度的强弱在每个电容单位上形成强弱不等的电荷。扫描仪对图像画面进行扫描时，线阵CCD将扫描图像分割成线状，每条线的宽度大约为10μm。光源将光线照射到待扫描的图像原稿上，产生反射光或透射光，然后经反光镜组反射到线阵CCD中。CCD图像传感器根据反射光线强弱的不同转换成不同大小的电流，经A/D转换处理，将电信号转换成数字信号，即产生一行图像数据。同时，机械传动机构在控制电路的控制下，步进电动机旋转带动驱动带，从而驱动光学系统和CCD扫描装置在传动导轨上与待扫描的图像原稿做相对平行移动，将待扫描的图像原稿一条线一条线地扫入，最终完成全部图像原稿的扫描。存储的影像可以传送到打印机、存储设备或显示器。

数码相机（DC）采用CCD作为光电转换器件，将被拍摄物体的图像以数字形式记录在存储器中。数码相机或摄影机所用的面阵CCD一次捕捉一整张影像，或从中撷取一块方形的区域。一旦完成曝光的动作，控制电路会使电容单元上的电荷传到相邻的下一个单元，到达边缘最后一个单元时，电荷信号传入放大器，转变成电位。如此周而复始，直到整个影像都转换成电位，取样并数字化之后存入内存。数码相机画质的好坏不仅由CCD和镜头决定，CCD 输出电信号形成图像电路的性能，也影响相机的画质。

3）作为自动化流水线装置中的敏感器件，如可用于机床、自动售货机、自动搬运车及自动监视装置等。

图 8-32 为工业用内视镜系统原理，光源发出的光通过传光束照射到被测物体上，通过物镜和传像束把内部图像传送出来，以便观察、照相，或通过传像束送入 CCD 器件，将图像信号转换成电信号，送入微机进行处理，可在屏幕上显示和打印观测结果。

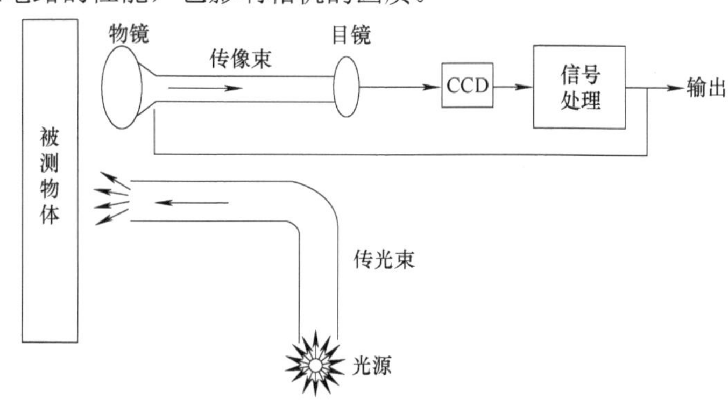

图 8-32　工业用内视镜系统原理

8.3 光栅式传感器

光栅在很早以前就被人们所发现，但应用于技术领域却只有一百多年的历史。早期人们利用光栅的衍射效应进行光谱分析和光波波长的测量，到了 20 世纪 50 年代才开始利用光栅的莫尔条纹现象进行精密测量，从而出现了光栅测量装置，即光栅式传感器。

光栅式传感器是指利用光栅原理对输入量（位移量）进行转换、显示的整个测量装置。它包括三大部分：光栅光学系统；实现细分、辨向和显示等功能的电子系统；相应的机械结构。

光栅式传感器具有许多优点，如测量精度高。在圆分度和角位移测量方面，一般认为光栅式传感器是精度最高的一种，可实现大量程测量兼高分辨率，可实现动态测量，易于实现测量及数据处理的自动化并且具有较强的抗干扰能力等。

由于光栅传感器测量精度高，动态测量范围广，可进行非接触测量，易实现系统的自动化和数字化，因而在机械工业中得到了广泛的应用。特别是在数控机床的闭环反馈控制等方面，光栅式传感器都起着重要作用。光栅式传感器通常作为测量元件应用于机床定位、长度和角度的计量仪器中，还可用于测圆周速度、加速度、振动等。

8.3.1　工作原理

1. 基本工作原理

（1）光栅

在玻璃尺或玻璃盘上类似于刻线标尺那样，进行长刻线（一般为 10～12mm）的密集刻画，得到如图 8-33 所示的黑白相间、间隔细小的条纹，没有刻画的白处透光，刻画的黑处不透光，这就是光栅。

光栅上的刻线称为栅线，栅线的宽度为 a，缝隙宽度为 b，一般都取 $a=b$，而 $a+b=d$ 称为光栅栅距。光栅栅距是光栅的重要参数。

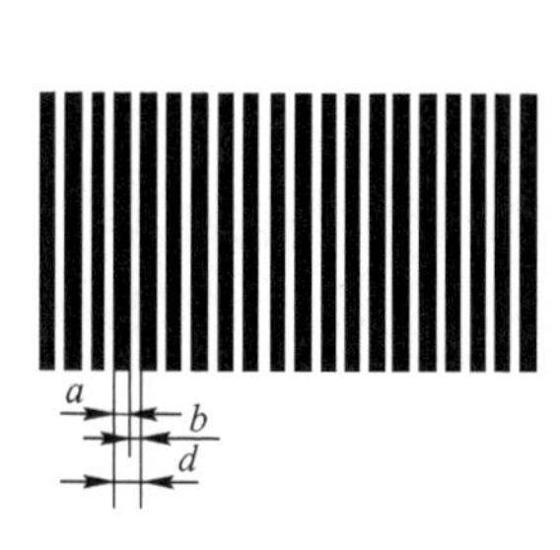

图 8-33　光栅栅线放大图

（2）光栅光学系统

光栅光学系统由光源、透镜、主光栅、指示光栅和光电器件构成，而光栅是光栅光学系统的主要元件。光源一般采用钨丝灯泡；光电器件一般采用光电池和光电晶体管。

光栅光学系统的基本工作原理是利用光栅的莫尔条纹现象进行测量。如图 8-34 所示，取两块栅距相同的光栅，其中一个为主光栅 3，另一个为指示光栅 4，指示光栅比主光栅要短，两者刻面相对，中间留有很小的间隙，便组成光栅副。将其置于由光源 1 和透镜 2 形成的平行光束的光路中，若两光栅栅线之间有很小的夹角 θ，则在近似垂直于栅线方向上就显现出比栅距 d 宽得多的明暗相间的条纹，这就是莫尔条纹，如图 8-35 所示。

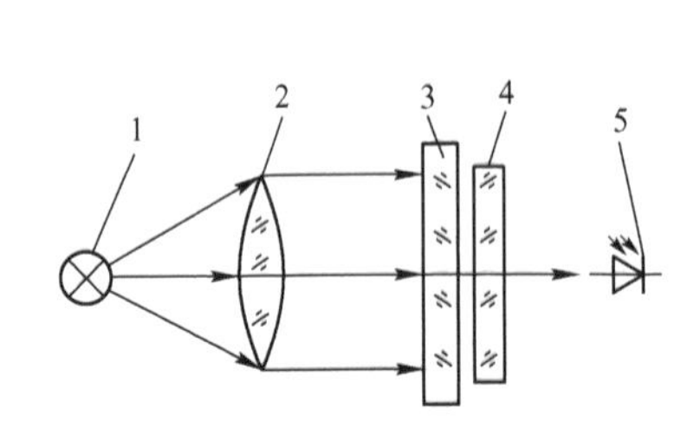

图 8-34 光栅光学系统的构成原理图

1—光源 2—透镜 3—主光栅 4—指示光栅 5—光电器件

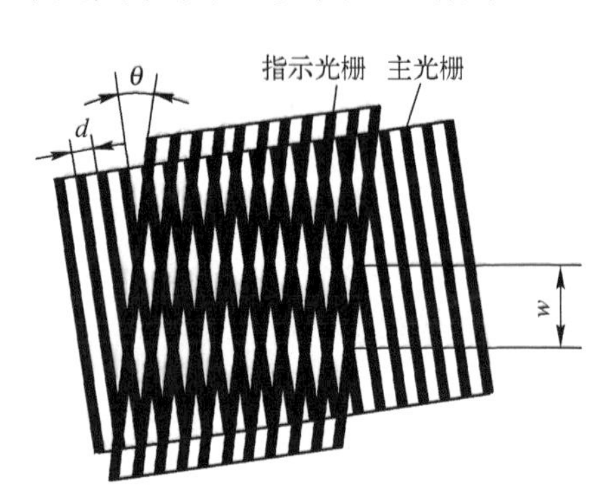

图 8-35 莫尔条纹形成示意图

（3）莫尔条纹

由图 8-35 可见，莫尔条纹中间为暗带，上下为两条亮带。相邻的两明暗条纹之间的距离称为莫尔条纹间距，用 w 表示。莫尔条纹的特点如下：

1）在两块光栅尺的栅线交角 θ 一定的条件下，莫尔条纹的移动方向与光栅尺的位移方向之间有严格的对应关系。指示光栅相对主光栅形成一个顺时针夹角 θ 时，主光栅右移则莫尔条纹向上移动，主光栅左移则莫尔条纹向下移动。当指示光栅相对主光栅形成一个逆时针夹角 θ 时，莫尔条纹移动方向与上述情况相反。

2）主光栅移动一个光栅栅距时，莫尔条纹正好移动一个莫尔条纹间距。在两光栅栅尺线夹角 θ 较小的情况下，莫尔条纹宽度 w 和光栅栅距 d、栅线夹角 θ（弧度）间有如下近似关系：

$$w=\frac{d}{2\sin(\theta/2)}\approx\frac{d}{\theta} \tag{8-6}$$

由式（8-6）可见，θ 越小，w 越大，w 相当于把 d 放大了 $1/\theta$ 倍。这说明莫尔条纹间距对光栅栅距有放大作用。这样，光电接收器件就可以直接安置在放大了的莫尔条纹宽度范围内。

3）在光栅测量中，光电器件接收的是一个区域内所含众多的栅线所形成的莫尔条纹。如设光栅栅距 $d=0.02\text{mm}$，光电接收器件采用 10mm×10mm 的硅光电池，则在硅光电池 10mm 宽度范围内，将有 500 条栅线参与工作。显然，在这一区域内个别栅线的栅距误差，或个别栅线的断裂或其他误差，对整个莫尔条纹的位置和形状的影响很微小，即莫尔条纹具有减小光栅栅距局部误差的作用。

（4）莫尔条纹测量位移原理

用光栅的莫尔条纹测量位移，长度与测量方向一致的指示光栅固定在运动零件上，随零件一起运动。主光栅与光电器件固定不动。当两块光栅相对移动时，对某一点观察，可以观察到莫尔条纹的光照强度的变化。设初始位置为接收亮带信号，随着光栅移动，光照强度变化由亮进入稍暗，然后半亮半暗，全暗，半暗半亮，全亮。莫尔条纹的变化经历了一个周期，即移动了一个条纹间距，也就是说光栅移动一个栅距，而光照强度的变化为一近似的正弦曲线。

光电器件把接收到的光照强度变化转换为电信号输出，输出与位移的关系可表示为

$$u = U_0 + U_{\mathrm{m}} \sin\left(\frac{\pi}{2} + \frac{2\pi x}{d}\right) \tag{8-7}$$

式中，U_0 为直流电压分量；d 为栅距；x 为位移。

光栅移动一个栅距，莫尔条纹走过一个条纹间距，电压输出的正弦变化正好经历一个周期，可通过电路整形处理，变成一个脉冲输出。脉冲数（条纹数）N 与移过的栅距数一一对应，因此位移量为 $x = Nd$ 。据此可知运动零件的位移量。

2. 光栅的种类

光栅的种类很多，若按工作原理分，有物理光栅和计量光栅两种。前者用于光谱仪器，作为色散元件，后者主要用于精密测量和精密机械的自动控制。计量光栅按其用途又可分为长光栅和圆光栅两类。长光栅按应用范围可分为透射光栅和反射光栅两种，按光栅的表面结构可分为幅值（黑白）光栅和相位（闪耀）光栅；而圆光栅又可分为径向光栅和切向光栅，如图 8-36 所示。

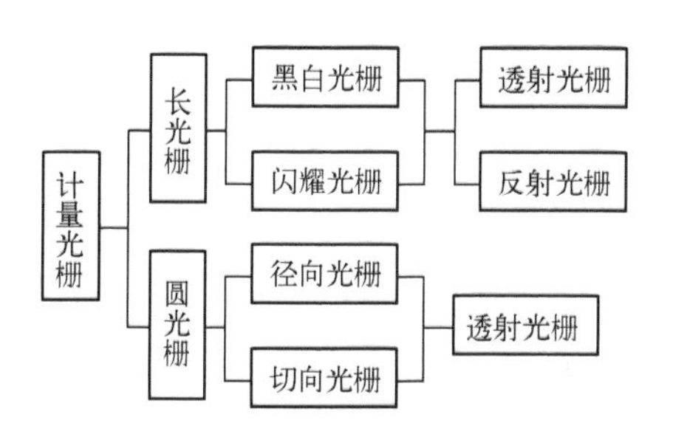

图 8-36　光栅的种类

（1）透射光栅

透射式光栅一般是用光学玻璃做基体，在其上均匀地刻画出间距、宽度相等的条纹，形成连续的透光区和不透光区，如图 8-37a 所示。

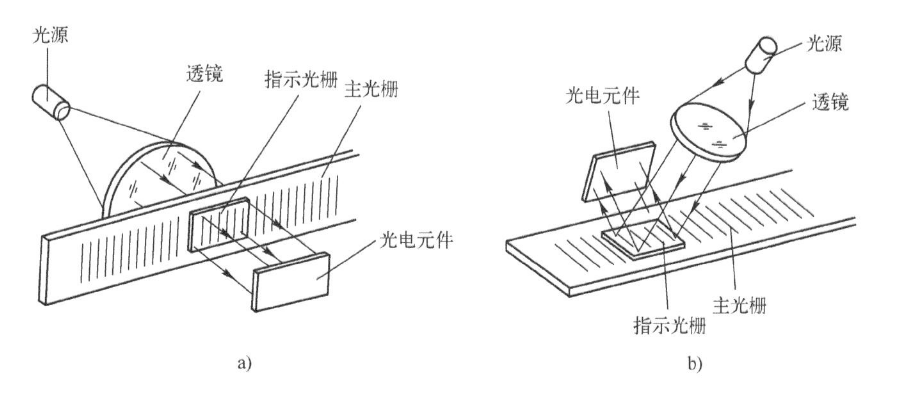

图 8-37　计量光栅

a）透射光栅　b）反射光栅

（2）反射光栅

反射光栅一般使用不锈钢做基体，在其上用化学方法制出黑白相间的条纹，形成反光区和不反光区，如图 8-37b 所示。

（3）长光栅

长光栅主要用于长度或直线位移的测量，刻线相互平行，条纹密度有每毫米 25 条、50 条、100 条、250 条等，如图 8-38 所示。根据栅线型式的不同，长光栅分为黑白光栅和闪耀光栅。黑白光栅是指只对入射光波的振幅或光强进行调制的光栅，所以也称幅值光栅。闪耀光栅是对入射光波的相位进行调制，也称相位光栅。闪耀光栅的线槽断面分对称型和不对称型两种。

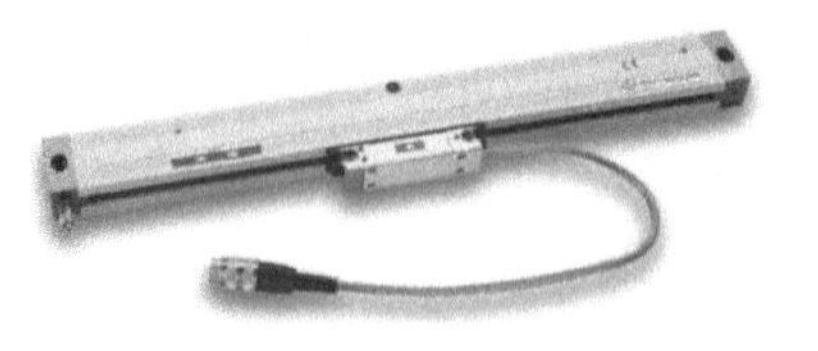

图 8-38　长光栅

（4）圆光栅

圆光栅用来测量角度或角位移，它是在圆盘玻璃上刻线。圆光栅的参数为栅距角（也称节距角）δ，指圆光栅上相邻两条栅线之间的夹角。

根据栅线刻画的方向，圆光栅有两种，一种是径向光栅，其栅线的延长线全部通过圆心；另一种是切向光栅，其全部栅线与一个同心小圆相切，此小圆直径很小，只有零点几或几毫米。圆光栅只有透射光栅，主要用来测量角度或角位移，如图 8-39 所示。

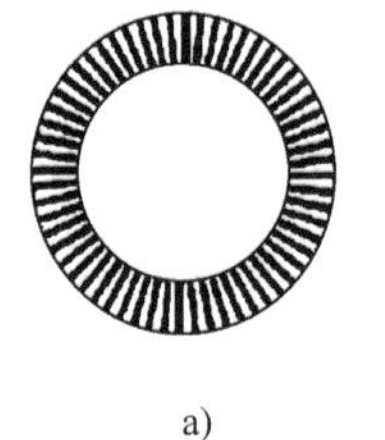

a)

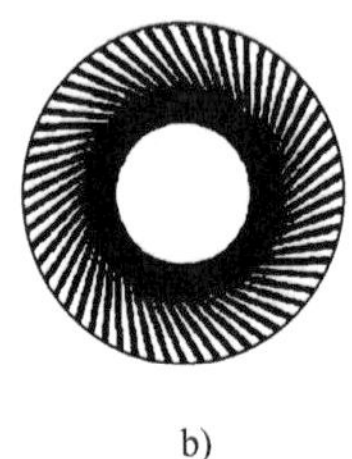

b)

c)

图 8-39　圆光栅

a）径向光栅　b）切向光栅　c）实物图

8.3.2　辨向原理和细分电路

1. 辨向原理

在实际应用中，大部分被测物体的移动往往不是单向的，既有正向运动，也可能有反向运动。单个光电元件接收一固定的莫尔条纹信号，只能判别明暗的变化而不能辨别莫尔条纹的移动方向，因此就不能判别光栅的运动方向，以至不能正确测量位移。

如果能够在物体正向移动时将得到的脉冲数累加，而在物体反向移动时就从已累加的脉冲数中减去反向移动所得的脉冲数，这样就能得到正确的测量结果。

通常可以在沿光栅栅线方向相距$(m \pm 1/4)w$（相当于电信号相位角的 1/4 周期）的距离上设置 sin 和 cos 两套光电元件，得到两个相位相差π/2 的电信号u_{os}和u_{oc}，经放大、整形后得到u'_{os}和u'_{oc}两个方波信号，分别送到计算机的两路接口，由计算机判断两路信号的相位差。当指示光栅向右移动时，u_{os}滞后于u_{oc}；当指示光栅向左移动时，u_{oc}超前于u_{os}。计算机据此判断指示光栅的移动方向。

2. 细分电路

上述辨向逻辑电路的分辨率为一个光栅栅距 d，为了提高分辨力，可以增大刻线密度来减小栅距，但这种方法受到制造工艺的限制。另一种方法是采用细分技术，使光栅每移动一个栅距时输出均匀分布的几个脉冲，从而使分辨力提高到 d/n。细分的方法有多种，这里介绍常用的直接细分法和电位器桥细分法。

（1）直接细分法

直接细分也称为位置细分，常用细分数为 4，故又称为四倍频细分。这种细分法是在一个莫尔条纹宽度内，按一定间隔适当地放置四个光电元件，使这四个光电元件输出的电信号相位依次差 90°。对于长光栅系统，由于莫尔条纹方程是直线方程，故可以均匀分布四块硅光电池来获得四相正交信号以实现四细分。

四倍频细分线路简单，对信号无严格要求，又可实现可逆技术和动、静态测量，其分辨率也可满足一般数控机床的要求，因而获得广泛的应用。同时四倍频细分信号获取法（获得四相信号）又是多种电子细分的基础，故十分重要。

（2）电位器桥（电阻链）细分法

电位器桥细分又称电阻链细分，细分数较大（一般为 12～60），精度较高，对莫尔条纹信号的波形、幅值、直流电平和原始信号 $U_m \sin\theta$、$U_m \cos\theta$ 的正交性均有严格要求，可用于动、静态测量系统中。直流放大器的零点漂移等对电位器桥细分法细分精度的影响较大。此外，电位器桥细分电路较为复杂，对电位器阻值稳定性、过零触发器的触发精度均有较高要求。

8.3.3　应用举例

由于光栅式传感器测量精度高，动态测量范围广，可进行非接触测量，易实现系统的自动化和数字化，因而在机械工业中得到了广泛的应用。特别是在量具、数控机床的闭环反馈控制、工作母机的坐标测量等方面，光栅式传感器都起着重要的作用。

光栅式传感器通常作为测量元件应用于机床定位、长度和角度的计量仪器中，用来测量速度、加速度、振动等。

图 8-40 为光栅式万能测长仪的原理框图。由于主光栅和指示光栅之间的透光和遮光效应，形成莫尔条纹，当两块光栅相对移动时，便可接收到周期性变化的光通量。由光电晶体管接收到的原始信号经差分放大器放大、移相电路分相、整形电路整形、辨向电路辨向、倍频电路细分后进入可逆计数器计数，由显示器显示读出。

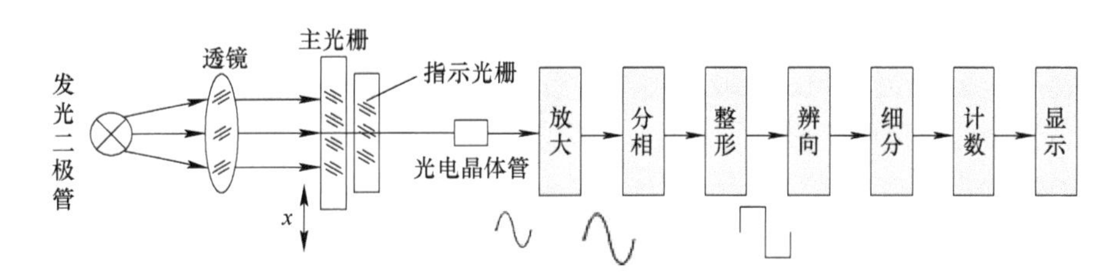

图 8-40　光栅式万能测长仪的原理框图

微机光栅数显表如图 8-41 所示。在微机光栅数显表中，放大、整形采用传统的集成电路，辨向、细分可由微机来完成。

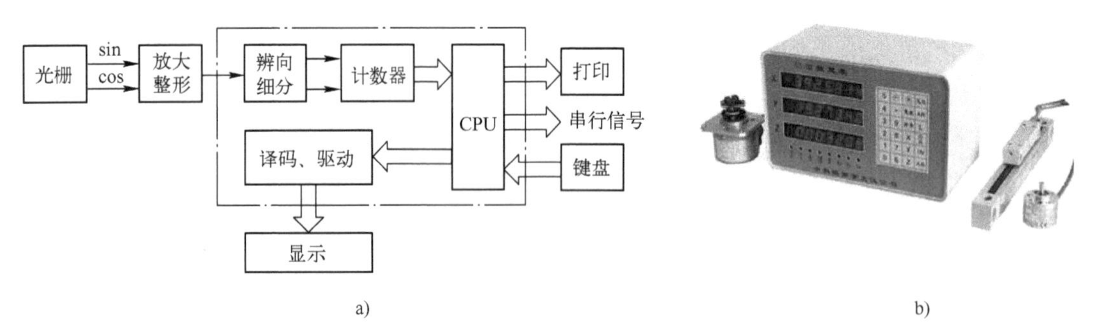

a) b)

图 8-41 微机光栅数显表

a）微机光栅数显表组成框图 b）实物图

8.4 光纤式传感器

光纤式传感器是21世纪80年代中期发展起来的一种技术，它是随着光纤及光纤通信技术的发展而逐步形成的。光纤有很多的优点，用它制成的光纤式传感器与常规传感器相比也有很多优点，如抗电磁干扰能力强、高灵敏度、耐腐蚀、可挠曲、体积小、结构简单，以及与光纤传输线路相容等。光纤式传感器可应用于位移、振动、转动、压力、弯曲、应变、速度、加速度、电流、磁场、电压、湿度、温度、声波、流量、浓度、pH值等80多个物理量的测量，具有十分广泛的应用潜力和发展前景。

1. 光纤的结构

光导纤维简称光纤，光纤是用光透射率高的电介质（如石英、玻璃、塑料等）构成的光通路。它是由折射率 n_1 较大（光密介质）的纤芯和折射率 n_2 较小（光疏介质）的包层构成的双层同心圆柱结构，如图8-42所示。光纤的导光能力取决于纤芯和包层的性质。在包层外面还常有一层保护套，多为尼龙材料，以增加机械强度。

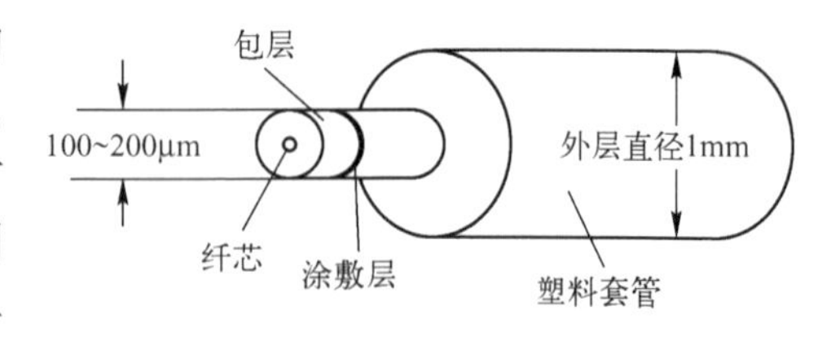

图 8-42 光纤的基本结构

2. 传光原理

光的全反射现象是研究光纤传光原理的基础。根据几何光学原理，当光线以较小的入射角 θ_1 由光密介质1射向光疏介质2（即 $n_1>n_2$）时，则一部分入射光将以折射角 θ_2 折射入介质2，其余部分仍以 θ_1 反射回介质1，如图8-43a所示。依据光折射和反射的斯涅尔（Snell）定律，有

$$n_1\sin\theta_1=n_2\sin\theta_2 \tag{8-8}$$

由于 $n_1>n_2$，所以 $\theta_1<\theta_2$。

θ_1 角逐渐增大，直至 $\theta_1=\theta_c=\arcsin n_2/n_1$ 时，透射入介质2的折射光也逐渐折向界面，直至沿界面传播（$\theta_2=90°$）。对应于 $\theta_2=90°$ 时的入射角 θ_1 称为临界角 θ_c。

当 $\theta_1>\theta_c$ 时，光线将不再折射入介质2，而是在介质（纤芯）内产生连续向前的全反射，直至由终端面射出。这就是光纤传光的工作原理。产生全反射的条件为

$$\theta \geqslant \theta_c = \arcsin\frac{n_2}{n_1} \tag{8-9}$$

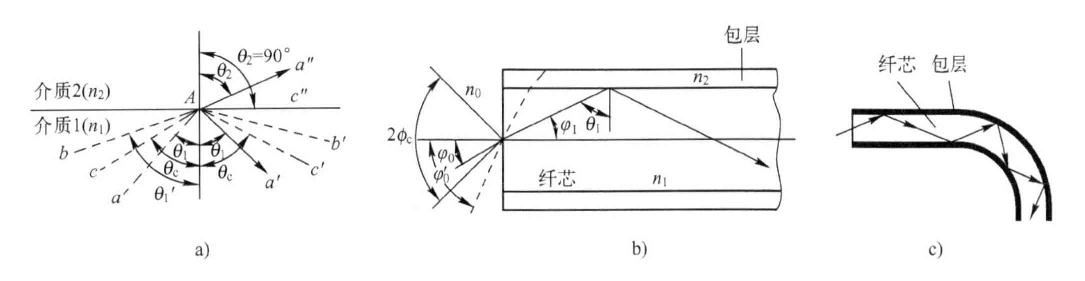

图 8-43 光纤的传光原理

由斯涅尔定律可导出光线由折射率为 n_0 的外界介质（空气 $n_0=1$）中以入射角 φ_0 射入光纤，在光纤内折射角为 φ_1，然后以入射角 $\theta_1 = 90° - \varphi_1$ 入射到纤芯与包层的界面，则有

$$n_0 \sin\varphi_0 = n_1 \sin\varphi_1 = n_1 \cos\theta_1 \tag{8-10}$$

根据式（8-10），为满足全反射条件，需使

$$\sin\theta_1 \geqslant \frac{n_2}{n_1} \tag{8-11}$$

即

$$\cos\theta_1 \leqslant \sqrt{1-\left(\frac{n_2}{n_1}\right)^2} \tag{8-12}$$

将式（8-12）代入式（8-10）可得

$$\sin\varphi_0 \leqslant \sin\varphi_c = \frac{\sqrt{n_1^2 - n_2^2}}{n_0} \tag{8-13}$$

能在光纤内产生全反射的端面入射角 φ_0 的最大允许值 φ_c 称为临界入射角，临界入射角 φ_c 的正弦值称为光纤的数值孔径 NA，其值为

$$NA = \sin\varphi_c = \frac{1}{n_0}\sqrt{n_1^2 - n_2^2} \tag{8-14}$$

数值孔径 NA 是衡量光纤集光性能的主要参数。它表示无论光源发射功率多大，只有 $2\varphi_c$ 张角内的光，才能被光纤接收、传播（全反射）；NA 越大，光纤的集光能力越强。

光纤的可弯曲性是它的一大优点。一根直径为 d 的圆柱形光纤，被弯曲成曲率半径为 R 的圆弧形，只要 $R \geqslant 4d$，在给定的 NA 值范围内的光线，都可在弯曲的光纤中传播。

3. 光纤的种类

光纤按纤芯和包层材料性质分类，有玻璃光纤和塑料光纤两类；按折射率分有阶跃型和梯度型两种。阶跃型光纤纤芯的折射率不随半径而变，但在纤芯与包层界面处折射率有突变。梯度型光纤纤芯的折射率沿径向由中心向外呈抛物线由大渐小，至界面处与包层折射率一致。因此，梯度型光纤有聚焦作用，光线传播的轨迹近似于正弦波。光纤的另一种分类方法是按光纤的传播模式来分，可分为多模光纤和单模光纤，单模光纤的纤芯直径只是传输光波波长的几倍；多模光纤的纤芯直径比光波波长大很多倍。

4. 光纤式传感器的分类

光纤式传感器一般由光源、接口、光导纤维、光调制结构、光电探测器和信号处理系统等部分组成。来自光源的光线，通过接口进入光纤，然后将检测的参数调制成幅度、相位、频率或偏振信息，光电探测器将获得的光学信息送微处理器进行信息处理，从而获得被测参数。光纤式传感器除光纤之外，还必须有光源和光探测器两个重要部件。

按照光纤在传感器中的作用，即光纤本身是否作为敏感元件，光纤式传感器分为功能型（FF型）和非功能型（NF型）。

光纤在非功能型光纤式传感器中只作为传光的介质，还需加上其他敏感器件才能组成传感器。非功能型光纤式传感器涉及光通量等几何光学概念有关量的测量，采用传输光通量大的多模光纤，其特点是结构比较简单，能够充分利用其他敏感器件和光纤本身的优点，缺点是灵敏度比功能型光纤低，测量精度也差些。

功能型光纤式传感器中光纤本身具备测量的功能，一般是利用被测量改变光纤本身的特性，使传送的光受到调制。功能型光纤式传感器涉及偏振、相位、干涉等物理光学概念有关量的测量，常采用单模光纤。

5. 测量原理

光纤式位移传感器是利用光导纤维传输光信号，根据探测到的反射光的强度来测量被测物体的距离。

Y 形光束是由几百根至几千根直径为几十微米的阶跃型多模光纤集束而成，它被分为发送光纤束和接收光纤束，发送光纤束的一端与光源耦合，并将光源射入其纤芯的光传播到被测物表面（反射面上）。反射光由接收光纤束拾取，并传播到光电探测器转换成电信号输出。如图 8-44 所示。

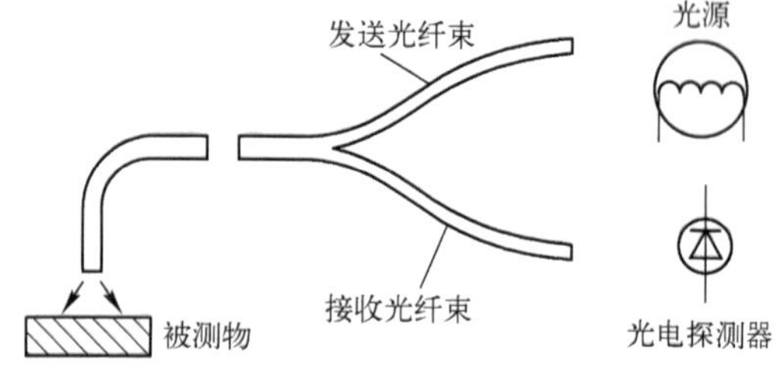

图 8-44　光纤式位移传感器

当反射面与光纤端面之间的距离为 x 时，发送光纤的出射光在反射面上的光照面积为 A 。

被测表面逐渐远离光纤探头时，发射光纤照亮被测物表面的面积 A 越来越大，相应的发射光锥和接收光锥重合面积 B_1 越来越大，接收光纤端面上被照亮的区域 B_2 也越来越大，有一个线性增长的输出信号，如图 8-45 所示。当整个接收光纤的端面被全部照亮时，即 $B_2 = C$ ，反射到接收光纤的光照强度达到最大值，输出信号就达到了位移-输出信号曲线上的光峰点 M，光峰点以前的这段曲线称为前坡区。

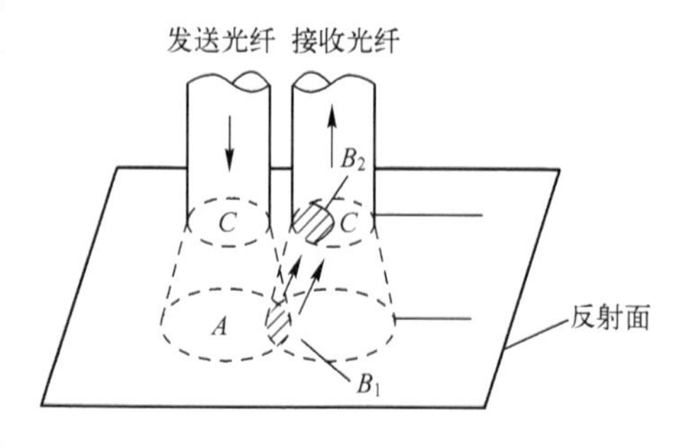

图 8-45　接收光照面积与距离的关系

当被测表面继续远离时，由于被反射光照亮的面积 B_2 大于 C ，即有部分反射光没有反射进接收光纤，但由于接收光纤更加远离被测表面，接收到的光照强度逐渐减小，光敏检测器的输出信号逐渐减弱，便进入曲线的后坡区。如图 8-46 所示，前坡区 AB 段的斜率比后坡

区 CD 段大得多，线性度也好。在 AB 段工作可以获得较高的灵敏度和较好的线性度，但是测量的位移范围较小，可以用来进行微米级的位移测量。后坡区 CD 可用于较大的位移量而灵敏度、线性度和精度要求不高的测量。

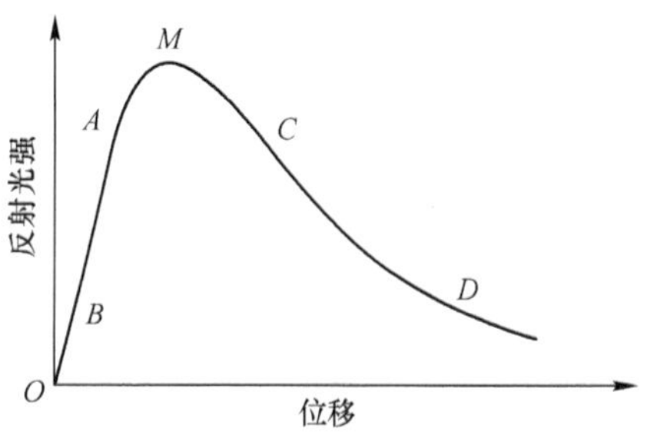

图 8-46　反射光强与位移的关系曲线

6. 应用举例

（1）光纤温度传感器

图 8-47 是一种光强调制型光纤温度传感器。它利用了多数半导体材料的能量带隙随温度的升高几乎线性减小的特性。如果适当地选定一种光源，它发出的光的波长在半导体材料工作范围内，当这种光通过半导体材料时，其透射光的强度将随半导体材料温度的增加而减小，即光的透过率随温度升高而降低。

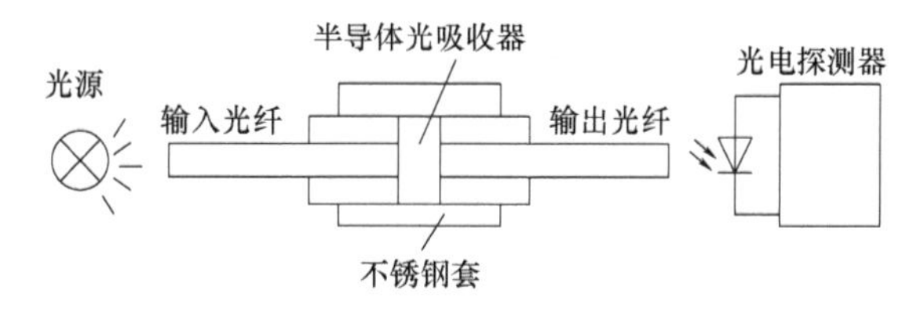

图 8-47　光强调制型光纤温度传感器

敏感元件是一个半导体光吸收器（薄片），光纤用于传输信号。当光源发出的光以恒定的强度经输入光纤到达半导体光吸收器时，透过光吸收器的光照强度受薄片温度调制（温度越高，透过的光照强度越小），然后透射光再由输出光纤传到光电探测器。它将光照强度的变化转化为电压或电流的变化，达到传感温度的目的。

（2）光纤漩涡式流量传感器

光纤旋涡式流量传感器是将一根多模光纤垂直地装入管道，当液体或气体流经与其垂直的光纤时，光纤受到流体涡流的作用而振动，振动的频率与流速有关。测出光纤振动的频率即可确定液体的流速，如图 8-48 所示。

当流体运动受到一个垂直于流动方向的非流线体阻碍时，根据流体力学原理，在某些条件下，在非流线体的下游两侧产生有规则的漩涡，其漩涡的频率 f 与流体的流速 v 之间的关系可表示为

$$f = S_t \frac{v}{d} \tag{8-15}$$

式中，d 为流体中物体的横向尺寸大小（光纤的直径）；S_t 为斯托劳哈尔系数，它是一个无量纲的常数。

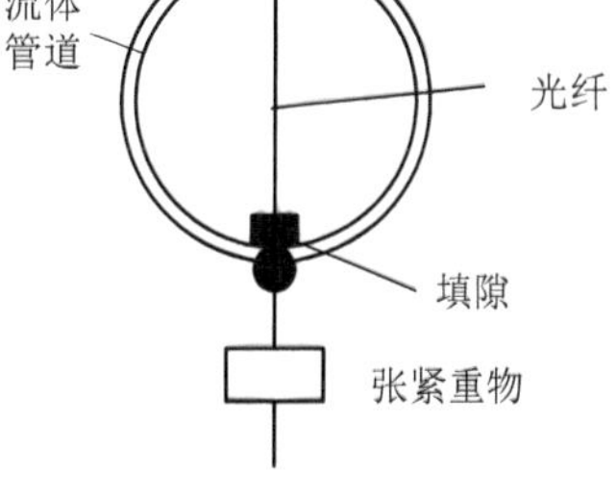

光纤夹
流体管道
光纤
填隙
张紧重物

图 8-48　光纤漩涡式流量传感器

在多模光纤中，光以多种模式进行传输，在光纤的输出端，各模式的光形成了干涉图样，这就是光斑。一根没有外界扰动的光纤所产生的干涉图样是稳定的，当光纤受到外界扰动时，干涉图样的明暗

相间的斑纹或斑点发生移动。若外界扰动是流体的涡流引起的，那么干涉图样斑纹或斑点就会随着振动的周期变化来回移动，这时测出斑纹或斑点的移动频率，即可获得对应于振动频率的信号，再根据式（8-14）推算出流体的流速。

8.5 光电式编码器

光电式编码器是一种通过光电转换将输出轴上的机械几何位移量或转速转换成脉冲或数字量的传感器，是应用最多的传感器之一。光电式编码器由光源、码盘和光电接收器件组成。码盘是在一定直径的圆板上等分地开通若干个长方形孔。码盘与电动机同轴装配，电动机旋转时，码盘与电动机同速旋转，经光电接收器件及电子元件组成的检测装置检测输出脉冲信号，通过每秒光电式编码器输出脉冲的个数，计算出当前电动机的转速和转过的角度。此外，为判断旋转方向，码盘还可提供相位相差90°的两路脉冲信号。

光电式编码器根据刻度方法及信号输出形式，可分为增量型、绝对型以及混合型三种。

增量型编码器是直接利用光电转换原理输出A、B和Z三组方波脉冲，如图8-49所示，A、B两组脉冲相位差90°，用于判断旋转方向，Z组用于基准点定位。增量型编码器的优点是原理构造简单，机械平均寿命可在几万小时以上，抗干扰能力强，可靠性高，适合长距离传输；缺点是无法输出轴转动的绝对位置信息。增量型编码器输出脉冲数/转，通常有200～5000/转、3600～10800/转、20～2500/转等。

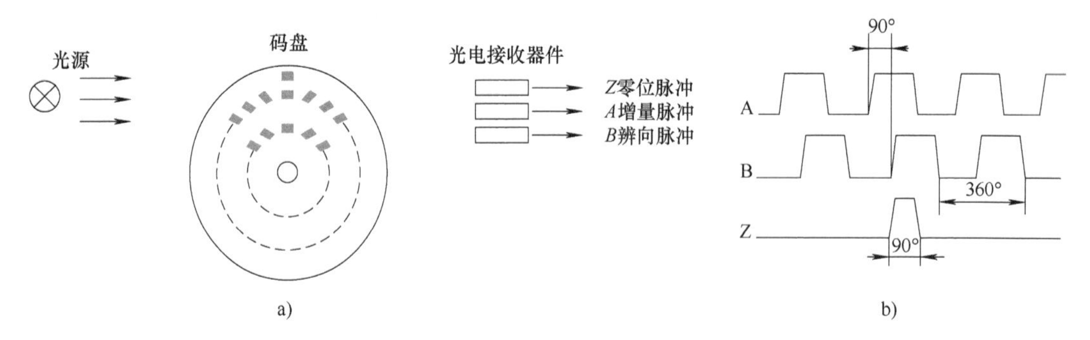

图8-49 增量型编码器

a）原理图 b）三组方波脉冲

绝对型编码器是直接输出数字量的传感器，如图8-50所示，在它的圆形码盘上沿径向有若干同心码道，每条道上由透光和不透光的扇形区相间组成，相邻码道的扇区数目是双倍关系，码盘上的码道数就是它的二进制数码的位数，在码盘的一侧是光源，另一侧对应每一码道有一光电器件，码道由外向内分别代表2^0、2^1、2^2、2^3，光电器件对应位置为0，顺时针方向依次代表1～15。

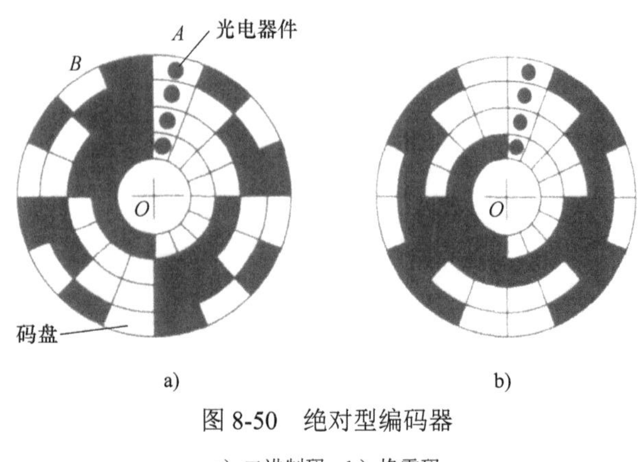

图8-50 绝对型编码器

a）二进制码 b）格雷码

绝对型编码器利用自然二进制或循环二进制（格雷码）方式进行光电转换，4 位二进制码与格雷码对照表见表 8-1。绝对型编码器与增量型编码器的不同之处在于圆盘上透光、不透光的线条图形，绝对型编码器可有若干编码，根据读出的码盘上的编码，检测绝对位置。编码的设计可采用二进制码、循环码、二进制补码等。采用二进制循环码盘时，相邻数的编码只有一位变化，因此可把误差控制在最小单位内，避免了非单值性误差。分辨率是由二进制的位数来决定的，也就是说精度取决于位数，有 10 位、14 位等多种。

表 8-1　4 位二进制码与格雷码对照表

十进制数	二进制码	格雷码	十进制数	二进制码	格雷码
0	0000	0000	8	1000	1100
1	0001	0001	9	1001	1101
2	0010	0011	10	1010	1111
3	0011	0010	11	1011	1110
4	0100	0110	12	1100	1010
5	0101	0111	13	1101	1011
6	0110	0101	14	1110	1001
7	0111	0100	15	1111	1000

绝对型编码器的优点：

1）直接把被测转角或角位移转换成唯一对应的代码，无须记忆，无须参考点，无须计数。

2）在电源切断后位置信息也不会丢失，而且指示没有累积误差。

3）大大提高了编码器的抗干扰能力和数据的可靠性。

4）无磨损，码盘寿命长，精度保持性好。

绝对型编码器的缺点：

1）结构复杂，价格高，码盘基片为玻璃，抗冲击和振动能力差。

2）随着分辨率的提高信号引出线较多。

混合型绝对值编码器输出两组信息：一组信息用于检测磁极位置，带有绝对信息功能；另一组则完全同增量型编码器的输出信息。

光电式编码器是一种角度（角速度）检测装置，它将输入轴的角度量，利用光电转换原理转换成相应的电脉冲或数字量，具有体积小、精度高、工作可靠、接口数字化等优点，广泛应用于数控机床、回转台、伺服传动、机器人、雷达、军事目标测定等需要检测角度的装置和设备中，如图 8-51 所示。

图 8-51　光电式编码器

光电式编码器使用 PLC 采集数据，可选用高速计数模块；使用工控机采集数据，可选用高速计数板卡；使用单片机采集数据，建议选用带光电耦合器的输入端口。编码器信号输出方式有并行格雷码输出、485 串行信号输出、4～20mA 电流输出、SSI 同步串行信号输出。

知识拓展

位移检测

位移就是位置的移动量，物体或质点的位置通常用其在选定参照物的坐标系上所处的坐标来描述。位移的度量除要确定其大小外，还要确定其方向。位移是机械量中最基本的参数，也是检测技术中很多物理量（如压力、加速度和振动等）检测的中间变量，所以位移测量十分重要。

物体或质点做直线运动时的位移称为线位移，做旋转运动时的位移称为角位移。位移测量包括长度、厚度、高度、距离、镀层厚度、表面粗糙度、角度等的测量。

利用各种位移传感器，将被测位移的变化转换成电、光、磁等物理量的变化来测量，这是应用最广泛的一种测量方法。

习　题

1. 欲测量被测物体的表面光洁程度，可选用（　　）种光学通路。

A. 透射式　　B. 反射式　　C. 辐射式　　D. 开关式

2. 欲测量被测物体的浑浊度，可选用（　　）种光学通路。

A. 透射式　　B. 反射式　　C. 辐射式　　D. 开关式

3. 光的（　　）是光纤传感器的工作基础。

A. 全折射　　B. 全透射　　C. 全反射　　D. 漫反射

4. CCD是一种（　　）。

A. PN结光电二极管电路　　B. PNP型晶体管集成电路

C. MOS型晶体管开关集成电路　　D. NPN型晶体管集成电路

5. 计量光栅测量位移时，采用细分技术是为了提高（　　）。

A. 灵敏度　　B. 辨向能力　　C. 直线度　　D. 分辨率

6. 采用50线/mm的计量光栅测量线位移，若指示光栅上的莫尔条纹移动了12条，则被测线位移为（　　）mm。

A. 0.02　　B. 0.12　　C. 0.24　　D. 0.48

7. 什么是光电式传感器？光电式传感器的基本工作原理是什么？

8. 简述光电倍增管的工作原理。光电倍增管的主要参数有哪些？

9. CCD的电荷转移原理是什么？

10. 试区分功能型和非功能型光纤传感器。

11. 试解释波长调制型光纤传感器的工作原理。

12. 若某光栅的栅线密度为50线/mm，主光栅与指示光栅之间夹角$\theta=0.01\text{rad}$。求：

1）其形成的莫尔条纹间距w。

2）若采用四只光电二极管接收莫尔条纹信号，并且光电二极管响应时间为10^{-6}s，问此时光栅允许最快的运动速度 v 是多少？

综合训练

1. 制作防盗报警器

设计要求及系统功能：以 51 系列单片机为核心，设计并制作防盗报警器。其主要由 51 系列单片机、红外热释电传感器、蜂鸣器、按键、LED 指示灯、电源等部分组成。

当有外人进入检测区域时，红外热释电传感器自动识别、跟踪和采集数据，单片机驱动 LED 指示灯和蜂鸣器给出报警信号；设置布防、手动报警和取消报警三个按钮。出现紧急情况时，可按下手动报警按钮，红色指示灯闪烁，蜂鸣器会立即发出报警。当按下布防按钮后，绿色布防灯闪烁直至布防结束，一般布防时间设置为 20～30s。当按下取消报警按钮后，指示灯和蜂鸣器都恢复到原始状态。

2. 照明调节系统的设计与实现

对于大型公共教室，其巨大的空间不能保证每个区域都有良好的光照环境，需要通过补光来为学生提供良好的阅读环境，训练任务需要实现大型公共教室照明调节系统。该系统具有人工控制和自动控制两种工作模式，人工控制模式下手动增减照明灯具；自动控制模式下通过对教室的光照强度进行检测，当光照强度大于设定区间上限值时，关闭部分照明灯以降低光照强度；当光照强度小于设定区间下限值时，打开部分照明灯补光。

3. 照度稳定可调 LED 台灯（来自 2021 年全国大学生电子设计竞赛）

设计要求：设计并制作一个照度稳定可调的 LED 台灯和一个数字显示照度表。调光台灯由 LED 灯板和照度检测、调节电路构成，如图 8-52 所示。

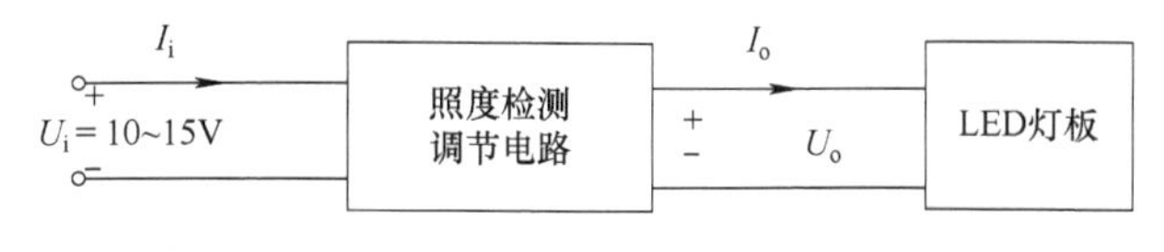

图 8-52　综合训练 3 图

系统功能及主要技术指标：数字显示照度表由电池供电，相对照度数字显示不少于 3 位半。数字显示照度表检测头置于调光台灯正下方 0.5m 处，调整台灯亮度，最大照度时显示数字大于 1000；遮挡检测头达到最低照度时显示数字小于 100。台灯亮度连续变化时，显示数字也随之连续变化。亮度稳定时，显示数字稳定，跳变不大于 10。调光台灯电压 U_i 为直流 10～15V，亮度从最亮到完全熄灭连续可调，无频闪。

4. 自主设计心率监测仪

设计要求：以 STM32F103 为核心，设计并制作心率监测仪。

系统功能及主要技术指标：系统通过心率传感器 MAX30102 采集数据送入，采用串口通信方式将计算结果显示在 OLED 屏幕上，并通过 WiFi 模块根据 EDP 将数据传输到云平台（自选），实现移动端实时接收监测数据。当心率出现异常，发出报警信息，警示使用者，移动端也会接收到来自云平台的警报。

第9章 霍尔式传感器

9.1 工作原理

霍尔式传感器是基于霍尔元件的霍尔效应，将被测量转换成电动势输出的一种传感器。霍尔元件在静止状态下能感受磁场变化，具有结构简单、体积小、噪声小、频率范围宽（从直流到微波）、动态范围大（输出电动势变化范围可达 1000∶1）、寿命长等特点，因此获得了广泛应用。

9-1 霍尔效应

9.1.1 霍尔效应

若在半导体薄片两端通过控制电流 I，并在薄片的垂直方向上施加磁感应强度为 B 的磁场，那么，在垂直于电流和磁场方向上（霍尔输出端之间）将产生电动势 U_H（霍尔电动势），这种现象称为霍尔效应。

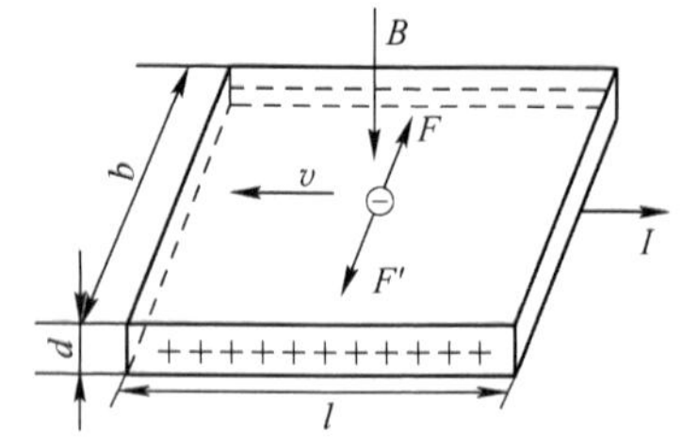

图 9-1　霍尔效应原理图

霍尔效应的产生是由于运动电荷受磁场中洛伦兹力作用的结果。如图 9-1 所示，一块长为 l、宽为 b、厚度为 d 的 N 型半导体薄片，沿其长度方向（控制电流端）通过电流 I，那么，半导体中的载流子（电子）将沿着与电流相反的方向运动，若在垂直于半导体薄片平面的方向上加以磁场 B，则每个电子受到洛伦兹力 F 的作用，F 的大小为

$$F = qvB \tag{9-1}$$

式中，q 为电子电量，$q = 1.6\times10^{-19}\,\mathrm{C}$；$v$ 为电子运动速度；B 为磁场磁感应强度。

洛伦兹力的方向由右手定则确定，由于洛伦兹力 F 的作用，电子向一侧偏转，并使该侧面积累电子，而另一侧面积累电荷，于是在薄片两侧面之间形成电场 E_H，称为霍尔电场。在霍尔电场作用下，电子将受到一个与洛伦兹力方向相反的电场力 F' 的作用，F' 可表示为

$$F' = -qE_H \tag{9-2}$$

式中，负号表示力的方向与电场方向相反。

当作用在运动电子上的电场力 F' 与洛伦兹力 F 大小相等时，电子积累便达到动态平衡，此时有

$$qvB = qE_H \tag{9-3}$$

则相应的电动势就称为霍尔电动势U_H，其大小可表示为

$$U_H = bE_H \tag{9-4}$$

或

$$U_H = bvB \tag{9-5}$$

式中，b为N型半导体薄片的宽度。

流过基片的电流I常称为激励电流或控制电流，假设它分布均匀，则有

$$I = -nqvbd \tag{9-6}$$

式中，n为N型半导体中的载流子浓度；d为霍尔元件的厚度（m）。

将上述公式进行合并整理得

$$U_H = -\frac{IB}{nqd} = R_H \frac{IB}{d} = K_H IB \tag{9-7}$$

式中，R_H为霍尔常数(m^3/C)，$R_H = -1/nq$；K_H为霍尔元件的灵敏度，$K_H = R_H/d$，表征在单位磁感应强度和单位控制电流时输出霍尔电压的大小。

若磁感应强度B不垂直于霍尔元件，而是与其法线呈某一角度θ时，则实际作用于霍尔元件上的有效磁感应强度是其法线方向（与薄片垂直的方向）的分量，这时的霍尔电动势为

$$U_H = K_H IB\cos\theta \tag{9-8}$$

由式（9-8）可知，霍尔电动势的大小正比于控制电流I和磁感应强度B的乘积；当控制电流方向或磁场方向改变时，输出电动势方向也将改变。但当电流和磁场方向同时改变时，霍尔电动势方向不变。如果所施加的磁场为交变磁场，则霍尔电动势为同频率的交变电动势。由于建立霍尔效应所需的时间很短（约10^{-12}～10^{-14}s之间），因此控制电流用交流时，频率可以很高（几千兆赫）。

9.1.2　霍尔元件

1. 材料

霍尔元件一般采用N型硅、锗、锑化铟和砷化铟等半导体单晶材料制成。锑化铟元件输出较大，但受温度影响也较大。锗元件输出虽小，但它的温度性能和线性度却比较好。砷化铟元件输出没有锑化铟元件大，但受温度影响却比锑化铟小，且线性度也较好。因此，通常采用砷化铟作为霍尔元件的材料。

2. 结构和符号

9-2 霍尔元件的形状

霍尔元件的结构由霍尔片、引线和壳体组成。霍尔元件是一块矩形半导体薄片，在短边的中间以点的形式焊上两根控制电流端引线11′，称为控制电流极，在元件长边两端面上焊上两根霍尔输出端引线22′，称为霍尔电动势极。实际的霍尔元件引脚可能是三端、四端或五端。在焊接处要求接触电阻小，呈纯电阻性质（欧姆接触）。霍尔片一般用非磁性金属、陶瓷或环氧树脂封装，如图9-2所示。

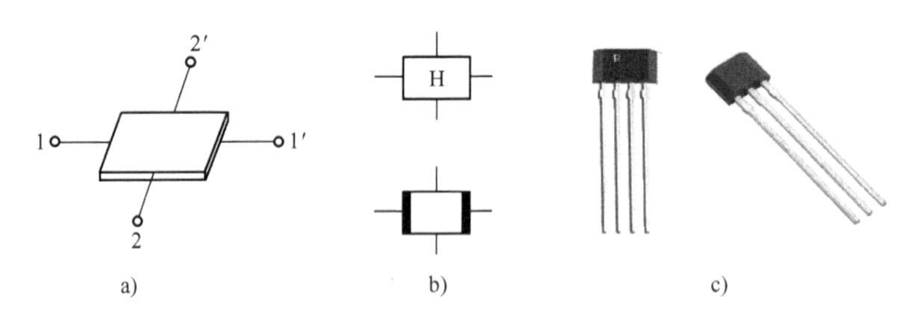

图 9-2 霍尔元件的结构及图形符号

a）结构 b）图形符号 c）实物图

9.1.3 基本特性

霍尔元件分为线性特性（线性霍尔元件）和开关特性（开关霍尔元件）两种。

1. 线性特性

当控制电流和环境温度一定时，输出霍尔电动势U_H与磁场B之间不完全呈线性关系，只有当霍尔元件工作在0.5T以下时，线性度才比较好，如图9-3所示。

2. 开关特性

霍尔元件的输出霍尔电动势U_H在一定区域随 B 的增加迅速增加的特性。

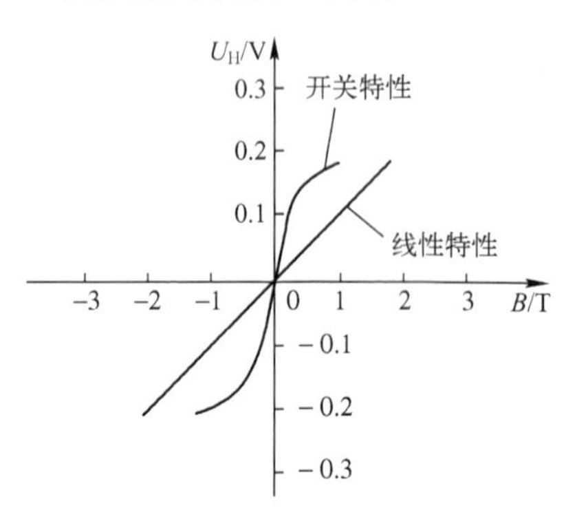

图 9-3 霍尔元件的基本特性

9.1.4 霍尔集成元件

霍尔电动势一般是毫伏数量级的，在实际使用时必须加运算放大器放大。利用集成电路工艺技术将霍尔元件、放大器、温度补偿电路和稳压电路集成在一块芯片上即可形成霍尔集成元件，它具有灵敏度高、传输过程无抖动，功耗低、寿命长、工作频率高、无触点、无磨损、无火花等特点，能在各种恶劣环境下可靠、稳定地工作，可分为线性输出型和开关输出型两大类。

开关输出型霍尔集成元件，如UGN3020、UGN3022，可用于接近开关，如无触点开关、限位开关、方向开关、压力开关、转速表等，线性输出型霍尔集成元件的输出电压较高，使用非常方便，在一定范围内输出为线性，其输出电压为伏特级，可用于无触点电位器、非接触测距、无刷直流电动机、磁场测量的高斯计、磁力探伤等方面。图9-4所示为UGN3501开关输出型霍尔集成元件。

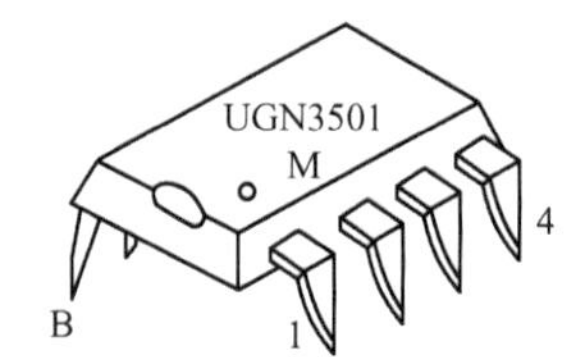

图 9-4 UGN3501 开关输出型霍尔集成元件

9.1.5 基本误差及其补偿

霍尔式传感器的输入、输出关系简单，且线性度好，但是，影响霍尔式传感器性能的因素及造成误差的原因很多，主要有以下几个方面：

（1）霍尔元件的几何尺寸、电极大小对性能的影响

在霍尔电动势表达式（9-7）中，是把霍尔元件的长度l看作无限大来考虑的。实际上

霍尔元件总有一定长宽比 l/b，而元件的长宽比是否合适与霍尔电动势的大小有直接关系。为此式（9-7）可写为

$$U_{\mathrm{H}}=\frac{R_{\mathrm{H}}IB}{d}f_{\mathrm{H}}\left(\frac{l}{b}\right) \tag{9-9}$$

式中，$f_{\mathrm{H}}(l/b)$ 为霍尔元件的形状系数。

当 $l/b>2$ 时，形状系数 $f_{\mathrm{H}}(l/b)$ 接近于 1，从提高灵敏度出发，把 l/b 造得越大越好。但在实际设计时，取 $l/b=2$ 已足够，这是因为 l/b 越大反而使输入功耗增加，以致降低了霍尔元件的效率。

由式（9-7）可知，霍尔元件的厚度 d 越薄，它的灵敏度越大。但是霍尔元件太薄时，会使输入和输出阻抗增加，在相等的功耗下，最大输出下降，使输出效率降低。一般取 d=0.1mm 左右。

霍尔电极的大小对霍尔电动势输出也有一定的影响。按理想元件的要求，控制电流端的电极是点接触，而霍尔电极为良好的面接触。实际上霍尔电动势极有一定宽度 x_{b}，它对灵敏度和线性度有较大影响，x_{b}/l 越小，其输出线性度越好。研究表明：当 $x_{\mathrm{b}}/l<0.1$ 时，电极宽度的影响才可以忽略不计。

（2）零位误差

零位误差包括不等位电动势、寄生直流电动势等。

1）不等位电动势及其补偿。当控制电流 I 流过霍尔元件时，即使磁场强度等于零，在霍尔电极上仍有电动势存在，该电动势称为不等位电动势 U_0。不等位电动势是一个主要的零位误差，它与霍尔电动势具有相同的数量级，有时甚至超过霍尔电动势。实际使用中，很难消除不等位电动势。

不等位电动势的产生原因是霍尔电极安装位置不对称或不在同一等电位面上，此外，材质不均匀、几何尺寸不均匀等原因，也会产生不等位电动势。

霍尔元件可以等效为一个四臂电桥，如图 9-5 所示，其中 A、B 为霍尔电动势极，C、D 为控制电流极，电极分布电阻分别用 r_1、r_2、r_3、r_4 表示，理想情况下，$r_1=r_2=r_3=r_4$，电桥平衡，不等位电动势 $U_0=0$。

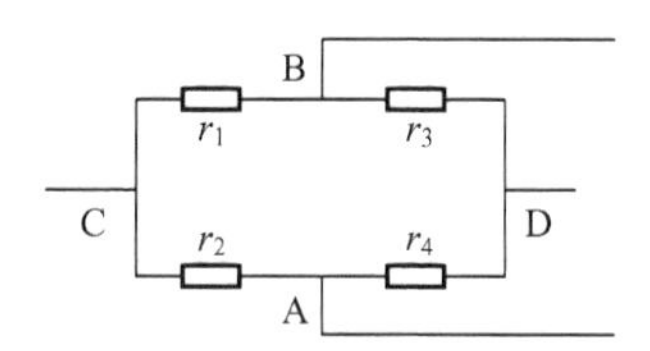

图 9-5　霍尔元件的等效电路

实际上由于 A、B 电极不在同一等电位面上，导致四个电阻阻值不等，电桥不平衡，不等位电动势不等于零。如果确知 A、B 电极偏离等电位面的方向，就可以采用补偿的方法来减小不等位电动势。在电桥阻值较大的桥臂上并联电阻的补偿方式相对简单，称为不对称补偿，如图 9-6a 所示；在两个桥臂上同时并联电阻的补偿方式称为对称补偿，补偿后的温度稳定性较好，如图 9-6b 所示；在两个桥臂上同时并联电阻，调整比较方便，如图 9-6c 所示。

2）寄生直流电动势。由于霍尔元件的电极不可能做到完全欧姆接触，在控制电流极和霍尔电动势极上都可能出现整流效应。因此。当元件通以交流控制电流（不加磁场）时，它的输出除了交流不等位电动势外，还有一直流电动势分量，该电动势称为寄生直流电动势。寄生直流电动势与工作电流有关，随工作电流减小而减小。

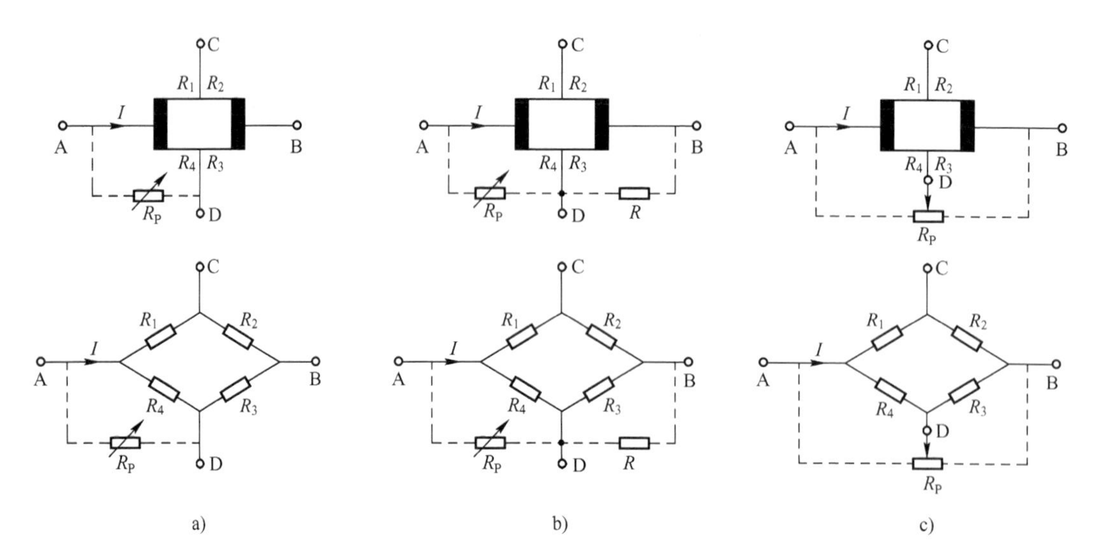

图9-6 不等位电动势补偿原理图

此外，霍尔电动势极的焊点大小不一致，两焊点的热容量不一致产生的温差也是造成寄生直流电动势的另一个原因。

寄生直流电动势是霍尔元件零位误差的一个组成部分，它的存在对霍尔元件在交流情况下使用有很大妨碍。为了减小寄生直流电动势，在元件制作和安装时，应尽量改善电极的欧姆接触性能和元件的散热条件。

（3）温度误差及其补偿

因为半导体材料的电阻率、迁移率和载流子浓度随温度变化，故霍尔元件的性能参数，如内阻、霍尔电动势等也将随温度变化，致使霍尔电动势变化，产生温度误差。除了使用温度系数小的半导体材料（如砷化铟）外，还可以采用适当的补偿电路进行补偿。

1）采用恒压源和输入回路串联电阻。采用恒压源供电，且在输入回路中串入适当的电阻 R 来补偿温度误差，如图9-7所示。

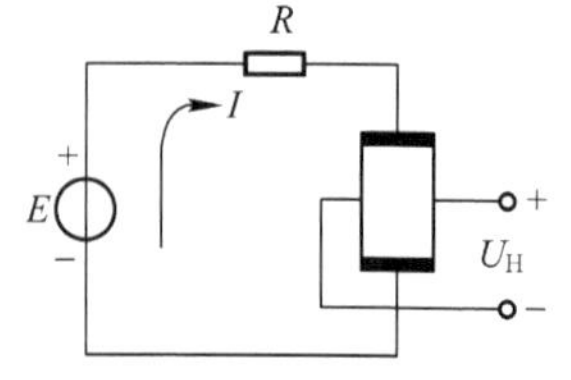

图9-7 恒压源温度补偿电路

霍尔元件内阻温度系数为 β，灵敏度温度系数为 α，补偿元件温度系数为 δ，温度为 T_0 时，霍尔元件灵敏度为 K_{H0}，输入电阻为 R_{IN0}，补偿元件阻值为 R_{T0}。温度为 T_0 时霍尔元件的输出霍尔电动势为

$$U_{H0}=K_{H0}I_0B=\frac{K_{H0}BE}{R_{T0}+R_{IN0}} \tag{9-10}$$

温度升高 ΔT 后，霍尔元件的输出霍尔电动势为

$$U_H=K_HIB=\frac{K_{H0}(1+\alpha\Delta T)BE}{R_{T0}(1+\delta\Delta T)+R_{IN0}(1+\beta\Delta T)} \tag{9-11}$$

温度补偿的条件为 $U_H=U_{H0}$，即

$$\frac{K_{H0}BE}{R_{T0}+R_{IN0}}=\frac{K_{H0}(1+\alpha\Delta T)BE}{R_{T0}(1+\delta\Delta T)+R_{IN0}(1+\beta\Delta T)} \tag{9-12}$$

则可得

$$R_{T0}=\frac{\beta-\alpha}{\alpha-\delta}R_{\mathrm{IN}0} \tag{9-13}$$

通过选择补偿电阻，使其温度系数 δ、初始值 R_{T0} 与被补偿霍尔元件的灵敏度温度系数 α、内阻温度系数 β 及输入电阻初始值 $R_{\mathrm{IN}0}$ 满足式（9-13），并不是一件很容易的事情。为此，可以用温度系数极小的电阻，如锰铜电阻代替 R_{T0}，令 $\delta=0$，这样有利于元件的选配，可得锰铜电阻阻值 R_0 为

$$R_0=\frac{\beta-\alpha}{\alpha}R_{\mathrm{IN}0} \tag{9-14}$$

2）采用恒流源和输入回路并联电阻。采用恒流源供电，可免去霍尔元件输入电阻 R_{IN} 随温度变化对霍尔元件输出电动势的影响。但霍尔元件的灵敏度系数 K_{H} 也是温度的函数，因此采用恒流源后仍有温度误差。为了进一步提高 U_{H} 的温度稳定性，对于具有正温度系数的霍尔元件，可在其输入回路中并联电阻 R，实现温度补偿，如图 9-8 所示。

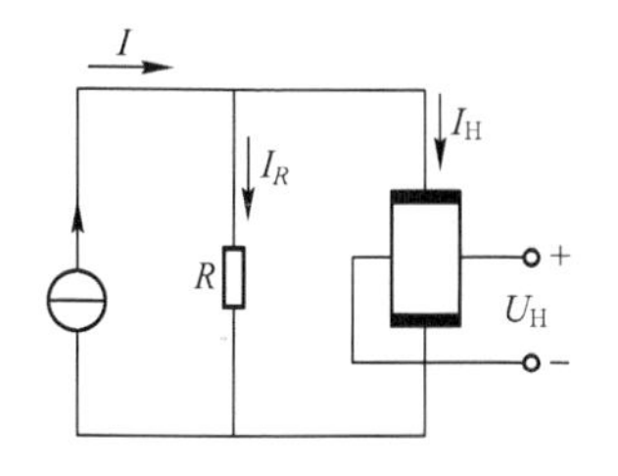

图 9-8 恒流源温度补偿电路

根据等效电源定理可将图 9-7 中恒压源与电阻的串联电路转换为图 9-8 中恒流源与电阻的并联电路，因此，图 9-7 与图 9-8 中的补偿电阻是相等的。

3）选取合适的负载电阻。霍尔元件的输出电阻 R_{OUT} 随温度变化时会引起负载 R_{L} 上输出电压的变化，也需要进行补偿。实现温度补偿的电路如图 9-9 所示。

在温度为 T_0 时，电路的输出电动势为

$$U_0=\frac{U_{\mathrm{H}0}}{R_{\mathrm{OUT}0}+R_{\mathrm{L}}}=\frac{K_{\mathrm{H}0}BI}{R_{\mathrm{OUT}0}+R_{\mathrm{L}}} \tag{9-15}$$

温度上升 ΔT 后电路的输出电动势为

$$U=\frac{U_{\mathrm{H}0}}{R_{\mathrm{OUT}0}+R_{\mathrm{L}}}=\frac{K_{\mathrm{H}0}(1+\alpha\Delta T)BI}{R_{\mathrm{OUT}0}(1+\beta\Delta T)+R_{\mathrm{L}}} \tag{9-16}$$

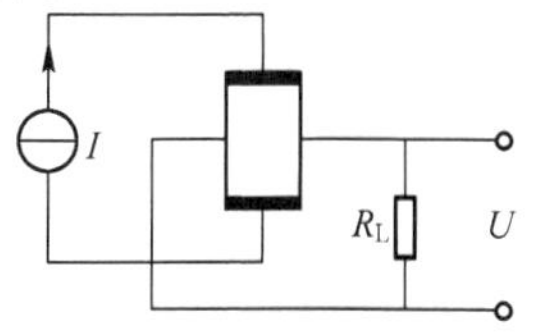

图 9-9 负载电阻温度补偿电路

当 $U_0=U$ 时，负载电阻 R_{L} 上的电压降不随环境温度变化，即

$$\frac{K_{\mathrm{H}0}(1+\alpha\Delta T)BI}{R_{\mathrm{OUT}0}(1+\beta\Delta T)+R_{\mathrm{L}}}=\frac{K_{\mathrm{H}0}BI}{R_{\mathrm{OUT}0}+R_{\mathrm{L}}} \tag{9-17}$$

解式（9-17）可得

$$R_{\mathrm{L}}=\frac{\beta-\alpha}{\alpha}R_{\mathrm{OUT}0} \tag{9-18}$$

若选择负载电阻满足式（9-18），即可补偿环境温度变化的影响。

4）采用补偿元件。为了减小霍尔元件的温度误差，常选用温度系数小的元件（如砷化铟）或采用温度补偿措施。图 9-10 所示是一种既简单、效果又好的补偿电路。在控制电流极并联一个合适的补偿电阻 r_0，它起着分流作用。当温度升高时，霍尔元件内阻迅速增加。所以，通过霍尔元

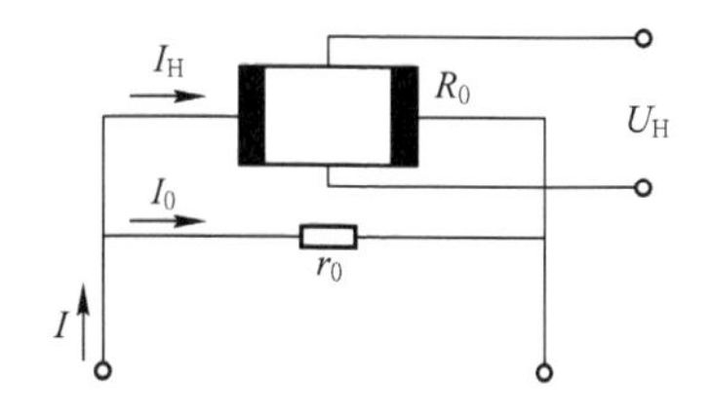

图 9-10 控制电流极并联补偿电阻的温度补偿电路

件的电流减小，而通过补偿电阻 r_0 的电流却增加。这样利用元件内阻的温度特性和一个补偿电阻，就能自动调节通过霍尔元件的电流大小，起到补偿作用。

另一种为电桥补偿法，其补偿电路如图 9-11 所示，霍尔元件的不等位电动势用调节 R_P 的方法进行补偿。在霍尔输出电极上串入一个温度补偿电桥，此电桥的四个臂中有一个是锰铜电阻并联热敏电阻，以调整其温度系数，其他三臂均为单个锰铜电阻。因此补偿电桥可以给出一个随温度而改变的可调不平衡电压，该电压与温度为非线性关系，只要细心地调整这个不平衡的非线性电压就可以补偿霍尔元件的温度漂移，在±40℃温度范围内补偿效果令人满意。

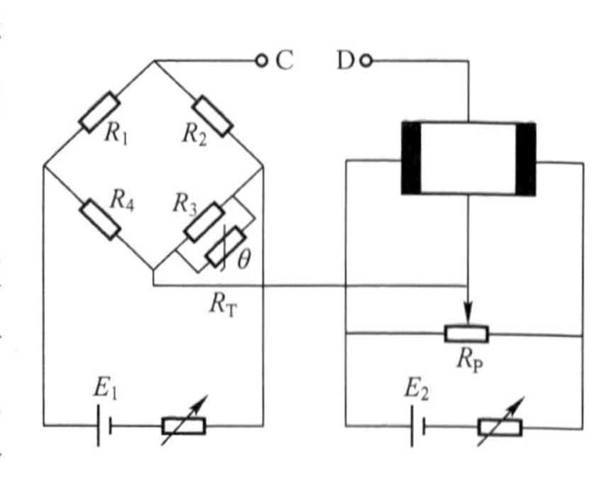

图 9-11 电桥补偿法的温度补偿电路

9.2 测量电路

霍尔元件的测量电路如图 9-12 所示。控制电流由 E 供给，R_P 为调节控制电流大小的调节电阻。R_L 为负载电阻，也可以是放大器的输入电阻或指示器的内阻。

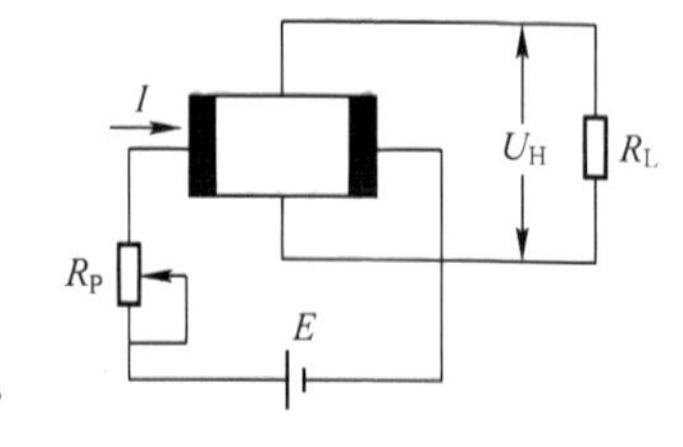

图 9-12 霍尔元件的测量电路

9.3 典型应用

1. 霍尔式电流传感器

霍尔式电流传感器可以测量各种类型的电流，从直流电到几十千赫兹的交流电，如图 9-13 所示。

用一环形（或方形）导磁材料作为铁心，在铁心上开一与霍尔元件厚度相等的气隙，将线性霍尔元件紧紧地夹在气隙中央。将被测电流的导线穿过霍尔式电流传感器的检测孔。当有电流通过导线时，在导线周围将产生磁场，磁力线集中在铁心内，并在铁心的缺口处穿过霍尔元件，作用于霍尔元件的磁感应强度 B，与导线中的电流 I_x 成正比，即

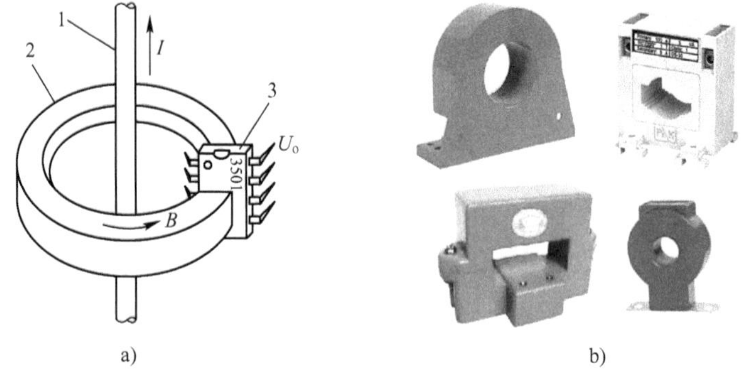

图 9-13 霍尔式电流传感器

a）结构示意图 b）实物图

1—被测电流母线 2—铁心 3—线性霍尔元件

$$B=K_BI_x \tag{9-19}$$

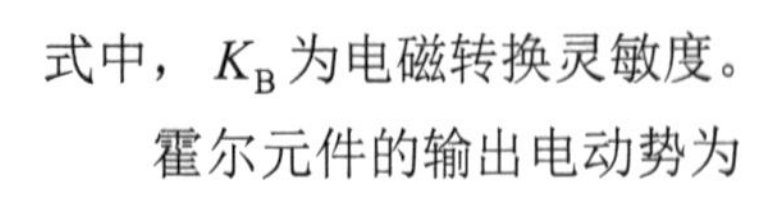

式中，K_B 为电磁转换灵敏度。

霍尔元件的输出电动势为

$$U_H = K_H IB = K_H K_B I I_x = K I_x \tag{9-20}$$

式中，K 为电流表灵敏度，$K = K_H K_B I$ 。

霍尔元件的输出电动势送到经校准的显示器上，即可由霍尔输出电动势的数值直接得出被测电流值，即

$$I_x = \frac{U_H}{K} \tag{9-21}$$

在不切断电路的情况下，还可以使用另一种检测器件——霍尔钳形电流表进行电流的检测，其工作原理与霍尔式电流传感器的工作原理相似，如图 9-14 所示。

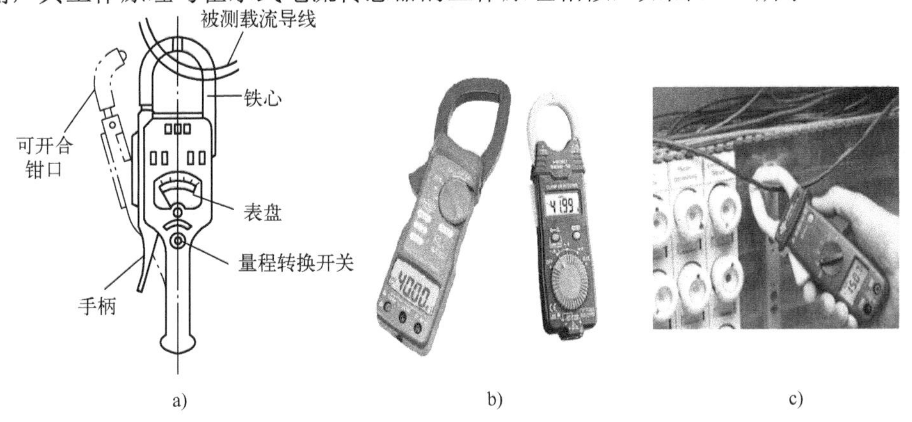

图 9-14 霍尔钳形电流表

a）结构示意图 b）实物图 c）使用方法

用霍尔钳形电流表测量电流时，先用电流最大档位估测，然后再换到合适量程的档位进行正式测量读数。在每次换量程时，必须打开钳口，再转换量程开关。钳形电流表的钳口必须保持清洁、干燥。注意：待测线路的电压不要高于钳形电流表的额定电压。

手指按下手柄，将钳形表的铁心张开，将正在运行的待测导线夹入钳形电流表铁心窗口内，然后松开手柄并使钳口闭合紧密，读取表盘指针的读数。当导线夹入钳口时，如果发现钳形电流表振动或者有撞击声，要将钳形电流表的手柄转动几下或者重新开合钳口一次，直到没有噪声时再读取电流值。如果用最小电流档位测量小电流，指针偏转小于量程的 1/2、难以读数时，可用待测导线在钳口中绕上几匝，将读数除以所绕导线的匝数即可得到待测的电流值。

2. 霍尔式位移传感器

控制电流 I 保持恒定，使霍尔元件在一个均匀的梯度磁场中沿 x 方向移动，则霍尔电动势就只取决于它在磁场中的位移量，并且磁场梯度越大，灵敏度越高，梯度变化越均匀，霍尔电动势与位移的关系越接近于线性。

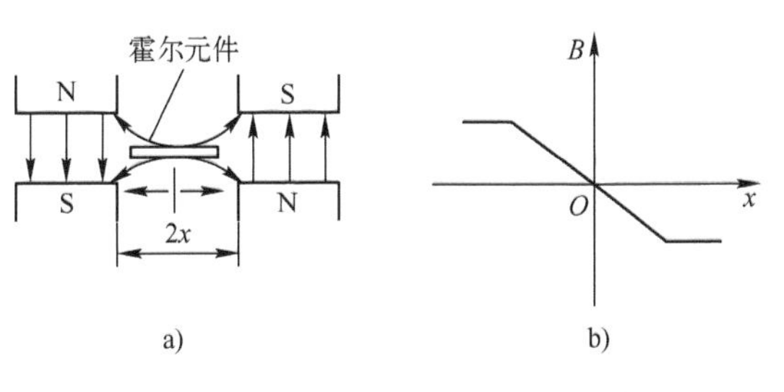

图 9-15 霍尔式位移传感器原理示意图

如图 9-15a 所示是一种产生梯度磁场

的磁系统，由极性相反、磁感应强度相同的两个磁钢形成一个如图 9-15b 所示均匀的梯度磁场，位移 x 轴的零点位于两磁钢的正中间。

由上述可知，霍尔电动势与磁感应强度 B 成正比，由于磁场在一定范围内沿 x 方向的变化 $\mathrm{d}B/\mathrm{d}x$ 为常数，因此当放置在两磁钢气隙中的霍尔元件沿 x 方向移动时，霍尔电动势的变化可表示为

$$\frac{\mathrm{d}U_{\mathrm{H}}}{\mathrm{d}x}=K_{\mathrm{H}}I\frac{\mathrm{d}B}{\mathrm{d}x}=K \tag{9-22}$$

式中，K 为霍尔式位移传感器的灵敏度。

将式（9-22）积分，可得

$$U_{\mathrm{H}}=Kx \tag{9-23}$$

式（9-23）表明，霍尔电动势 U_{H} 与位移 x 呈线性关系，其极性反映了元件位移的方向。这种位移传感器可用于测量±0.5mm 的小位移，特别适用于微位移、机械振动等的测量。

霍尔元件与被测物连动，且霍尔元件在均匀恒定磁场内转动，则霍尔电动势反映了转角 θ 的变化，因此可用来测量角位移。霍尔式角位移传感器结构示意图如图 9-16 所示。

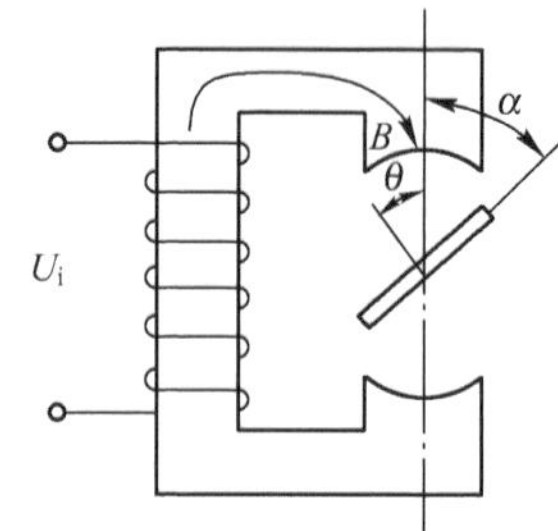

图 9-16 霍尔式角位移传感器结构示意图

3. 霍尔式压力传感器

用于非电量检测的霍尔式传感器，通常是通过弹性元件和其他传动机构将待测非电量（如力、压力、应变和加速度等）转换为霍尔元件在磁场中的微小位移。为了获得霍尔电压随位移变化的线性关系，传感器的磁场应具有均匀的梯度变化的特性。霍尔式压力传感器就是其中的一种，如图 9-17 所示。

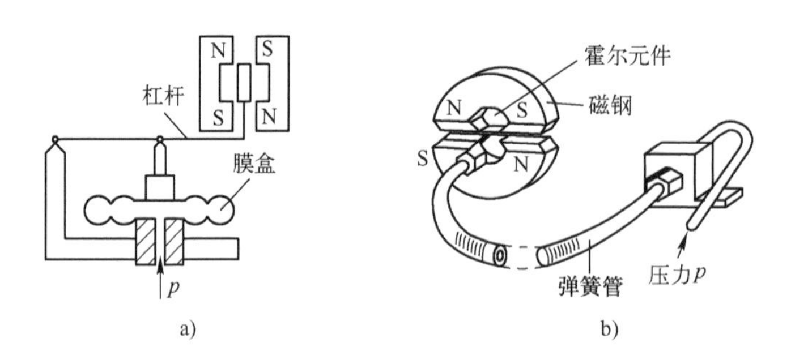

图 9-17 霍尔式压力传感器结构示意图

霍尔式压力传感器首先由弹性元件（膜盒或弹簧管）将被测压力转换成位移，霍尔元件固定在弹性元件的自由端上，弹性元件产生位移带动霍尔元件在梯度磁场中移动，从而输出霍尔电动势。

4. 霍尔式转速传感器

在被测转速的转轴上安装一个齿盘，也可选取机械系统中的一个齿轮，将线性霍尔元

件及磁路系统靠近齿盘。齿盘的转动使磁路的磁阻随气隙的改变而周期性地变化，霍尔元件输出的微小脉冲信号经滤波及放大电路处理，可得每秒脉冲数 m，进而确定被测转轴的转速 n，如图 9-18a 所示。

转盘的输入轴与被测转轴相连，当被测转轴转动时，转盘随之转动；转盘边缘装有 k 只小磁铁，固定在转盘附近的霍尔式传感器便可在每一个小磁铁通过时产生一个相应的脉冲；检测出单位时间的脉冲数 m，即可确定被测转速 n（r/min），如图 9-18b 所示。

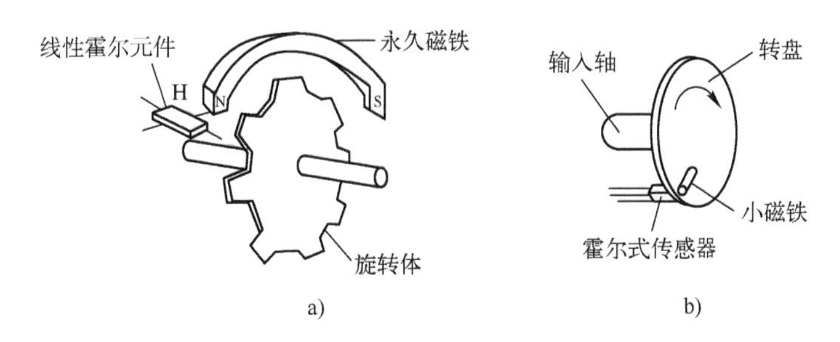

图 9-18　霍尔式转速传感器结构示意图

5. 霍尔式接近开关

霍尔式接近开关如图 9-19 所示，在自动化领域应用很广泛，当磁铁接近霍尔元件时，霍尔元件将磁铁的磁信号转化为电信号，经晶体管放大，输出开关量信号，控制电路的通断。霍尔式接近开关只能用于铁磁材料的检测，且需要建立一个较强的闭合磁场，所以一般还配一块钕铁硼磁铁。

图 9-19　霍尔式接近开关

在图 9-20a 中，当磁铁随运动部件移动到距霍尔式接近开关几毫米时，霍尔式接近开关的输出由高电平变为低电平，经驱动电路使继电器吸合或释放，控制运动部件停止移动（否则将撞坏霍尔式接近开关），起到限位的作用。

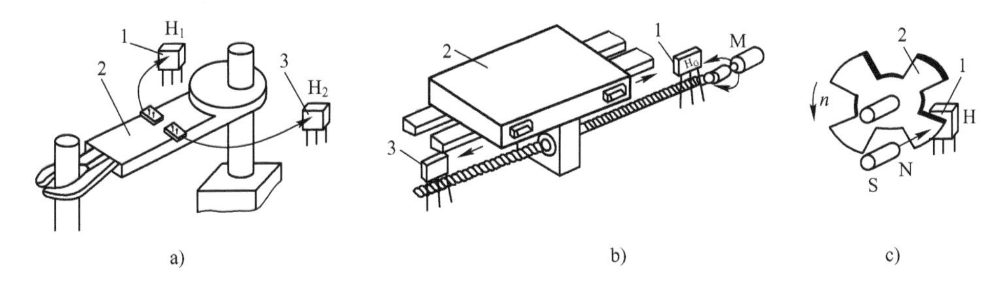

图 9-20　霍尔式接近开关应用示意图

a）接近式　b）滑过式　c）分流翼片式

1、3—霍尔元件　2—运动部件

在图 9-20b 中，磁铁随运动部件运动，当磁铁与霍尔式接近开关的距离小于某一数值时，霍尔式接近开关的输出由高电平跳变为低电平，当磁铁继续运动时，与霍尔式接近开关的距离又重新拉大，霍尔式接近开关的输出重新跳变为高电平，且不存在损坏霍尔式接近开关的问题。

在图 9-20c 中，磁铁和霍尔式接近开关固定放置于分流翼片的两侧，保持一定的间隙。分流翼片与运动部件连动，当翼片转动到磁铁与霍尔式接近开关之间时，磁力线被屏蔽，无法到达霍尔式接近开关，此时霍尔式接近开关输出跳变为高电平。改变分流翼片的宽度可以改变霍尔式接近开关的高电平与低电平的占空比。

知识拓展

转速检测

转速是衡量旋转物体转动快慢的度量，以每分钟的转数来表达，单位为 r/min。测量转速的仪表统称为转速表。转速表的种类繁多，按测量原理可分为模拟法、计数法和同步法；按变换方式又可分为机械式、电气式、光电式和频闪式等；从传感器的安装方式来分，有接触式和非接触式两种。

常用的转速传感器有电容式、电涡流式、磁电式、光电式、霍尔式、光纤式、磁敏式和光电码盘。

习　题

1. 什么是霍尔效应？霍尔电动势与哪些因素有关？如何提高霍尔式传感器的灵敏度？
2. 影响霍尔元件输出零点的因素有哪些？如何补偿？
3. 为何霍尔元件都比较薄，而且长宽比一般为 2∶1？
4. 试解释霍尔式位移传感器的输出电动势与位移成正比关系。
5. 试分析如图 9-21 所示的霍尔元件测量电路中，要使负载电阻 R_L 上的电压降不随环境温度变化，R_L 应取多大？图中 I 为恒流源电流，并可以认为 R_L 不随环境温度变化。
6. 某霍尔元件 $l \times b \times d$ 为 $1.0\text{cm} \times 0.35\text{cm} \times 0.1\text{cm}$，沿 l 方向通以电流 $I = 1.0\text{mA}$，在垂直 l 和 b 方向加有均匀磁场 $B = 0.3\text{T}$，传感器的灵敏系数为 22V/AT，试求其霍尔电动势及载流子浓度（电子电荷量 $q = 1.602 \times 10^{-19}\text{C}$）。

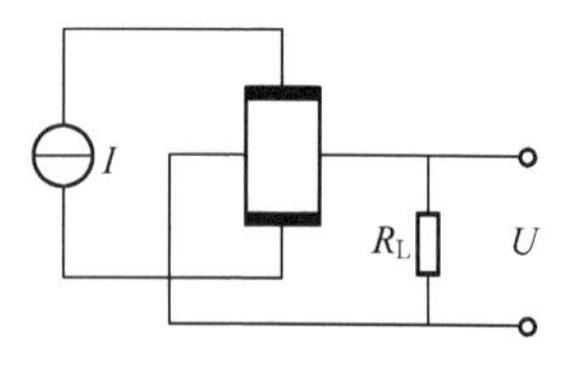

图 9-21　习题 5 图

综合训练

电机转速检测系统的设计与实现

设计要求及系统功能：以 STM32 为核心，设计并制作转速检测系统。利用 AH3144 型霍尔式传感器作为检测元件，当电机转动时，带动霍尔式传感器转动，产生与转速相对应的脉冲信号，经过信号处理后送入 STM32，并使用 LCD 实时显示转速。

第 10 章　辐射与波式传感器

10.1 超声波传感器

超声波是频率高于声波的机械波，由换能晶片在电压的激励下发生振动产生，具有频率高、波长短、方向性好等特点。超声波对液体、固体的穿透本领很强，在固体中可穿透几十米的深度。超声波碰到杂质或分界面会产生显著反射，形成反射回波，碰到活动物体能产生多普勒效应。超声波传感器广泛应用在工业、国防、生物医学等方面。

10.1.1　物理基础

1. 概念

介质中的质点以弹性力互相联系，某质点在介质中振动，能激起周围质点的振动，质点振动在弹性介质内的传播形成机械波。

根据声波频率的范围，声波可以分为次声波、声波和超声波。其中，频率在$16\sim2\times10^4$ Hz之间，能为人耳所闻的机械波，称为声波；频率低于 16Hz 的机械波，称为次声波；频率高于2×10^4 Hz 的机械波，称为超声波。

声波的频率越高，与光波的某些特性就越相似。超声波波长λ、频率f与速度c的关系为

$$\lambda=\frac{c}{f} \tag{10-1}$$

2. 物理性质

（1）超声波的波形

由于声源在介质中施力方向与波在介质中传播方向的不同，声波的波形也有所不同。通常有：

1）纵波：质点振动方向与波的传播方向一致的波。它能在固体、液体和气体中传播。

2）横波：质点振动方向垂直于传播方向的波。它只能在固体中传播。

3）表面波：质点的振动介于纵波与横波之间，沿着表面传播，其振幅随深度增加而迅速衰减，只能沿着固体的表面传播。

为了测量各种状态下的物理量，多采用纵波。

（2）超声波的传播速度

纵波、横波及表面波的传播速度取决于介质的弹性系数及介质密度。气体和液体中只能传播纵波，气体中声速为344m/s，液体中声速为900～1900m/s。在固体中，纵波、横波和表面波三者的声速呈一定关系。通常可认为横波声速为纵波声速的一半，表面波声速约为横波声速的90%。需要指出的是，介质中的声速受温度影响变化较大，在实际使用中需要采取温度补偿措施。

（3）超声波的反射和折射

超声波从一种介质传播到另一种介质时，在两介质的分界上一部分超声波被反射，另一部分则透过分界面，在另一种介质内继续传播。这两种情况分别称为超声波的反射和折射，如图10-1所示。其中，α 为入射角，α' 为反射角，β 为折射角。

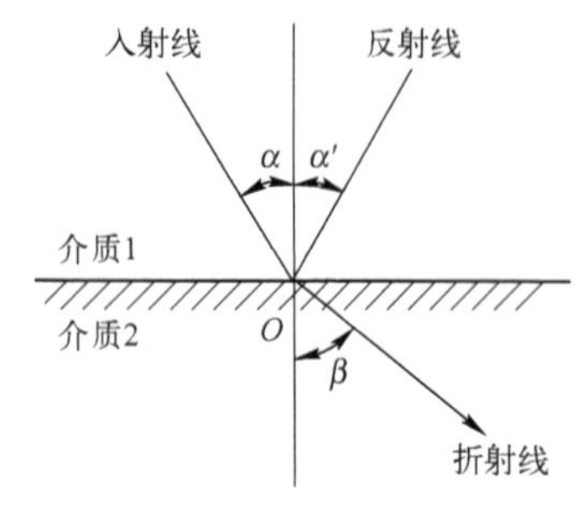

图10-1 超声波的反射和折射

反射定律：当波在界面上发生反射时，入射角 α 的正弦与反射角 α' 的正弦之比等于入射波波速与反射波波速之比。当入射波和反射波的波形相同、波速相等时，入射角 α 等于反射角 α'。

折射定律：当波在界面处产生折射时，入射角 α 的正弦与折射角 β 的正弦之比等于入射波在介质1中的波速 c_1 与折射波在介质2中的波速 c_2 之比，即

$$\frac{\sin\alpha}{\sin\beta}=\frac{c_1}{c_2} \tag{10-2}$$

（4）波形的转换

当声波以某一角度入射到介质2（固体）界面上时，除有纵波的反射、折射以外，还会发生横波的反射和折射，如图10-2所示。在一定条件下，还能产生表面波。各种波形均符合几何光学中的反射定律，即

$$\frac{c_L}{\sin\alpha}=\frac{c_{L1}}{\sin\alpha_1}=\frac{c_{S1}}{\sin\alpha_2}=\frac{c_{L2}}{\sin\gamma}=\frac{c_{S2}}{\sin\beta} \tag{10-3}$$

式中，α 为入射角；α_1、α_2 为纵波与横波的反射角；γ、β 为纵波与横波的折射角；c_L、c_{L1}、c_{L2} 为入射介质、反射介质与折射介质内的纵波速度；c_{S1}、c_{S2} 为反射介质与折射介质内的横波速度。

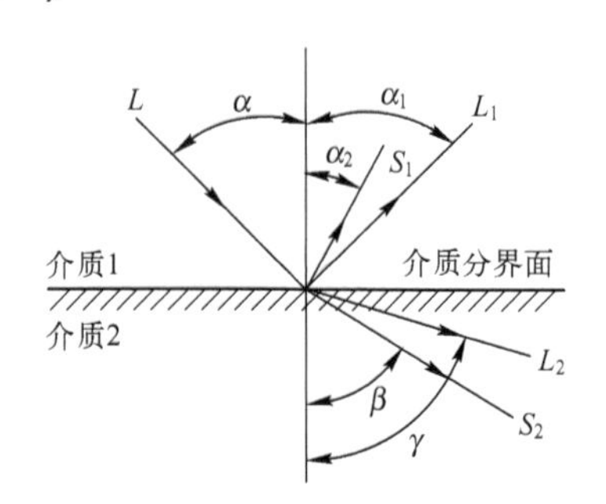

图10-2 波形转换图

如果介质2为液体或气体，则仅有纵波，而不会产生横波和表面波。

1）纵波全反射：在用横波探测时不希望有纵波存在，由于纵波折射角（或波速）大于横波折射角（或波速），故可选择恰当的入射角使得纵波全反射，只要纵波折射角大于或等于90°，此时的折射波中便只有横波存在。对应于纵波折射角为90°时的入射角称为纵波临界角。

2）横波全反射：如果使横波全反射，则在介质的分界面上只传播表面波。对应于横波

折射角为 90°时的入射角称为横波临界角，也称第二临界角。

（5）超声波的衰减

超声波在介质中传播时，随着传播距离的增加，能量逐渐衰减。其声压和声强的衰减规律满足以下函数关系：

$$P_x = P_0 e^{-\alpha x} \tag{10-4}$$

$$I_x = I_0 e^{-2\alpha x} \tag{10-5}$$

式中，P_x、I_x 为距声源 x 处的超声波声压和声强；P_0、I_0 为声源处的超声波声压和声强；x 为超声波与声源的距离；α 为衰减系数。

超声波在介质中传播时，能量的衰减取决于超声波的扩散、散射和吸收。在理想介质中，超声波的衰减仅来自于超声波的扩散，即随着超声波传播距离的增加，在单位面积内声能会减弱。散射衰减是指超声波由于在固体介质中的颗粒界面上散射，或在流体介质中的悬浮粒子或气泡上散射而造成的衰减（严重时可能接收不到正确的反射回波）。吸收衰减是由介质的导热性、黏滞性及弹性滞后等因素造成的，介质吸收声能并将其转换成为热能。吸收随超声波频率的升高而增加。可见，衰减系数 α 因介质材料的性质而异，一般晶粒越粗，超声波频率越高，则衰减越大。衰减系数往往会限制最大探测厚度。通常以 dB/cm 或 dB/mm 为单位来表示衰减系数。在一般探测频率上，材料的衰减系数在一到几百 dB/mm 之间。如衰减系数为 1dB/mm 的材料，表示超声波每穿透 1mm 衰减 1dB。

10.1.2 工作原理

利用超声波进行检测时，必须能产生超声波和接收超声波。完成这种功能的装置就是超声波传感器，习惯上称为超声波换能器，或称超声波探头。

超声波传感器按其工作原理，可分为压电式、磁致伸缩式、电磁式等。

10-1 压电式超声波传感器

1. 压电式超声波传感器

压电式超声波传感器是利用压电材料的压电效应原理来工作的。常用的压电材料主要有压电晶体和压电陶瓷。根据正、逆压电效应的不同，压电式超声波传感器分为发生器（发射探头）和接收器（接收探头）两种。

压电式超声波发生器是利用逆压电效应原理将高频电振动转换成高频机械振动，从而产生超声波。当外加交变电压的频率等于压电材料的固有频率时会产生共振，此时产生的超声波最强。压电式超声波传感器可以产生几十千赫到几十兆赫的高频超声波，其声强可达每平方厘米几十瓦。

压电式超声波接收器是利用正压电效应原理进行工作的。当超声波作用到压电晶片上引起晶片伸缩，在晶片的两个表面上便产生极性相反的电荷，这些电荷被转换成电压经放大器送到测量电路，最后记录或显示出来。压电式超声波接收器的结构和超声波发生器基本相同，有时就用同一个传感器兼作发生器和接收器两种用途。

通用型和高频型压电式超声波传感器结构如图 10-3 所示。通用型压电式超声波传感器的中心频率一般为几十千赫，主要由压电晶片、圆锥谐振器、栅孔等组成；高频型压电式超声波传感器的频率一般在 100kHz 以上，主要由压电晶片、吸收块（阻尼块）、保护膜等组成。压电晶片多为圆板形，设其厚度为 δ，超声波频率 f 与其厚度 δ 成反比。压电晶片

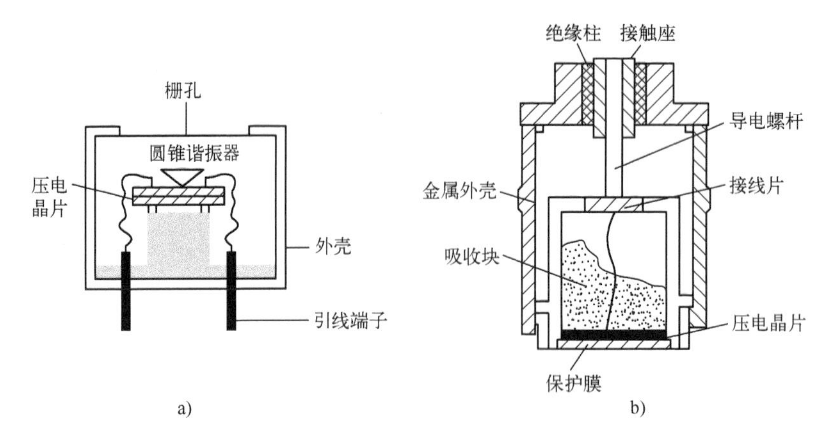

图 10-3 压电式超声波传感器结构

a）通用型 b）高频型

的两面镀有银层，作为导电的极板，底面接地，上面接至引出线。为了避免传感器与被测件直接接触而磨损压电晶片，在压电晶片下黏合一层保护膜（0.3mm 厚的塑料膜、不锈钢片或陶瓷片）。阻尼块的作用是降低压电晶片的机械品质，吸收超声波的能量。如果没有阻尼块，当激励的电脉冲信号停止时，压电晶片将会继续振荡，加长超声波的脉冲宽度，使分辨率变差。图 10-4 为超声波探头。

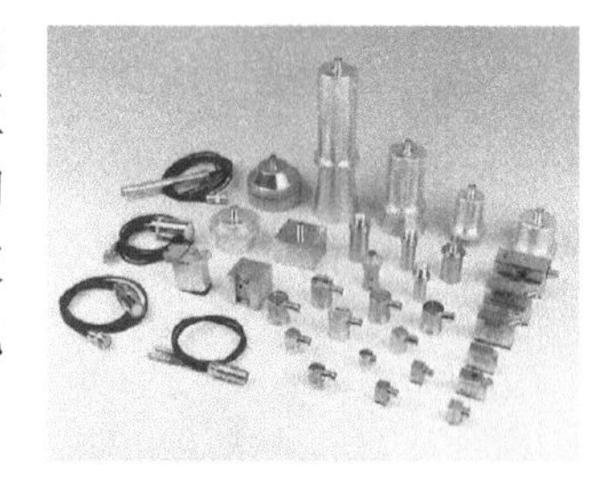

图 10-4 超声波探头

2. 磁致伸缩式超声波传感器

铁磁材料在交变的磁场中沿着磁场方向产生伸缩的现象，称为磁致伸缩效应。磁致伸缩效应的强弱即材料伸长缩短的程度，因铁磁材料的不同而各异。镍的磁致伸缩效应最大，如果先加一定的直流磁场，再通以交变电流时，它可以工作在特性最好的区域。磁致伸缩传感器的材料除镍外，还有铁钴钒合金和含锌、镍的铁氧体，它们的工作频率范围较窄，仅在几万赫兹以内，但功率可达 100kW，声强可达每平方毫米几千瓦，且能耐较高的温度。

磁致伸缩式超声波发生器是把铁磁材料置于交变磁场中，使它产生机械尺寸的交替变化，即机械振动，从而产生超声波。它是用几个厚为 0.1～0.4mm 的镍片叠加而成，片间绝缘以减少涡流损失，其结构形状有矩形、窗形等。

磁致伸缩式超声波接收器的原理是当超声波作用在磁致伸缩材料上时，引起材料伸缩，从而导致它的内部磁场（即导磁特性）发生改变。根据电磁感应定律，磁致伸缩材料上所绕的线圈里便获得感应电动势。此电动势被送入测量电路，最后记录或显示出来。

10.1.3 典型应用

1. 超声波测厚仪

利用超声波测量厚度常采用脉冲回波法。图 10-5 为脉冲回波法检测厚度的工作原理。在用脉冲回波法测量试件厚度时，超声波探头与被测试件某一表面相接触。由主控制器产生一定频率的脉冲信号，送往发射电路，经电流放大后加在超声波探头上，从而激励超声波探头产生重复的超声波脉冲。脉冲波传到被测试件另一表面后反射回来，被同一探头接收。若已知超声波在被测试件中的传播速度 v，设试件厚度为 d，脉冲波从发射到接收的时间间隔 Δt 可以测量，因此可求出被测试件厚度为

$$d = \frac{v\Delta t}{2} \tag{10-6}$$

为测量时间间隔 Δt，可采用如图 10-5 所示的方法，将发射脉冲和回波反射脉冲加至示波器垂直偏转板上。标记发生器所输出的已知时间间隔的脉冲，也加在示波器垂直偏转板上。线性扫描电压加在水平偏转板上。因此可以直接从示波器屏幕上观察到发射脉冲和回波反射脉冲，从而求出两者的时间间隔 Δt。当然，也可用稳频晶振产生的时间标准信号来测量时间间隔 Δt，从而做成厚度数字显示仪表。

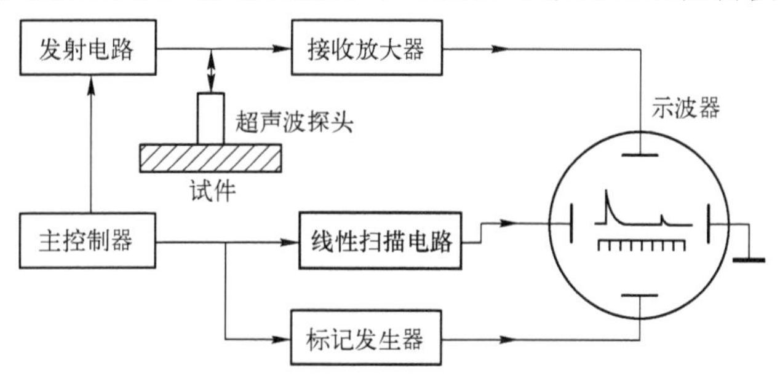

图 10-5　脉冲回波法检测厚度的工作原理

用超声波传感器测量金属零件的厚度（测量范围为 0.1～10mm，信号频率为 5MHz），具有测量精度高、操作安全简单、易于读数、能实现连续自动检测、测试仪器轻便等众多优点，如图 10-6 所示。但是，对于超声波衰减很大的材料，以及表面凹凸不平或形状极不规则的零件，利用超声波实现厚度测量则比较困难。

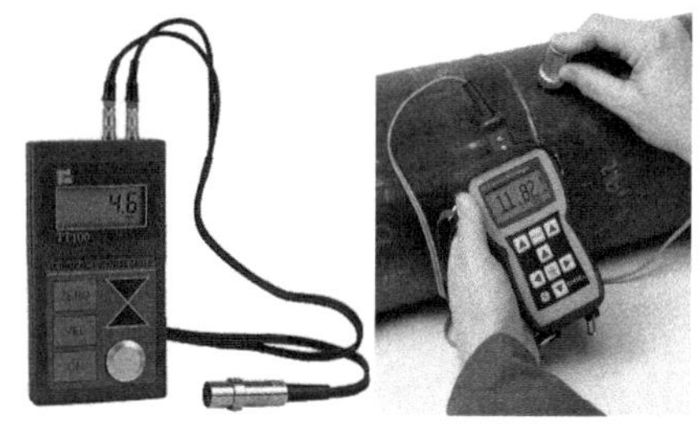
图 10-6　超声波测厚仪

2. 超声波流量计

超声波流量检测是利用超声波在流体中传输时，在逆流和顺流时传播速度不同的特点，从而求得流体的流速和流量。详见第 14 章流量检测。

3. 超声波物位计

超声波物位计是根据超声波在两种介质的分界面上的反射特性工作的。详见第 15 章物位检测。

4. 超声波测距仪

超声波能在气体、液体及固体中以一定速度定向传播、遇障碍物后形成反射。利用这一特性，数字式超声波测距仪通过对超声波往返时间内输入到计数器特定频率的时钟脉冲进行计数，进而显示对应的测量距离，从而实现无接触测量物体距离，如图 10-7 所示。超声波测距仪由超声波发生电路、超声波接收放大电路、计数和显示电路组成。超声波测距迅速、方便，且不受光线等因素影响。

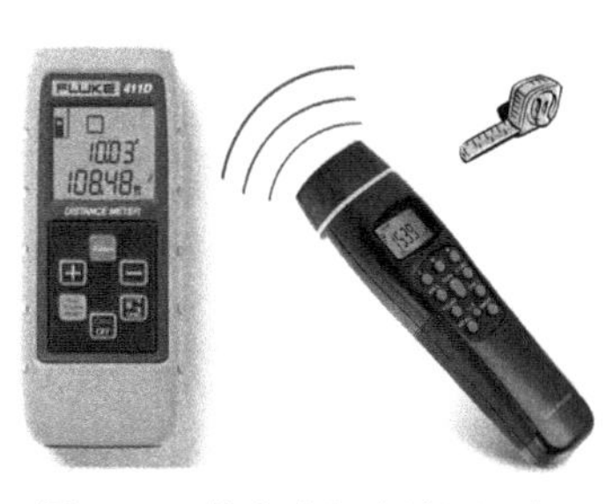

图 10-7　数字式超声波测距仪

5. 超声波无损检测

超声波探伤是无损探伤技术中的一种重要检测手段，主要用于检测板材、管材、锻件和焊缝等材料的缺陷（如裂纹，气孔、杂质等），并配合材料学对材料使用寿命进行评价，如图 10-8 所示。超声波探伤具有检测灵敏度高、速度快、成本低等优点，在生产实践中得到了广泛的应用。

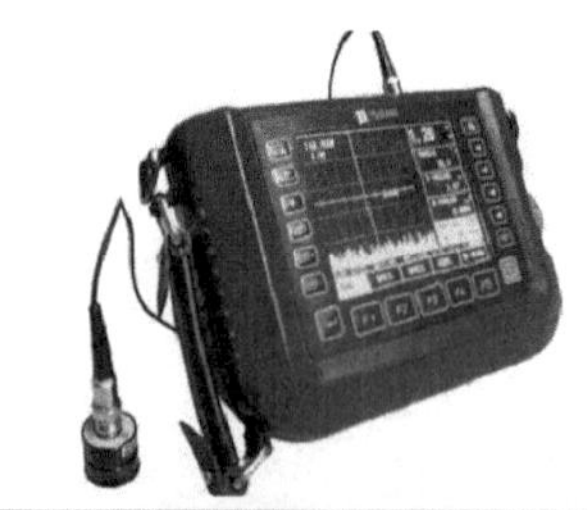

图 10-8　超声波无损检测

超声波探伤的方法很多，按其原理可分为以下两大类：

（1）穿透法探伤

穿透法探伤是根据超声波穿透工件后能量的变化情况来判断工件内部质量。

图 10-9 为穿透法探伤原理图。该方法采用两个超声波换能器，分别置于被测工件相对的两个表面，其中一个发射超声波，另一个接收超声波。发射的超声波可以是连续波，也可以是脉冲信号。当被测工件内无缺陷时，接收到的超声波能量大，显示仪表指示值大；当工件内有缺陷时，因部分能量被反射，因此接收到的超声波能量小，显示仪表指示值小。根据这个变化，即可检测出工件内部有无缺陷。穿透法探伤的优点是指示简单，适用于自动探伤；可避免盲区，适宜探测薄板。缺点是探测灵敏度较低，不能发现小缺陷；根据能量的变化可判断有无缺陷，但不能定位；对两探头的相对位置要求较高。

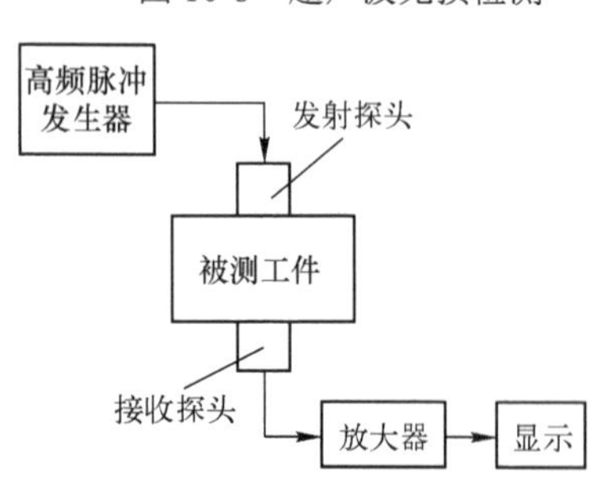

图 10-9　穿透法探伤原理图

（2）反射法探伤

反射法探伤是根据超声波在工件中反射情况的不同来探测工件内部是否有缺陷。

1）一次脉冲反射法。图 10-10 所示为一次脉冲反射法探伤原理图。测试时，将超声波探头放于被测工件上，并在工件上来回移动进行检测。由高频脉冲发生器发出脉冲（发射脉冲 T）加在超声波探头上，激励其产生超声波。探头发出的超声波以一定速度向工件内部传播。其中，一部分超声波遇到缺陷时反射回来，产生缺陷脉冲 F，另一部分超声波继续传至工件底面后也反射回来，产生底脉冲 B。缺陷脉冲 F 和底脉冲 B 被探头接收后变为电脉冲，并与发射脉冲 T 一起经放大后，最终在显示器荧光屏上显示出来。通过荧光屏即可探知工件内部是否存在缺陷、缺陷大小及位置。若工件内没有缺陷，则荧光屏上只出现发射脉冲 T 和底脉冲 B，而没有缺陷脉冲 F，若工件内有缺陷，则荧光屏上除出现发射脉冲 T 和底脉冲 B 之外，还会出现缺陷脉冲 F。荧光屏上的水平亮线为扫描线（时间基准），其长度与时间成正比。由发射脉冲、缺陷脉冲及底脉冲在扫描线上的位

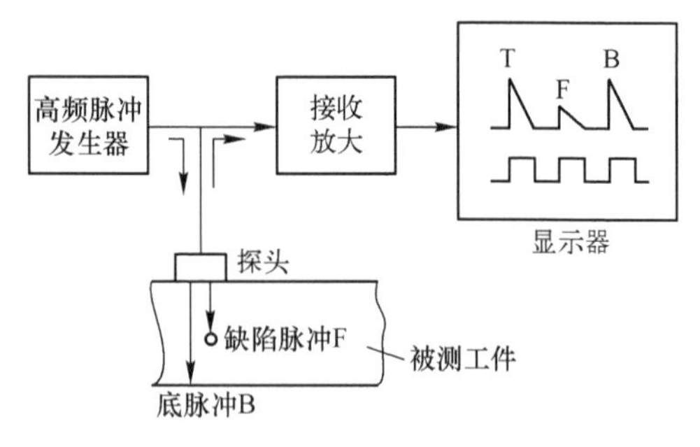

图 10-10　一次脉冲反射法探伤原理图

置，可求出缺陷位置。由缺陷脉冲的幅值，可判断缺陷大小。当缺陷面积大于超声波声束截面时，超声波全部由缺陷处反射回来，荧光屏上只出现发射脉冲 T 和缺陷脉冲 F，而没有底脉冲 B。

2）多次脉冲反射法。图 10-11 为多次脉冲反射法探伤原理图。多次脉冲反射法是以多次底波为依据进行探伤的方法，如图 10-11a 所示，超声波探头发出的超声波由被测工件底部反射回超声波探头时，其中一部分超声波被探头接收，而剩下部分又折回工件底部，如此往复反射，直至声能全部衰减完为止。因此，若工件内无缺陷，则荧光屏上会出现呈指数函数曲线形式递减的多次反射底波，如图 10-11b 所示；若工件内有吸收性缺陷时，声波在缺陷处的衰减很大，底波反射的次数减少，如图 10-11c 所示；若缺陷严重时，底波甚至完全消失，如图 10-11d 所示。据此可判断出工件内部有无缺陷及缺陷严重程度。当被测工件为板材时，为了观察方便，常采用多次脉冲反射法进行探伤。

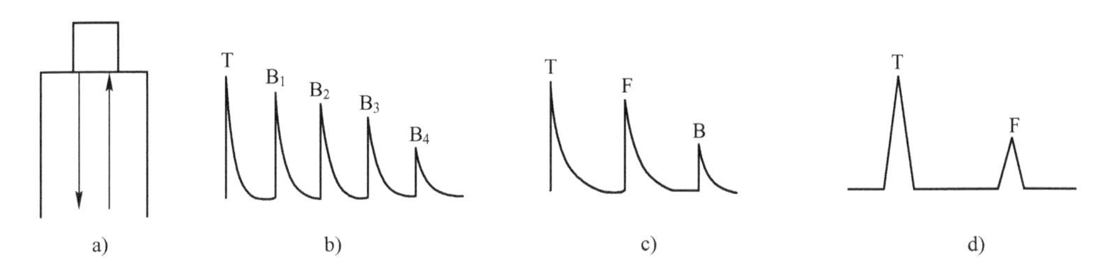

图 10-11　多次脉冲反射法探伤原理图

a）示意图　b）无缺陷时的波形　c）有吸收性缺陷时的波形　d）缺陷严重时的波形

10.2 核辐射传感器

核辐射传感器的测量原理是基于核辐射粒子的电离作用、穿透能力、物体吸收、散射和反射等物理特性。利用这些特性制成的传感器可以精确、迅速地检测各种参数，如物质的密度、液位、材料的成分、厚度以及覆盖层厚度、探测物体内部结构等。射线检测具有非接触、无损检测等优点，在无损探伤等方面具有重要应用。下面以性能较好的核辐射射线为例进行介绍。

10.2.1 物理基础

1. 放射性同位素

凡原子序数相同而原子质量不同的元素。在元素周期表中占同一位置，称为同位素，原子如果不是由于外来原因而自发地产生核结构变化，这种现象称为核衰变。具有核衰变性质的同位素会自动在衰变中放出射线，称为放射性同位素。其衰变规律为

$$J = J_0 e^{-\lambda t} \tag{10-7}$$

式中，J 为经过时间 t 后的辐射强度；J_0 为初始时的辐射强度；λ 为衰变系数。

衰变的速度取决于 λ 的量值。习惯常用与 λ 有关的半衰期 τ 来表示衰变的快慢。放射性同位素的原子核数衰减到一半所需要的时间，称为半衰期。即

$$\tau = \frac{\ln 2}{\lambda} = \frac{0.693}{\lambda} \tag{10-8}$$

τ与λ都是不受任何外界作用影响而且和时间无关的恒量，不同放射性元素的τ与λ不同，一般将半衰期τ作为该放射性同位素的寿命。

2. 核辐射

放射性同位素在衰变过程中放出一种特殊的带有一定能量的粒子或射线，这种现象称为核辐射。放出的射线有α、β、γ三种射线。其中α射线由带正电的α粒子组成，β射线由带负电的β粒子组成，γ射线由中性的光子组成。

通常用单位时间内发生衰变的次数来表示放射性的强弱，称为放射性强度。放射性强度随时间按指数衰减，即

$$I = I_0 e^{-\lambda t} \tag{10-9}$$

式中，I_0为初始时的放射性强度；I为经过时间t后的放射性强度，放射性强度的单位为居里（Ci），1居里等于放射源每秒钟发生3.7×10^{10}次核衰变。

3. 核辐射与物质间的相互作用

核辐射与物质间的相互作用主要是电离、吸收和反射。

具有一定能量的带电粒子，如α、β粒子，它们在穿过物质时会产生电离作用，在其经过的路程上形成许多离子对。电离是带电粒子与物质相互作用的主要形式。一个粒子在每厘米路径上生成离子对的数目，称为比电离。带电粒子在物质中穿行，其能量逐渐耗尽而停止，其穿行的一段直线距离称为粒子的射程。α粒子由于质量较大，电荷量也大，因而在物质中引起的比电离也大，射程较短。β粒子的能量是连续谱，质量很轻，运动速度比α粒子快得多，而比电离远小于同样能量的α粒子。γ光子的电离能力就更小。

β和γ射线比α射线的穿透能力强。当它们穿过物质时，由于物质的吸收作用而损失一部分能量。辐射在穿过物质层后，其能量强度按指数规律衰减，可表示为

$$I = I_0 \exp(-\mu h) \tag{10-10}$$

式中，I_0为入射到吸收体的辐射通量强度；I为穿过厚度为h（单位为cm）的吸收层后的辐射通量强度；μ为线性吸收系数。

实验证明，比值μ/ρ（ρ为密度）几乎与吸收体的化学成分无关。这个比值称为质量吸收系数，常用μ_ρ表示。此时式（10-10）可改写为

$$I = I_0 \exp(-\mu_\rho \rho h) \tag{10-11}$$

设质量厚度$x = h\rho$，则吸收公式可写为

$$I = I_0 \exp(-\mu_\rho x) \tag{10-12}$$

上述公式是设计核辐射测量仪器的基础。

β射线在物质中穿行时容易改变运动方向而产生散射现象，向相反方向的散射就是反射，有时称为反散射。反散射的大小与β粒子的能量、物质的原子序数及厚度有关。利用这一性质可以测量材料的涂层厚度。

10.2.2　组成及防护

射线式传感器主要由放射源和探测器组成。

1. 放射源

利用射线式传感器进行测量时，都要有可发射出 α、β 粒子或 γ 射线的放射源。选择放射源应尽量提高检测灵敏度和减小统计误差。为避免经常更换放射源，要求采用的同位素有较长的半衰期及合适的放射性强度。因此尽管放射性同位素种类很多，但能用于测量的只有 20 种左右。最常用的有 ^{80}Co 、^{137}Cs 、^{241}Am 及 ^{90}Sr 等。

放射源的结构应使射线从测量方向射出，而其他方向则必须使射线的剂量尽可能小，以减少对人体的危害。β 放射源一般为圆盘状，γ 射线放射源一般为丝状、圆柱状或圆片状。图 10-12 为 β 厚度计放射源容器结构示意图，射线出口处装有耐辐射薄膜，以防灰尘侵入，并能防止放射源受到意外损伤而造成污染。

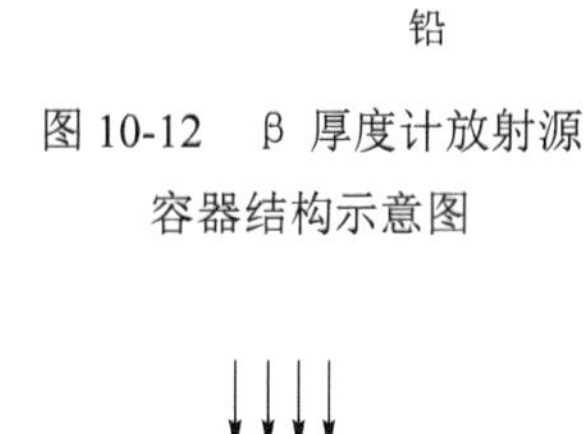

图 10-12　β 厚度计放射源容器结构示意图

2. 探测器

探测器就是核辐射的接收器，常用的有电离室、盖革计数管和闪烁计数器。

（1）电离室

图 10-13 为电离室工作原理，它是在空气中设置一个平行极板电容器，对其加上几百伏的极化电压，在极板间产生电场。当有粒子或射线射向两极板之间的空气时，空气在电场的作用下，正离子趋向负极，电子趋向正极，便产生电离电流，并在外接电阻 R 上形成电压降。测量此电压降就能得到核辐射的强度。这就是电离室的基本工作原理。电离室主要用于探测 α、β 粒子，具有成本低、寿命长等优点，但输出电流较小，而且探测 α、β 粒子和 γ 射线的电离室互不通用。

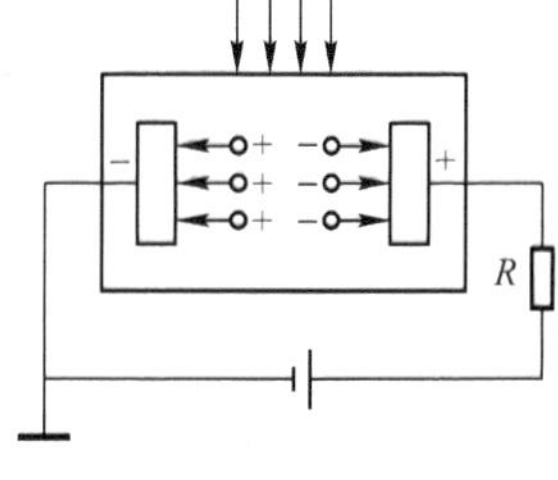

图 10-13　电离室工作原理

（2）盖革计数管

图 10-14 为盖革计数管结构示意图。它是一个密封玻璃管，中间一根钨丝作为工作阳极，在玻璃管内壁涂上一层导电物质或另放一金属圆筒作为阴极。管内充入气体由两部分组成，主要是惰性气体，如氩气、氖气等，另一部分是加入有机物，如乙醚、乙醇等。充入有机物的称为有机物计数管，充入卤素物质的称为卤素计数管。由于卤素计数管寿命长，工作电压低，因而应用较广泛。

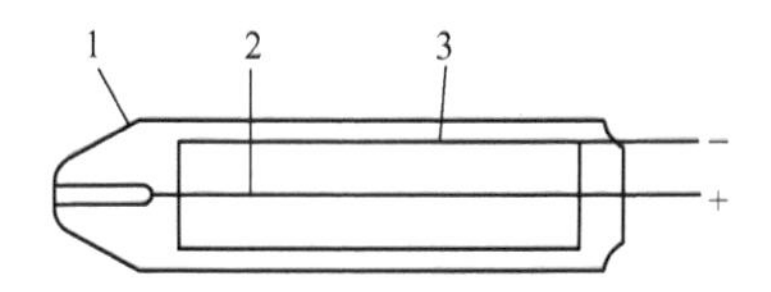

图 10-14　盖革计数管结构示意图

1—玻璃管　2—钨丝　3—金属圆筒

当射线进入盖革计数管后，管内的气体被电离。当一个负离子被阳极所吸引而走向阳极时，会与其他的气体分子碰撞而产生多个次级电子，当它们快到阳级时，次级电子急剧倍增，产生所谓的“雪崩”现象。“雪崩”马上引起沿着阳极整根钨丝上的“雪崩”。此时阳极马上发生放电，放电后阳极周围的空间由于“雪崩”所产生的电子都已被中和，剩下的只是许多正离子包围着阳极。这样的正离子称为正离子鞘。在正离子鞘和阳极间的电场因正离子的存在而减弱了许多。此时若有电子走进此区，也不能产生“雪崩”而放电。这种不能计数的一段时间称为计数管的死时间。正离子打到阴极时会打出电子来，被打出来的电子经过电场的加速，又会引起计数管放电，放电后又产生正离子鞘，这个过程将会循环出现。

在外电压相同的情况下，入射的核辐射强度越强，盖革计数管内产生的脉冲数越多。盖革计数管常用于探测β和γ射线的辐射量（强度）。

（3）闪烁计数器

图 10-15 为闪烁计数器结构示意图。它由闪烁体和光电倍增管组成。当核辐射进入闪烁体时，使闪烁体的原子受激发光，光透过闪烁体射到光电倍增管的光阴极上打出光电子并在倍增管中倍增，在阳极上形成电流脉冲，最后被电子仪器记录下来，这就是闪烁计数器记录粒子的基本过程。

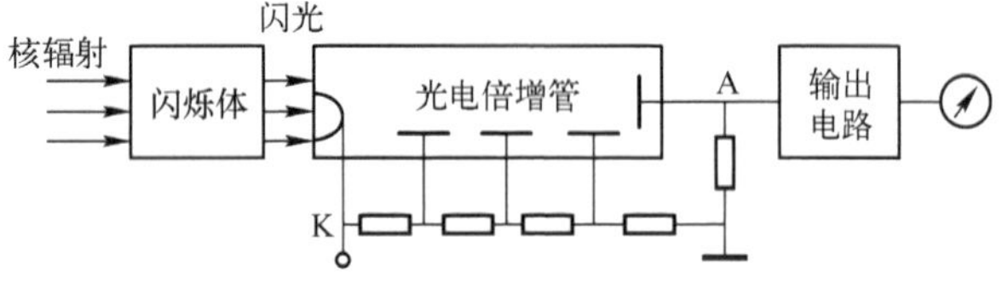

图 10-15 闪烁计数器结构示意图

闪烁体是一种受激发光物质，形态有固、液、气态三种，可分为无机和有机两大类。无机闪烁体的特点是对入射粒子的阻止能力强，发光效率也高，因此探测效率高。有机闪烁体的特点是发光时间甚短，只有配用分辨性能较高的光电倍增管才能获得10^{-10}s的分辨时间，而且体积较大。常用于探测β粒子。

3. 核辐射的防护

放射性辐射过度地照射人体，能够引起多种放射性疾病。我国规定：放射性辐射的最大容许剂量为0.05R/日（$1R=2.58\times10^{-4}C/kg$），0.3R/周。因此，在使用射线检测时要注意安全防护，应采用适当的防护方法以减小工作人员接受射线的危害，使接受剂量在国家规定的最大容许剂量以下。射线防护主要有屏蔽防护、距离防护和时间防护三种。

（1）屏蔽防护

屏蔽防护的原理是射线穿透物质时强度会减弱，一定厚度的屏蔽物质能减弱射线的强度，在辐射源与人体之间设置足够厚的屏蔽物（屏蔽材料），便可降低辐射水平，使工作人员接触到的辐射剂量在最高允许剂量以下，确保人身安全，达到防护目的。屏蔽防护的要点是在射线源与人体之间放置一种能有效吸收射线的屏蔽材料。

（2）距离防护

距离防护是外部辐射防护的一种有效方法，采用距离防护射线的基本原理是辐射强度随距离的平方成反比变化。增加射线源与人体之间的距离便可减少剂量或照射率，或者说在一定距离以外工作，可使人体受到的射线剂量在最高允许剂量以下，从而保证人身安全，达到防护目的。

（3）时间防护

时间防护的原理是在照射率不变的情况下，缩短照射时间便可减少所接受的辐射剂量，或者在限定的时间内工作，可能使他们所受到的射线剂量在最高允许剂量以下，确保人身安全（仅在非常情况下采用此法），从而达到防护目的。时间防护的要点是尽量减少人体与射线的接触时间（缩短人体受照射的时间）。

10.2.3 典型应用

1. 核辐射式测厚仪

核辐射式测厚仪利用射线穿透被测材料时，射线的强度的变化与材料的厚度相关的特性，从而测定材料的厚度，是一种非接触式的动态计量仪器，适用于生产铝板、铜板、钢板等冶金材料为产品的企业，可以与轧机配套，用于热轧、铸轧、冷轧、箔轧。

核辐射式测厚仪以 PLC 和工业计算机为核心，采集厚度数据、计算偏差并输出控制量给轧机厚度控制系统，达到要求的轧制厚度，如图 10-16 所示，主要用于有色金属的板带加工、冶金行业的板带加工。

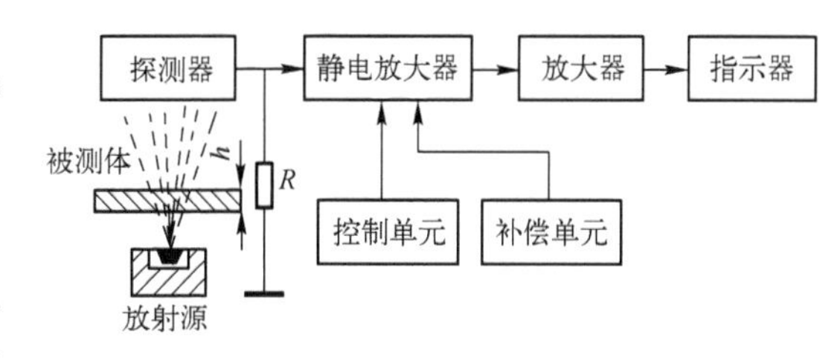

图 10-16 核辐射式测厚仪示意图

2. 核辐射式物位计

核辐射式物位仪利用了射线透过物料时其强度随作用物质的厚度（或高度）变化而变化的原理。工作中，仪表各部件与被测物料不接触，故测量过程是非接触式的，特别适用于密闭容器中高温、高压、高黏度、强腐蚀、剧毒、有爆炸性、黏稠性、易结晶或沸腾状态的介质物位的测量。核辐射式物位仪对于液态、固态、粉态等物理状态下的物位测量有很好的适用性。

核辐射式物位计主要由放射源、探测器、测量电路和指示仪表组成，如图 10-17 所示。一般用于物位检测仪表中的主要放射源有钴-60 及铯-137。它们被封装在灌铅的钢保护罩内，设有能开闭的窗口，不用时闭锁，以免辐射危害。

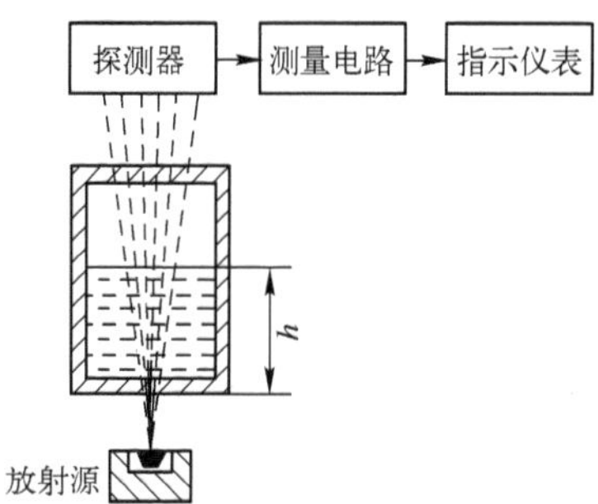

图 10-17 核辐射式物位计示意图

3. 核辐射无损检测

当射线通过被检物体时，有缺陷部位（如气孔、非金属夹渣）与无缺陷部位对射线的吸收能力不同，一般情况是透过有缺陷部位的射线强度高于无缺陷部位的射线强度，因而可以通过检测透过被检物体后的射线强度的差异，来判断被检物体中是否有缺陷存在。

γ 射线探伤就是利用 γ 射线的穿透性和直线性来探伤的方法。γ 射线虽然不会像可见光那样凭肉眼就能直接观察，但它可使照相底片感光，也可用特殊的接收器来接收。当 γ 射线穿过（照射）物质时，该物质的密度越大，射线强度减弱得越多，即射线能穿透过该物质的强度就越小。此时，若用照相底片接收，则底片的感光量就小；若用仪器来接收，获得的信号就弱。因此，用 γ 射线来照射待探伤的零部件时，若其内部有气孔、夹渣等缺陷，射线穿过有缺陷的路径比没有缺陷的路径所透过的物质密度要小得多，其强度就衰减得少，即透过的强度就大些，若用底片接收，则感光量就大些，就可以从底片上反映出缺陷垂直于射线方向的平面投影；也可用其他接收器反映缺陷垂直于射线方向的平面投影和射线的透过量。一般情况下，γ 射线探伤是不易发现裂纹，而对气孔、夹渣、未焊透等体积型缺陷最敏感。

γ射线探伤仪用放射性同位素作为γ射线源辐射γ射线，能量不变，强度不能调节，只随时间呈指数倍减小。γ 射线探伤仪探测厚度大，穿透力强，体积小，质量轻，不需要使用水、电，适合于野外作业，可以连续运行，且不受温度、压力、磁场等外界条件的影响。

放射源放在平行管道内，沿着平行管道焊缝与探测器同步移动。当管道焊缝质量存在问题时，穿过管道的射线会产生突变，探测器将接收到的信号经过放大，送入记录仪记录，图 10-18b 为其特性曲线，横坐标表示放射源移动的距离，纵坐标表示与放射性强度成正比的电压信号，图中两突变波形表示管道焊缝存在大小不同的两个缺陷。上述方法也可用于探测块状铸件的内部缺陷。

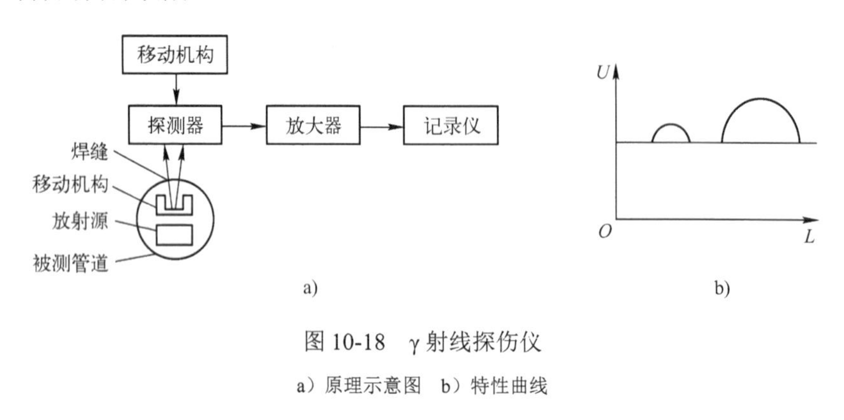

图 10-18 γ射线探伤仪

a）原理示意图 b）特性曲线

10.3 红外传感器

10.3.1 物理基础

红外线也称红外光或红外辐射，是位于可见光中红光以外的光线，故称为红外线。它是一种人眼看不见的电磁波，波长范围为 0.75～1000μm，红外线在电磁波谱中的位置如图 10-19 所示。工程上又把红外线所占据的波段分为即近红外、中红外、远红外和极远红外。

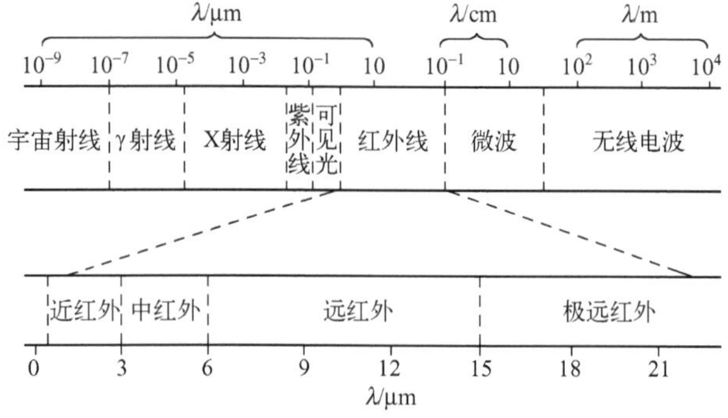

图 10-19 电磁波谱

红外光的最大特点是具有光热效应，能辐射热量，它是光谱中最大的光热效应区。红外辐射本质上是一种热辐射，自然界中的任何物体，只要其本身温度高于绝对零度(−273.15℃)，就会向外部空间不断地辐射红外线。物体温度越高，辐射出来的红外线就越多，辐射的能量就越强，因此可利用红外辐射来测量物体的温度。红外光在介质中传播时，由于介质的吸收和散射作用而被衰减。各种气体和液体对于不同波长的红外辐射的吸收是有选择性的，即不同的气体或液体只能吸收某一波长或几个波长范围的红外辐射能，这是利用红外线进行成分分析的依据之一。

红外线和所有电磁波一样，是以波的形式在空间直线传播，服从反射定律、折射定律，具有干涉、衍射和偏振等现象。

10.3.2　红外探测器

红外传感器一般由光学系统、探测器、信号调理电路及显示单元等组成。红外探测器是红外传感器的核心组成部分，其作用是将入射的红外辐射信号转变成电信号输出。现代红外探测器所利用的主要是红外热效应和光电效应。这些效应的输出大多是电量，或者可用适当的方法转变成电量。

红外探测器的种类很多，按探测机理的不同，可分为热探测器和光敏探测器两大类。

1. 热探测器

热探测器利用了红外辐射的热效应。热探测器吸收红外辐射后，引起温度升高，进而使有关物理参数发生相应变化，通过测量相关物理参数的变化来确定探测器所吸收的红外辐射能量。

根据吸收红外辐射能后探测器物理参数的变化，可以将热探测器分为热释电型、热敏电阻型、热电偶型和气体型。

热释电型探测器是根据热释电效应制成的。所谓热释电效应是指由于温度的变化而产生电荷的现象。在外加电场的作用下，电介质中的带点粒子（电子、原子核等）将受到电场力的作用，总体上讲，正电荷趋向于阴极、负电荷趋向于阳极，其结果使电介质的一个表面带正电、相对的表面带负电，如图 10-20 所示。这种现象称为电介质的电极化。

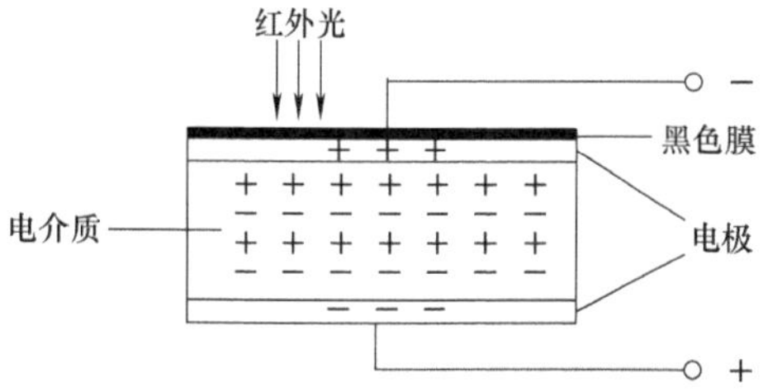

图 10-20　电介质的电极化与热释电效应

对于多数电介质来说，在电压去除后，极化状态随即消失，但有一类称为铁电体的电介质，在外加电压去除后，仍保持着极化状态，如图 10-21 所示。

一般而言，铁电体的极化强度与温度有关，温度升高，极化强度降低。温度升高到一定程度，极化将突然消失，这个温度称为居里温度或居里点，在居里点以下，极化强度是温度的函数，利用这一关系制成的热敏类探测器称为热释电型探测器。

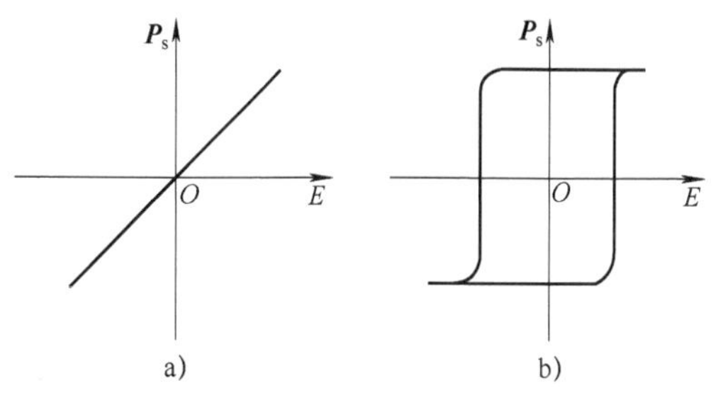

图 10-21　电介质的极化矢量与所加电场的关系

a）一般电介质　b）铁电体

2. 光敏探测器

利用光电效应制成的红外探测器称为光敏探测器。常见的光电效应有外光电效应、光生伏特效应、光导效应等。相应地，光敏探测器可分为光电导型、光生伏特型、光电型等，可以是光电管、光电倍增管，也可以是半导体器件。

10.3.3 典型应用

10-2 热释电型探测器工作原理

1. 热释电红外传感器

利用热释电效应原理工作的热释电红外传感器是一种能检测人或动物发射的红外线而输出电信号的传感器。它主要是由一种高热电系数的材料，如锆钛酸铅陶瓷等制成尺寸为 2mm×1mm 的热释电单元。在每个热释电晶片上装入一个或两个热释电单元，并将两个热释电单元以反极性串联，以抑制由于自身温度升高而产生的干扰。由热释电晶片将探测并接收到的红外辐射转变成微弱的电压信号，经场效应晶体管放大后向外输出。为了使热释电红外传感器对人体最敏感，而对阳光、灯光等有抗干扰性，在传感器顶端开设了一个装有滤光镜片的窗口。为了提高传感器的探测灵敏度以增大探测距离，热释电晶片表面必须罩上一块由一组平行的棱柱形透镜所组成菲涅尔透镜，与放大电路相配合，可将信号放大 70dB 以上，这样就可以测出 20m 范围内是否有人行动，如图 10-22 所示。

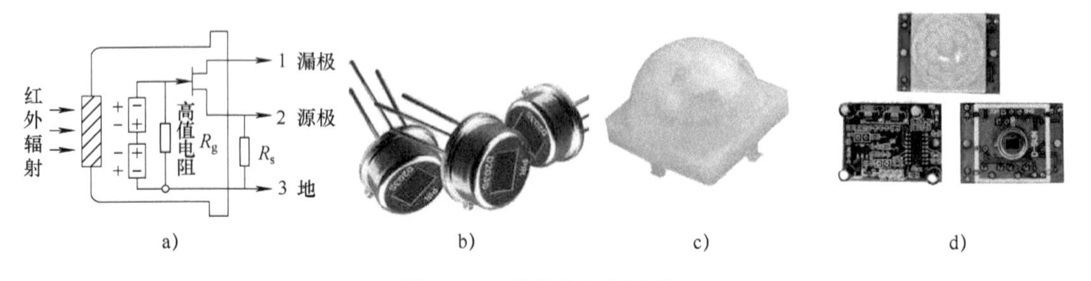

图 10-22 热释电红外传感器

a）内部结构 b）实物图 c）菲涅尔透镜 d）热释电套件

每一透镜单元都只有一个不大的视场角，在热释电晶片前方产生一个交替变化的盲区和高灵敏区，以提高它的探测接收灵敏度。当有人从透镜前走过时，人体发出的红外线就不断地交替从盲区进入高灵敏区，从而使接收到的红外信号以忽强忽弱的脉冲形式输入，晶片上的两个反向串联的热释电单元将输出一串交变脉冲信号。当然，如果人体静止不动地站在热释电晶片前面，它是“视而不见”的。

热释电红外传感器以非接触形式检测人体或运动生物辐射的红外线，并将其转变为电压信号。热释电红外传感器既可用于防盗报警装置，也可用于自动控制、接近开关、遥测等领域。

2. 红外热成像仪

利用某种特殊的电子装置将物体表面的温度分布转换成人眼可见的图像，并以不同颜色显示物体表面温度分布的电子装置称为红外热成像仪。

红外热成像仪的工作原理是利用红外探测器、光学成像物镜和光机扫描系统接收被测目标的红外辐射能量分布图形，并反映到红外探测器的光敏元上。如图 10-23 所示，在光学系统和红外探测器之间，有一个光机扫描系统对被测物体的红外热像进行扫描，并聚焦在分光探测器上，由分光探测器将红外辐射能转换成电信号，经放大处理转换成标准视频信号，通过电视屏或监视器显示红外热像图。红外热成像仪可应用于军用、工业和民用市场（如建筑物的空鼓、缺陷检测，消防领域的火源查找等，有温度差就可以使用红外热成像仪）。

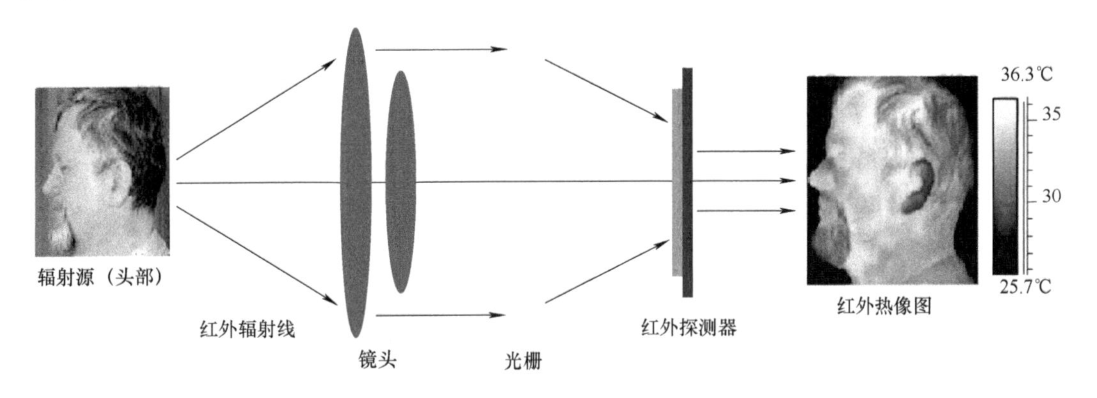

图 10-23　红外热成像仪的工作原理图

3. 红外辐射测温仪

红外测温技术在生产过程、产品质量控制和监测、设备在线故障诊断和安全保护以及节约能源等方面发挥了重要作用。近 20 年来，非接触红外人体测温仪在技术上得到迅速发展，性能不断完善，功能不断增强，品种不断增多，适用范围也不断扩大。比起接触式测温方法，红外测温有着响应时间快、非接触、使用安全及使用寿命长等优点。如图 10-24 所示，红外辐射测温仪既可用于高温测量，又可用于冰点以下的温度测量，是辐射温度计的发展趋势。市面上的红外辐射测温仪的温度范围为–30～3000℃，中间分成若干个不同的规格，可根据需要选择适合的型号。

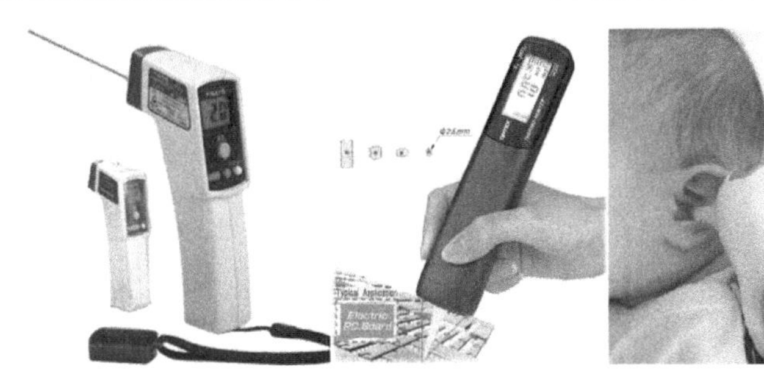

图 10-24　红外辐射测温仪

红外测温的方法有全辐射测温法、亮度测温法和双波段测温法等。全辐射测温法是利用辐射体在全波长范围的积分辐射能量与温度之间的函数关系实现温度测量的方法。亮度测温法是利用辐射体在某一波长下的光谱辐射亮度与温度之间的函数关系实现温度测量的方法。

红外辐射测温仪由光学系统、光电探测器、信号处理、显示输出等部分组成。光学系统汇聚其视场内的目标红外辐射能量，视场的大小由测温仪的光学零件及其位置确定，红外能量聚焦在光电探测器上并转变为相应的电信号，经信号处理电路运算，并按照目标发射率校正后转变为被测目标的温度值。

比色式温度传感器是采用比色式（双波段）测温原理，通过测量两个波长的单色辐射亮度之比值来实现对被测目标的非接触测温。它抗烟雾、水蒸气和灰尘能力较强，不受窗口玻璃影响，能瞄准，测量小目标，可不考虑距离系数，可以不完全被目标充满，无须调焦即可准确测量。比色温度计适于环境条件恶劣的工业现场，如钢铁冶炼、焦化和炉窑等应用现场。

图10-25a为双光路系统比色式温度传感器原理框图，被测对象1射来的光线经分光棱镜11分成两路平行光，经反射镜10反射同时通过（或不通过）调制盘小孔，再分别通过滤光片8、9投射到相应的光电元件3上，产生两种颜色的光电信号，经运算放大电路4处理后送显示装置5。

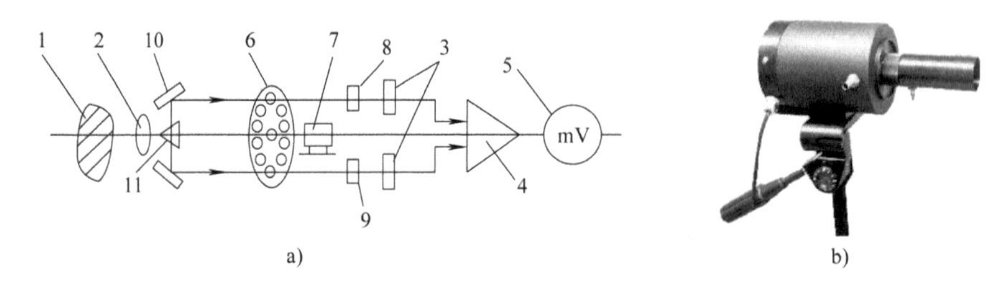

a) b)

图10-25 双光路系统比色式温度传感器

a）双光路系统比色式温度传感器原理框图 b）实物图

1—被测对象 2—透镜 3—光电元件 4—运算放大电路 5—显示装置 6—调制盘 7—同步电动机 8、9—滤光片 10—反射镜 11—分光棱镜

10.4 微波传感器

微波是介于红外线与无线电波之间的一种电磁波，其波长范围为1mm～1m。通常还按照波长特征将微波细分为分米波、厘米波和毫米波三个波段。

微波具有以下特点：①微波在各种障碍物上能产生良好的反射；②微波具有良好的定向辐射特性；③微波的传输特性良好，在传输中受烟、火焰、灰尘、强光等的影响很小；④微波绕过障碍物的本领较小；⑤介质对微波的吸收与介质的介电常数成比例，水对微波的吸收最大。

微波在微波通信、卫星通信、雷达等无线通信领域得到了广泛的应用。另一方面，作为一种电磁波，微波具有电磁波的所有性质。利用微波与物质相互作用所表现出来的特性，制成了微波传感器。微波传感器就是利用微波特性来检测某些物理量的器件或装置。

微波传感器是一种非接触式传感器，可在高温、高压、有毒和有放射线等恶劣环境下工作，该传感器反应速度快，可用于动态检测与实时处理。由于测量信号本身是电信号，无须进行非电量到电量的转换。在工业领域，微波传感器可实现对材料的无损检测及容器内的物位检测等；在地质勘探方面，可实现微波断层扫描。

10.4.1 工作原理

1. 基本原理

微波传感器的基本测量原理：发射天线发出微波信号，该微波信号在传播过程中遇到被测物体时将被吸收或反射，导致微波功率发生变化，通过接收天线将接收到的微波信号转换成低频电信号，再经过后续的信号调理电路处理等环节，即可显示出被测量。

根据微波传感器的工作原理，可将其分为反射式和遮断式两种。

（1）反射式微波传感器

通过检测经物体反射回来的微波信号的功率或微波信号从发出到接收到的时间间隔实现测量的一类微波传感器，可用于测量物体的位置、位移等参数。

（2）遮断式微波传感器

由于微波的绕射能力差，且能被介质吸收，利用这两种特性，如果在发射天线和接收天线间有物体，则微波信号可能被阻断或被吸收。因此，可以通过检测接收天线收到微波功率的大小来判断发射天线和接收天线之间有无被测物体，或被测物体的位置、厚度或含水量等。

2. 组成

微波传感器主要包括微波发生器（或称微波振荡器）、微波天线及微波检测器。

（1）微波发生器

微波发生器是产生微波的装置。由于微波波长很短、频率很高（300MHz～300GHz），要求振荡回路有非常小的电感与电容，故不能采用普通晶体管构成微波振荡器，而是采用速调管、磁控管或某些固态元件构成。小型微波振荡器也可采用体效应晶体管。微波发生器产生的振荡信号需要用波导管传输。

（2）微波天线

微波天线是用于将经微波振荡器产生的微波信号发射出去的装置。为了保证发射出去的微波信号具有一致的方向性，要求微波天线有特殊的结构和形状，包括喇叭形、抛物面形等。前者在波导管与敞开的空间之间起匹配作用，有利于获得最大能量输出；后者类似凹面镜产生平行光，有利于改善微波发射的方向性。

（3）微波检测器

微波检测器是用于探测微波信号的装置。微波在传播过程中表现为空间电场的微小变化，因此使用电流-电压呈非线性特征的电子器件构成微波检测器。根据工作频率的不同，有多种电子器件可供选择，如较低频率下的半导体 PN 结器件、较高频率下的隧道结器件等，但都要求它们在工作频率范围内有足够快的响应速度。

10.4.2　典型应用

1. 微波液位计

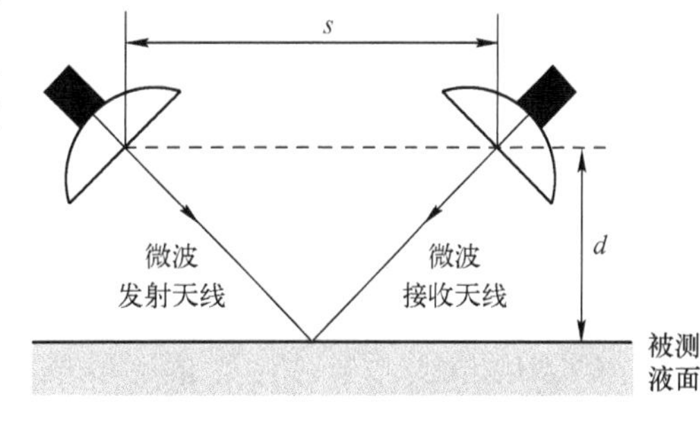

图 10-26　微波液位计原理图

如图 10-26 所示，微波发射天线和接收天线间的水平距离为 s，相互呈一定角度，波长为 λ 的微波从被测液面反射后进入微波接收天线。微波接收天线接收到的微波功率的大小随着被测液面的高低不同而不同。微波接收天线接收的功率 P_r 可表示为

$$P_r = \left(\frac{\lambda}{4\pi}\right)^2 \frac{P_t G_t G_r}{s^2 + 4d^2} \tag{10-13}$$

式中，d 为两天线与被测液面间的垂直距离；s 为两天线间的水平距离；P_t、G_t 为微波发射天线发射的功率和增益；G_r 为微波接收天线的增益。

当发射功率、波长、增益均恒定时，只要测得接收功率 P_r，就可以获得被测液面的高度 d。

2. 微波物位开关

如图 10-27 所示，微波物位开关是一种由发射装置和接收装置组成的物位开关，发射装置和接收装置采用面对面安装。当发射装置发射出的微波被物体阻隔时，接收装置输出继电器信号。微波物位开关适用于各种需要可靠非接触式物位探测的工业场合。

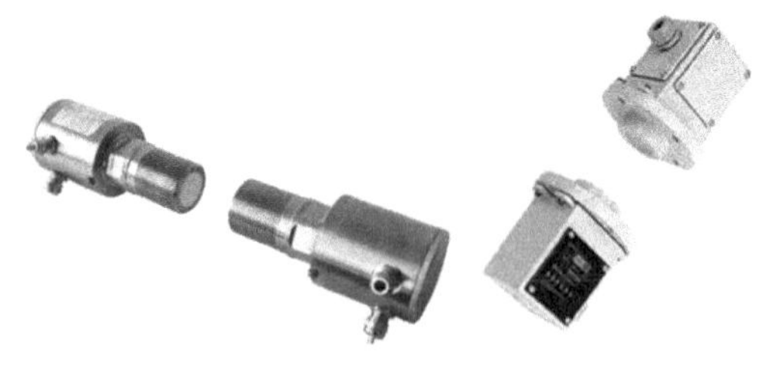

图 10-27 微波物位开关

3. 微波湿度传感器

水分子是极性分子，在常态下形成偶极子杂乱无章地分布着。当有外电场作用时，偶极子将形成定向排列。在微波场作用下，偶极子不断地从电场中获得能量（这是一个储能的过程），表现为微波信号的相移；又不断地释放能量（这是一个放能的过程），表现为微波的衰减。这个特性用水分子的介电常数可表示为

$$\varepsilon=\varepsilon'+\alpha\varepsilon'' \tag{10-14}$$

式中，ε 为水分子的介电常数；ε' 为介电常数的储能分量（相移）；ε'' 为介电常数的放能分量（衰减）；α 为常数。

ε'、ε'' 与材料和测试信号的频率均有关，且所有极性分子均有此性质。一般干燥的物体，其 ε' 在1～5范围内，而水的 ε' 高达64。因此，如果被测材料中含有水分时，其复合（指材料与水分的总体效应）的 ε' 将显著上升。ε'' 也有类似的性质。

微波湿度传感器就是基于上述特性来实现湿度测量的，即同时测量干燥物体和含有一定水分的潮湿物体，前者作为标准量，后者将引起微波信号的相移和衰减，从而换算出物体的含水量。

4. 微波无损检测

微波无损检测实质上是根据被测材料介电常数与材料缺陷或其他非电量之间存在的函数关系，利用微波反射、穿透、散射和腔体微扰等物理特性的改变，通过测量微波信号基本参数（如幅值、相位或频率等）的改变量来检测材料或工件内部缺陷或测定其他非电量，这种检测不会对材料本身造成任何破坏。

微波能够贯穿介电材料，能够穿透声衰很大的非金属材料，所以微波无损检测技术在大多数非金属和复合材料内部的缺陷检测等方面获得了广泛的应用。

微波无损检测仪中，介质天线与接收天线构成了微波天线部分；微波信号源、可变衰减器、移相器构成了微波发射器部分；微波检波源、接收放大器构成了微波检测器部分。具体组成框图如图 10-28 所示。

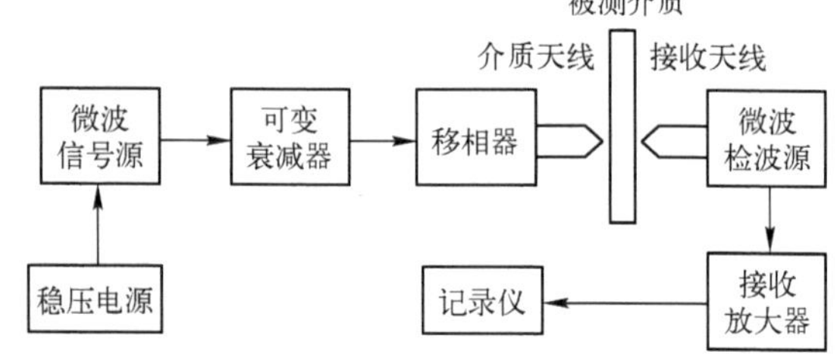

图 10-28 微波无损检测组成框图

知识拓展

无损检测

无损检测是指在不损坏或不影响被检测对象使用性能，不损坏被检测对象内部组织的前提下，利用材料内部结构异常或缺陷存在引起的热、声、光、电、磁等反应的变化，以物理或化学方法为手段，借助现代化的技术和设备器材，对试件内部及表面的结构、性质、状态及缺陷的类型、性质、数量、形状、位置、尺寸、分布及其变化进行检查和测试的方法。无损检测是工业发展必不可少的有效工具，在一定程度上反映了一个国家的工业发展水平。

无损检测方法有很多种，但在实际应用中比较常见的有：

1）常规无损检测方法：超声检测、射线检测、磁粉检测、渗透检验、涡流检测。

2）非常规无损检测技术：微波检测、声发射检测、漏磁检测、光全息照相、红外热成像。

无损检测可应用于设计阶段、制造过程、成品检验和在线检查。应用对象主要是各类材料（金属、非金属等）、各种工件（焊接件、锻件、铸件等）和各种工程（道路建设、水坝建设、桥梁建设、机场建设等）。

习　题

1. 下列被测物理量适合使用红外传感器进行测量的是（　　）。
   A. 压力　　B. 力矩　　C. 温度　　D. 厚度
2. 热释电效应是指当红外线照射到铁电极表面时，铁电极要释放______。
3. 光敏探测器类似于光电式传感器，这里的光源是______而不是可见光。
4. 热探测器中，在铁电极的表面涂上黑色膜的目的是什么？
5. 简述压电式超声波传感器的工作原理。
6. 简述热释电型探测器的工作原理。
7. 辐射防护的基本方法有哪些？
8. 结合红外辐射原理，简述红外遥控器的工作原理。
9. 简述磁致伸缩式超声波传感器的工作原理。
10. 简述微波传感器的基本测量原理。

综合训练

制作循迹、避障小车

设计要求：采用 51 系列单片机或 STM32，设计并制作具有循迹和避障功能的四轮小车，其主要由微处理器、电源（4 节 1.5V 干电池）、直流电动机、降压模块、电动机驱动、4 路红外寻迹模块、HC-SR04 超声波避障模块、SG90 舵机等部分组成。

系统功能及主要技术指标：小车具有前后移动、左拐、右拐等基本功能；通过 PWM 调整电动机的转速；小车可识别地上的黑线，按黑线轨迹行走；配置定时器使用超声波模块测距。

第 11 章　微型传感器

11.1 相关理论与技术

11.1.1 MEMS 及其特点

在过去的几十年中，集成电路技术取得了飞速发展。硅加工工艺的不断进步使得器件的尺寸不断缩小，目前最小的特征尺寸约为几纳米。这样，在同一集成电路芯片上可以集成的晶体管越来越多，从 1970 年的约 100 只发展到 2000 年的上亿只。

11-1 微机系统

微型传感器的诞生依赖于微机电系统（micro electro-mechanical system，MEMS）技术的发展。MEMS 概念起源于美国物理学家、诺贝尔奖获得者 Richard P Feynman 在 1959 年提出的微型机械的设想，是当今高科技发展的热点之一。

完整的 MEMS 是由传感器、微执行器、信号处理和控制电路、通信接口和电源等部件组成的一体化微型器件系统，如图 11-1 所示。其目标是把信息的获取、处理和执行集成在一起，组成具有多功能的微型系统，集成在大系统中实现部分功能，从而大幅度地提高系

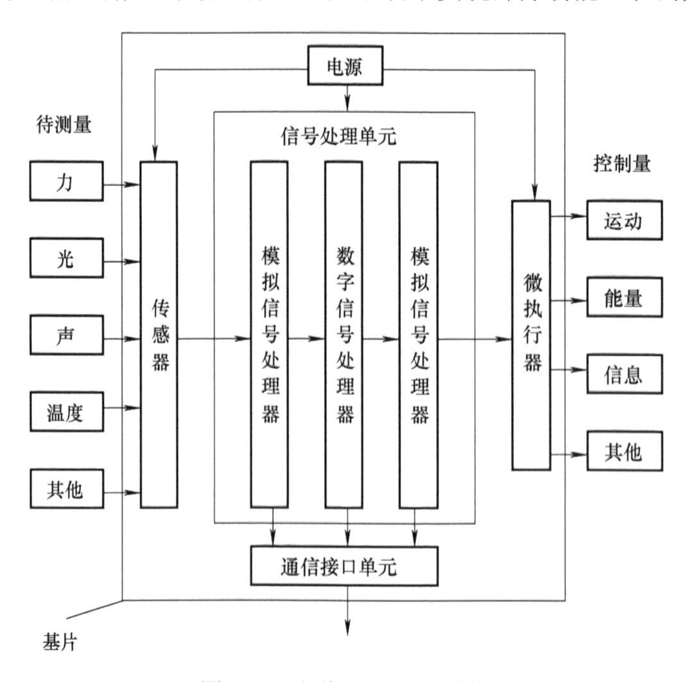

图 11-1　完整的 MEMS 结构

统的自动化、智能化和可靠性水平。MEMS 的突出特点是其微型化，涉及电子、机械、材料、制造、控制、物理、化学、生物等多学科技术。

MEMS 的优良性能，使其在国防、汽车、航空航天、信息技术、通信产品、分析化学、生物、医疗等方面得到了广泛关注和应用。

MEMS 技术通常具有以下典型特征：

1）微型化零件。

2）由于受制造工艺和方法的限制，结构零件大部分是二维的扁平零件。

3）系统所用材料基本上为半导体材料，但越来越多地使用塑料材料。

4）机械和电子被集成为相应独立的子系统，如传感器、执行器和处理器等。

11.1.2 微加工技术

对于 MEMS，其零件的加工一般采用特殊方法，通常采用微电子技术中普遍采用的硅加工工艺，以及精密制造与微细加工技术中对非硅材料的加工工艺，如蚀刻法、沉积法、腐蚀法、微加工法等。

下面简要介绍 MEMS 器件制造中的三种主流技术。

（1）超精密加工及特种加工

超精密加工及特种加工技术以日本为代表，它是利用传统的超精密加工以及特种加工技术实现微机械加工。MEMS 中采用的超精密加工技术多由加工工具本身的形状或运动轨迹决定微型器件的形状。这类方法可用于加工三维的微型器件和形状复杂、精度高的微构件。其主要缺点是装配困难、与电子元器件和电路加工的兼容性差。

（2）硅基微加工

硅基微加工以美国为代表，分为表面微加工和体微加工。表面微加工以硅片作为基片，通过淀积与光刻形成多层薄膜图形，把下面的牺牲层经刻蚀去除，保留上面的结构图形的加工方法。在基片上有淀积的薄膜，它们被有选择地保留或去除以形成所需的图形。薄膜生成和表面牺牲层制作是表面微加工的关键。薄膜生成通常采用物理气相淀积和化学气相淀积工艺在衬底材料上制作而成。表面牺牲层制作是先在衬底上淀积牺牲层材料，利用光刻形成一定的图形，然后淀积作为机械结构的材料并光刻出所需的图形，再将支撑结构层的牺牲层材料腐蚀掉，从而形成悬浮的、可动的微机械结构部件。

体微加工技术是由制造微三维结构发展起来的，是按照设计图在硅片（或其他材料）上有选择地去除一部分硅材料，形成微机械结构。体微加工技术的关键是蚀刻，通过腐蚀对材料的某些部分有选择地去除，使被加工对象显露出一定的几何结构特征。腐蚀方法分为化学腐蚀和离子腐蚀（即粒子轰击）。

（3）LIGA 技术

LIGA 是德文里光刻（lithograpie）、电铸（galvanoformung）、塑铸（abformung）三个词的缩写。LIGA 技术以德国为代表。LIGA 技术先利用同步辐射 X 射线光刻技术光刻出所需要的图形，然后利用电铸成型方法制作出与光刻图形相反的金属模具，再利用微塑铸形成深层微结构。LIGA 技术可以加工各种金属、塑料和陶瓷等材料，其优点是能制造三维微结构器件，获得的微结构具有较大的深宽比和精细的结构，侧壁陡峭、表面平整，微结构的厚度可达几百乃至上千微米。

11.2 微型传感器的概念与分类

11.2.1 微型传感器的概念与特点

微型传感器所涉及的领域很广，具体的定义目前尚未形成一个统一的认识。一般来说，微型传感器包括三个层面的含义：

1）微型传感器是单一的敏感元件，这类传感器的一个显著特点就是尺寸小（敏感元件的尺寸从毫米级到微米级，有的甚至达到纳米级）。在微型传感器加工中，主要采用精密加工、微电子技术以及 MEMS 技术，可使传感器的尺寸大大减小。

2）微型传感器是一个集成的传感器，这类传感器将微小的敏感元件、信号处理器、数据处理装置封装在一块芯片上，形成集成的传感器。

3）微型传感器是微型测控系统，系统中不但包括微型传感器，还包括微执行器，可以独立工作。此外，还可以由多个微型传感器组成传感器网络或者通过其他网络实现异地联网。

随着 MEMS 技术的迅速发展，作为微机电系统的一个构成部分的微型传感器也得到了长足的发展。微型传感器是利用集成电路工艺和微组装工艺，将基于各种物理效应的机械、电子元器件集成在一个基片上的传感器。微型传感器是尺寸微型化了的传感器，但随着系统尺寸的变化，它的结构、材料、特性乃至所依据的物理原理均可能发生变化。与一般传感器（即宏观传感器）相比，微型传感器具有以下特点：

1）空间占有率小。微型传感器对被测对象的影响小，能在不扰乱周围环境、接近自然的状态下获取信息。

2）灵敏度高，响应速度快。由于惯性、热容量极小，微型传感器仅用极少的能量即可产生动作。分辨率高，响应快，灵敏度高，能实时地把握局部的运动状态。

3）便于集成化和多功能化。微型传感器能提高系统的集成密度，可以用多种传感器的集合体把握微小部位的综合状态量；也可以把信号处理电路和驱动电路与传感元件集成于一体，提高系统的性能，并实现智能化和多功能化。

4）可靠性高。微型传感器还能实现自诊断、自校正功能。把半导体微加工技术应用于微型传感器的制作，能避免因组装引起的特性偏差。将微型传感器集成在电路中可以解决寄生电容和导线过多的问题。

11.2.2 微型传感器的分类

由于人们关注的角度不同，分类标准也不尽相同。比较常见的微传感器分类标准主要有如下几种：

1. 按在检测过程中对外界能源有无需要分类

根据在检测过程中对外界能源的需要，可以将微型传感器分为无源微型传感器和有源微型传感器。有源微型传感器也称为能量转换型微型传感器或换能器，其特点在于敏感元件本身能将非电量直接转换成电信号，如超声波换能器（压电转换）、热电偶（热电转换）、光电池（光电转换）等。与有源微型传感器相反，无源微型传感器的敏感元件本身无能量转换能力，而是随输入信号改变本身的电特性，因此必须采用外加激励源对其进行激励，才能得到输出信号。大部分微型传感器，如湿敏电容、热敏电阻、压敏电阻等都属于这类微型传感器。由于被测量仅能在微型传感器中起能量控制作用，也称为能量控制型微型传感器。由于需要为敏感元件提供激励源，无源微型传感器通常需要比有源微型传感器更多的引线。微型传感器的总体灵敏度也会受到激励信号幅度的影响。此外，激励源的存在可能增加在易燃易爆气体环境中引起爆炸的危险，在某些特殊场合需要引起足够的重视。

2. 按输出信号的类型分类

根据输出信号的类型，可以将微型传感器分为模拟微型传感器与数字微型传感器。模拟微型传感器将被测量的非电学量转换成模拟电信号，其输出信号中的信息一般由信号的幅度表达输出为方波信号，其频率或占空比随被测参量变化而变化的微型传感器称为准数字微型传感器。由于这类信号可直接输入到微处理器内，利用微处理器内的计数器即可获得相应的测量值。因此，准数字微型传感器与数字电路具有很好的兼容性。

数字微型传感器将被测量的非电学量转换成数字信号输出，数字输出不仅重复性好、可靠性高，而且不需要模/数转换器，比模拟量信号更容易传输。但由于敏感机理、研发历史等多方面的原因，目前真正的数字微型传感器种类非常少。许多所谓的数字微型传感器实际上只是输出为频率或占空比的准数字微型传感器。

3. 按工作方式分类

在考虑工作方式时，微型传感器根据其工作方式可分为偏转型工作方式和零示型工作方式。在偏转型微型传感器中，被测参量产生某种效应，在仪器的某个部分引起相应的可测量的效应。如在以扩散电阻为敏感元件的压力微型传感器中，被测参量（压力）导致压力敏感膜片发生变形，引起扩散电阻的阻值发生变化。通过测量电阻的阻值，即可实现压力的测量。

零示型微型传感器一般是物理量微型传感器，通过采用某种与被测量所产生的物理效应相反的已知效应来防止测量系统偏离零点。这种微型传感器需要失衡检测器以及用来恢复平衡的某些手段。零示型检测方法的最常见例子就是天平。在天平的秤盘上放置重物会引起指针指示失衡，使用者在另一个秤盘上放置一个或多个砝码，通过观察天平上指针的位置判断天平的平衡状态，而物体的质量则由砝码的质量来决定。实际使用中的电子天平也采用了类似的原理，只不过是采用电磁反馈方式代替了操作者手动添加砝码的方式，使系统保持平衡。另外，系统平衡状态的检测也采用了力传感器，相比于偏转型测量，零示型测量方法通常可以得到更精确的结果。由于相反的已知效应能针对某个高精密度标准或某个基准进行校准，失衡检测器只在零附近进行测量，因此，这种检测系统的灵敏度很高。然而，零示型测量的速度很慢，尽管可采用伺服机构来实现平衡的自动化，其响应时间还是比偏转型测量系统的响应时间要长。

4. 按被测对象或敏感原理分类

微型传感器按被测对象或敏感原理分类，可分为物理量微型传感器（如温度、压力、流量、液位、位移微型传感器等）和化学量微型传感器（如化学成分、气味、基因、蛋白质微型传感器等）。但这种分类方式难以包罗万象，因为需要测量的对象几乎有无限多个。另一种分类方式是根据微型传感器的敏感原理进行分类，这是传感器研究开发人员所常用的分类方式。这种分类方式有助于减少微型传感器的类别数，并使微型传感器的研究与信号调理电路直接相关。

表11-1给出了微型传感器的两种分类方式。

表11-1 微型传感器的两种分类方式

按微型传感器的用途分类	按微型传感器的工作原理分类
位移微型传感器	电阻式微型传感器
力微型传感器	电感式微型传感器
速度微型传感器	电容式微型传感器
振动微型传感器	电涡流式微型传感器
温度微型传感器	压电式微型传感器
密度微型传感器	光电式微型传感器
其他	其他

分类方法的多样性，一方面表明微型传感器技术具有很强的跨学科性，几乎涉及现代科学的各个领域；另一方面则表明微型传感器技术本身的学科方向性较弱，严格意义上说不是一个学科方向。微型传感器的相关研究几乎涵盖了从面向具体测量问题的测量系统到具体敏感机理的全部。越靠近测量系统，研究工作的工程性越强；越接近敏感机理，研究工作的学科性越强。

11.3 典型微型传感器

11.3.1 压阻式差压变送器

压阻式差压变送器的敏感元件是一个固态压阻敏感芯片，在芯片和两个波纹膜片之间充有硅油，被测差压作用到两端波纹膜片上，通过硅油把差压传递到敏感芯片上，如图11-2所示。敏感芯片通过导线与专用放大电路相连接，它利用半导体硅材料的压阻效应，实现差压与电信号的转换。由于敏感芯片上的电桥输出的信号与差压有着良好的线性关系，所以可以实现对被测差压的准确测量。压阻式差压变

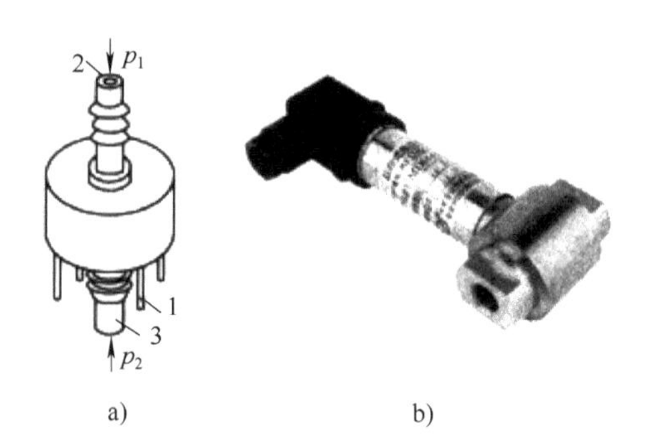

a) b)

图11-2 压阻式差压变送器

a）结构示意图 b）实物图

1—引线 2—进气口1（高压侧） 3—进气口2（低压侧）

送器可用于各种气体、液体的压差测量，适用于石油、化工、水文等管道路差压、水位差的测量。

11.3.2　压阻式加速度传感器

11-2 压阻式加速度传感器

压阻式加速度传感器采用单晶硅架作为悬臂梁，在其近根部扩散四个电阻，如图 11-3 所示。当悬臂梁的自由端的质量块受到加速度作用时，悬臂梁受到弯矩作用，产生应力，使四个电阻阻值发生变化。

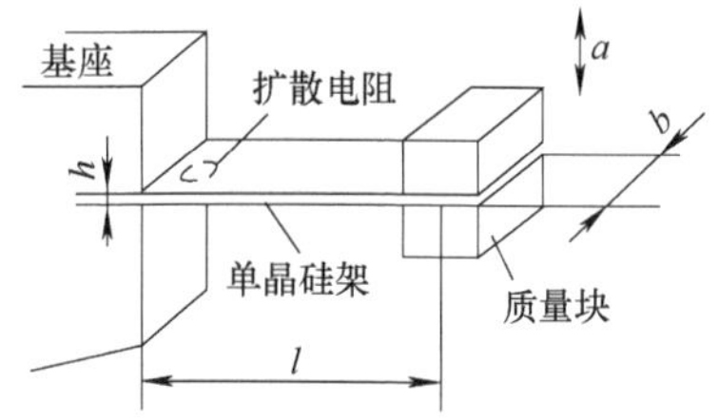

图 11-3　压阻式加速度传感器

11.3.3　电容式压力微型传感器

在电容式微型传感器中，压力测量是通过检测膜变形所导致的压力敏感膜与固定基片上敏感电极之间的间隙变化实现的。相比之下，电容式压力微型传感器的优点在于功耗低、灵敏度高、温度特性好、漂移小。电容式压力微型传感器中，敏感膜的蚀刻以及键合工艺与压阻式微型传感器类似，但不需要加工出压阻，因此加工工艺更简单一些。

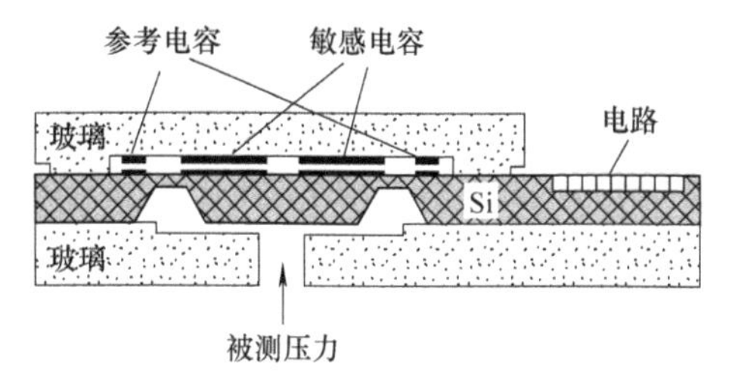

图 11-4　电容式压力微型传感器的常见结构

图 11-4 为电容式压力微型传感器的常见结构，由于硅加工工艺中的各向异性，压力敏感膜做成矩形形状。其中心厚度比较大是出于适应硅加工工艺的考虑。被测压力引起敏感膜的变形，从而导致敏感电容的变化。参考电容由于不会随压力而改变，因此可以用来对微型传感器的温度特性及其他漂移进行补偿。

11.3.4　热式流量微型传感器

热式流量微型传感器是一种重要的 MEMS 流量传感器，它利用流体改变热场的参数进行测量，可以分为风速计式和量热器式两种。

风速计式流量微型传感器原理示意图如图 11-5 所示。这种传感器通常包括一个或多个加热器，流体经过加热器时热量散失速度加快。风速计可以有两种工作模式：恒定功率和恒定温度。在恒定功率模式下，加热器的功率保持一定，通过测量流体作用下加热器的温度变化来反映流量；在恒定温度模式下，加热器的温度保持一定，通过测量流体作用下加热器的功率变化来反映流量。在传统工艺制作的风速计中，加热器都采用热电阻丝来制作。在 MEMS 技术中，加热器一般通过在衬底上沉积薄膜来制成。

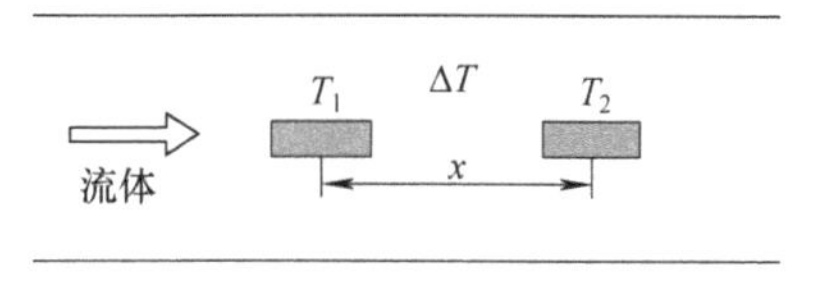

图 11-5　风速计式流量微型传感器原理示意图

量热器式流量微型传感器利用加热器件在一个绝热空间产生温度场，流体流动改变了温度场的分布，通过温度微型传感器测量温度场的分布情况得到流速和流量。在恒定功率的情况下，流量 Q 与温度差 ΔT 的关系为

$$Q=\frac{P}{J\rho c_{\mathrm{p}}\Delta T} \tag{11-1}$$

式中，P 为加热功率；J 为热功当量；ρ 为流体密度；c_{p} 为流体的比定压热容。

图 11-6 为霍尼韦尔公司制造的热流速微型传感器结构示意图。微型传感器包括两组制造在悬空的氮化硅结构上的加热和测量电阻，悬空的氮化硅结构将电阻与衬底绝热隔离，加热电阻产生的温度场在流量的作用下发生改变，通过测量电阻测量温度场的分布，利用流速与温度场分布的关系实现对流速和流量的测量，这种结构也称为热线风速计。由于温度改变了测量电阻的阻值，利用惠斯通电桥测量电阻即可实现温度的测量。电阻尺寸很小，氮化硅实现了与衬底间的良好绝热，微型传感器的热响应时间常数小于 3ms，但是由于环境等因素的影响，微型传感器需要进行温度补偿。

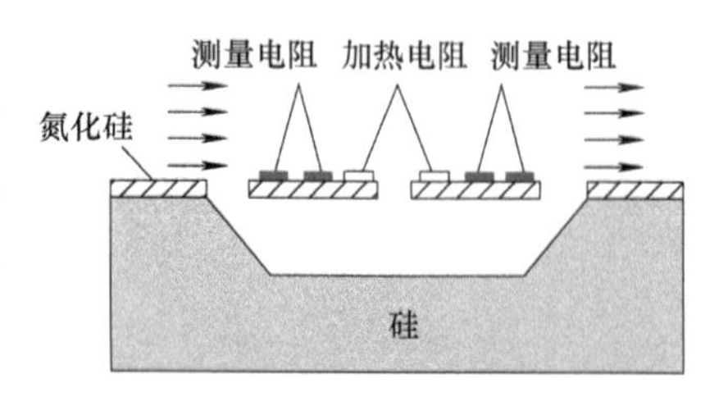

图 11-6 热流速微型传感器结构示意图

当流体流量很小时，量热器的灵敏度一般要比风速计高；但当流体流量变大时，风速计的灵敏度将变得更具优势。热式流量微型传感器有许多缺点，如加热器与流体的绝缘问题、加热器的能量消耗、微型传感器的响应时间等都不太理想。

习 题

1. 什么是微机电系统？
2. 微机电系统的基本结构是什么？
3. 简要介绍主要的 MEMS 制造技术。
4. 什么是微型传感器？微型传感器有什么特点？

综合训练

制作人体意外跌倒无线报警系统

设计要求及系统功能：设计一种可检测人体发生意外跌倒，同时通过无线通信方式将信息发送至手机的报警系统。

第三篇

化工测量仪表

第 12 章　温度检测

12.1 温度检测概述

温度是表征物体冷热程度的一种物理量，是物体分子运动平均动能大小的标志，反映了物体内部分子热运动的剧烈程度，是工业生产和科学实验中最普遍、最重要的热工参数之一。物体的许多物理现象和化学性质都与温度有关，温度的准确测量和有效控制是保证生产正常进行、确保产品质量和安全生产的关键环节。

12.1.1　温度测量方法

温度不能直接进行测量，只能借助于冷热不同的物体之间的热交换，以及物体的某些物理性质随冷热程度不同而变化的特性，来进行间接的测量。根据测温的方式，温度测量方法可以分为接触式测温法与非接触式测温法两大类。

接触式温度测量的特点是感温元件直接与被测对象接触，两者进行充分的热交换，最后达到热平衡，此时感温元件的温度与被测对象的温度必然相等，温度计的示值就是被测对象的温度。由于感温元件与被测介质直接接触，会影响被测介质的热平衡状态，而接触不良又会增加测温误差；接触式温度测量特别适合 1200℃以下、热容大、响应速度慢（几十秒至几分钟）、无腐蚀性对象的连续在线测温。接触式测温常用的温度计有膨胀式温度计、压力式温度计、热电偶以及热电阻等。

非接触式温度测量的特点是感温元件不与被测对象直接接触，而是通过接收被测物体的热辐射能实现热交换，据此测出被测对象的温度。因此，非接触式测温具有不改变被测物体的温度分布、热惯性小、响应速度快、便于测量运动物体的温度和快速变化的温度等优点。非接触式测温常用的温度计有光学温度计、辐射温度计和比色温度计等。

12.1.2　温标

为了保证温度量值的准确并利于传递，需要建立一个衡量温度的统一尺度，即温标。它规定了温度的读数起点（零点）和测量温度的基本单位。

随着温度测量技术的发展，温标也经历了一个逐渐发展、不断修改和完善的渐进过程。从早期建立的一些经验温标，发展为后来的理想热力学温标和绝对气体温标，到现今使用的具有较高精度的国际实用温标，其间经历了几百年时间。

1. 经验温标

经验温标是借助于某一种物质的物理量与温度变化的关系，用实验方法或经验公式所确定的温标。

1）华氏温标。1714 年荷兰人华伦海特以水银为测温介质，以水银的体积随温度的变化为依据，制成玻璃水银温度计。华氏温标规定在标准大气压下纯水的冰点为 32 度，沸点为 212 度，中间划分为 180 等份，每一等份为 1 华氏度，符号为℉。

2）摄氏温标。1740 年瑞典人摄氏提出在标准大气压下，把水的冰点规定为 0 度，水的沸点规定为 100 度，将两个固定点之间的距离等分为 100 份，每一等份为 1 摄氏度，符号为℃。

摄氏温度 $t_{^\circ C}$ 与华氏温度 $t_{^\circ F}$ 的关系为

$$t_{^\circ F}=1.8t_{^\circ C}+32^\circ F \tag{12-1}$$

经验温标均依赖于其规定的测量物质，测温范围也不能超过其上、下限，超过了这个温区，经验温标将不能进行温度标定。总之，经验温标具有很大的局限性。

2. 热力学温标

1848 年物理学家开尔文提出了热力学温标，它是以卡诺循环为基础建立的，是一种理想而不能真正实现的理论温标，它是国际单位制中 7 个基本物理单位之一，用符号 T 表示，单位为开尔文（K）。热力学温标与测温物质无关，所确定的温度数值称为热力学温度，也称绝对温度。

把理想气体压力为零时对应的温度 0K（绝对零度，在实验中无法达到的理论温度，低于 0K 的温度不可能存在）与水的三相点温度 273.16K（水的固、液、气三相共存的温度，即 0.01℃）分成 273.16 份，每份为 1K。

由纯物质构成的单组分介质中，具有固相、液相和气相共存状态下的温度和压力点称为三相点。三相点具有固定的温度和压力值，当三相共存系统发生有限变化时，只会发生各相之间量值的相对变化，只要还保持三相状态，就不会产生温度和压力的变化。因此，经过很好制备和保存的物质三相点是一种稳定可靠的温度固定点。可选作三相点的物质有水、氢、氖、氧、氩和汞，它们的三相点温度具有很好的复现性。冰点是固、液平衡点，当冰和水融溶时，会有大气的各种成分介入，这样在冰点 0℃时总不易达到极高的精度。如果使冰、水混合物上方空间为真空，就排除了其他气体的影响，上方空间只存在蒸汽，形成固、液、汽三态共存的状态。由于冰、水混合物上的水蒸气的分子压力低于大气压力，因此三相平衡点的温度比冰点升高了 0.01℃。实现水的三相共存用三相点瓶，它是在 20 世纪 30 年代由我国著名物理化学家黄子卿在留美学习期间研制成功的。

3. 国际温标

国际温标是一个国际协议温标、一种理想温标。它选择了一些纯物质的平衡态温度作为温标的基准点，规定了不同温度范围内的标准仪器，如铂电阻、铂铑–铂热电偶和光学温度计等，建立了标准仪器的示值与国际温标关系的补差公式，应用这些公式可以求出任何两个相邻基准点温度之间的温度值。经国际协议产生的国际实用温标的指导思想是要求尽可能接近热力学温标，复现精度高，且用于复现温标的标准温度计使用方便，性能稳定。世界各国均能以很高的精度加以复现，以确保温度量值的统一。

国际温标规定：热力学温度是基本温度，用符号T表示，单位为开尔文，记为 K。它规定水的三相点热力学温度（即固态、液态、气态三相共存时的平衡温度）为 273.16K，定义 1K（开尔文 1 度）等于水的三相点热力学温度的 1/273.16。通常将比水的三相点温度低 0.01K 的温度规定为摄氏零度，它与摄氏温度之间的关系为

$$t = T - 273.15 \tag{12-2}$$

自 1990 年 1 月 1 日开始，各国已陆续采用 1990 年的国际温标（简称 ITS-90）。ITS-90 是 1989 年 7 月第 77 届国际计量委员会（CIPM）批准的国际温度咨询委员会（CCT）制定的新温标，摄氏温度与热力学温度之间的关系仍同式（12-2），可记为

$$t_{90} = T_{90} - 273.15 \tag{12-3}$$

12.2 双金属温度计

双金属温度计是利用两种膨胀系数不同的金属元件来测量温度，属固体膨胀式温度计。其结构简单牢固，可用于气体、液体及蒸气的温度测量。

双金属温度计是把两片线膨胀系数差异相对很大的金属薄片 A、B 叠焊在一起，构成双金属片感温元件，如图 12-1a 所示。将双金属片一端固定，当温度变化时，因双金属片的两种不同材料线膨胀系数不同而产生膨胀和收缩，导致双金属片产生弯曲变形，弯曲程度与温度变化成正比，函数关系为

$$x = G\frac{l^2}{d}\Delta t \tag{12-4}$$

式中，x为双金属片自由端的位移；l为双金属片的长度；d为双金属片的厚度；Δt为双金属片的温度变化；G为弯曲率，取决于双金属片的材质。

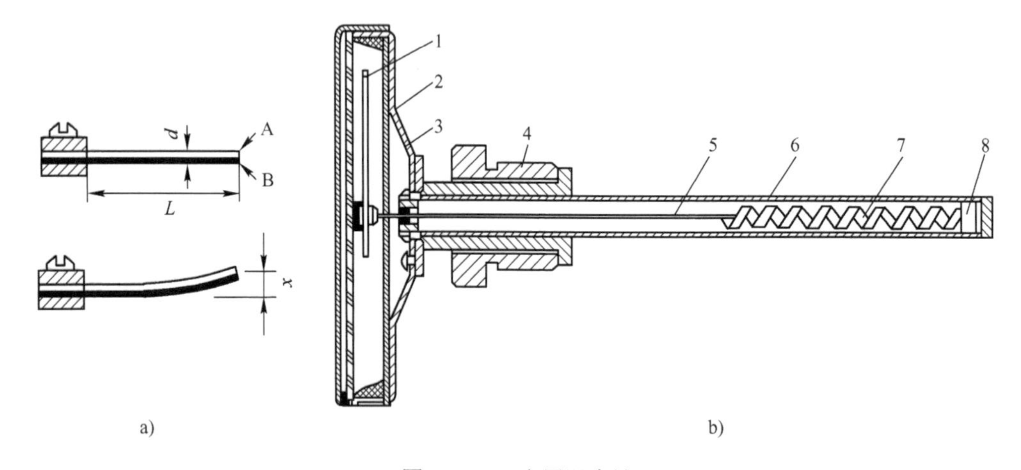

图 12-1 双金属温度计

a）双金属片感温元件结构示意图 b）双金属温度计结构示意图

1—指针 2—刻度盘 3—表壳 4—活动螺母 5—指针轴 6—保护套管 7—感温元件 8—固定端

为提高双金属温度计的灵敏度，将感温双金属元件制成螺旋形，如图 12-1b 中 7 所示。

现在的双金属温度计是将绕成螺旋形的双金属片作为感温元件，并把它装在保护套管内，其中一端固定，称为固定端，另一端连接在一根细轴上，称为自由端。在自由端线轴上装有指针。当温度发生变化时，感温元件的自由端随之发生转动，带动细轴上的指针产生角度变化，在刻度盘上指示对应的温度。双金属温度计的测温范围大致为-80～500℃，准确度等级通常为 1.5 级左右。

双金属温度计可以做成带有上、下限的电触点双金属温度计，当温度达到设定值时，电触点闭合，发出电信号，实现温度的报警或控制功能。

12.3 热电偶

热电偶是一种比较常见的测温传感器，其测量范围一般为 50～1600℃，具有结构简单、使用方便、精度高等优点。

12.3.1 热电效应

两种不同材料的导体或半导体 A、B 串联成一个闭合回路，并使接点处于不同的温度 T、T_0，如图 12-2 所示，那么回路中会存在热电动势 $e_{AB}(T,T_0)$，这一现象称为热电效应。导体 A、B 称为热电极。测温时将一接点置于被测的温度场中，称为测量端（工作端、热端），另一接点一般处在某一恒定温度，称为参考端（自由端、冷端），由这两种导体的组合并将温度转换为热电动势的传感器称为热电偶。

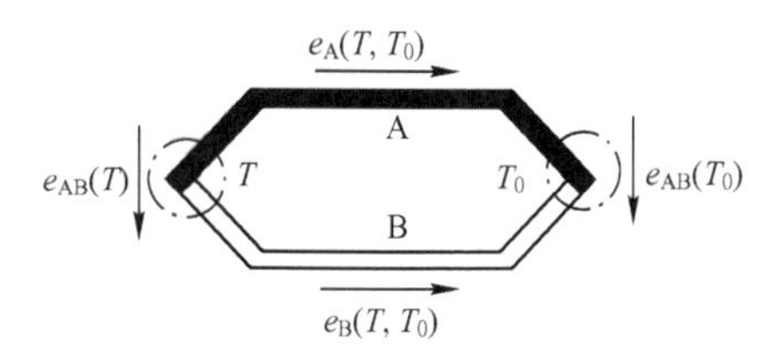

图 12-2　热电偶回路

1. 热电动势的产生

热电偶产生的热电动势 $e_{AB}(T,T_0)$ 是由两种导体的接触电动势和单一导体的温差电动势组成的。

（1）单一导体的温差电动势

在一根匀质的导体 A 中，如果两端温度不同，则在导体的内部也会产生电动势，这种电动势称为温差电动势。

温差电动势的形成是由于导体内高温端自由电子的动能比低温端自由电子的动能大，这样高温端自由电子的扩散速率比低温端自由电子的扩散速率要大。从高温端跑到低温端的电子数比从低温端跑到高温端的电子数多，结果高温端失去电子而带正电荷，低温端因得到电子而带负电荷，从而形成一个静电场，此时在导体的两端便产生一个相应的电位差 $U_T - U_{T_0}$，即温差电动势，又称汤姆逊（Thomson）电动势，A、B 导体的温差电动势分别为

$$\begin{cases} e_A(T,T_0) = U_{AT} - U_{AT_0} = \dfrac{k}{e}\displaystyle\int_{T_0}^{T}\dfrac{1}{N_A}\dfrac{d(N_A t)}{dt}dt = \int_{T_0}^{T}\sigma_A dt \\ e_B(T,T_0) = U_{BT} - U_{BT_0} = \dfrac{k}{e}\displaystyle\int_{T_0}^{T}\dfrac{1}{N_B}\dfrac{d(N_B t)}{dt}dt = \int_{T_0}^{T}\sigma_B dt \end{cases} \tag{12-5}$$

式中，$e_A(T,T_0)$、$e_B(T,T_0)$ 为导体 A 和 B 在两端温度分别为 T 和 T_0 时的温差电动势；e 为

单位电荷；k 为玻耳兹曼常数，$k=1.38\times10^{-23}\,\mathrm{J/K}$；$N_{\mathrm{A}}$、$N_{\mathrm{B}}$ 为导体A、B的自由电子密度，它们均为温度 t 的函数；σ 为汤姆逊系数，表示温差为1℃时所产生的电动势，与材料的性质有关。

热电偶的温差电动势只与热电极的材料和两连接点的温度 T、T_0 有关，而与热电极的几何尺寸无关。

（2）两种导体的接触电动势

两种导体的接触电动势是由于互相接触的两种金属导体内自由电子的密度不同产生的。当两种不同的金属A、B接触在一起时，在金属A、B的接触处将会发生电子扩散。电子扩散的速度和自由电子的密度及金属所处的温度成正比。设金属A、B中的自由电子密度分别为 N_{A} 和 N_{B}，并且 $N_{\mathrm{A}}>N_{\mathrm{B}}$，在单位时间内由金属A扩散到金属B的电子数要比从金属B扩散到金属A的电子数多，这样，金属A因失去电子而带正电，金属B因得到电子而带负电，于是在接触处便形成了电位差，即接触电动势，也称珀耳帖（Peltier）电动势，即

$$\begin{cases} e_{\mathrm{AB}}(T)=\dfrac{kT}{e}\ln\dfrac{N_{\mathrm{A}}}{N_{\mathrm{B}}} \\ e_{\mathrm{AB}}(T_0)=\dfrac{kT_0}{e}\ln\dfrac{N_{\mathrm{A}}}{N_{\mathrm{B}}} \end{cases} \tag{12-6}$$

接触电动势与接触点温度有关，与材料有关。

（3）热电偶回路总热电动势

由A、B两种不同导体组成的热电偶回路中，如果两个接点的温度和两个导体的电子密度不同，假设 $T>T_0$，$N_{\mathrm{A}}>N_{\mathrm{B}}$，则整个回路中会存在两个温差电动势 $e_{\mathrm{A}}(T,T_0)$ 和 $e_{\mathrm{B}}(T,T_0)$，两个接触电动势 $e_{\mathrm{AB}}(T)$ 和 $e_{\mathrm{AB}}(T_0)$。两个温差电动势的方向相反，两个接触电动势的方向也相反，回路中的总电动势 $E_{\mathrm{AB}}(T,T_0)$ 可表示为

$$\begin{aligned} E_{\mathrm{AB}}(T,T_0)&=e_{\mathrm{AB}}(T)+e_{\mathrm{B}}(T,T_0)+e_{\mathrm{BA}}(T_0)+e_{\mathrm{A}}(T_0,T) \\ &=e_{\mathrm{AB}}(T)+e_{\mathrm{B}}(T,T_0)-e_{\mathrm{AB}}(T_0)-e_{\mathrm{A}}(T,T_0) \end{aligned} \tag{12-7}$$

式中，下标A和B的顺序表示热电动势的方向，因温差电动势往往远小于接触电动势，则回路总电动势 $E_{\mathrm{AB}}(T,T_0)$ 的方向取决于 $e_{\mathrm{AB}}(T)$ 的方向，即

$$E_{\mathrm{AB}}(T,T_0)\approx e_{\mathrm{AB}}(T)-e_{\mathrm{AB}}(T_0) \tag{12-8}$$

可见，热电动势是 T 和 T_0 的温度函数的差，而不是温差的函数，这是因为热电动势是非线性的。如果令 $e_{\mathrm{AB}}(T_0)=0$，即 T_0=0℃，则有

$$E_{\mathrm{AB}}(T,T_0)=e_{\mathrm{AB}}(T)=f(T) \tag{12-9}$$

此时，E 与 T 之间有单值函数关系，因此可以用测量到的热电动势 E 得出对应的温度 T。

理论和实验都已证明，热电动势的大小只与导体A和B的材质有关，与冷、热端的温度有关，而与导体的粗细、长短以及两导体接触面积无关。

2. 热电偶基本定律

用热电偶测量温度，还需要解决一系列实际问题，以下几个定律为解决这些实际问题

提供了依据。

（1）均质导体定律

由一种均质导体（或半导体）组成的闭合回路，不论导体（或半导体）的截面和长度如何以及各处的温度如何，都不能产生热电动势。

在实际应用中要注意以下两点：

1）任何热电偶都必须由两种性质不同的导体构成。

2）如果热电偶由两种均质导体组成，则热电偶的热电动势仅与两接点温度有关，而与沿热电极的温度分布无关。

（2）中间导体定律

中间导体定律是指在热电偶回路中，只要中间导体两端的温度相同，那么接入中间导体后，对热电偶回路的总热电动势无影响。可表示为

$$E_{ABC}(T,T_0)=E_{AB}(T,T_0) \qquad (12\text{-}10)$$

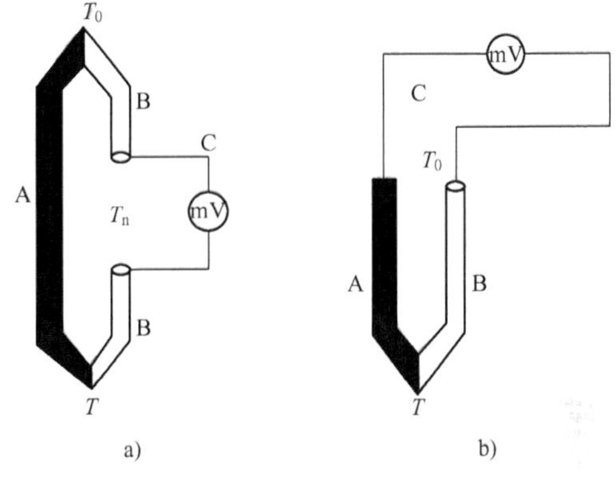

图 12-3　热电偶中间导体定律

在图 12-3a 中，有

$$E_{ABC}(T,T_0)=e_{AB}(T)+e_B(T,T_n)+e_{BC}(T_n)+e_C(T_n,T_n)+e_{CB}(T_n)+e_B(T_n,T_0)+e_{BA}(t_0)+e_A(T_0,T)$$

因为

$$e_B(T,T_n)+e_B(T_n,T_0)=e_B(T,T_0)$$

$$e_C(T_n,T_n)=0$$

$$e_{BC}(T_n)+e_{CB}(T_n)=0$$

所以 $$E_{ABC}(T,T_0)=e_{AB}(T)+e_B(T,T_0)+e_{BA}(T_0)+e_A(T_0,T)=e_{AB}(T,T_0)$$

在图 12-3b 中，有

$$E_{ABC}(T,T_0)=e_{AB}(T)+e_B(T,T_0)+e_{BC}(T_0)+e_C(T_0,T_0)+e_{CA}(T_0)+e_A(T_0,T)$$

因为

$$e_C(T_0,T_0)=0$$

$$e_{BC}(T_0)+e_{CA}(T_0)=\frac{KT_0}{e}\ln\frac{N_B}{N_C}+\frac{KT_0}{e}\ln\frac{N_C}{N_A}=\frac{KT_0}{e}\ln\frac{N_B}{N_A}=e_{BA}(T_0)$$

所以 $$E_{ABC}(T,T_0)=e_{AB}(T)+e_B(T,T_0)+e_{BA}(T_0)+e_A(T,T_0)=E_{AB}(T,T_0)$$

在实际应用热电偶测量温度时，必须在热电偶回路中引入连接导线和显示仪表，而导体的材料一般与电极的材料不同，那么，其他金属材料作为中间导体引入是否对测温有影响，可由中间导体定律解决。将显示仪表和连接导线 C 的接入就可看作是中间导体接入的情况。

（3）标准电极定律

若两种导体 A、B 分别与第三种导体 C 组成热电偶，并且其热电动势为已知，那么由导体 A、B 组成的热电偶，其热电动势可用标准电极定律来确定，如图 12-4 所示。标准电极定律是指如果将导体 C（热电极，一般为纯铂丝）作为标准电极，并已知标准电极与任

意导体配对时的热电动势，那么在相同接点温度（T，T_0）下，任意两导体A、B组成的热电偶，其热电动势可由下式求得：

$$E_{AB}(T,T_0)=E_{AC}(T,T_0)+E_{CB}(T,T_0) \tag{12-11}$$

式中，$E_{AB}(T,T_0)$为接点温度为(T,T_0)，由导体A、B组成热电偶时产生的热电动势；$E_{AC}(T,T_0)$、$E_{CB}(T,T_0)$为接点温度仍为(T,T_0)，由导体A、B分别与标准电极C组成热电偶时产生的热电动势。

由于纯铂丝的物理化学性能稳定，熔点较高，易提纯，所以目前常用纯铂丝作为标准电极。标准电极定律大大简化了热电偶的选配工作。只要获得有关热电极与标准电极配对的热电动势，那么由这两种热电极配对组成的热电偶的热电动势便可求得。

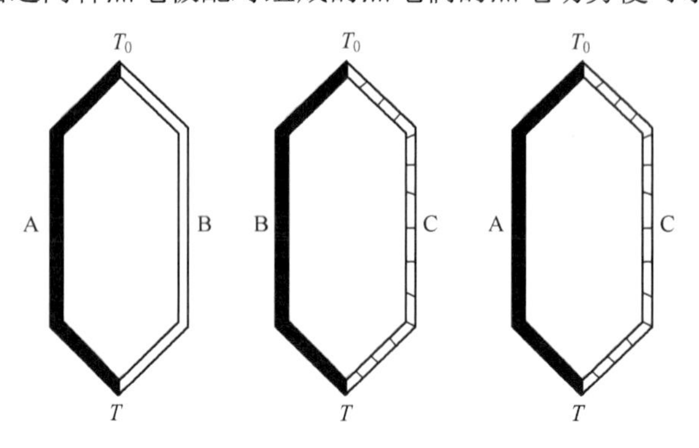

图12-4 标准电极定律

（4）连接导体定律和中间温度定律

连接导体定律指出，在热电偶回路中，如果热电极A、B分别与连接导线A′、B′相连接，接点温度分别为T、T_n、T_0，如图12-5所示，那么回路的热电动势将等于热电偶的热电动势$E_{AB}(T,T_n)$与连接导线A′、B′在温度T_n、T_0时的热电动势$E_{A'B'}(T_n,T_0)$的代数和，即

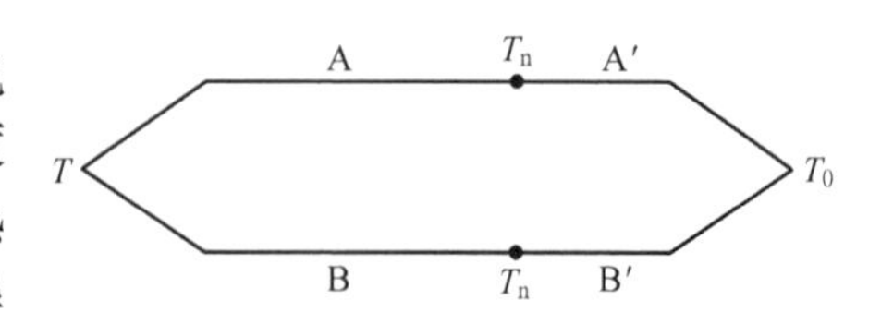

图12-5 连接导体定律

$$E_{ABB'A'}(T,T_n,T_0)=E_{AB}(T,T_n)+E_{A'B'}(T_n,T_0) \tag{12-12}$$

连接导体定律是工业上运用补偿导线进行温度测量的理论基础。

当A与A′、B与B′材料分别相同且接点温度为T、T_n、T_0时，根据连接导体定律可得该回路的热电动势为

$$E_{AB}(T,T_n,T_0)=E_{AB}(T,T_n)+E_{A'B'}(T_n,T_0) \tag{12-13}$$

式（12-13）表明，热电偶在接点温度为T、T_0时，热电动势$E_{AB}(T,T_0)$就等于热电偶在（T,T_n）、（T_n,T_0）时相应的热电动势$E_{AB}(T,T_n)$与$E_{AB}(T_n,T_0)$的代数和，即

$$E_{AB}(T,T_0)=E_{AB}(T,T_n)+E_{AB}(T_n,T_0) \tag{12-14}$$

这就是中间温度定律，其中T_n称为中间温度。中间温度定律为热电偶制定分度表提供了理论依据，根据这一定律，只要列出参考温度为0℃时的热电动势–温度关系，那么参考

温度不等于 0℃的热电动势就可按式（12-14）求出。

3. 测温原理

热电偶两个电极的材料确定以后，热电偶的热电动势就只与热电偶两端的温度有关，如果使参考端温度 T_0 恒定不变，则对给定材料的热电偶，其热电动势就只与工作端温度 T 呈单值函数关系。在热电偶中，热电动势与温度的对应关系不是用计算的方法而是用实验方法得到的。对给定的热电偶，通过实验测得 $T_0 = 0℃$ 及 T 取不同温度时的热电动势数据，制成热电动势 $E_{AB}(T,T_0)$–温度 T 对应关系数据表，称为该热电偶的分度表（也可绘成相应的曲线），附录 C（见电子资源）为 K 型镍铬–镍硅分度，附录 D（见电子资源）为 S 型铂铑 $_{10}$–铂热电偶分度表。最左列和最上行为工作端温度，行与列的交叉处为参考端温度为 0℃时的热电动势。

12.3.2　热电偶的材料、型号及结构

1. 热电偶的材料

虽然任意两种导体（或半导体）都可以配制成热电偶，但是作为实用的测量元件，对它的要求是很多方面的，并不是所有材料都适合制作热电偶。

对热电偶的电极材料的主要要求如下：

1）配制成的热电偶应具有较大的热电动势，并希望热电动势与温度之间呈线性关系或近似线性关系。

2）能在较宽的温度范围内使用，并且在长期工作后物理化学性能与热电性能都比较稳定。

3）电导率要求高，电阻温度系数要小。

4）易于复制，工艺简单，价格低廉。

2. 热电偶的型号

（1）标准化热电偶

国际电工委员会（IEC）推荐的工业标准热电偶为八种，我国均已采用。

工业标准化热电偶的工艺成熟，应用广泛，性能良好稳定，能成批生产，同一型号可以互换，统一分度，并有配套的显示仪表。工作端温度高于参考端时，前一导体为热电动势的正极，后一导体为负极，即前者材料的电子密度大于后者。

1）铂铑 $_{10}$–铂热电偶（分度号 S）。铂铑 $_{10}$–铂热电偶是一种贵重金属热电偶，温度范围为 −40～1600℃，可用于氧化气氛或中性气氛介质中。铂铑 $_{10}$–铂热电偶是 300℃以上精度最高的热电偶，使用温区宽，正确使用时非常稳定，但是其价格高，热电动势较小，灵敏度低，易受硫、磷、铁及其他金属蒸气的沾污。

2）铂铑 $_{30}$–铂铑 $_6$ 热电偶（分度号 B）。铂铑 $_{30}$–铂铑 $_6$ 热电偶是一种国内常用的高温热电偶，测量精度高，适用于氧化或中性气氛介质中，测温范围为 0～1800℃，测温上限长期使用为 1600℃，短期可达 1800℃。铂铑 $_{30}$–铂铑 $_6$ 热电偶有一个明显的优点是不需要冷端补偿，这是因为它在 0～50℃范围内热电动势小于 3μV。铂铑 $_{30}$–铂铑 $_6$ 热电偶灵敏度低，价格昂贵。

3）铂铑$_{13}$–铂热电偶（分度号 R）。铂铑$_{13}$–铂热电偶作为高温热电偶使用较多，它在真空、还原或含金属蒸气的条件下使用时也会受到污染，热电特性稳定，测温范围为 0～1600℃，测温上限长期使用为 1400℃，短期可达 1600℃。

4）镍铬–镍硅热电偶（分度号 K）。镍铬–镍硅热电偶是一种廉金属热电偶，价格低廉、灵敏度高、复现性好、高温下抗氧化能力强，是工业和实验室中大量采用的一种热电偶，温度范围为−200～1300℃，使用温区宽，上限温度在廉金属热电偶中是最高的，热导率低，可使用在氧化气氛或中性气氛介质中，在还原性介质、硫及硫化物中使用时易被腐蚀。

5）镍铬–康铜热电偶（分度号 E）。镍铬–康铜热电偶也是一种廉金属热电偶，灵敏度高，价格最低，适合在中性或还原性气氛介质中使用，温度范围为−200～800℃，可用于中、低温测量。

6）镍铬硅–镍硅热电偶（分度号 N）。镍铬硅–镍硅热电偶的测温范围为−200～1300℃，高温抗氧化能力强，长期稳定性及复现性好，耐核辐射及耐低温性能也好，不能直接用于硫、还原性的气氛中，也不能用于真空。

7）铜–康铜热电偶（分度号 T）。铜–康铜热电偶属于廉价热电偶，测温范围为−200～300℃，测量精度高，稳定性好，线性度好，低温时灵敏度高，可用于真空、氧化、还原及中性介质中。

8）铁–康铜热电偶（分度号 J）。铁–康铜热电偶是廉价金属热电偶，这种热电偶的测温范围为−40～750℃，适用于真空、氧化、还原及中性介质中，但不能在高温或含硫的介质中使用。

（2）非标准化热电偶

除了上述标准化热电偶之外，在某些特殊条件下，如超高温、超低温等，也应用一些特殊热电偶，因目前还没有达到国际标准化程度，非标准化热电偶在使用范围或数量级上均不及标准化热电偶，一般没有统一的分度表。

铱铑$_{40}$–铱热电偶是当前唯一能在氧化气氛中测到 2000℃高温的热电偶，因此成为宇航火箭技术中的重要测温元件。钨–铼热电偶最高测量温度可达 2800℃。

镍铬–金铁是一种较为理想的低温热电偶，可在 2～273K 范围内使用。

此外，利用难熔化合物熔点高、在 2000℃以上高温条件下性能稳定的特点，构成石墨–化合物热电偶。作为高温热电偶材料可以解决金属热电偶材料无法解决的问题。目前已研制出碳–石墨、石墨–碳化硅、石墨–碳化钼以及硼化碳–碳等非金属热电偶。

3. 热电偶的结构

（1）普通热电偶

工业上常用的普通热电偶的结构由热电极、绝缘套管（防止两个热电极在中间位置短路）、保护套管（使热电极免受化学侵蚀及机械损伤）、接线盒（连接导线通过接线盒与热电极连接）、接线盒盖（防止灰尘、水分及有害气体进入保护套管内）组成，如图 12-6 所示。

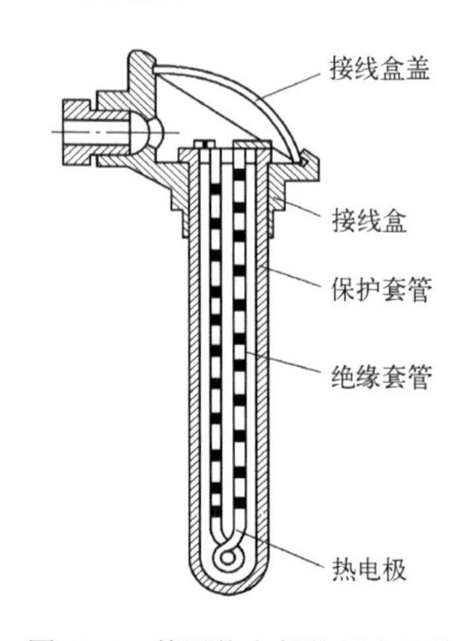

图 12-6 普通热电偶的基本结构

普通热电偶主要用于气体、蒸汽和液体等介质的温度测量，这类热电偶已做成标准形式，可根据测温范围和环境条件来选择合适的热电极材料和保护套管。

（2）铠装热电偶

铠装热电偶又称缆式热电偶，如图 12-7 所示。铠装热电偶是将热电极、绝缘材料连同金属保护套一起拉制成形，可做得很细、很长，其外径可小到 1～3mm，而且可以弯曲，适合测量狭小的对象上各点的温度。铠装热电偶种类多，可制成单芯、双芯和四芯等，主要特点是测量端热容量小，动态响应快，有良好的柔性，便于弯曲，抗振性能好，强度高。

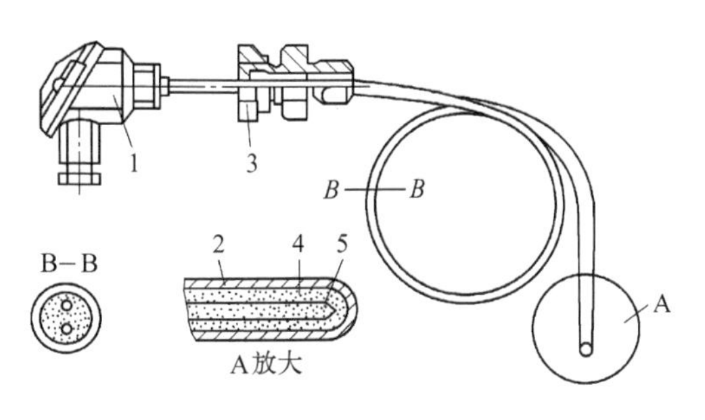

图 12-7　铠装热电偶

1—接线盒　2—金属套管　3—固定装置

4—绝缘材料　5—热电极

（3）薄膜热电偶

如图 12-8 所示。用真空蒸镀（或真空溅射）的方法，将热电偶材料淀积在绝缘基板上而制成的热电偶称为薄膜热电偶。由于热电偶可以做得很薄（厚度可达 0.01～0.1m），测表面温度时不影响被测表面的温度分布，其本身热容量小，动态响应快，故适合测量微小面积和瞬时变化的温度。

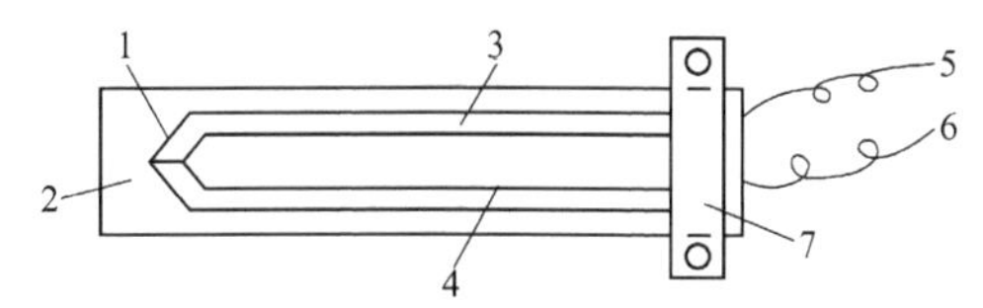

图 12-8　薄膜热电偶

1—测量端　2—绝缘基板　3、4—热电极

5、6—引出线　7—接头夹具

除此之外，还有用于测量圆弧形固体表面温度的表面热电偶和用于测量液态金属温度的浸入式热电偶等。

12-1 单点温度测量

12.3.3　热电偶测温电路

1. 单点温度测量

热电偶与动圈式显示仪表（毫伏计）连接，如图 12-9 所示。

这时流过仪表的电流不仅与热电动势大小有关，而且与测温回路的总电阻有关，因此要求回路总电阻必须为恒定值，即

$$R_T + R_C + R_G = 常数$$

式中，R_T 为热电偶电阻；R_C 为连接导线电阻；R_G 为指示仪表的内阻。

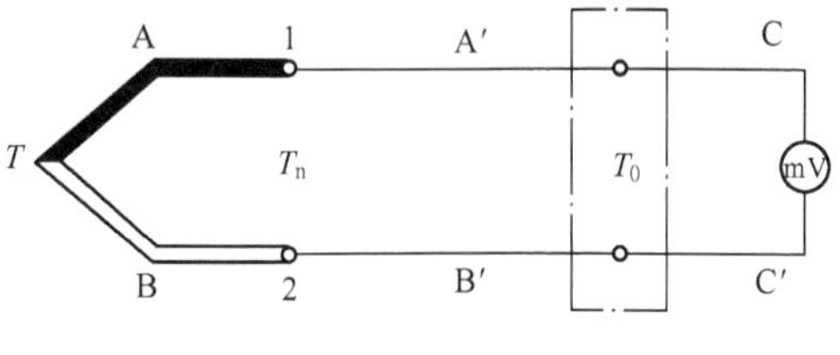

图 12-9　热电偶与动圈式显示仪表连接使用

流过仪表的电流为

$$I = \frac{E_T}{\sum R} \tag{12-15}$$

式中，E_T 为回路的热电动势。

可见，只有在总电阻值一定时，动圈偏转角 α 才能正确反映热电动势的值。因此，保持回路总电阻恒定或基本不变是保证测量精度的关键。

2. 热电偶串联

在测量低温或温度变化很小的场合，为能得到较大的热电动势，或为了取得几点的平均温度，常将几个具有相同热电特性的热电偶串联，如图 12-10 所示。此时，输入仪表的电动势相当于各支路热电偶输出热电动势之和。这种测温电路可以避免并联电路的缺点，当有一支热电偶烧断时，总热电动势消失，可以立即知道有热电偶烧断。

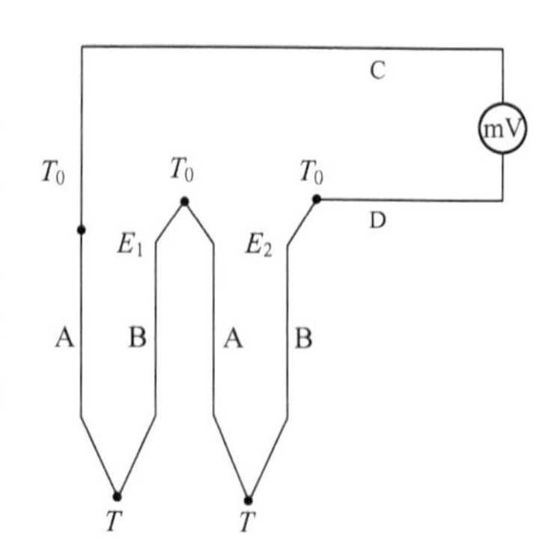

图 12-10　两支热电偶的串联

应用该电路时，每一热电偶引出的补偿导线还必须回接到仪表中的冷端处。图12-10中C、D为补偿导线，回路总电动势为

$$E_T = 2E_{\mathrm{AB}}(T) + 2E_{\mathrm{DC}}(T_0) = 2E_{\mathrm{AB}}(T) - 2E_{\mathrm{AB}}(T_0) = 2E_{\mathrm{AB}}(T,T_0) \tag{12-16}$$

即回路总电动势为各热电偶电动势之和。

如果要测平均温度，则

$$E_{\text{平均}} = \frac{1}{2}E_T \tag{12-17}$$

热电偶串联测量电路缺点是只要有一支热电偶发生断路，整个电路就不能工作；个别热电偶短路，将会引起示值显著偏低。

3. 热电偶并联

热电偶并联用于平均温度的测量。测量平均温度的方法是用几支同型号的热电偶并联接在一起，如图 12-11 所示。

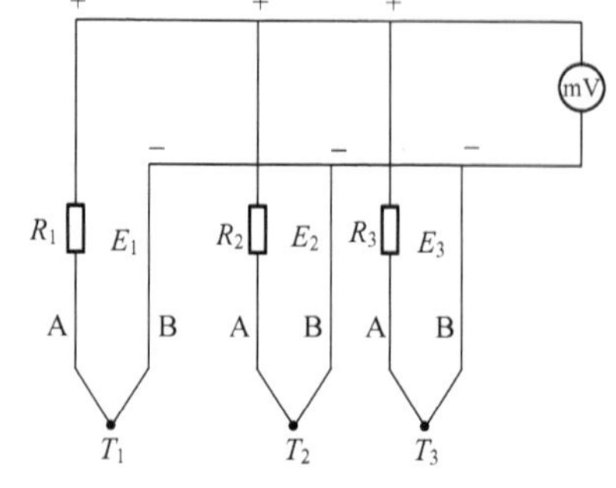

图 12-11　热电偶并联测量电路

图12-11要求三支热电偶全部工作在线性段，显示仪表指示为三个温度测量点的平均温度。在每支热电偶电路中，分别串联均衡电阻 R_1、R_2、R_3 是为了在 T_1、T_2 和 T_3 不相等时，使每一支热电偶电路中流过的电流免受电阻不相等的影响，因此 R_1、R_2 和 R_3 的阻值必须很大，使热电偶的电阻变化可以忽略。使用热电偶并联的方法量测多点的平均温度，其优点是显示仪表的分度值仍然和单独配用一个热电偶时一样，缺点是当有一支热电偶烧断时，不能即刻觉察出来。

图 12-11 中，有

$$E_1 = E_{\mathrm{AB}}(T_1,T_0)\text{，}\quad E_2 = E_{\mathrm{AB}}(T_2,T_0)\text{，}\quad E_3 = E_{\mathrm{AB}}(T_3,T_0)$$

回路中总的热电动势为

$$E_T = \frac{1}{3}(E_1 + E_2 + E_3) \tag{12-18}$$

如果 n 支热电偶的电阻值相等，则并联电路总的热电动势为

$$E_{\mathrm{G}} = \frac{E_1 + E_2 + \cdots + E_n}{n} \tag{12-19}$$

由于 E_{G} 是 n 支热电偶的平均热电动势，因此，可直接按相应的分度表查对温度。与串联电路相比，并联电路的热电动势小，当部分热电偶发生断路时不会中断整个并联电路

的工作，缺点是某一热电偶断路时不能很快被发现。

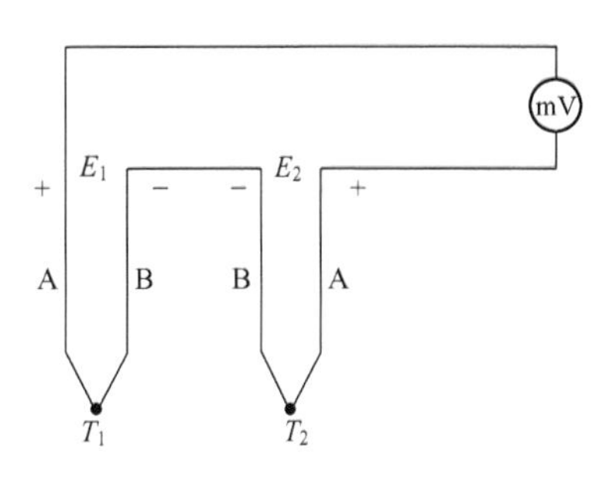

图 12-12　热电偶反接

4. 热电偶反接

热电偶反接又称为差动热电偶。这种测量电路是测量两处温度差 T_1-T_2 的一种方法。它是把两支型号相同的热电偶用相同的补偿导线把它们反接而成，如图 12-12 所示，此时输入到测量仪表的热电动势为两个热电偶的热电动势之差，即

$$\begin{aligned}\Delta E=E(T_1,T_0)-E(T_2,T_0)=E(T_1,T_2)+\\ E(T_2,T_0)-E(T_2,T_0)=E(T_1,T_2)\end{aligned} \tag{12-20}$$

从式（12-20）可以看出：$\Delta E=E(T_1,T_2)$，即反映出温度 T_1 和 T_2 的差值。

使用热电偶反接法测量温差必须保证以下两点：两支热电偶补偿导线延伸出来的新冷端温度必须相同，否则不会得到两处的真实温差；两支热电偶的热电动势 E 与温度 T 的关系必须呈线性，如呈非线性关系，则在不同的温度范围内，虽然实际的温差相同，却有不同的输出热电动势差。

5. 热电偶的冷端处理

根据热电偶的测温原理，产生的热电动势与两端温度有关。只有保持冷端温度恒定，热电动势才是热端温度的单值函数。热电偶分度表就是以冷端为 0℃测出的，因此要正确反映被测温度，就需要采取必要的措施进行冷端补偿或修正。

（1）冷端恒温方式

为避免经常校正的麻烦，可使冷端温度保持为恒定的 0℃。在实验室条件下采用冷端恒温方式，也称冰浴法，通常是把冷端放在盛有绝缘油的试管中，然后再将其放入装满冰水混合物的保温容器中，使冷端保持 0℃，这时热电偶输出的热电动势与分度值一致。实验室中通常使用冷端恒温方式。近年来，一种半导体制冷器件——电子式冰点槽已成功研制并生产，可恒定在 0℃，并且体积小，使用方便。

（2）冷端的延伸

为使热电偶冷端温度保持恒定（最好为 0℃），可以把热电偶做得很长，使冷端远离工作端，并连同测量仪表一起放置在恒温或温度波动较小的地点，但这种方法一方面会使安装使用不方便，另一方面也要多耗费许多贵重的金属材料，因此一般是用一种导线将热电偶冷端延伸出来，这种导线称为补偿导线。

所谓补偿导线实际上是把一定温度范围内（一般为 0～150℃）与热电偶具有相同热电特性的两种较长的金属线见图 12-9 中 A′和 B′与热电偶配接。其作用是将热电偶冷端（即参考端）移至离热源较远并且环境温度较稳定的地点，从而消除冷端温度变化带来的影响，即该补偿导线所产生的热电动势等于工作热电偶在此温度范围内产生的热电动势，即

$$E_{AB}(T_n,T_0)=E_{A'B'}(T_n,T_0)$$

式中，T_n 为工作热电偶冷端温度；T_0 为 0℃；$E_{AB}(T_n,T_0)$ 为工作热电偶产生的热电动势；$E_{A'B'}(T_n,T_0)$ 为补偿导线产生的热电动势。

上述方法只是相当于将冷端直接延伸到了温度为 T_0 处，但并不能消除冷端温度不为 0℃时产生的影响，因此还应该用补正方法把冷端修正到 0℃。

必须指出，只有当新移接点处的冷端温度恒定或配用的仪表本身具有冷端温度自动补偿装置时，应用补偿导线才有意义。

工业上制成了专用的补偿导线，并以不同颜色区别各种特定热电偶的补偿导线。

使用补偿导线时，应注意：

1）各种补偿导线只能与相应型号的热电偶配用，而且必须在规定的温度范围内使用。

2）注意极性，不能接反，否则会造成更大的误差。

3）补偿导线与热电偶连接的两个接点，其温度必须相同。

12-2 补偿电桥法

（3）冷端温度波动的自动补偿

补偿电桥法是利用不平衡电桥产生的电动势来补偿热电偶因冷端温度变化而引起的热电动势的变化值，如图 12-13 所示。不平衡电桥（即补偿电桥）由电阻 R_1、R_2、R_3（锰铜丝绕制）、R_T（铜丝绕制）四个桥臂和桥路稳压电源组成，串联在热电偶测量电路中。热电偶冷端与电阻 R_T 感受相同的温度。通常取 20℃时电桥平衡（$R_1 = R_2 = R_3 = R_T^{20}$），此时取对角线 a、b 两点电位相等（即 $U_0 = 0$），电桥对仪表的读数无影响。当环境温度高于 20℃时，热电动势有所降低，R_T 增加，平衡被破坏，a 点电位高于 b 点，产生一不平衡电压 U_0，它与热端电动势相叠加，一起送入测量仪表。适当选择桥臂电阻和电流的数值，可使电桥产生的不平衡电压 U_0 正好补偿由于冷端温度升高所降低的热电动势，仪表即可指示出正确的温度。由于电桥是在 20℃时平衡，所以采用这种补偿电桥需要把仪表的机械零位调整到 20℃。

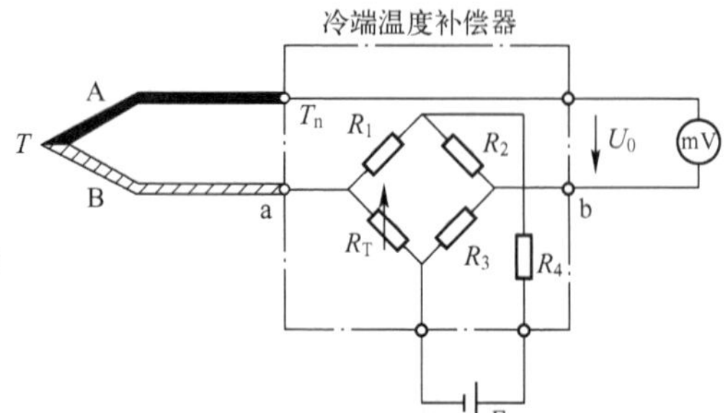

图 12-13 电桥补偿法

使用电桥补偿法时，应注意：

1）给定的热电偶只能选配与其相适应的补偿器。

2）补偿器只能在规定的温度范围内使用，即 $T_n = 0 \sim 40℃$。

3）补偿器极性不能接反，a、b 不能接反，E 不能接反。

（4）热电动势补正法

由中间温度定律可知，参考端温度为 T_n 时的热电动势为

$$E_{AB}(T,T_n) = E_{AB}(T,T_0) - E_{AB}(T_n,T_0)$$

可见当参考端温度 $T_n \neq 0$ ℃时，热电偶输出的热电动势将不等于 $E_{AB}(T,T_0)$ 而引入误差。热电偶的分度表是在参考端为 0℃条件下获得的，若不加补正，所测得的温度必然要低于实际值。为此，只要将测得的热电动势 $E_{AB}(T,T_n)$ 加上 $E_{AB}(T_n,T_0)$ 即可获得所需的 $E_{AB}(T,T_0)$。而 $E_{AB}(T_n,T_0)$ 是参考端为 0℃时的工作端为 T_n 区段的热电动势，可查分度表得到，即为补正值。

12.4 热电阻与热敏电阻

利用电阻随温度变化的特性制成的传感器称为热电阻传感器，是对温度和与温度有关

的参数进行检测的装置。按采用的电阻材料可分为金属热电阻和半导体热电阻两大类，前者通常称为热电阻，后者称为热敏电阻。

12.4.1 金属热电阻

1. 电阻–温度特性

金属导体的电阻率随温度变化而变化的现象称为热电阻效应。当金属的成分和加工情况保持不变时，金属的电阻值仅与温度有关，温度上升时，金属的电阻值将增大。

电阻随温度变化的关系为

$$R_t = R_0(1+\alpha t) \tag{12-21}$$

式中，R_0、R_t 为 0℃和 t℃时的电阻值；α 为金属热电阻的电阻温度系数。

2. 对热电阻材料的要求

并非所有的金属材料都适合作为温度测量敏感元件，适于制作温度测量敏感元件的电阻材料需要具备以下条件：

1）温度特性的线性度好，具有良好的输出特性，即电阻温度的变化接近于线性关系。

2）大且稳定的电阻温度系数，以便提高灵敏度和保证测量精度。

3）电阻率大。

4）在使用范围内，其化学、物理性能应保持稳定。

5）良好的工艺性，以便批量生产，降低成本。

3. 常用热电阻

（1）铂电阻

铂是一种贵金属，其主要特点是物理化学性能极为稳定，并且有良好的工艺性，易于提纯，可以制成极细的铂丝或极薄的铂箔。缺点是电阻温度系数小。

铂电阻体是用很细的铂丝（$\phi=0.03\sim0.07\text{mm}$）绕在云母片制成的平板形支架上，铂丝绕组的出线端与银丝引出线焊接，并穿上瓷套管加以绝缘和保护。

铂电阻除用作一般的工业测温外，在国际温标中，还作为 259.34～630.74℃温度范围内的温度基准。

铂电阻阻值与温度变化之间的关系近似直线，可表示为

在 0～650℃范围内 $$R_t = R_0(1+At+Bt^2) \tag{12-22}$$

在 – 200～0℃范围内 $$R_t = R_0[1+At+Bt^2+C(t-100)t^3] \tag{12-23}$$

式中，R_t 为温度为 t 时的电阻值；R_0 为温度为 0℃时的电阻值；$A=3.96847\times10^{-3}$ / ℃；$B=-5.8747\times10^{-7}$ /℃^{2}；$C=-4.22\times10^{-12}$ /℃^{4}。

R_0 一般为 100、10 两种，分度号（即型号）分别为 Pt100 和 Pt10，其中 Pt100 更为常用。选定 R_0 值，根据式（12-22）、式（12-23），即可列出铂电阻的分度表——温度 t 与电阻阻值 R_t 的对照数据表，详见电子资源。只要测出热电阻 R_t 的阻值，通过查分度表即可确定被测温度。

（2）铜电阻

铂是贵金属，价格昂贵，因此在测温范围比较小（– 50～150℃）的情况下，可采用铜

制成的测温电阻，称为铜电阻。在一些测量精度不高且温度较低的场合一般采用铜电阻，用来测量－50～150℃的温度。

铜电阻在上述温度范围内有很好的稳定性，铜电阻的阻值与温度之间的关系为

$$R_t = R_0(1 + At + Bt^2 + Ct^3) \tag{12-24}$$

式中，R_t为温度为 t 时的电阻值；R_0为温度为 0℃时的电阻值；$A = 4.28899\times10^{-3}$/℃；$B = -2.133\times10^{-7}$/℃^{2}；$C = 1.233\times10^{-9}$/℃^{3}。

国内统一设计的工业用铜电阻R_0一般为 100、50 两种，分度号（即型号）分别为Cu100 和 Cu50，附录 F（见电子资源）为 Cu50 铜电阻分度表。

铜电阻与铂电阻相比电阻温度系数大，材料容易提纯，价格低廉；不足之处是铜电阻与铂电阻相比测量精度较铂电阻稍低，电阻率小，与铂材料相比铜电阻要细，机械强度不高，或要电阻丝更长时体积较大。另外当温度超过 100℃时，铜容易氧化，故它只能在低温及没有侵蚀性介质的环境中工作。

（3）其他热电阻

镍和铁电阻的温度系数都较大，电阻率较高，适合作为热电阻，但由于存在易氧化或非线性严重等缺点，所以应用较少。铂、铜热电阻不适宜用于低温和超低温测量。近年来，一些新颖的测量低温领域的热电阻材料相继出现，如铟电阻、锰电阻、碳电阻等。

4. 热电阻传感器的应用

工业上广泛应用热电阻传感器进行－200～500℃范围的温度测量。使用热电阻传感器进行测量的特点是精度高，适于测低温。

如果热电阻安装的地方与显示仪表相距甚远，当环境温度变化时其连接导线的电阻也要变化。因为连接导线与热电阻R_t是串联的，也是电桥臂的一部分，所以会造成测量误差。现在一般采用两种接线方式来消除这项误差。

经常使用电桥作为热电阻传感器的测量电路，为了减小引线电阻温度变化引起的误差，工业用铂电阻的引线不是两根而是三根，如图 12-14a 所示。当引线电阻$R_1 = R_2 = R_3$时，μA 表指示与引线电阻无关。标准或实验室用的铂电阻的引线采用四线制，即金属热电阻两端各焊两根引出线，其测量电路如图 12-14b 所示。当引线电阻$R_1 = R_2 = R_3 = R_4$时，μA 表的指示仍与引线电阻无关。此外，通过 μA 表的各个支路中的接点数为偶数，它们的接触电动势恰好抵消，这样，图 12-14b 电路不仅消除了连接引线电阻的影响，而且可以消除测量电路中寄生电动势引起的误差。在测量过程中，不要使流经热电阻的电流过大

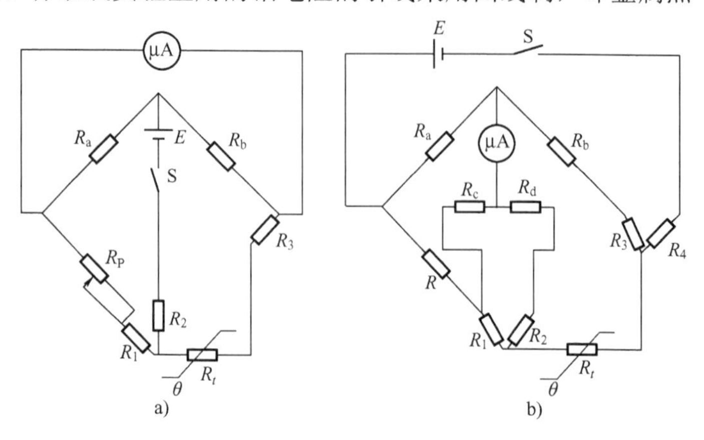

图 12-14 热电阻传感器测量电路

a）三线制结构 b）四线制结构

（小于 6mA），否则电阻会发热，使阻值增大，影响测量精度。

12.4.2　热敏电阻

热敏电阻是一种半导体材料制成的敏感元件，其特点是电阻随温度变化而显著变化，能直接将温度的变化转换为能量的变化。制造热敏电阻的材料很多，如锰、铜、镍、钴和钛等氧化物，它们按一定比例混合后压制成型，然后在高温下烧结而成。热敏电阻具有灵敏度高、体积小、较稳定、制作简单、寿命长、易于维护、动态特性好等优点，因此得到了广泛的应用，尤其是应用于远距离测量和控制中。

1. 热敏电阻的类型和特点

热敏电阻在温度测量中使用最多的是负温度系数（NTC）型热敏电阻。

NTC 型热敏电阻是一种氧化物的复合烧结体，通常它的测量范围是 $-100\sim+300$℃，与热电阻相比，它的特点是电阻温度系数大，比一般金属电阻大 10～100 倍，灵敏度高；结构简单，体积小，可以测量点温度；电阻率高，热惯性小，适宜动态测量；阻值与温度变化呈非线性关系；稳定性和互换性较差。

2. 热敏电阻的结构及符号

热敏电阻主要由热敏探头、引线、壳体构成，结构及图形符号分别如图 12-15 所示。

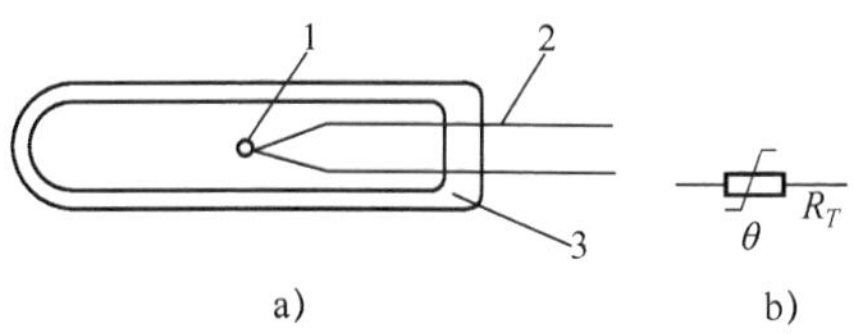

图 12-15　热敏电阻的结构及图形符号

a）结构示意图　b）图形符号

1—热敏探头　2—引线　3—壳体

根据不同的使用要求，热敏电阻可做成不同的形状结构，如图 12-16 所示，其实物图如图 12-17 所示。

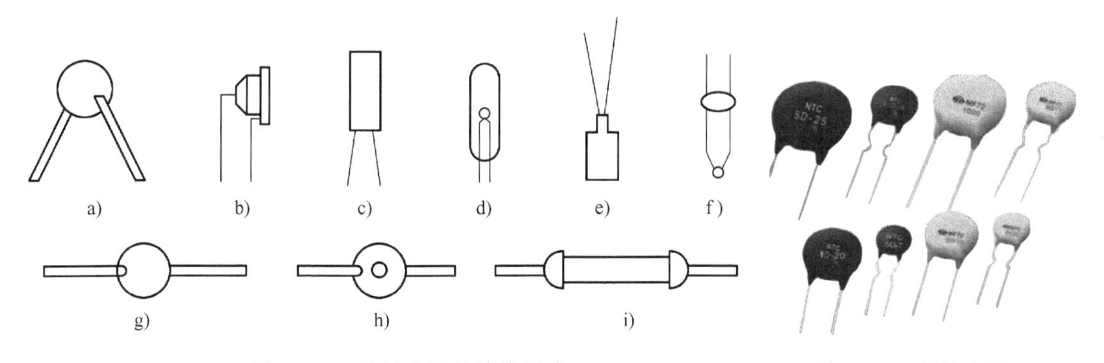

图 12-16　热敏电阻的结构形式

a）圆片形　b）薄膜形　c）柱形　d）管形　e）平板形　f）珠形　g）扁形　h）垫圈形　i）杆形

图 12-17　热敏电阻

3. NTC 型热敏电阻的特性

热敏电阻是非线性电阻，其电阻值与温度之间呈指数关系，即

$$R_T = A\mathrm{e}^{B/T} \tag{12-25}$$

式中，T 为热力学温度（K）；R_T 为温度为 T 时的阻值；A、B 为取决于材料和结构的常数。

热敏电阻的一个突出优点是连接导线的阻值几乎没有影响，因为热敏电阻的阻值很大，在数千欧以上，而导线电阻最多不过10Ω，给使用带来了方便。

4. 热敏电阻传感器的应用

热敏电阻传感器应用范围很广，可用于温度测量、温度控制、温度补偿、稳压稳幅、气体和液体分析、火灾报警，过负荷保护和红外探测等方面。

（1）温度测量

热敏电阻传感器可用于液体、气体、固体、固熔体、海洋、深井、高空气象、冰川等方面的温度测量，测量范围一般为－10～+300℃，也可以用于－200～+10℃和300～1200℃。

（2）温度补偿

仪表中常用的一些零件多数是用金属丝做成的，如线圈、绕组电阻等。金属一般具有正的温度系数，采用负温度系数型热敏电阻进行补偿，可以抵消由于温度变化产生的误差。实际应用时，将负温度系数型热敏电阻与锰铜丝电阻并联后再与被补偿元件串联。

12.5 集成温度传感器

集成温度传感器（温度IC）是将PN结及辅助电路集成在同一芯片上的新型半导体温度传感器，具有线性优良、性能稳定、灵敏度高、无须补偿、热容量小、抗干扰能力强、可远距离测温，且使用方便、易互换等优点，使用温度范围为－55～150℃，可广泛用于各种冰箱、空调器、粮仓、冰库、工业仪器配套和各种温度的测量、控制和补偿等领域。

集成温度传感器可分为模拟型集成温度传感器和数字型集成温度传感器。模拟型温度IC的输出信号形式有电压型和电流型。数字型温度IC又可以分为开关输出型、并行输出型、串行输出型等。

1. 电流型集成温度传感器

电路输出电流 I_o 与热力学温度 T 或摄氏温度 t 的函数关系为

$$I_o = C_I T = I_{o0} + C_I t \tag{12-26}$$

式中，I_{o0} 为0℃时的输出电流，273.2μA；C_I 为电流温度系数，一般为1μA/K或1μA/℃。

目前市场上的电流型集成温度传感器型号有LM134、AD590、AD592、TMP17等。

AD590是美国模拟器件公司生产的集成温度传感器。AD590的外形和图形符号如图12-18所示。它采用金属壳3引脚封装，其中1引脚为电源正端 $V+$；2引脚为电流输出端 I_o；3引脚为管壳，一般不用。

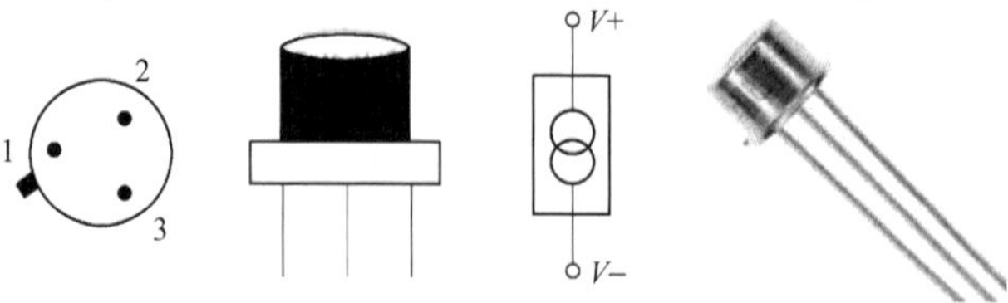

图12-18 AD590的外形图和图形符号

图12-19为AD590的基本测温电路，可以把AD590输出的电流信号方便地转换成电压信号，其灵敏度为1mV/K。

将几块AD590并联使用时，可以测量几个被测点的平均温度，如图12-20所示。

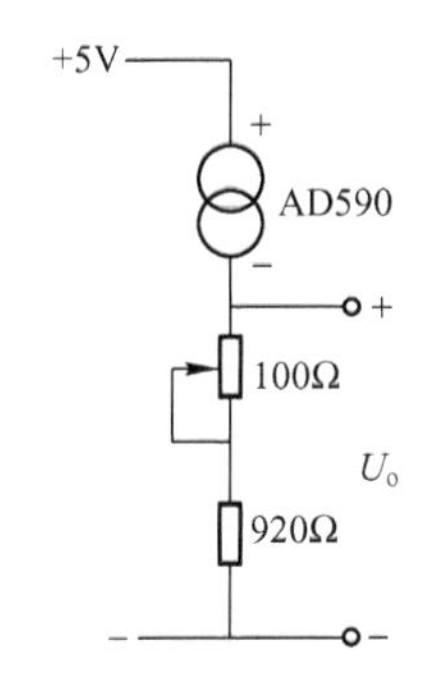

图 12-19　AD590 的基本测温电路

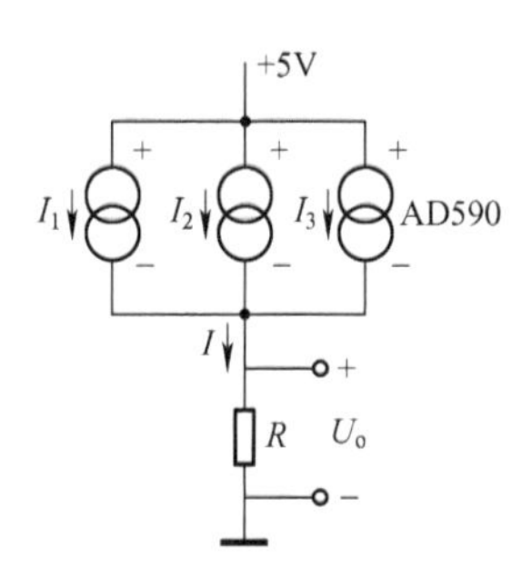

图 12-20　AD590 的测量平均温度电路

流过电阻 R 的电流 I 为

$$I = I_1 + I_2 + I_3 = C_I(T_1 + T_2 + T_3) = 3C_I\overline{T}$$

在电阻 R 上产生的电压为

$$U_o = RI = 3C_I R\overline{T}$$

将 R 和 C_I 代入上式得

$$U_o = (1\text{mV/K})\overline{T} = 273.2\text{mV} + (1\text{mV/°C})\overline{t}$$

式中，$\overline{T}$ 为热力学温度平均值；$\overline{t}$ 为摄氏温度平均值。

2. 电压型集成温度传感器

电路输出电流 U_o 与热力学温度 T 或摄氏温度 t 的函数关系为

$$U_o = C_V T = U_{o0} + C_V t \tag{12-27}$$

式中，U_{o0} 为 0℃时的输出电压，有的为 0mV，有的为 500mV；C_V 为电压温度系数，有的为 20mV/℃，有的为 10mV/℃。

3. 数字型集成温度传感器

美国 DALLAS 公司生产的单总线数字型集成温度传感器 DS18B20 是目前应用较广泛的一类集成温度传感器，它可将温度信号直接转换成串行数字信号供微机处理，测温范围为-55～125℃，精度为 0.5℃。由于每片 DS18B20 含有唯一的串行序列号，所以在一条总线上可挂接任意多个 DS18B20 芯片，可同时测量多点的温度。从 DS18B20 读出的信息或写入 DS18B20 的信息，仅需要一根单总线接口线。读写及温度变换功率来源于数据总线，总线本身也可以向所挂接的 DS18B20 供电，而无须额外电源。DS18B20 的连接线可以很长，抗干扰能力强，便于远距离测量。

DS18B20 提供九位温度读数，构成多点温度检测系统而无须任何外围硬件。DS18B20 如图 12-21 所示，其中 GND 为地；V_{DD} 为电源电压；DQ 为数据输入/输出引脚（单线接口，可用作寄生供电）。

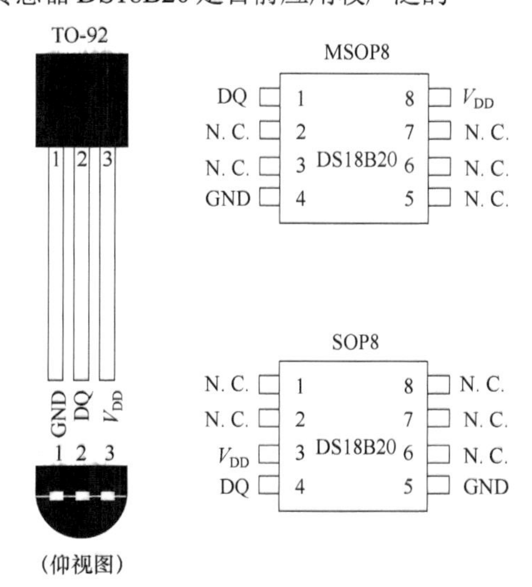

图 12-21　数字型集成温度传感器 DS18B20

12.6 测温仪表的选用与安装

12.6.1 测温仪表的选用

（1）温度传感器的选择

在大多数情况下，对于温度传感器的选用，需要考虑以下几个方面的问题：

1）被测对象的温度是否需要记录、报警和自动控制，是否需要远距离测量和传送。

2）测温范围的大小和精度要求。

3）测温元件大小是否恰当。

4）若被测对象温度随时间变化，测温元件的滞后能否适应要求。

5）被测对象的环境条件对测温元件能否有损伤。

6）费用如何，使用是否方便。

（2）就地温度仪表选择

在满足测量范围、工作压力、精度的要求下，优先选用双金属温度计；对于−80℃以下的低温或无法近距离观察、有振动、对精度要求不高的场合，可以选择压力式温度计；玻璃温度计由于易受机械损伤造成汞害，一般不推荐使用（但作为成套机械、要求测量精度不高的情况下除外）。

（3）特殊场合下的温度计选择

温度高于870℃，氢含量大于5%的还原性气体、惰性气体及真空场所，宜选用吹气热电偶或钨铼热电偶；管道外壁、转动物体等的表面温度测量，可选择表面热电偶、热电阻或铠装热电偶、热电阻；含坚固体颗粒场所的温度测量，可选择耐磨热电偶。

（4）根据环境条件选择温度传感器的接线盒

普通式接线盒适合条件较好的场所；防溅式（防水式）接线盒适合条件较好但需防溅防水的场所；防爆式接线盒，适合易燃、易爆的场所。

（5）需根据被测介质条件选择测温保护管材质

常用保护管材质有十几种，各有其适用场合。如H62黄铜合金最高使用温度为200℃，适用于无腐蚀性介质；20"钢最高使用温度为500℃，适用于中性及轻腐蚀性介质；316低碳钢最高使用温度为800℃，适用于酸性介质；石英管最高使用温度为1200℃。

12.6.2 测温元件的安装

1. 安装要求

1）在测量管道温度时，应保证测温元件与流体充分接触，以减小测量误差。因此，要求安装时测温元件应迎着被测介质流向插入，至少必须与被测介质正交（呈90°），切勿与被测介质形成顺流。

2）测温元件的感温点应处于管道中流速最大处。—般来说，热电偶、铂电阻、铜电阻保护套管的末端应分别越过流束中心线5～10mm、50～70mm、25～30mm。

3）测温元件应有足够的插入深度，以减小测量误差。为此，测温元件应斜插安装或在弯头处安装。

4）若工艺管道过小（直径小于80mm），安装测温元件处应接装扩大管。

5）热电偶、热电阻的接线盒面盖应向上，以避免雨水或其他液体、脏物进入接线盒中影响测量。

6）为了防止热量散失，测温元件应插在有保温层的管道或设备处。

7）测温元件安装在负压管道中时，必须保证其密封性，以防外界冷空气进入，使读数降低。

2. 布线要求

1）按照规定的型号配用热电偶的补偿导线，注意热电偶的正、负极与补偿导线的正、负极相连接，不要接错。

2）热电阻的线路电阻一定要符合所配二次仪表的要求。

3）为了保护连接导线与补偿导线不受外来的机械损伤，应把连接导线或补偿导线穿入钢管内或走线槽板。

4）导线应尽量避免有接头，应有良好的绝缘。禁止与交流输电线合用一根穿线管，以免引起感应。

5）导线应尽量避开交流动力电线。

6）补偿导线不应有中间接头，否则应加装接线盒。另外，最好与其他导线分开敷设。

知识拓展

常用温度测量方法

为了便于比较和选用，表 12-1 列出了常用的温度测量方法及其特点。

表 12-1　常用的温度测量方法及其特点

测温方法	温度计种类		常用测温范围/℃	优　点	缺　点
接触式温度传感器	膨胀式	玻璃液体	-50～600	结构简单，使用方便，测量准确，价格低廉	测量上限和精度受玻璃质量的限制，易碎，不能记录和远传
		双金属	-80～600	结构简单紧凑	精度低，量程和使用范围有限
	压力式	液体	-30～600	耐振、坚固、防爆，价格低廉	精度低，测温距离短，滞后大
		气体	-20～350		
		蒸气	0～250		
	热电偶	铂铑-铂	0～1600	测温范围广，精度高，便于远距离、多点、集中测量和自动控制	需冷端温度补偿，在低温段测量精度较低
		镍铬-镍铝	0～900		
		镍铬-考铜	0～600		
	热电阻	铂电阻	-200～500	测温精度高，便于远距离、多点、集中测量和自动控制	不能测高温，需注意环境温度的影响
		铜电阻	-50～150		
		热敏电阻	-50～300		
非接触式温度传感器	辐射式	辐射式	400～2000	测温时，不破坏被测温度场	低温测量不准，环境条件会影响测量精度
		光学式	700～3200		
		比色式	900～1700		
	红外线	热敏探测	-50～3200	测温时，不破坏被测温度场，响应快，测温范围大，适用于测量温度分布	易受外界干扰，标定困难
		光电探测	0～3500		
		热电探测	200～2000		

习 题

1. 热电偶输出电压与（ ）有关。

A. 热电偶两端温度　　B. 热电偶热端温度

C. 热电偶两端温度和电极材料　　D. 热电偶两端温度、电极材料及长度

2. 热电偶测量温度时（ ）。

A. 需加正向电压　　B. 需加反向电压

C. 加正向、反向电压都可以　　D. 不需加电压

3. 在分度号B、S、K、E四种热电偶中，不适宜于在氧化和中性气氛中测温的是（ ）。

A. B型　　B. S型　　C. K型　　D. E型

4. 在常用热电偶中，热电动势最大、灵敏度最高的是（ ）。

A. E型　　B. K型　　C. S型　　D. B型

5. 热电偶补偿导线延伸法的作用是（ ）。

A. 延伸热电偶的冷端

B. 对热电偶冷端温度的变化进行补偿

C. 既延伸热电偶的冷端，又对热电偶冷端温度变化进行补偿

D. 减小误差

6. 在热电阻温度计中，R100表示（ ）。

A. 100℃时的电阻值　　B. 阻值为100Ω时的温度

C. 无特定含义　　D. 热电阻的长度为100

7. 热电偶测温系统采用补偿电桥后，相当于冷端温度恒定在（ ）上。

A. 0℃　　B. 补偿电桥所处温度

C. 补偿电桥平衡温度　　D. 环境温度

8. 用热电偶和动圈式仪表组成的温度指示仪在连接导线断路时会发生（ ）。

A. 指示机械零位　　B. 指示0℃　　C. 指示位置不定　　D. 停留在原来的测量值上

9. 制作热电阻的金属材料必须满足一些条件，下面说法错误的是（ ）。

A.温度变化1℃时电阻值的相对变化量（即电阻温度系数）要小

B. 在测温范围内具有较稳定的物理、化学性质

C. 电阻与温度的关系最好近似于线性或为平滑的曲线

D. 要求有较大的电阻率

10. 在高精度场合，用热电阻测温时，为了完全消除引线内阻对测量的影响，热电阻引线方式采用（ ）。

A. 两线制　　B. 三线制　　C. 四线制　　D. 五线制

11. 半导体热敏电阻的材料大多数是（ ）。

A. 金属　　B. 非金属　　C. 金属氧化物　　D. 碳

12. 为什么要对热电偶冷端进行处理？试述各种处理方法。

13. 什么是补偿导线？为什么要采用补偿导线？目前的补偿导线有哪几种类型？

14. 将一支灵敏度0.08mV/℃的热电偶与电压表相连，电压表接线端处温度为 50℃，

电压表上的读数为 60mV，求热电偶的热端温度。

15. 已知在某特定条件下，材料 A 与铂配对的热电动势为13.967mV，材料 B 与铂配对的热电动势是8.345mV，求在此特定条件下，材料 A 与材料 B 配对后的热电动势。

16. 使用 K 型热电偶，基准接点为 0℃，测量接点为 30℃和900 ℃时，温差电动势分别为1.203mV 和37.326mV，当基准接点为 30℃，测量接点为 900℃时的温差电动势为多少？

17. 如图 12-22 所示，K 型热电偶误用了分度号为 E 的补偿导线，但极性连接正确，则仪表指示如何变化？已知：$t = 500$ ℃，$t_1 = 30$ ℃，$t_0 = 20$ ℃，$E_K(500,0) = 20.640\text{mV}$，$E_K(30,0) = 1.203\text{mV}$，$E_E(30,0) = 1.801\text{mV}$，$E_E(20,0) = 1.192\text{mV}$，$E_K(20,0) = 0.798\text{mV}$。

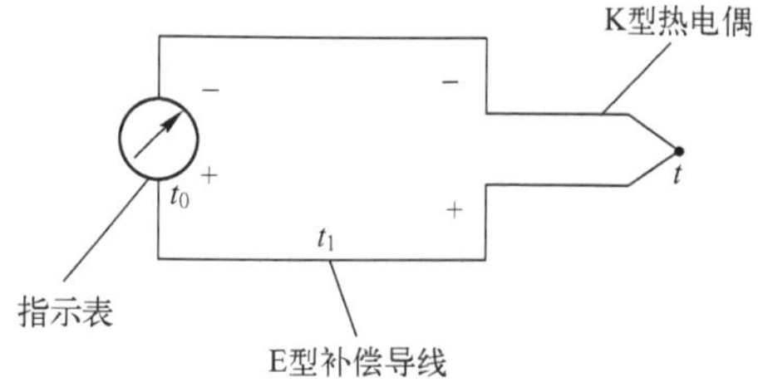

图 12-22　习题 17 图

18. 使用镍铬–镍硅热电偶，其基准接点为 30℃，问测温接点为 400℃时的温差电动势为多少？若仍使用该热电偶，测得某接点的温差电动势为10.275mV，则被测接点的温度为多少？

19. 镍铬–镍硅热电偶，工作时冷端温度为 30℃，测得热电动势 $E(t,t_0) = 38.560\text{mV}$，求被测介质的实际温度。

20. 已知铜热电阻Cu100 的百度电阻比 $\dfrac{R_{100}}{R_0} = 1.42$，当用此热电阻测量 50℃温度时，其电阻为多少？若测温时的电阻为 92Ω，则被测温度是多少？

综合训练

1. 制作简易温湿度测控仪

设计要求及系统功能：简易温湿度测控仪，以 Arduino 为控制核心，其组成包括 DHT11 数字温湿度传感器、LCD1602 液晶显示模块、蜂鸣器、矩阵按键、电磁继电器、电源等。

利用 DHT11 温湿度传感器检测环境温度和湿度，并采用 LCD1602 显示检测值；可通过矩阵按键改变温湿度设定值；若环境温度高于设定的温度上限值，则 Arduino 驱动蜂鸣器发出报警信号，利用蜂鸣器模拟警报与降温系统；若环境湿度低于设定的湿度下限值，则 Arduino 驱动电磁继电器，利用电磁继电器模拟警报与加湿系统。

2. 农业大棚控制系统的设计与实现

温室大棚在现代化农业中的地位变得越来越重要，因此对其环境因素的控制在农业生产领域得到了广泛的关注，训练任务需要实现农业大棚监控系统。该系统以单片机为核心，以各温湿度传感器、土壤湿度传感器、光照强度传感器等作为测量元件，实时采集农业大棚的环境参数，系统可根据环境参数自动调节加湿、除湿、加热、排风、补光等设备的工作状态，并具有超限报警功能。各传感器检测到的数据可以显现在 LCD 液晶屏上，并可以通过按键来调节各环境因素的报警上下限。利用 WiFi 实现与手机的通信，实现对温室大棚环境参数的远程监控。

第 13 章　压力检测

13.1　压力检测概述

压力是工业生产和科研过程中重要的工艺参数之一，因此，正确地测量和控制压力是保证工艺生产过程能够良好地运行、达到高产优质低耗及安全生产的重要手段。

13.1.1　压力的定义

压力是垂直而均匀地作用在单位面积上的力，即物理学中常称的压强。它的大小由受力面积和垂直作用力两个因素决定，用数学公式表示为

$$p = F / S \tag{13-1}$$

式中，p 为压力；F 为垂直作用力；S 为受力面积。

13.1.2　压力的计量单位

在国际单位制中，压力的单位为牛顿/米^2，记作 N/m^2，称为帕斯卡，以符号 Pa 表示，简称帕。它的物理意义是 1N 的力垂直作用在 $1m^2$ 面积上所产生的压力。因帕的单位太小，工程上常用 kPa（10^3Pa）和 MPa（10^6Pa）表示。

过去在工程上常用的其他压力单位有：

1）工程大气压 at（kgf/cm^2）。这是过去工程上最常采用的压力单位，即 1kg 力垂直地作用在 $1cm^2$ 面积上所产生的压力，如 3at，俗称 3 公斤的压力。

2）毫米水柱（mmH_2O）、毫米汞柱（mmHg）。即分别由 1mm 水柱或 1mm 水银柱对底面所产生的压力。

3）标准大气压 atm。它随时间和地点的不同变化很大，所以国际上规定将 0℃时地理纬度 45°海平面上的大气压定义为标准大气压。它等于水银密度为 $13.5951g/cm^3$、重力加速度为 $9.80665m/s^2$ 时，高度为 760mmHg 对底面所产生的压力。

我国现在已采用国际统一单位 Pa，但由于习惯原因，目前国内还在使用多种压力单位，例如：

1atm=101325Pa $\approx$ 0.1MPa（用于粗略计算）

1atm=760mmHg=10332.3 mmH_2O

1atm=1.03323at $\approx$ $1kgf/cm^2$（用于粗略计算）

$1\text{at}=10000\ \text{mmH}_2\text{O}\approx 98\text{kPa}$

压力检测中常使用的名词术语如图 13-1 所示。

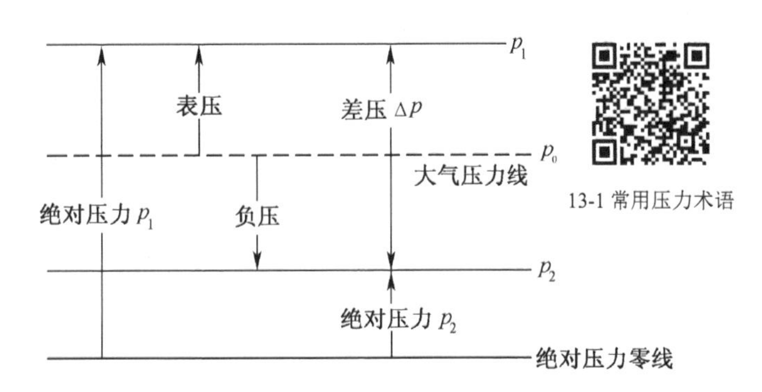

图 13-1　压力检测中常使用的名词术语

1）绝对压力：相对于绝对真空（绝对压力零）所测得的压力，用符号 p_a 表示。

2）大气压力：由地球表面空气质量形成的压力称为大气压力。它随地理纬度、海拔高度及气象条件而变化，用符号 p_0 表示。

3）表压：绝对压力与当地大气压力之差称为表压，此时绝对压力大于大气压力，用符号 p_g 表示，$p_g = p_a - p_0$，通常压力测量仪表总是处于大气之中，其测得的压力值均是表压，如无特殊说明，工程上所说的压力均指表压。

4）负压　（真空度）：当绝对压力小于大气压力时，表压为负值（负压力），其绝对值称为真空度，用符号 p_v 表示，如 $p_v = -10\text{kPa}$，说明该压力比大气压低 10kPa，真空表的读数为 10kPa 或 0.1MPa。

5）差压（压差）：任意两个绝对压力 p_1、 p_2 之差称为差压（Δp），$\Delta p = p_1 - p_2$。

13.1.3　压力检测的基本方法

根据不同的工作原理，压力检测方法可分为以下几种：

1）重力平衡方法。这种方法利用一定高度的工作液体产生的重力或砝码的重量与被测压力相平衡的原理，将被测压力转换为液柱高度或平衡砝码的重量来测量。如液柱式压力计和活塞式压力计。

2）弹性力平衡方法。利用弹性元件受压力作用发生弹性变形而产生的弹性力与被测压力相平衡的原理，将压力转换成位移，通过测量弹性元件位移变形的大小测出被测压力。此类压力计有多种类型，可以测量压力、负压、绝对压力和压差，应用最为广泛。

3）机械力平衡方法。这种方法是将被测压力经变换元件转换成一个集中力，用外力与之平衡，通过测量平衡时的外力测得被测压力。力平衡式仪表可以达到较高精度，但是结构复杂。

4）物性测量方法。利用敏感元件在压力的作用下，其某些物理特性发生与压力呈确定关系变化的原理，将被测压力直接转换为各种电量来测量。如应变式、压电式、电容式压力传感器等。

13.2　液柱式压力计

液柱测压是最简单的测压手段，应用液柱测量压力的方法是以流体静力学原理为基础的。它根据液柱高度来确定被测的压力值。液柱所用的液体种类很多，可以采用单纯物质，也可以用液体混合物，但所用液体在与被测物质接触处必须有一个清楚而稳定的界面，即所用液体不能与被测介质发生化学反应或形成均相混合物，同时，液体在环境温度的变化范围内不应汽化、凝固。常用的工作液体有水银、水、酒精、甲苯、甘油、有机硅油等。

液柱压力计最后测量的是液面的相对垂直位移，因此上限只可能达 1.5m 左右，下限为 0.05m 左右，否则不便于观察，一般液柱压力计的应用范围约达 1m 水银柱高压力。液柱压力计是在 U 形玻璃管内装有一定高度的液体，一端与系统相连，另一端与大气连接，一般是采用充有水或水银等液体的玻璃 U 形管、单管或斜管进行压力测量，如图 13-2 所示。

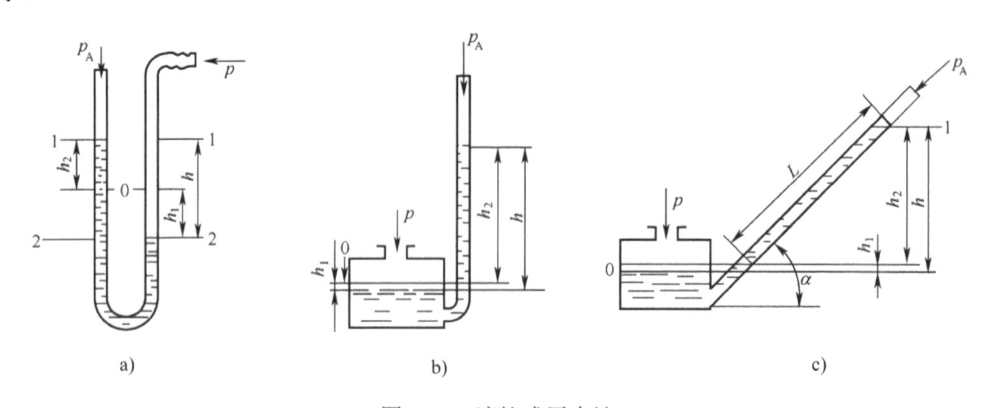

图 13-2 液柱式压力计

a）U 形管压力计 b）单管压力计 c）斜管压力计

13.2.1 U 形管压力计

图 13-2a 所示的 U 形管是用来测量压力和压差的仪表。在 U 形管两端接入不同压力时，U 形管两侧管内会产生一定的液柱差，液柱差的大小与被测压力有关，因此测得液柱差即可知被测压力或压差的数值。

在两边压力相等时，两边的液位都处于标尺零点，根据流体静力平衡原理可知，右边的被测压力 p 、左边的压力 p_A 及液柱 h 的关系为

$$pA = p_A A + \rho g h A \tag{13-2}$$

式中，A 为 U 形管内孔横截面积；ρ 为 U 形管内工作液体的密度；g 为重力加速度。

由式（13-2）可求得两压力的差值 Δp 或在已知一个压力的情况下（如压力 p_A），求出另一个压力值。即

$$\Delta p = p - p_A = \rho g h \tag{13-3}$$

$$p = p_A + \rho g h = p_A + \rho g(h_1 + h_2) \tag{13-4}$$

可见 U 形管内的液柱差 $h = h_1 + h_2$ 与被测压差或压力成正比，因此被测压差或压力可以用工作液柱高度 h 的大小来表示。如果 p_A 是大气压力，则右边测得的压力 p 就是表压。

U 形管压力计常用的工作介质有水、汞、酒精和四氯化碳等，主要误差来源于液柱高度的读数误差。

13.2.2　单管压力计

单管压力计如图 13-2b 所示，它相当于将 U 形管的一端换成一个大直径的容器，测压原理仍然与 U 形管相同。管内上升液体的体积与容器内下降液体的体积相等，即有

$$\frac{\pi D^2}{4}h_1=\frac{\pi d^2}{4}h_2$$

$$h_1=\frac{d^2}{D^2}h_2$$

当大容器一侧通入被测压力 p，管侧通入大气压力 p_A 时，满足

$$\Delta p=p-p_A=\rho gh=(h_2+h_1)\rho g=\left(1+\frac{d^2}{D^2}\right)h_2\rho g \tag{13-5}$$

式中，h 为两液面的高度差；h_2 为玻璃管内液面的上升高度；h_1 为大容器内液面的下降高度；d 为玻璃管直径；D 为大容器直径。

由于 $D>>d$，故 $\frac{d^2}{D^2}$ 可以忽略不计，则式（13-5）可写为

$$\Delta p\approx h_2\rho g \tag{13-6}$$

式（13-6）表明，当工作液体密度 ρ 一定时，管内工作液柱上升的高度 h_2 即可表示压差 Δp 或被测压力 p（表压）的大小。不再需要像 U 形管压力计那样两边读数，使用起来比较方便。

13.2.3　斜管压力计

斜管压力计用来测量微小的压力和负压，为此将与大容器连通的玻璃管做成倾斜式，以便在压力微小变化时可提高读数的精度，如图 13-2c 所示。

大容器通入被测压力 p，斜管通入大气压力 p_A，则 p 与液柱之间的关系为

$$p=(h_1+h_2)\rho g$$

由于 $D>>d$，则 $h_1+h_2\approx h_2=L\sin\alpha$，代入上式后可得

$$p=L\rho g\sin\alpha \tag{13-7}$$

式中，L 为倾斜管内液柱的长度；α 为斜管与水平面的夹角。

如果要求斜管压力计测量不同的压力范围时，可采用斜管倾斜角度可变的微压计，即通过改变倾斜角 α 的大小来改变压力测量范围。

由于 $L>h$，所以斜管压力计比单管压力计更灵敏，可以提高测量精度。由于酒精有较小的密度，常用它作为斜管压力计的工作液体，以提高微压计的灵敏度。斜管压力计的测压范围一般为 0～2000Pa，准确度等级为 0.5～1。

13.2.4　使用液柱式压力计的注意事项

液柱式压力计虽然构造简单、使用方便、测量精度高，但耐压程度差、容易破碎，测量范围小、示值与工作液体的密度有关，故在使用中应注意以下几点：

1）被测压力不能超过仪表测量范围。

2）被测介质不能与工作液混合或起化学反应。当被测介质与水或水银混合或发生反应时，应更换其他工作液或采取加隔离液的方法。常用的隔离液见表 13-1。

表 13-1 某些介质的隔离液

测量介质	隔离液	测量介质	隔离液
氯气	98%的浓硫酸或氟油	氨水、水煤气	变压器油
氯化氢	煤油	水煤气	变压器油
硝酸	五氯乙烷	氧气	甘油

3）液柱式压力计安装位置应避开过热、过冷和有振动的地点。过热使工作液容易蒸发，而过冷则容易使其冻结，振动太大会将玻璃管振破，无法进行正常的读数。

4）由于液体的弯月现象，在读取压力值时，视线应在液柱面上，观察水时应看凹面处，观察水银时应看凸面处，如图 13-3 所示。

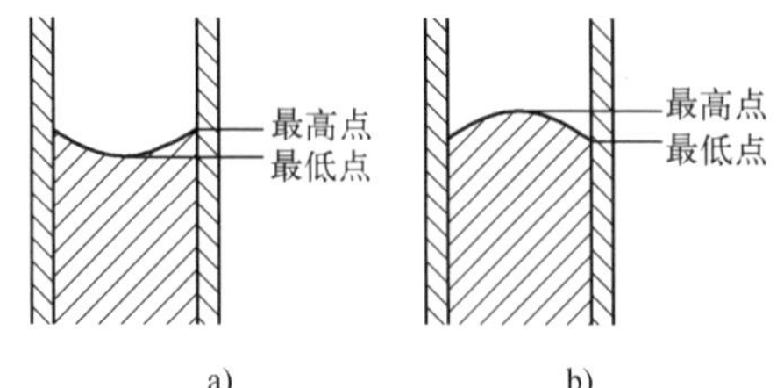

图 13-3 液面的弯月现象

a）浸润 b）非浸润

5）水平放置的仪表，测量前应将仪表放平，再校正零点。如果工作液面不在零位线上，可调整零位器或移动可变刻度标尺或灌注工作液体等，使零位对好。

6）工作液为水时，可在水液中加入一点红墨水或其他颜色，以便于观察读数。

7）在使用过程中应保持测量管和刻度标尺清晰，定期更换工作液，经常检查仪表和连接管。

13.3 弹性压力计

弹性压力计是当被测压力作用于弹性元件时，弹性元件产生相应的弹性变形（即机械位移），根据变形量的大小，可以测得被测压力的数值。

弹性压力计主要由弹性元件、变换放大机构、指示机构和调整机构四部分组成。其中弹性元件是核心部分，其作用是感受压力并产生弹性变形，弹性元件采用何种形式要根据测量要求选择和设计；在弹性元件与指示机构之间是变换放大机构，其作用是将弹性元件的变形进行变换和放大；指示机构（如指针和刻度标尺）用于给出压力示值；调整机构用于调整零点和量程。

常用的弹性元件有膜片、波纹管、弹簧管等，如图 13-4 所示。

（1）膜片

膜片是由金属或非金属材料做成的具有弹性的一张膜片，在压力作用下产生变形。膜片的测压范围比弹簧管窄，如图 13-4a～c 所示。

（2）波纹管

波纹管是周围为波纹状的薄壁金属筒体，如图 13-4d 所示。它易变形，且位移很大，

常用于微压与低压的测量（不超过 1MPa）

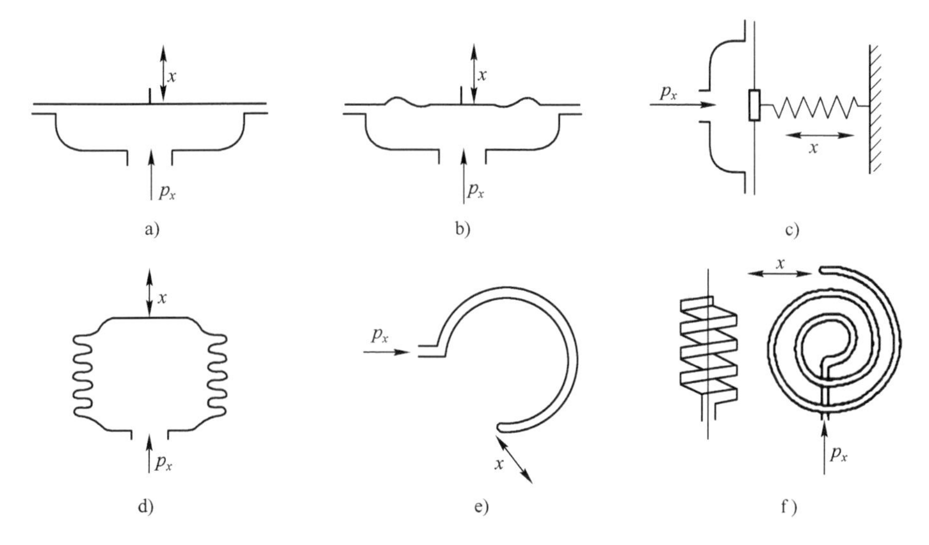

图 13-4　弹性元件的结构

a）平薄膜　b）波纹膜　c）挠性膜　d）波纹管　e）单圈弹簧管　f）多圈弹簧管

（3）弹簧管

弹簧管的测压范围较宽，可测量高达 1000MPa 的压力。它的截面做成扁圆形或椭圆形，如图 13-4e 所示。通入压力 p_x 后，自由端就会产生位移。自由端位移较小，为了增大位移量，可以制成多圈弹簧管，如图 13-4f 所示。

13-2 弹簧压力计

弹性元件常用的材料有铜合金、弹性合金、不锈钢等，各适用于不同的测压范围和被测介质。近年来半导体材料也得到了广泛应用。

弹簧管式压力计是工业生产中应用最广泛的一种测压仪表，并且以单圈弹簧管结构应用最多，如图 13-5 所示。弹簧管 1 是弯成 270°圆弧的椭圆截面的空心金属管，管子的自由端 B 封闭，被测压力由接头 9 引入，由于椭圆形截面在压力作用下将趋于圆形，使自由端 B 产生位移，通过拉杆使扇形齿轮逆时针偏转，并在面板的刻度标尺上指示出被测压力值，弹簧管压力表的刻度标尺是线性的。改变调整螺钉的位置（即改变机械传动的放大倍数），可以实现压力表量程的调整。转动轴上装有游丝，用以消除两个齿轮啮合的间隙，减小仪表的变差。直接改变指针套在转动轴上的角度，就可以调整仪表的机械零点。

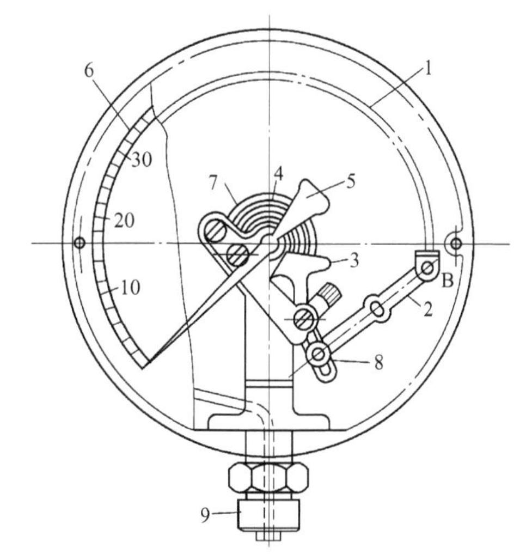

图 13-5　单圈弹簧管式压力计

1—弹簧管　2—拉杆　3—扇形齿轮　4—中心齿轮　5—指针　6—面板　7—游丝　8—调整螺钉　9—接头

弹簧管式压力计结构简单，使用方便，价格低廉，测压范围宽，应用十分广泛。一般弹簧管式压力计的测压范围为 -10^5～10^9Pa，精度 ±1.5% 。

弹性压力计可以在现场指示，但许多情况下要求将信号远传至控制室。一般可以在已有的弹性压力计结构上增加转换部件，以实现信号的远距离传送。弹性压力计的信号多采用电远传方式，即把弹性元件的变形或位移转换为电信号输出。常见的转换方式有电位器式、霍尔元件式、电感式、差动变压器式等，图 13-6 给出两种信号电远传弹性压力计的结构原理。

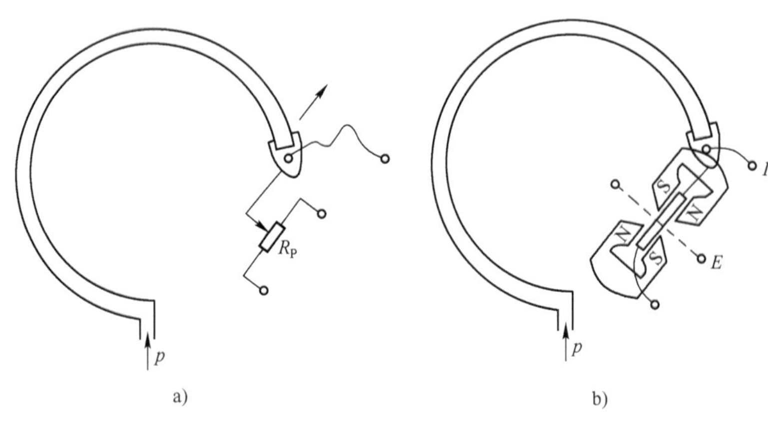

图 13-6　信号电远传弹性压力计结构原理

a）电位器式　b）霍尔元件式

图 13-6a 为电位器式，在弹性元件的自由端处安装滑线电位器，滑线电位器的滑动触点与自由端连接并随之移动，自由端的位移转换为电位器的电信号输出。这种远传方式比较简单，可以有很好的线性输出，但是滑线电位器的结构可靠性较差。

图 13-6b 为霍尔元件式，其转换原理基于半导体材料的霍尔效应。由半导体材料制成的片状霍尔元件固定在弹性元件的自由端，并处于两对磁场方向相反的磁极组件构成的线性均匀磁场的间隙中。霍尔元件被自由端带动在均匀磁场中移动时，将感受不同的磁场强度。若在霍尔元件的两端通以恒定电流，则在垂直于磁场和电流方向的另两侧将产生霍尔电动势，此输出电动势即对应于自由端位移，从而给出被测压力值。这种仪表结构简单，灵敏度高，寿命长，但对外部磁场敏感，耐振性差。

13.4 压力传感器

采用前面已经介绍过的应变式传感器、电容式传感器、压电式传感器等可以进行压力的测量，这些传感器可以将测量压力转换成电信号，易于满足自动控制系统的控制要求，在工业生产中得到了广泛应用，这里不再赘述。下面只介绍谐振式传感器在压力测量中的应用。

谐振式压力传感器是靠被测压力所形成的应力改变弹性元件的谐振频率，通过测量频率信号的变化来检测压力。这种传感器特别适合与计算机配合使用，组成高精度的测量控制系统。根据谐振原理可以制成振筒、振弦及振膜式等多种形式的压力传感器。

13.4.1 振筒式压力传感器

振筒式压力传感器的感压元件是一个薄壁金属圆筒，圆柱筒本身具有一定的固有频率，当筒壁受压张紧后，其刚度发生变化，固有频率相应改变。在一定的压力作用下，变化后

的振筒频率可以近似表示为

$$f_{\mathrm{p}} = f_0\sqrt{1+\alpha p}$$

式中，f_{p} 为受压后的振筒频率；f_0 为固有频率；α 为结构系数；p 为被测压力。

传感器由振筒组件和激振电路组成，如图 13-7 所示。振筒用低温度系数的恒弹性材料制成，一端封闭为自由端，开口端固定在底座上，压力由内侧引入。绝缘支架上固定着激振线圈和检测线圈，二者在空间位置互相垂直，以减小电磁耦合。激振线圈使振筒按固有的频率振动，受压前后的频率变化可由检测线圈检出。

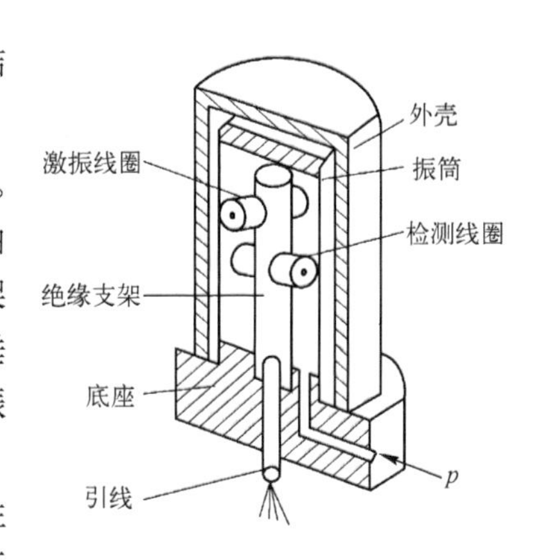

图 13-7　振筒式压力传感器

振筒式压力传感器体积小，输出频率信号，重复性好，耐振；精度高，其精度可达 ±0.01%；适用于气体压力测量。

13.4.2　振膜式压力传感器

振膜式压力传感器的结构如图 13-8a 所示，振膜为一个平膜片，且与环形壳体做成整体结构，它和基座构成密封的压力测量室，被测压力 p 经过导压管进入压力测量室内。参考压力室可以通大气用于测量表压，也可以抽成真空测量负压。装于基座顶部的电磁线圈作为激振源给膜片提供激振力，当激振频率与膜片固有频率一致时，膜片产生谐振。没有压力时膜片是平的，其谐振频率为 f_0；当有压力作用时，膜片受力变形，其张紧力增加，则相应的谐振频率也随之增加，频率随压力变化且为单值函数关系。

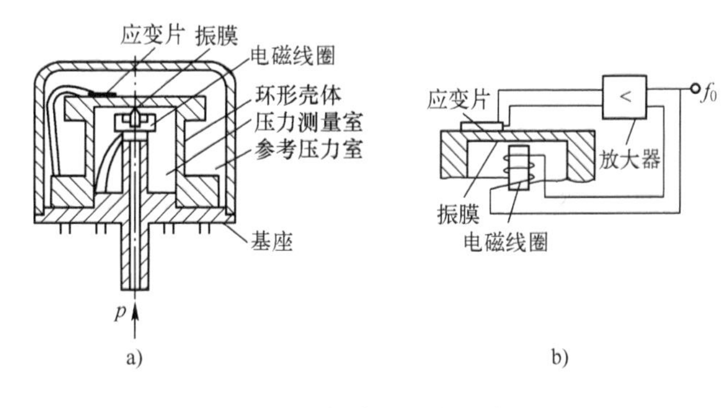

图 13-8　振膜式压力传感器

a）结构示意图　b）闭环正反馈自激振荡系统

在膜片上粘贴有应变片，它可以输出一个与谐振频率相同的信号。此信号经放大器放大后，再反馈给激振线圈以维持膜片的连续振动，构成一个闭环正反馈自激振荡系统，如图 13-8b 所示。

13.4.3　振弦式压力传感器

振动元件是一根张紧的金属丝，称为振弦。它放置在磁场中，一端固定在支承上，另一端与测量膜片相连，并且被拉紧，具有一定的张紧力 T，张紧力的大小由被测参数所决定。在激励作用下，振弦会产生振动，其固有振动频率为

$$f_0 = \frac{1}{2\pi}\sqrt{\frac{c}{m}} \tag{13-8}$$

对于振弦来说，弦的横向刚度系数$c=\frac{T}{l}\pi^2$，弦的质量$m=\rho l$，则

$$f_0=\frac{1}{2l}\sqrt{\frac{T}{\rho}} \tag{13-9}$$

式中，T 为振弦的张紧力；l为振弦的有效长度；ρ为振弦的线密度，即单位弦长的质量。

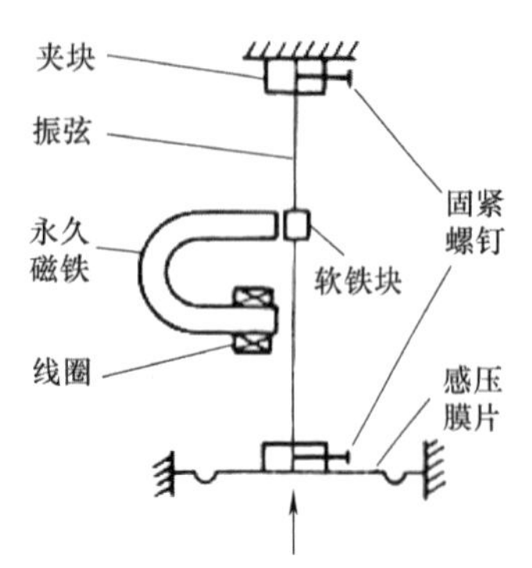

图 13-9 振弦式压力传感器的工作原理

振弦式压力传感器的工作原理如图 13-9 所示。

由式（13-9）可见，当振弦的长度l和线密度ρ已定，则固有振动频率f_0的大小就由张紧力T所决定。由于振弦置于磁场中，因此在振动时会感应出电动势，感应电动势的频率就是振弦的振动频率，测量感应电动势的频率即可得振弦的振动频率，从而可知张紧力的大小。

振弦的振动是靠电磁力的作用产生和维持的，可以采用连续激振或间歇激振两种方式。图 13-10 是一种连续激振的振弦式压力传感器的测量电路。振弦的电阻为r，它与电阻R_3串联形成分压电路，接在放大器 A 的输出端，a 点引出的分压U_a送到放大器的同相输入端作为正反馈。放大器的输出经过R_1、R_2分压后引入到反相输入端作为负反馈，并且在R_1旁并联了场效应晶体管 VF，起到自动稳幅和提高激振可靠性的作用。

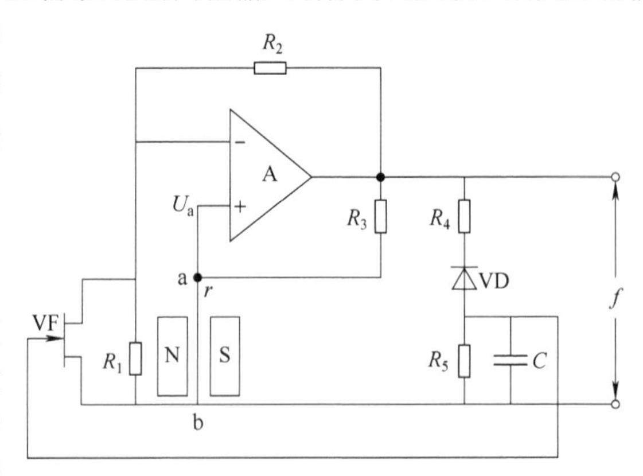

图 13-10 振弦式压力传感器的测量电路

场效应晶体管的栅极电压由R_4、VD、R_5及C组成的半波整流电路控制。如果由于工作条件变化使放大器输出幅值增加时，输出信号经R_4、VD、R_5及C检波后，R_5上的电压降为上负下正，使 VF 的栅极有较大的负电压，则场效应晶体管的源漏极之间的等效电阻增加，相当于R_1增大，从而使负反馈系数增大，信号放大的倍数降低，输出信号的幅值减小。反之，当条件变化引起输出幅值减小时，场效应晶体管的源漏极之间的等效电阻减小，相当于R_1减小，则信号放大的倍数提高，输出信号幅值增加，起到自动稳定振幅的作用。

利用上述原理可以制成不同结构的振弦式压力传感器。振弦式差压变送器的基本结构如图 13-11 所示。其精度可以达到±0.2%，它既可以测压力又可以测压差。振弦密封于保护管中，一端固定，另一端与膜片相连，低压作用在膜片 1 上，高压作用在膜片 8 上，两个膜片与基座之间充有硅油，并且经导管 7 相通，借助硅油传递压力并提供适当的阻尼，以防止出现振荡。硅油仅存在于膜片与支座之间，保护管 6 内并无硅油，所以对振弦的振动没有妨碍。

在低压膜片内侧中部有提供振弦初始张紧力的弹簧片 2，还有垫圈 3 和过载保护弹簧 4，使保护管中的振弦具有一定的初始张紧力。振弦的右端固定在帽状零件 9 上，此零

件套在保护管右端部，与高压膜片无直接关系。当差压过大时，硅油流向左方，垫圈 3 中央的固定端将会使振弦张紧力增大，这时过载保护弹簧会压缩而产生反作用力，使张紧力不再增大。若差压继续增大，高压膜片将会紧贴于基座上，从而防止过载损坏测量膜片。

永久磁铁的磁极装在保护管外，即图中的 N、S。振弦和保护管的热膨胀系数相近，以减小温度误差。保护管两端和支座之间装有绝缘衬垫 10，以便振弦两端信号线的引出（图中导线未标出）。

在差压的作用下会改变振弦的张紧力 T，差压增大，振弦的张紧力增大，由式（13-9）可知会引起振弦的振动频率变化。测得 f_0 的大小，则可知被测压差的大小。

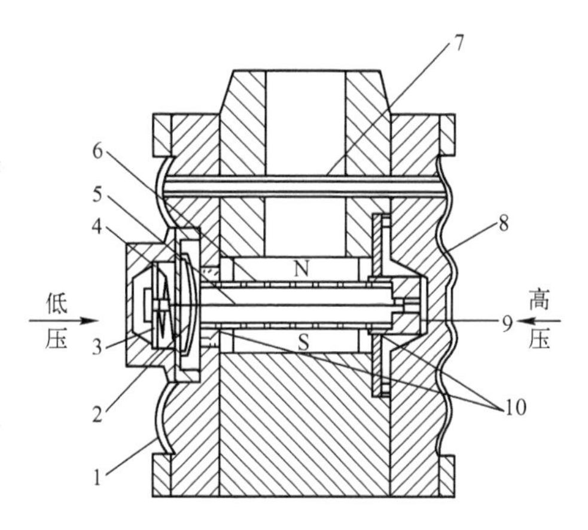

图 13-11　振弦式差压变送器结构

1、8—膜片　2—弹簧片　3—垫圈　4—过载保护弹簧　5—振弦　6—保护管　7—导管　9—帽状零件　10—绝缘衬垫

13.5 差压变送器

差压变送器通用性强，可用于连续测量差压、正压、负压、液位、重度等变量，与节流装置配合，还可以连续测量液体（或气体）流量。差压变送器将测量信号转换成标准统一信号，作为显示仪表、调节器或运算器的输入信号，以实现对上述参数的显示、记录或自动控制。

差压变送器主要有力平衡式差压变送器、电容式差压变送器和压阻式差压变送器等。

13.5.1 力平衡式差压变送器

力平衡式差压变送器基于力矩平衡原理工作，如图 13-12 所示。力平衡式差压变送器结构如图 13-13 所示，包括测量部分、杠杆系统、位移检测放大器、电磁反馈机构（差压变送器）。测量部分将被测差压 Δp（正、负压室压力之差）转换成相应的作用力 F_i，作用于主杠杆下端，使主杠杆以弹性密封膜片为支点偏转，并将 F_i 转换成对矢量机构的作用力 F_1，矢量机构将 F_1 分解成 F_2 和 F_3。F_2 使副杠杆以弹性支点做逆时针转动，使与杠杆连接的位移检测片（衔铁）更靠近差动变压器，改变了差动变压器的一、二次绕组的磁耦合，使二次绕组输出电压改变，经检测放大器转变成电流，该电流流过反馈动圈，产生电磁反馈力 F_f 作用于副杠杆的下端，当反馈力矩与 F_2 的驱动力矩相平衡时，放大器就有一确定的输出电流 I_o，它与被测压差 Δp_i 成正比。具体推导过程略。

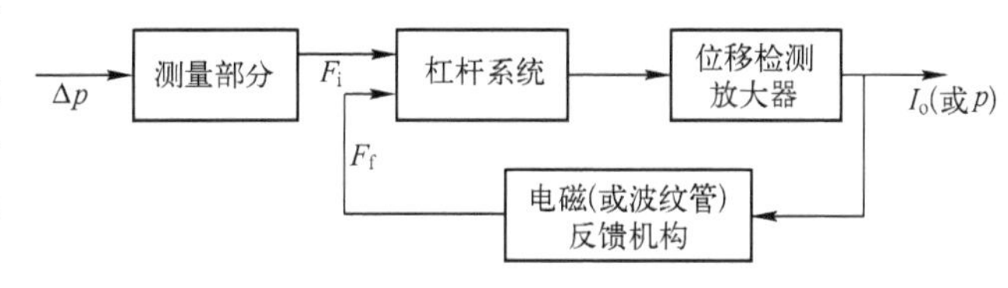

图 13-12　力平衡式差压变送器工作原理框图

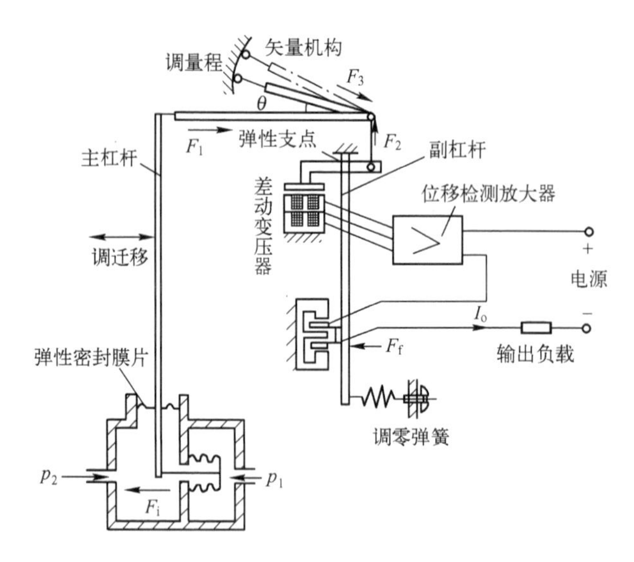

图 13-13 力平衡式电动差压变送器结构示意图

力平衡式差压变送器量程范围宽，测量精度高（一般准确度等级为 0.5 级），工作稳定可靠，线性好，但灵敏度低。

13.5.2 电容式差压变送器

电容式差压变送器包括测量部分和转换放大电路两部分，测量部分结构如图 13-14 所示。测量膜片由温度稳定性好的弹性圆形平面金属薄片制成，其在圆周方向张紧，作为差动电容的活动电极。在测量膜片左右，有两个蒸镀在凹球面上的金属膜固定电极，形成两个初值相等的电容。在测量膜片的两侧空腔中充满硅油。

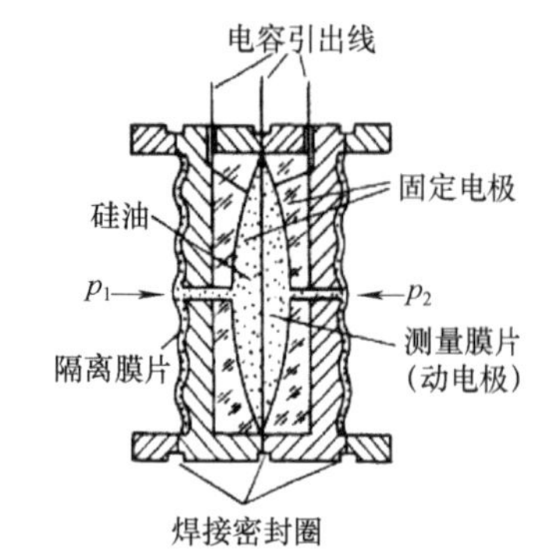

图 13-14 电容式差压变送器测量部分的结构

被测压力 p_1 和 p_2 分别作用于左右两个隔离膜片上，通过硅油将输入差压作用于测量膜片，使其向压力小的一侧弯曲变形（由平面变成球面），从而使测量膜片（即可动电极）与固定电极间的距离发生变化，组成的差动电容器的电容量发生变化，一个增大，另一个减小，此电容变化量再经电容/电流转换电路转换成直流电流信号，电流信号与调零信号的代数和同反馈信号进行比较，其差值送入放大电路，经放大得到 4～20mA 直流电流后输出。工作原理如图 13-15 所示。

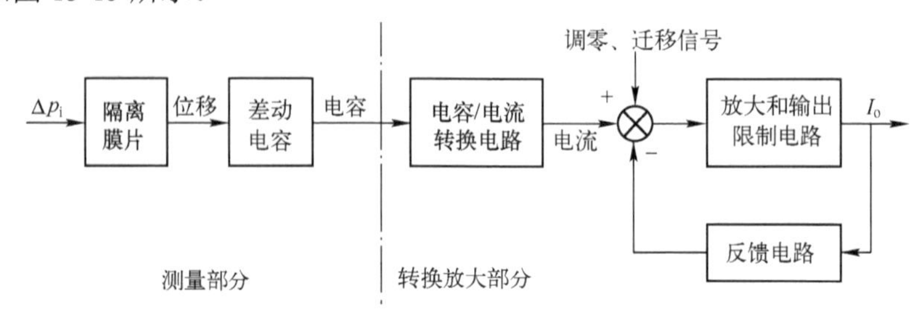

图 13-15 电容式差压变送器的工作原理

这种结构对膜片的过载保护很有利。当过大的差压作用在隔离膜片上时，它会贴靠到一边的凹球面上，不致超出弹性范围，因此不易损坏，压力减小到测量范围内，又能很好地恢复。与力平衡式相比，电容式差压变送器采用差动电容作为检测元件，整个变送器无机械传动调整装置，结构简单紧凑，具有高精度（准确度等级为 0.2 级）、高稳定性、高可靠性和高抗振性。

13.5.3 压阻式压力变送器

压阻式压力变送器采用单晶硅的压阻效应制成，具有体积小、质量轻、结构简单和稳定性好的优点，精度也较高（准确度等级为 0.25 级），便于批量生产，得到了广泛的应用。新型固态压阻式压力变送器利用集成电路工艺直接在硅膜片上扩散 4 个阻值相等的应变电阻，连接成测量电桥，并把补偿电路、信号转换电路集成在同一片硅片上，甚至将计算处理电路与传感器集成在一起，制成智能型传感器，如图 13-16 所示。由于制作传感器应变电阻的硅膜片本身又作为弹性元件使用，省去了金属弹性元件及应变片粘贴，结构更加简单，可靠性高，互换性强，是一种很有发展前途的传感器。

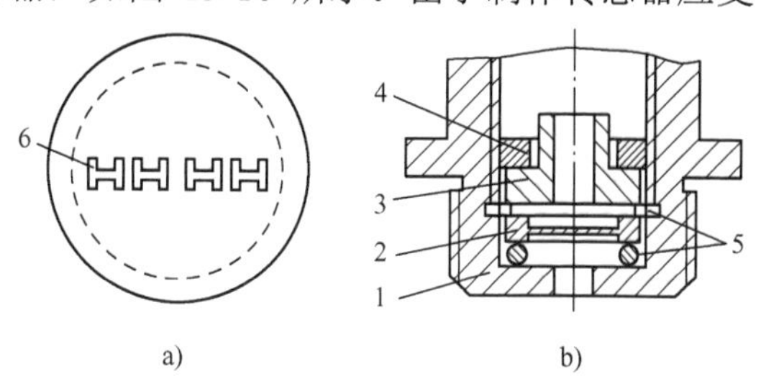

图 13-16 压阻式压力变送器

a）单晶硅片 b）结构

1—基座 2—单晶硅片 3—导环 4—螺母

5—密封垫片 6—等效电阻

当压力变化时，单晶硅产生应变，压阻效应使其上的应变电阻阻值发生变化，往往是两个电阻受拉力，另两个电阻受压力，受力方向相同的电阻接入电桥的相对两臂，从而使由这些电阻组成的电桥产生不平衡电压。在使用几伏的电源时，桥路输出信号幅度可达几百毫伏，且电阻温度漂移可得到很好的补偿。传感器上的不平衡电压信号经放大处理，输出 4～20mA 直流电流信号。

13.6 压力表校验

1. 活塞式压力计

常用的校验仪器是活塞式压力计，它由压力发生部分和压力测量部分组成，如图 13-17 所示。用活塞式压力计进行压力表的校验有两种方法，即砝码校验法和标准压力表比较法，可用来校准 0.35 级精密压力表，也可校准各种工业用压力表，可同时校验两块仪表，被校压力的最高值为 60MPa。

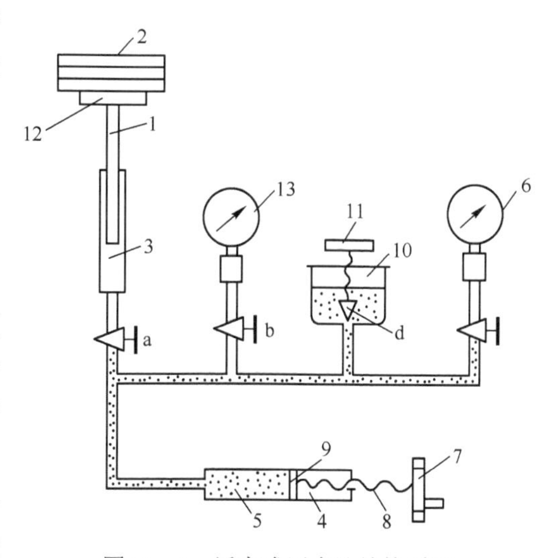

图 13-17 活塞式压力计结构原理

1—活塞 2—砝码 3—活塞缸 4—手摇泵 5—工作液

6、13—被校压力表 7—手轮 8—丝杠 9—手摇泵活塞

10—油杯 11—进油手轮 12—托盘

（1）压力发生部分

手摇泵 4，通过手轮 7 旋转丝杠 8，推动

工作活塞 9 挤压工作液，传递给工作活塞 1。

（2）压力测量部分

测量活塞 1 上端的托盘 12 上放有标准砝码 2，活塞 1 插入到活塞缸 3 内，下端承受手摇泵 4 向左挤压工作液 5 所产生的压力 p 的作用，当作用在活塞 1 下端的油压与活塞 1、托盘 12 及砝码 2 产生的压力相平衡时，活塞就被托起而稳定一定的位置上，因此，根据所加砝码、活塞和托盘的总质量 G 及活塞承压的有效面积 A，即可确定被测压力的数值，$p=G/A$，一般 $A=1\text{cm}^2$ 或 0.1cm^2，因而可准确方便地知道被测压力的数值。

（3）注意事项

1）选用标准压力表的允许基本误差应小于等于被校压力表的 1/3，标准压力表的量程应大于被校压力表的 1/3。

2）在全标尺范围内，总的校验点不得少于 5 个，在被校压力表量程的 0%、25%、50%、75%、100%5 点进行正、反行程的校验。

活塞式压力计的工作液，在 25MPa 以下一般采用变压器油或变压器油与煤油的混合油，25MPa 以上为癸二酸二酯。图 13-18 为西安仪表厂生产的活塞式压力计。

图 13-18 活塞式压力计

2. 气动压力校验泵

气动压力校验泵是采用标准压力表为基准的压力校验装置，用来产生一个可以精细调整的空气压力源，具有良好的密封特性，使整个系统无论是处于正压或负压状态都能保持稳定。

以 ConST117 便携气压泵为例进行介绍，如图 13-19 所示，由加压杆、压力微调手轮、压力/真空切换手柄等组成，可用于实验室或现场环境，采用开放、透明式设计，具有操作简单、升降压平稳、调节细度小、维护方便、不易泄漏的特点。内置的气液分离器和精心设计的排气阀有效避免了泵体的污染。特有的精密截止阀，保证了校验过程中压力的稳定性。独特设计的 M20×1.5 内螺纹快速接头，无须扳手和生料带即可完成压力仪表的快速拆装。精心设计的压杆结构，省力的造压过程可使校准工作事半功倍。

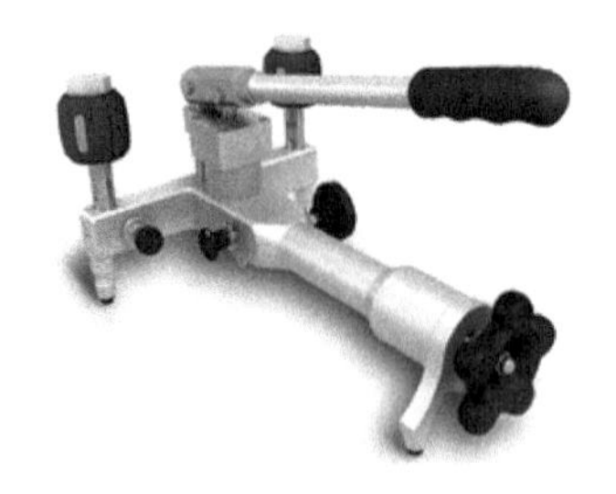

图 13-19 ConST117 便携气压泵

ConST117 便携气压泵的技术参数：压力范围为（−0.095～4）MPa；调节细度为 10Pa；传压介质为空气；压力连接为 M20×1.5（2 个）。

13.7 压力表的选用与安装

为使生产中的压力测量合理和有效，正确地选用和安装压力仪表是十分重要的，千万不可忽视。

13.7.1 压力表的选用

选择压力表应根据被测压力的种类（正压、负压或差压）、被测介质的物理化学性质和用途（指示、记录和远传），以及生产过程所提出的技术要求来选择。同时应本着既满足精度的要求，又要经济合理的原则，正确选择压力表的型号、量程和准确度等级。压力表的选用主要考虑三个方面。

1. 仪表类型的选择

必须根据工艺生产的要求来选择压力表类型。如是否需要远传变送、自动记录或报警；被测介质的性质（温度、黏度、腐蚀性、易燃易爆性）是否对仪表提出特殊的要求；现场环境条件（湿度、温度、磁场、振动）对仪表类型有无限制。因此，根据工业要求正确地选用压力表类型是保证仪表正常工作及安全生产的重要前提。

普通弹簧管压力表可以用于大多数压力测量的场合。压力表的弹簧管多采用铜合金、合金钢，而氨用压力表中的弹簧管材料却都采用碳钢，不允许采用铜合金，因氨对铜有很强的腐蚀性。氧气压力表应禁油，因为油进入氧气系统，容易引起燃烧、爆炸，所以校验氧气压力表时，不能像普通压力表那样采用变压器油作为工作介质。如果必须用带油污的压力表测量氧气压力，使用前必须用四氯化碳反复清洗，直至无油污为止。

压力表在特殊介质测量和环境条件下的类型选择，应考虑以下因素：

1）在腐蚀性较强、粉尘较多和淋液等环境恶劣的场合，宜选用密封式不锈钢及全塑压力表。

2）测量弱酸、碱和氨类及其他腐蚀性介质时，应选用耐酸压力表、氨压力表或不锈钢膜片压力表。

3）测量具有强腐蚀性、含固体颗粒、结晶、高黏稠液体介质时，可选用隔膜压力表。

4）在机械振动较强的场合，应选用耐振压力表或船用压力表。

5）在易燃、易爆的场合，如需电接点信号时，应选用防爆电接点压力表。

6）测量氨、氧、氢气、氯气、乙炔、硫化氢等介质时，应选用专用压力表。

2. 测量范围的确定

压力表的量程范围应根据被测压力的大小来确定。一方面，为了避免压力表超压损坏，压力表的上限值应该高于工艺生产中可能的最大压力值，并留有波动余地；另一方面，为了保证测量值的准确性，所测压力不能接近于压力表的下限。

对于弹性压力计，在被测压力比较平稳的情况下，最大工作压力不应超过仪表测量上限值的 2/3；在测量波动较大的压力时，最大工作压力不应超过仪表测量上限值的 1/2；测量高压压力时，最大工作压力不应超过仪表测量上限值的 3/5。但是，被测压力的最小值应不低于所选仪表量程的 1/3。

3. 压力表精度的选取

一般地说，仪表的精度越高，测量结果越准确、可靠，而仪表的价格也会越高，操作和维护要求越高。因此，在满足工艺要求的前提下，还必须本着节约的原则，选择仪表的准确度等级。

所选压力计的准确度等级，应小于等于根据工艺允许的最大测量误差计算出的精度值。

13.7.2　压力表的安装

压力检测系统由取压点、导压管、压力表及一些附件组成，各个部件安装正确与否对压力测量精度都有一定的影响。

1. 取压点的选择

选择的取压点处的压力能反映被测压力的真实大小，具体注意以下几点：

1）取压点要选在被测介质直线流动的管段上，不要选在管道拐弯、分岔、死角及易形成涡流的地方。

2）测量流动介质的压力时，应使取压点与流动方向垂直，取压管内端面与生产设备连接处的内壁应保持平齐，不应有突出物或毛刺。

3）测量液体压力时，取压口应在管道下部，导压管内不积存气体；测量气体压力时，取压点应在管道上部，导压管内不积存液体。

2. 导压管的铺设

1）导压管的粗细合适，一般内径应为 6～10mm，尽可能短，防止产生过大的测量滞后，长度一般不超过 50m。

2）水平安装的导压管应有 1：10～1：20 的坡度，坡向应有利于排液（测量气体的压力时）或排气（测量液体的压力时）。

3）当被测介质易冷凝或易冻结时，应加装保温伴热管。

4）为了检修方便，在取压口与仪表之间应装切断阀。

3. 压力表的安装

1）压力表应安装在能满足仪表使用环境条件，并易观察、易检修的地方。

2）安装地点应尽量避免振动和高温影响。对于蒸汽和其他可凝性热气体，压力表应选用带冷凝管的安装方式，如图 13-20a 所示。

3）测量有腐蚀性、黏度较大、易结晶、有沉淀物的介质时，应优先选取带隔膜的压力表及远传膜片密封变送器，如图 13-20b 所示。

4）压力表的连接处应加装密封垫片，一般温度低于 80℃、压力低于 2MPa 时，用橡胶或四氟垫片；在温度为 450℃及压力为 5MPa 以下时用石棉垫片或铝垫片；温度及压力更高时（50MPa 以下）用退火紫铜或铅垫。选用垫片材质时，还要考虑介质的性质。如测量氧气压力时，不能使用浸油垫片、有机化合物垫片；测量乙炔压力时，不得使用铜制垫片。

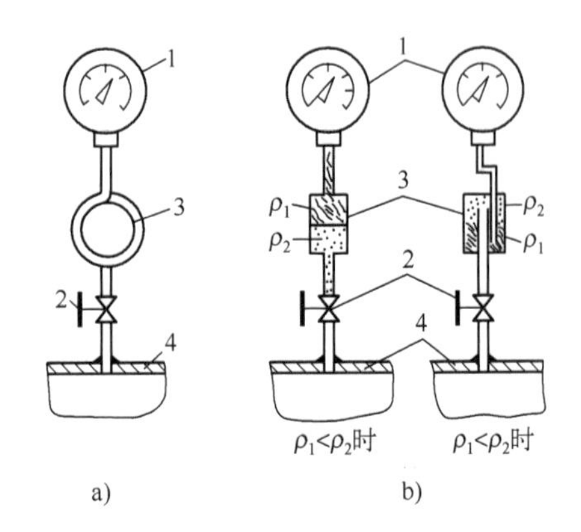

图 13-20 压力表安装示意图

a）测量蒸汽时 b）测量有腐蚀性介质时

1—压力计 2—切断阀 3—凝液管 4—取压容器

5）仪表必须垂直安装，若装在室外时，还应加装保护箱。

6）当被测压力不高，而压力表与取压口又不在同一高度时，需要对高度差所引起的测量误差进行修正。

7）测量高压的仪表除要求有通气孔外，安装时表壳应面向墙壁或无人处，以防发生意外。

知识拓展

常用压力表

为了便于比较和选用，表 13-2 列出了常用压力表的原理、主要特点和应用场合。

表 13-2　常用压力表的原理、主要特点和应用场合

种　类		原　理	主要特点与应用场合
液柱式压力计		液体静力学平衡原理	结构简单，使用方便，测量范围较窄，玻璃易碎；用于测量低压力及真空度或作为标准计量仪表
弹性压力计	弹簧管	力—形变（位移）转换原理	直接安装，就地测量或校验
	膜片		用于腐蚀性、高黏度介质测量
	膜盒		用于微压的测量与控制
	波纹管		用于生产过程低压的测控
活塞式压力计		液体静力学平衡原理	结构简单、坚实、精度极高，广泛用作压力基准器
压力传感器	应变式	力—电转换原理	精度高，体积小，质量轻，耐冲击；测量范围宽，固有频率高；受温度影响大，需要补偿
	电感式		简单可靠，输出信号大；频率响应范围窄，线性范围小，要求电源幅值、频率稳定度高，精度不高
	电容式		动态响应快，灵敏度高，抗过载能力强，可在高温、低温、强辐射环境工作；输出阻抗高，寄生电容影响大，输出非线性严重
	压电式		体积小，质量轻，结构简单，响应速度极快，限于动态测量，对振动、温度、电磁场敏感
	压阻式		体积小，灵敏度高，线性度高，频响宽，可测直流信号，抗过载能力强，性能稳定可靠，电阻温度系数大，需要补偿
	谐振式		振弦式过载能力强，自然频率低，需做线性化处理；振筒式精度高，体积小，自然频率高
	霍尔式		灵敏度高，测量仪表简单；对外磁场影响敏感，温度影响大

常用压力表规格及型号见表 13-3。

表 13-3　常用压力表规格及型号

名称	型号	结构形式	测量范围/MPa	精度（%）
弹簧管压力表	YZ-60	径向无边	-0.1～0，0～0.1，0～0.16，0～0.25，0～0.4，0～0.6，0～1，0～1.6，0～0.25，0～4，0～6	2.5
	YZ-60T	径向带后边		
	YZ-60Z	径向无边		
	YZ-60ZQ	径向带前边		
	YZ-100	径向无边	-0.1～0，-0.1～0.06，-0.1～0.15，-0.1～0.3，-0.1～0.5，-0.1～0.9，-0.1～1.5，-0.1～2.4，0～0.1，0～0.16，0～0.25，0～0.4，0～0.6，0～1，0～1.6，0～2.5，0～4，0～6	1.5
	YZ-100T	径向带后边		
	YZ-100TQ	径向带前边		

（续）

<table>
<tr><th>名称</th><th>型号</th><th>结构形式</th><th>测量范围 / MPa</th><th>精度（%）</th></tr>
<tr><td rowspan="9">弹簧管压力表</td><td>YZ-150</td><td>径向无边</td><td rowspan="3">-0.1～0，-0.1～0.06，-0.1～0.15，-0.1～0.3，-0.1～0.5，-0.1～0.9，-0.1～1.5，-0.1～2.4，0～0.1，0～0.16，0～0.25，0～0.4，0～0.6，0～1，0～1.6，0～2.5，0～4，0～6</td><td rowspan="9">1.5</td></tr>
<tr><td>YZ-150T</td><td>径向带后边</td></tr>
<tr><td>YZ-150TQ</td><td>径向带前边</td></tr>
<tr><td>YZ-100</td><td>径向无边</td><td rowspan="6">0～10，0～16，0～25，0～40，0～60</td></tr>
<tr><td>YZ-100T</td><td>径向带后边</td></tr>
<tr><td>YZ-100TQ</td><td>径向带前边</td></tr>
<tr><td>YZ-150</td><td>径向无边</td></tr>
<tr><td>YZ-150T</td><td>径向带后边</td></tr>
<tr><td>YZ-150TQ</td><td>径向带前边</td></tr>
<tr><td rowspan="5">电接点压力表</td><td>YX-150</td><td>径向</td><td>-0.1～0.1，-0.1～0.15，-0.1～0.3，-0.1～0.5，-0.1～0.9，-0.1～1.5，-0.1～2.4，0～0.1，0～0.16，0～0.25，0～0.4，0～0.6，0～1，0～1.6，0～2.5，0～4，0～6</td><td rowspan="5">1.5</td></tr>
<tr><td>YX-150TQ</td><td>径向带前边</td><td>-0.1～0.1，0.1～0.15，-0.1～0.3，-0.1～0.5，-0.1～0.9，-0.1～1.5，-0.1～2.4，0～0.1，0～0.16，0～0.25，0～0.4，0～0.6，0～1，0～1.6，0～2.5，0～4，0～6</td></tr>
<tr><td>YX-150A</td><td>径向</td><td rowspan="2">0～10，0～16，0～25，0～40，0～60</td></tr>
<tr><td>YX-150TQ</td><td>径向带前边</td></tr>
<tr><td>YX-150</td><td>径向</td><td>-0.1～0</td></tr>
<tr><td rowspan="4">活塞式压力计</td><td>YS-2.5</td><td>台式</td><td>-0.1～0.25</td><td rowspan="4">0.02
0.05</td></tr>
<tr><td>YS-6</td><td>台式</td><td>0.04～0.6</td></tr>
<tr><td>YS-60</td><td>台式</td><td>0.1～6</td></tr>
<tr><td>YS-600</td><td>台式</td><td>1～60</td></tr>
</table>

习　题

1. 弹性压力计根据所用弹性元件来分，可分为（　　）。

   A. 薄膜式、波纹管式、弹簧管式　　B. 平膜式、波纹膜式、挠性膜式

   C. 薄膜式、波纹管式、波登管式　　D. 以上都不对

2. 弹性压力计测量所得的是（　　）。

   A. 绝对压力　　B. 表压力　　C. 大气压　　D. 以上都不是

3. 弹性压力计测压力，在大气中它的指示为 p，如果把它移到真空中，则仪表指示（　　）。

   A. 不变　　B. 变大　　C. 变小　　D. 不确定

4. 下列有关压力取源部件的安装形式，说法错误的是（　　）。

A. 取压部件的安装位置应选在介质流速稳定的地方

B. 压力取源部件与温度取源部件在同一管段上时，压力取源部件应在温度取源部件的上游侧

C. 压力取源部件在施焊时注意端部要超出工艺设备或工艺管道的内壁

D. 当测量温度高于 60℃的液体、蒸汽或可凝性气体的压力时，就地安装压力表的取源部件应加装环形弯或 U 形冷凝弯

5. 某容器上安装的压力变送器的示值是指容器的（　　）。

A. 真空度　　B. 表压　　C. 绝对压力　　D. 负压

6. 安装压力变送器时，当管内介质为液体时，在管路的最高点应安装（　　）。

A. 沉降器　　B. 冷凝器　　C. 集气器　　D. 隔离器

7. 压力测量仪表引压管路的长度按规定应不大于（　　）。

A. 20m　　B. 50m　　C. 80m　　D. 100m

8. 某压力变送器的测量范围原为 0～100kPa，现需将零位迁移 50%，则仪表测量范围为（　　）。

A. −50～+50kPa　　B. 50～150kPa　　C. 100～200kPa　　D. 无法确定

9. 电/气转换器是把 4～20mA 的直流信号转换成（　　）的标准气动压力信号。

A. 4～20mA　　B. 1～5V　　C. 20～100kPa　　D. 0～100kPa

10. 当测量高压压力时，正常操作压力应为量程的（　　）。

A. 1/3　　B. 2/3　　C. 3/4　　D. 3/5

11. 用活塞式压力计校验压力表（见图 13-17），大致可分为以下五个步骤：

1）校验前先把压力计上的水平气泡调至中心位置，然后检查油路是否畅通，若无问题，便可装上被校压力表，进行校验。

2）关闭阀门 d，打开针形阀 a、b（假设被校表装在针形阀 b 上，即 13），右旋手轮，产生初压使托盘升起，直到与定位指示筒的墨线刻度相齐为止。

3）打开油杯阀门 d，左旋手轮，使压力泵油缸充满油液。

4）右旋手轮，同时增加砝码，注意增加砝码时，需用手轻轻拨转砝码。

5）检验完毕，左旋手轮，逐步卸去砝码，最后打开油杯阀门，卸去全部砝码。

以上操作步骤正确的是（　　）。

A. ①—②—③—①—⑤　　B. ①—①—②—④—⑤

C. ①—④—②—③—①　　D. ①—④—③—②—⑤

12. 仪表检定校验时一般要调校（　　）。

A. 2 个点　　B. 3 个点　　C. 5 个点　　D. 6 个点

13. 在检修校验工作液为水的液柱式压力计时，人们在水中加一点红墨水，其结果会造成（　　）。

A. 测量结果偏高　B. 测量结果偏低　C. 测量结果不变　　D. 不确定

14. 什么是压力？表压力、绝对压力、负压（真空度）之间有何关系？

15. 常用于测量压力的方法中，按工作原理可以分为哪四种？

16. 压力变送器的测量范围原为0～100kPa，现零点迁移100%，则仪表的测量范围变为多少？仪表的量程是多少？输入压力为多大时，仪表的输出为4 MPa、12 MPa、20MPa?

17. 在校验1151AP绝对压力变送器时，发现只要通上电源，仪表就有12mA输出。这种现象正常吗？已知仪表的测量范围为50～150kPa绝对压力，当时的大气压力为100kPa。

18. 简述差压变送器的投用过程。

19. 简述活塞式压力计的工作原理。

20. 有一台测量某容器压力的压力变送器，其测量范围为-0.1～+0.5MPa。请通过计算叙述用活塞式压力计检验该表的方法。

综合训练

大气压强检测仪

设计要求：设计基于STM32的大气压强检测仪，主要由STM32F103、GYBMP280大气压强传感器、LCD1602、蜂鸣器、键盘等部分组成。

系统功能及主要技术指标：检测大气压强并显示在液晶屏上。

第 14 章　流量检测

14.1 流量测量的基本知识

流量通常是指单位时间内流经管道某截面的流体的数量，即瞬时流量；在某一段时间内流过的流体总和，称为累积流量。

瞬时流量和累积流量可以用体积表示，也可以用质量表示。

1. 体积流量

瞬时体积流量用 Q_v 表示，累积体积流量用 Q'_v 表示，根据定义有

$$Q_v = \int_A v\mathrm{d}A = \bar{v}A \tag{14-1}$$

$$Q'_v = \int_t Q_v \mathrm{d}t \tag{14-2}$$

式中，v 为截面 A 中某一微元面积 $\mathrm{d}A$ 上的流速；$\bar{v}$ 为截面 A 上的平均流速。

2. 质量流量

瞬时质量流量用 Q_m 表示，累积质量流量用 Q'_m 表示。质量可用体积与密度之积表示为

$$Q_m = \rho Q_v \tag{14-3}$$

$$Q'_m = \rho Q'_v \tag{14-4}$$

式中，ρ 为流体的密度。

体积流量的单位用 m^3/h、m^3/s、L/min 表示；质量流量的单位为 kg/s，也可以用 kg/h；总量的单位为 m^3/kg。

流量测量是检测技术的重要组成部分，流量计量与测试技术在各领域都得到了广泛的应用，在贸易结算、能源计量、过程控制、环境保护、医药卫生等方面的检测发挥了主要作用，并推动和支持着国民经济的不断发展。特别是近年来随着能源和水资源的全球性匮乏，随着西气东输、南水北调等国家重点工程的启动，全社会对流量计量和测试技术的要求越来越高。因此，研究和探索满足各种使用条件的流量测试技术并提高测量精度成为流量计量与测试工作者的不懈追求。

流量计量应用于各种不同场合和环境条件，流体介质有气体、液体，还有特殊介质（两相流或三相流），流体的参数（黏度、密度、压力、温度、清洁度、流动状态）有较大差异，流量检测又是动态的，对流量仪表的结构、原理、工艺、信号处理都提出了智能化的要求，给流量检测技术带来无数技术难题，要求流量计量人员去研究、探索和解决。

据统计，流量计有百余种，而且每种流量计都有其独特的应用场合，其他流量计不能

取代，这就需要检测人员认真分析各种流量计的特点。在许多情况下，由于流量计使用不适合，导致计量不准。因此，客观公正地描述各种流量计的特点，引导用户正确选用流量计是检测人员的重要责任。

流量计将流量转换成其他非电量，如差压、转速、位移、频率等，用自动检测仪表将这些非电量转换为标准电信号，送给显示仪表显示，并（或）传递给控制系统作为输入信号（测量值）。

14.2 差压式流量计

差压式流量计是基于流体的节流原理，利用流体流经节流装置时产生的压力差而实现流量测量的。

流体在管道中流动时，在节流装置前后的管壁处，流体的静压力产生差异的现象称为节流现象。

节流装置包括节流件和取压装置，节流件是能使管道中的流体产生局部收缩的元件，应用最广泛的是孔板，其次是喷嘴、文丘里管等。

1. 节流原理与流量方程

管道中流动的流体具有一定的能量，即静压能和动能，并能相互转化。图14-1为孔板前后流体的速度和静压力变化情况。流体在截面1前，流速为v_1，静压力为p_1'，接近孔板时，管壁处的流体受阻挡最大，使部分动能转换成静压能，静压力升高，产生靠近管壁流体与管道中心流体间的径向压差，从而使靠近管壁流体的流向与管道轴线相倾斜，形成流束收缩运动。由于惯性作用，流束最细处在孔板后的截面2处，这时流速v_2最大，静压力p_2'最小，随后流束逐渐扩大，到截面3完全复原，流速$v_3 = v_1$。

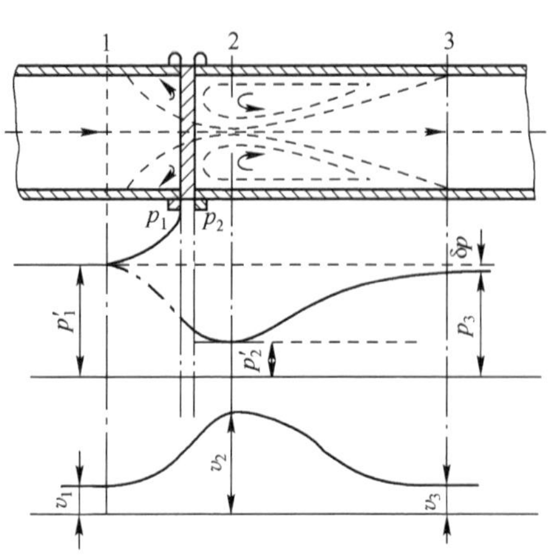

图14-1 孔板前后流体的速度和静压力变化

由于节流装置的存在，流体形成局部涡流和克服摩擦力消耗部分能量，所以流体的静压力不能恢复到原来的数值p_1'，压力损失为$\delta p = p_1' - p_3$。

理想流体的伯努利方程为

$$\frac{p_1'}{\rho} + \frac{{v_1}^2}{2} = \frac{p_2'}{\rho} + \frac{{v_2}^2}{2} \tag{14-5}$$

流体连续方程为

$$\rho \frac{\pi}{4} D^2 v_1 = \rho \frac{\pi}{4} {d_2}^2 v_2 (即 A_1 v_1 = A_2 v_2) \tag{14-6}$$

式中，ρ为流体密度；D、A_1为管道直径和截面积；d_2、A_2为流束最细处（截面2处）的流束直径和截面积。

式（14-5）、式（14-6）联立解得截面2的流速为

$$v_2 = \frac{1}{\sqrt{1-\left(\frac{d_2}{D}\right)^4}}\sqrt{\frac{2}{\rho}(p_1' - p_2')} \tag{14-7}$$

截面 2 处的体积流量为

$$Q_v = A_2 v_2 = \frac{\pi}{4}d_2^{\ 2}v_2 = \frac{1}{\sqrt{1-\left(\frac{d_2}{D}\right)^4}}\frac{\pi}{4}d_2^{\ 2}\sqrt{\frac{2}{\rho}(p_1' - p_2')} \tag{14-8}$$

由于最细流束截面 2 的位置不固定，它随流体性质及直径比$\beta = d/D$变化而变化，因此不可能取出最小截面压力，而只能取出固定取压位置处的压力差$\Delta p = p_1 - p_2$，并且d_2、A_2无法测量，用节流元件开孔直径d和开孔截面积A_0代替。

设流束收缩系数 $\mu = \frac{A_2}{A_0} = \frac{d_2^2}{d^2}$

则 $d_2^2 \mu = \mu d^2$

设压力修正系数 $\lambda = \frac{p_1' - p_2'}{p_1 - p_2}$

式中，p_1、p_2为孔板前后固定位置处的静压力。

修正后的流量公式为

$$Q_v = A_0 \frac{\mu\sqrt{\lambda}}{\sqrt{1-\mu^2\beta^4}}\sqrt{\frac{2}{\rho}(p_1 - p_2)} \tag{14-9}$$

设流量系数 $\alpha = \frac{\mu\sqrt{\lambda}}{\sqrt{1-\mu^2\beta^4}}$

则体积流量公式为

$$Q_v = \alpha A_0\sqrt{\frac{2}{\rho}(p_1 - p_2)} = \alpha A_0\sqrt{\frac{2}{\rho}\Delta p} \tag{14-10}$$

质量流量公式为

$$Q_m = \alpha A_0\sqrt{2\rho(p_1 - p_2)} = \alpha A_0\sqrt{2\rho\Delta p} \tag{14-11}$$

影响流量系数α的因素有节流件的形式、取压方式、节流件开孔直径、管道直径、流体的流动状态等。对于标准节流装置，只要使节流件的结构和安装条件符合规程，可根据节流件的结构形式、取压方式、直径比β和介质雷诺数 Re，直接从表格查取α_0；对于粗糙管道的流量系数，要乘管道粗糙度修正系数γ_{Ra}（手册上查得），流量系数$\alpha = \gamma_{Ra}\alpha_0$。对于非标准节流装置，则需要通过实验确定$\alpha$值。

对于可压缩流体，节流件前后密度发生变化，$\rho_1 \neq \rho_2$，规定节流前的流体密度ρ_1，引入流束膨胀校正系数ε，通过查阅相关手册可获得ε。对于不可压缩流体，常取$\varepsilon = 1$。流量公式为

$$Q_v = \alpha\varepsilon A_0\sqrt{\frac{2}{\rho}(p_1 - p_2)} = \alpha\varepsilon A_0\sqrt{\frac{2}{\rho}\Delta p} \tag{14-12}$$

2. 节流装置

标准节流件包括孔板、喷嘴和文丘里管，其结构如图 14-2 所示。

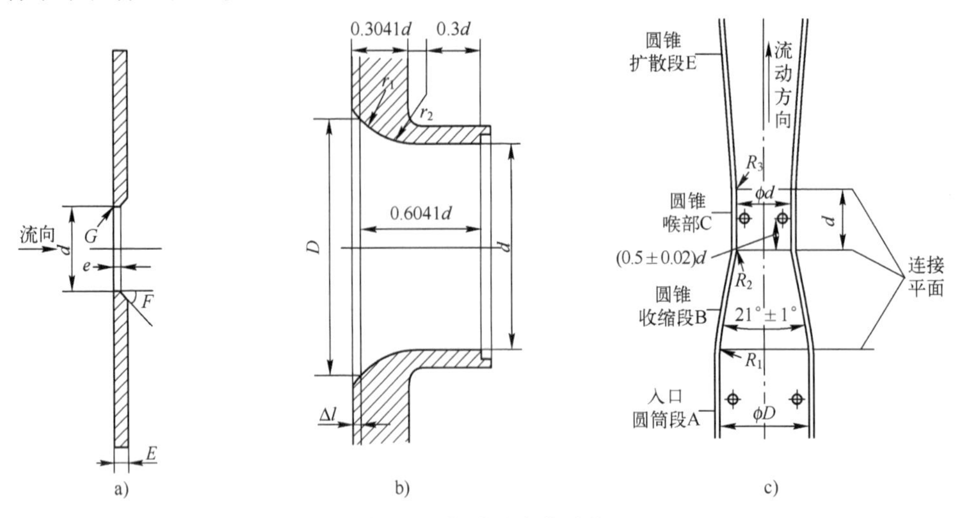

图 14-2 标准节流件结构

a）孔板 b）喷嘴 c）文丘里管

工程上对节流装置的结构、尺寸、加工要求、取压方式、使用条件等都进行了标准化。如标准孔板的开孔直径与管道直径比 d/D 为 0.2～0.8；最小孔径不小于 12.5mm；直孔部分厚度 $e=(0.005\sim0.02)D$；总厚度 $E\leqslant0.05D$；锥面斜角 $F=30°\sim45°$，上游边缘 G 必须是 90°等。喷嘴和文丘里管的结构参数这里不做介绍，需要时参阅相关手册。

取压方式决定了流量公式中的 $\Delta p=p_1-p_2$，我国规定取压方式分为角接取压和法兰取压。标准孔板可采用上述两种取压方式，标准喷嘴只能采用角接取压。角接取压是在孔板前后端面与管壁的夹角处取压，通过环室或单独钻孔结构实现，如图 14-3a 所示。环室结构取压能得到较好的测量精度，但加工和安装要求严格。法兰取压是由两个带取压孔的法兰组成，如图 14-3b 所示。

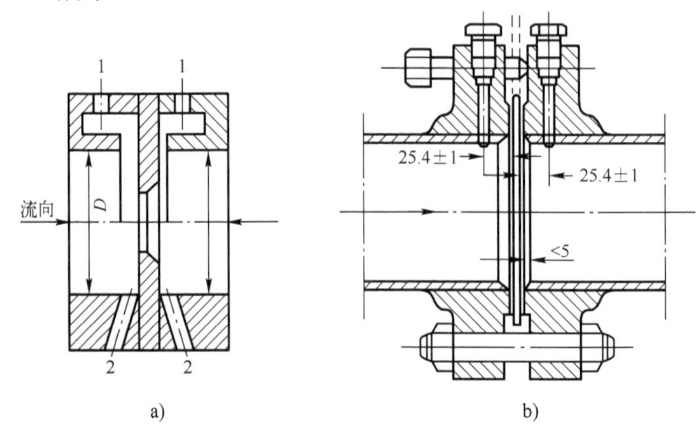

图 14-3 取压方式

a）角接取压法 b）法兰取压法

1—环室结构 2—单独钻孔结构

标准节流装置的使用条件：

1）不适用于脉动流和超音速流的流量测量，流体必须是单相均质流体。

2）流体必须充满节流装置，流体在流进节流元件前，其流束必须与管道轴线平行，不得有旋转流。

3）在节流元件两侧两倍管道直径以内，管道内表面没有突出物和肉眼可见的粗糙不平现象。

4）在节流元件上、下游侧，应有一定长度的圆直管段。一般在节流元件前 10*D*、节流元件后 5*D* 范围内，必须是直管段，其长度可根据上游局部阻力件形式及 β 值查有关手册。

5）适用于管道直径大于 50mm 的管道，雷诺数在 10^4～10^5 以上的流体。

3. 节流装置的安装

差压式流量计具有结构简单、价格低廉、使用方便的优点，是目前工业生产中应用最多的一种流量计，占比约 70%。但在现场实际使用差压式流量计时，往往有较大的测量误差，这是由于选型、设计计算、加工制造、安装和维护不当造成的。下面仅就安装方面的原因进行讨论。

1）测量流体流量时，取压点在节流装置的下半部，使两根导压管内充满同样的液体而无气泡，由导压管液柱引起的压力相互抵消。差压式流量计最好装在节流装置下部，如图 14-4a 所示。如果差压式流量计一定要装在上部，引压管的最高处要安装集气器，最低处要安装沉降器，以便排出管内的气体或沉积物。

2）测量气体流量时，取压点在节流装置的上半部，引压导管垂直向上，以使导压管内不滞留液体。差压计最好安装在节流装置上部，如果一定要装在下部，引压管的最低处要安装沉降器，如图 14-4b 所示，以便排出冷凝液或污物。

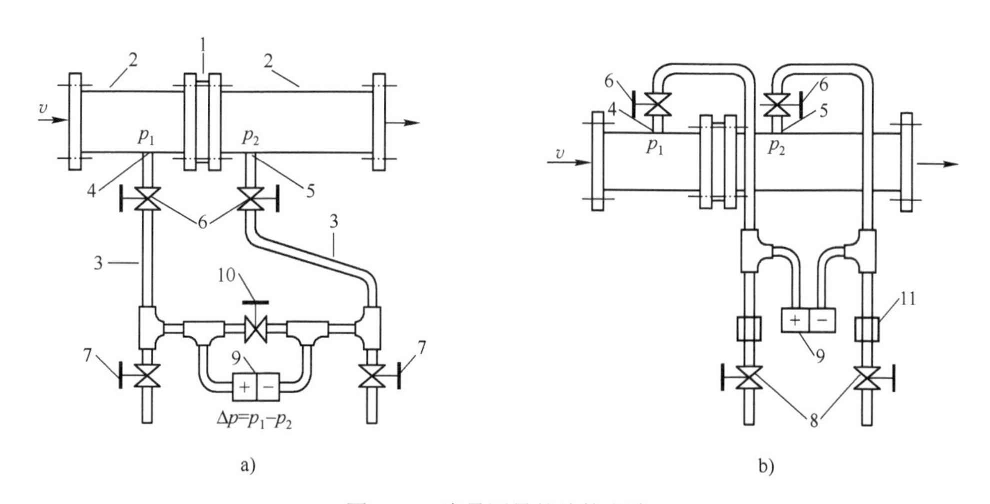

图 14-4　流量测量的连接方法

a）液体流量测量　b）气体流量测量

1—节流元件　2—前后直管段　3—导压管　4—前取压点　5—后取压点
6—切断阀　7—排污阀　8—排放阀　9—差压变送器　10—平衡阀　11—沉降器

4. 差压式流量计的投运

由引压导管至差压变送器前，必须安装切断阀和平衡阀组成的三阀组。图14-5差压式流量计测量系统中，有关各阀原先都处于关闭状态，则仪表投运时应按以下步骤进行：

1）打开节流装置引压口截止阀1和2，使压力经引压管传至表前。

2）打开平衡阀7，使正、负压室连通，差压式流量计的正、负压室承受同样压力。

3）打开正侧切断阀5，逐渐开启负侧切断阀6。

4）关闭平衡阀7，仪表投入运行。

停运仪表时，步骤与开表相反，即先打开平衡阀7，然后再关闭正、负侧切断阀5、6，最后再关平衡阀7。

运行过程中如果需要校验仪表零点，只需打开平衡阀7，关闭切断阀5、6即可。

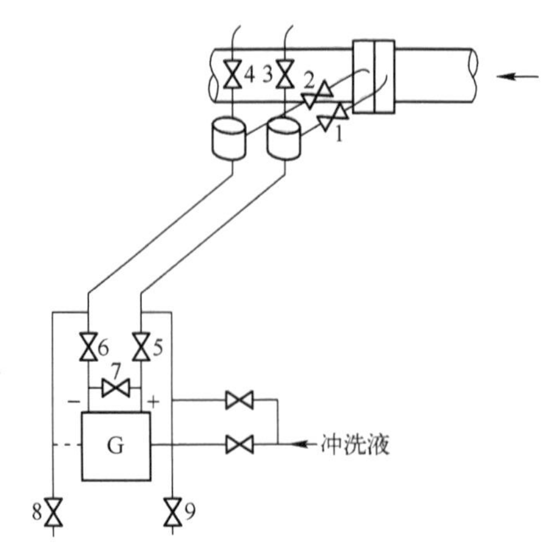

图14-5 差压式流量计系统图

1、2—引压口截止阀 3、4—放空阀 5—正侧切断阀 6—负侧切断阀 7—平衡阀 8、9—排污阀 G—差压变送器

14.3 转子流量计

14-1 转子流量计

工业生产中也常遇到小流量测量问题，差压流量计测量小流量精度较低，而转子流量计特别适合小流量的测量，可小到每小时几升。

转子流量计结构如图14-6a所示，由两部分组成，一个是由下往上逐渐扩大的锥形管；另一个是放在锥形管内的自由运动的转子。

被测流体自下而上流过锥形管与转子之间的环隙，当差压Δp 对浮子产生向上的作用力与介质对浮子的浮力之和等于浮子重量时，浮子就处于平衡状态，即

$$V(\rho-\rho_{\mathrm{f}})g=(p_1-p_2)A \tag{14-13}$$

式中，V为转子体积；ρ为转子密度；ρ_{f}为流体密度；A为转子最大横截面积；p_1，p_2为流体作用于转子下、上表面的压力。

当流量增大时，差压变大，使转子上移，转子与锥形管间的环隙变大，即流通面积变大，流体流速变慢，差压降低，直至三个力达到新的平衡状态，使转子稳定在一定高度。这样，转子在锥形管中的平衡位置与流量大小相对应，即

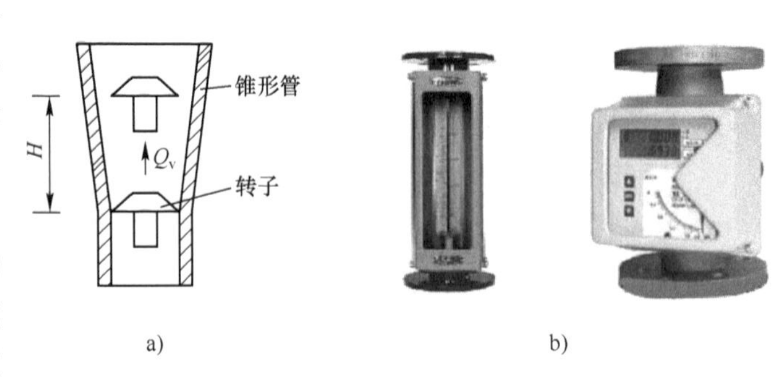

图14-6 转子流量计

a）结构示意图 b）实物图

$$\Delta p = p_1 - p_2 = \frac{V(\rho - \rho_f)g}{A} \tag{14-14}$$

转子流量计也属于差压式流量测量的一种，是差压恒定（上式右边是常数）、变流通面积的测量方法，而节流式差压流量计是恒定流通面积、变差压的测量原理。

体积流量 Q_v 与转子上升高度 H（流通面积）的函数关系为

$$Q_v = \phi H\sqrt{\frac{2}{\rho_f}\Delta p} = \phi H\sqrt{\frac{2gV(\rho - \rho_f)}{\rho_f A}} \tag{14-15}$$

式中，ϕ 为流量计结构等决定的仪表常数。

转子流量计可分为玻璃锥管转子流量计和金属锥管转子流量计，如图 14-16b 所示，前者的流量刻度标尺在管壁上，可直接读取所测流量值。对于不透明介质，高温、高压介质及需要指示远传时，多采用金属锥管转子流量计，其转子位移的检测目前多采用差动变压器结构，转子的上端与差动变压器的活动衔铁相连，转子的位移由差动变压器线圈转换成与流量相对应的输出电压。

转子流量计具有以下优点：

1）结构简单、直观、使用维护方便、成本低。

2）压力损失小且恒定。

3）尤其适用于小流量、低雷诺数的流体。

缺点：

1）测量精度受被测流体黏度、密度、纯净度以及湿度和压力的影响，也受安装垂直度和读数准确度的影响，精度一般在 2%左右。

2）被测流体的流动为单相、无脉动的稳定流。

3）不能测高压流体。

4）不能有机械振动。

5）转子流量计是非标准化仪表。出厂时，液体是以水标定的，气体是以空气标定的，若实际流体密度和黏度有较大变化，需用实际流体重新标定。

对液态

$$\frac{q_{v1}}{q_{vw}} = \sqrt{\frac{\rho_f - \rho_1}{\rho_f - \rho_w}\frac{\rho_w}{\rho_1}} \tag{14-16}$$

式中，q_{v1}、ρ_1 为实际被测流体的体积流量、密度；q_{vw}、ρ_w 为出厂标定时水的体积流量、密度；ρ_f 为转子材料的密度。

对气体

$$\frac{q_{v0}}{q_v} = \sqrt{\frac{p}{p_0}}\sqrt{\frac{T_0}{T}} \tag{14-17}$$

式中，q_{v0}、p_0、T_0 为标准状态下（20°C，0.1013MPa）的体积流量、绝对压力和热力学温度；q_v、p、T 为工作状态下的体积流量、绝对压力和热力学温度。

14.4 电磁流量计

当测量导电液体的流量时，可应用电磁感应的方法进行测量。电磁流量计能测酸、碱、盐溶液及含有固体颗粒或纤维液体的流量。

电磁流量计是根据法拉第电磁感应原理设计的，如图14-7所示，它由均匀磁场、不导磁不导电材料的管道、电极和测量仪表构成。其中，磁场方向、电极和管道轴线在空间上互相垂直。

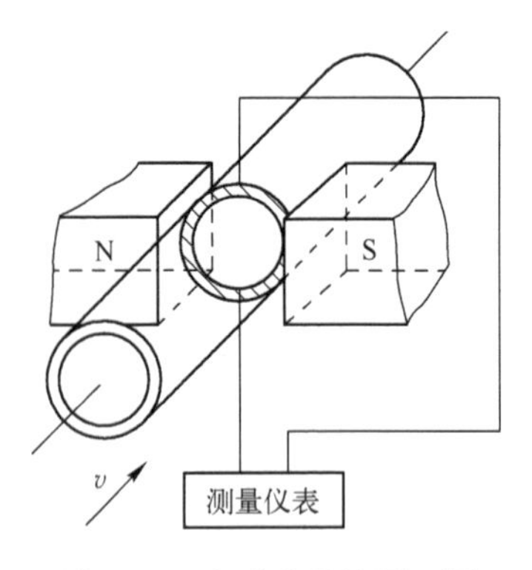

图14-7 电磁流量计原理图

当被测导电流体在管道里流动时，也在做切割磁力线运动，于是在磁场和流动方向相垂直的方向上产生感应电动势，由管道截面上的电极引出。

感应电动势的大小为

$$E = BDv \tag{14-18}$$

式中，E为感应电动势；B为磁感应强度；D为管道内径，即切割磁力线导体的长度；v为流体在管道内的平均流速。

体积流量为

$$Q_{\text{v}} = \frac{\pi D^2}{4}v = \frac{\pi DE}{4B} \tag{14-19}$$

可见，流体的体积流量与感应电动势成正比，但由于均匀磁场产生的感应电动势为直流，会导致电极极化和介质电解，引起测量误差，所以在实际测量中多采用交变磁场，即有

$$B = B_{\max}\sin\omega t \tag{14-20}$$

则式（13-19）可改写为

$$Q_{\text{v}} = \frac{\pi DE}{4B_{\max}\sin\omega t} = KE \tag{14-21}$$

式中，$K = \dfrac{\pi D}{4B_{\max}\sin\omega t}$。

可见，体积流量和感应电动势成正比。采用交变磁场，感应电动势也是交变的，这不但可消除电极的极化现象，也便于信号放大，但也相应地增加了感应误差。

图14-8为一体式电磁流量计。电磁流量计的传感器结构简单，测量管内没有可动部件，也没有任何阻碍流体流动的节流部件，所以当流体通过流量计时不会引起任何附加的压力损失，是流量计中运行能耗最低的流量仪表之一；电磁流量计输出信号与流量之间的关系不受液体的物理性质（如温度、压力、黏度、密度等）变化和流动状态的影响；可测脉动流量；工业用电磁流量计的口径范围极宽，从几毫米到几米。

图14-8 一体式电磁流量计

电磁流量计只能测量导电液体的流量，且液体的电导率不小

于水的电导率；不能测量气体、蒸汽及石油制品的流量；安装时要远离磁源（如大功率电机等）。

14.5 容积式流量计

容积式流量计包括椭圆齿轮流量计、腰轮转子流量计和齿轮流量计，对液体的黏度不敏感，适合测量高黏度的流体（如重油、树脂等），甚至是糊状物的流量。

14-2 椭圆齿轮流量计

14.5.1　椭圆齿轮流量计

椭圆齿轮流量计的工作原理如图 14-9 所示。互相啮合的一对椭圆形齿轮在被测流体压力的推动下产生旋转运动。图 14-9a 中，椭圆齿轮 1 两端分别处于被测流体入口侧和出口侧，由于流体经过流量计有压力降，入口侧压力大于出口侧压力，所以椭圆齿轮 1 将产生旋转，齿轮 2 被动旋转。当转至图 14-9b 位置时，齿轮 2 变为主动轮，齿轮 1 成为从动轮。由于两个齿轮的旋转，把齿轮与壳体之间形成的半月形空间中的流体从入口侧推至出口侧。每个齿轮旋转一周，就有四个半月形容积的流体流过。因此，只要计量齿轮的转数即可算出流体的体积流量。即

$$Q_v = 4nV_0 \tag{14-22}$$

式中，n 为齿轮的旋转速度；V_0 为半月形容积。

椭圆齿轮流量计的外伸轴都带有测速发电机或光电测速盘，同二次仪表相连，可准确地显示平均流量和累积流量。

椭圆齿轮流量计适合中小流量的测量，其最大口径为 250mm。优点是受流体黏度影响小，测量精度高，不要求前后直管段。但加工复杂，成本高，要求被测流体不含固体颗粒，应在流量计前加装过滤器。

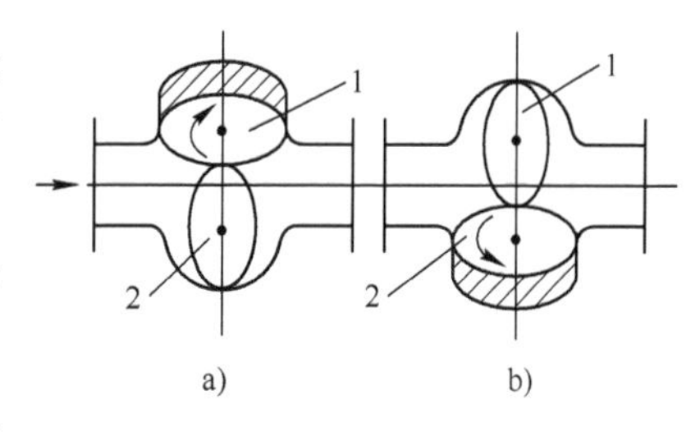

图 14-9　椭圆齿轮流量计原理图

1—椭圆齿轮　2—齿轮

14.5.2　腰轮（转子）流量计

腰轮（转子）流量计也是容积式流量计，同椭圆齿轮流量计类似，通过腰轮（转子）与壳体之间所形成的固定计量室来实现流量计量。如图 14-10 所示，腰轮转过一圈，排出四个固定计量体积的流体，只要记下腰轮的转动转数，就可得到被测流体的体积流量。由于腰轮转子流量计的驱动是由专门的驱动齿轮担当，其磨损不影响测量精度，而与测量密切相关的只是腰轮，因此这种流量计具有结构简单、使用寿

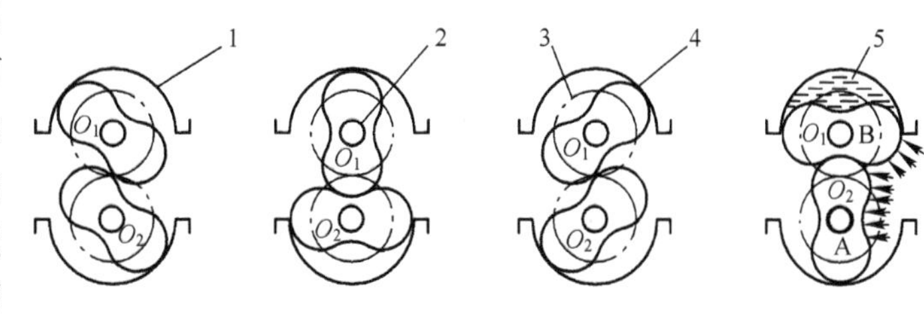

图 14-10　腰轮（转子）流量计

1—壳体　2—轴　3—驱动齿轮　4—腰轮　5—计量室

命长、适用性强等特点，对于不同黏度的流体，均能够保证精确的计量，一般精度可达±0.2%。

14.5.3 齿轮流量计

第三种容积式流量计是新型的齿轮流量计，在流量计壳体内装有齿轮形转子，转子齿上沿圆周分布有磁体，如图 14-11 所示。当流体进入时推动转子转动，安装在仪表壳体外的霍尔式传感器感应到对应流量的磁脉冲信号，并转化为电脉冲后送出。其输出电脉冲信号通常为相位差为 90°的 A、B 两路方波信号，如图 14-12 所示，通过四细分辨向电路处理后送计数器，即可获得流量的大小和方向。

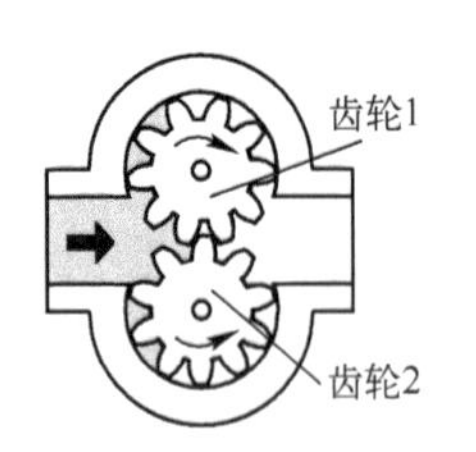

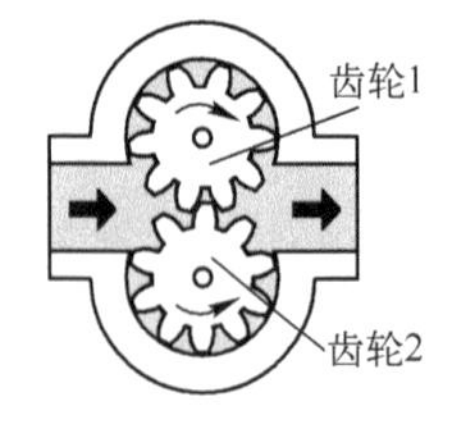

图 14-11 齿轮流量计工作原理

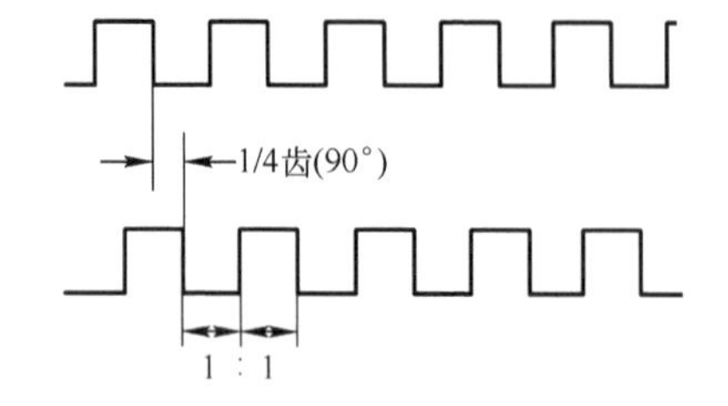

图 14-12 齿轮流量计输出波形

14.6 涡轮流量计

涡轮流量计结构如图 14-13 所示。在管形壳体 1 的内壁上装有导流架 2 和 3，一方面促使流体沿轴线方向平行流动，另一方面支承涡轮的轴承。涡轮 4 上装有螺旋桨形叶片，在流体冲击下旋转。为了测出涡轮的转速，管壁外装有磁钢 5 和线圈 6。由于涡轮是用高导磁性材料制成的，当叶片在磁钢前扫过时，会引起磁路磁阻发生周期性的变化，线圈中的磁通量也随之发生周期性的变化，线圈中就会感应出交流电信号，此信号的频率与被测流体的体积流量成正比。若将该频率信号送入脉冲计数器即可得到累积流量。流体的流速越高，动能越大，叶轮转速也就越高，所以，涡轮流量计属于速度式流量测量仪表，生活中的部分水表、油表都是利用该原理制成的。

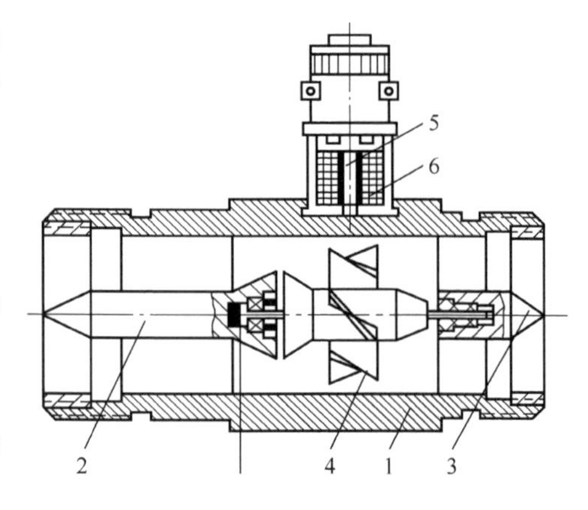

图 14-13 涡轮流量计结构

1—壳体 2—前导流架 3—后导流架 4—涡轮 5—磁钢 6—线圈

流量表达式为

$$\omega = c\frac{\tan\theta}{rA}Q_{\mathrm{v}} \qquad (14\text{-}23)$$

式中，ω 为涡轮的角速度；Q_{v} 为流体的体积流量；c 为比例常数；r 为涡轮叶片的平均半径；θ 为涡轮叶片与轴线的夹角；A 为涡轮处的流通面积。

流量计结构确定后，c、θ、r、A 均为常数，涡轮旋转的角速度与流量成比例。

设涡轮上有 m 片叶片，感应出的交流电信号的频率为

$$f=\frac{\omega}{2\pi}m=\varphi Q_{\mathrm{v}} \tag{14-24}$$

式中，φ 为仪表常数，$\varphi=c\dfrac{m\tan\theta}{2\pi rA}$。

涡轮流量计测量准确度等级高，可达 0.5 级以上；反应迅速，可测脉动流量，耐高压（50MPa）。涡轮流量计适用于清洁流体的测量，若被测流体中有机械杂质，会影响测量精度并损坏机件，所以，一般要加装过滤器；安装时要保持水平，涡轮流量计的前后要保证有一定的直管段，以使流向稳定。

14.7 涡街流量计

涡街流量计（漩涡流量计）可以测量各种管道中的液体、气体和蒸汽的流量，是工业控制、能源计量中常用的新型流量仪表。

涡街流量计是依据流体振荡原理工作的流量计，是利用有规则的漩涡剥离现象来测量流体流量的仪表。

在管道中垂直于流体流向放置一个非线性柱体（旋涡发生体），当流体流量增大到一定程度以后，流体在漩涡发生体两侧交替产生两列规则排列的漩涡，两列漩涡的旋转方向相反，且从发生体上分离出来，平衡但不对称，这两列漩涡被称为卡曼漩涡（也称涡街），如图 14-14 所示。

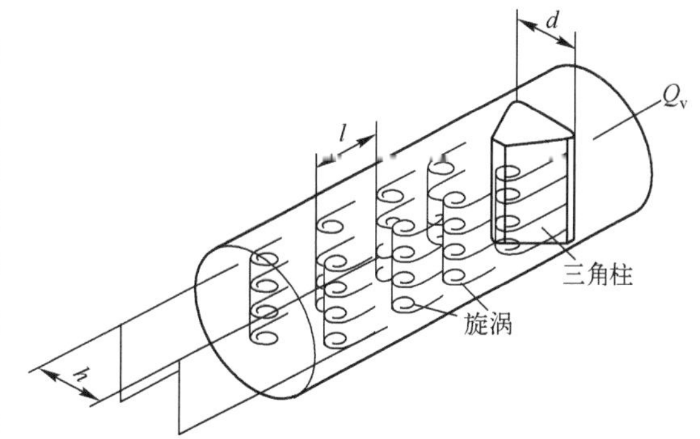

图 14-14　卡曼漩涡的形成

两列漩涡间距为 h，同列中相邻漩涡间距为 l，当满足 $h/l=0.281$ 时，产生的漩涡是稳定的。

单列漩涡的频率与流体的流速有如关系：

$$f=St\times\frac{v}{d} \tag{14-25}$$

式中，v v 为漩涡发生体两侧的平均流速；d 为漩涡发生体迎流面的最大宽度；St 为斯特劳哈尔系数。

涡街流量计的流量方程为

$$Q_{\mathrm{v}}=A_0v=kf \tag{14-26}$$

式中，A_0 为漩涡发生体最大宽度处的流通面积，$k=\dfrac{dA_0}{St}$。

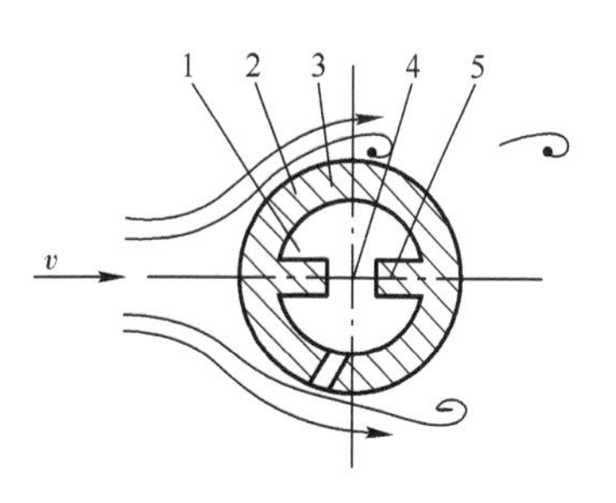

图 14-15　漩涡频率检测原理

1—空腔　2—漩涡发生体　3—导压孔　4—铂丝　5—隔墙

漩涡频率的检测有多种方法，以热敏检测法为例进行说明，如图 14-15 所示。在圆柱形漩涡发生体上有一段空腔，被隔墙分成两部分。隔墙中央有一小孔，小孔上装有加热了的铂丝。在产生漩涡的一侧流速降低，静压力升高，于是在有旋涡侧和无旋涡侧产生差压。液体从产生旋涡侧的导压孔进入空腔，从无旋涡侧的导压孔流出。流体流经空腔时从铂丝上吸收部分热量，使铂丝温度下降，阻值减小。由于旋涡交替出现，所以铂电阻的阻值也交替变化，且二者频率相对应，故可通过测量铂丝阻值变化的频率计算流量。

将旋涡发生体更换为一个多模光纤，称为光纤旋涡流量传感器，用光纤夹和张紧物把光纤拉直，也会产生卡曼旋涡。根据多模光纤信号传输理论，没有外界干扰下的多模光纤所产生的干涉图样是稳定的，而在光纤流量传感器中的多模光纤在信号传输过程中受到旋涡频率f的调制作用，从而引起此多模光纤产生的干涉图样有明显的周期性斑点或斑纹来回移动，对多模光纤产生的干涉图样进行解调处理后即可得到干涉图样中斑点或斑纹的移动周期T，由于T与f的倒数关系，很容易求出旋涡频率f，由式（14-26）可求得流体的体积流量。

旋涡流量计及变送器部分如图14-16所示，可测量液体、气体和蒸汽的流量；量程宽、精度高；结构简单，无运动件，可靠，耐用；压力损失小。缺点是不适用于低雷诺数流体测量；并需要较长直管段。

图14-16 旋涡流量计及变送器部分

14.8 靶式流量计

靶式流量计由靶装置和测力装置两部分组成。靶装置又称为测量装置，主要是将流动的液体在靶上产生的力，通过挠性管或支点膜片传递给测力装置，从而实现了流量—力的转换。测力装置又是力平衡式变送器，它把靶装置传递过来的力转换成标准信号输出，如图14-17所示。

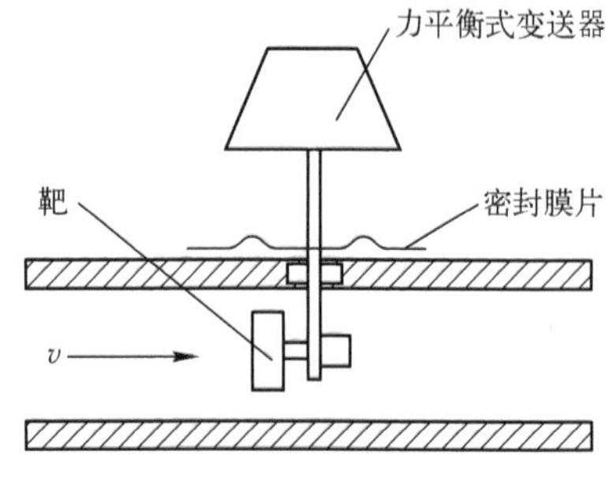

图14-17 靶式流量计示意图

流体流动给予靶的作用力大体可分成三个方面：

1）靶对流体流动的节流作用所产生的净差压$\Delta p = p_1 - p_2$。

2）流体流动的动压力$\rho v^2/2$。

3）流体的黏性摩擦力，目前多采用圆靶，可略去不计。

所以，流体对靶的力主要由静压力差和动压力所组成，即

$$F = A\left(\Delta p + \frac{\rho v^2}{2}\right) = A\left(k_1 \frac{\rho v^2}{2} + k_2 \frac{\rho v^2}{2}\right) = kA\frac{\rho v^2}{2} \tag{14-27}$$

式中，A为靶的面积；ρ为流体密度；v为流体流速；k_1、k_2、k为比例系数。

可得流速为

$$v = \sqrt{\frac{2F}{k_3 A \rho}} \tag{14-28}$$

则体积流量为

$$Q_v = A_0 v = A_0 \sqrt{\frac{2F}{k_3 A \rho}} \tag{14-29}$$

式中，A_0 为靶和管壁间的环形间隙面积，$A_0 = \frac{\pi}{4}(D^2 - d^2)$。其中，$D$ 为管道直径，d 为靶直径。

可得体积流量与靶上受力之间的函数关系为

$$Q_v = \sqrt{\frac{1}{k_3}} \frac{D^2 - d^2}{d} \sqrt{\frac{\pi}{2}} \sqrt{\frac{F}{\rho}} = \varphi \sqrt{F} \tag{14-30}$$

式中，φ 为仪表常数，$\varphi = \sqrt{\frac{\pi}{2k_3\rho}} \frac{D^2 - d^2}{d}$。

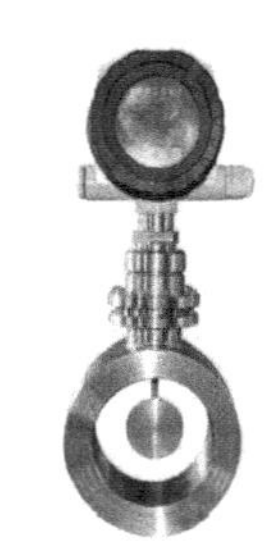
图 14-18　靶式流量计

如图 14-18 所示，靶式流量计具有以下特点：

1）感测件为无可动部件，结构简单牢固。

2）应用范围和适应性很广泛，一般工业过程中的流体介质，包括液体、气体和蒸汽，口径范围宽（DN15～DN 3000，DN 为公称内径），各种工作状态（高、低温，常压、高压）皆可应用，应用范围可与孔板流量计相媲美。

3）可解决难以测量的流量问题，如含有杂质（微粒）之类的脏污流体；原油、污水、高温渣油、浆液、烧碱液、沥青、煤气等。

4）灵敏度高，能测量微小流量，流速可低至 0.08m/s。

5）可适应高参数流体的测量，压力高达数十兆帕，温度达 450℃。

靶式流量计的安装要求：

1）必须水平安装，要设置旁路管。

2）由于靶有节流作用，在靶的前后要保证一定长度的直管段。一般地，靶前是（6-8）D 的直管段长度，靶后是（4-5）D 的直管段长度。

3）要保持靶与管道同轴，迎着流向的面要与管道轴线垂直。

14.9　超声波流量计

超声波流量计由超声波换能器、电子线路及流量显示和累积系统三部分组成。超声波流量计的电子线路包括发射、接收、信号处理和显示电路。测得的瞬时流量和累积流量值用数字量或模拟量显示。超声波发射换能器将电能转换为超声波能量，并将其发射到被测流体中，接收器接收到的超声波信号，经电子线路放大并转换为代表流量的电信号供给显示和积算仪表进行显示和计算。这样就实现了流量的检测和显示。超声波流量计常用压电换能器。它利用压电材料的压电效应，采用适合的发射电路把电能加到发射换能器的压电元件上，使其产生超声波振动。超声波以某一角度射入流体中传播，然后由接收换能器接收，并经压电元件变为电能，以便检测。发射换能器利用压电元件的逆压电效应，而接收换能器则是利用正压电效应。

超声波流量计是利用超声波在流体中的传播特性来实现流量测量的。超声波在流体中传播时，将载上流体流速的信息，如顺流和逆流的传播速度由于叠加了流体流速而不相同等。因此，通过接收到的超声波，就可以检测出被测流体的流速，再换算成流量，从而实现测量流量的目的。

超声波测量流量的方法有多种。根据对信号检测的方法，可分为传播速度差法（时差法、相位差法、频差法）、波束偏移法、多普勒法及噪声法等类型。下面主要介绍传播速度差法。

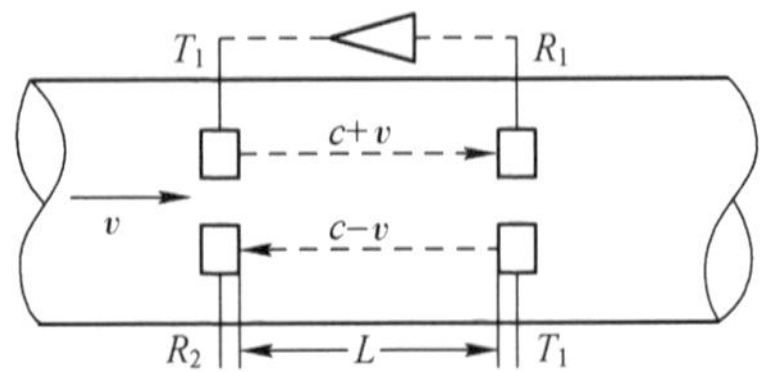

图 14-19 超声波流量计测量原理

基于测量超声波脉冲在顺流和逆流传播时的速度差来反映流体速度，从而达到流量测量的目的。如图 14-19 所示，声波在流体中传播时，在顺流和逆流的不同条件下，其波速并不相同。顺流时，超声波的传播速度为在静止介质中的传播速度 c 加上流体的速度 v，即传播速度为 $c+v$；逆流时，它的传播速度为 $c-v$。测出超声波在顺流和逆流时的传播速度，求出两者之差 $2v$，即可求得流体的速度。

测定超声波顺、逆流传播速度之差的方法主要有测量在超声波发生器上、下游等距离处接收到超声信号的时间差、相位差或频率差等方法。

1. 时差法

超声波顺、逆流的传播时间差为

$$\Delta t=\frac{L}{c-v}-\frac{L}{c+v}=\frac{2Lv}{c^2-v^2} \tag{14-31}$$

当 $c>>v$ 时，有

$$\Delta t=\frac{2Lv}{c^2} \tag{14-32}$$

2. 相位差法

如果顺流和逆流方向同时向流体连续发射超声正弦波，ω 为其角频率，则上、下游接收到的超声波的相位差为

$$\Delta\phi=\omega\Delta t=\frac{2\omega Lv}{c^2} \tag{14-33}$$

3. 频差法

顺、逆流脉冲循环频率差为

$$\Delta f=f_+-f_-=\frac{c+v}{L}-\frac{c-v}{L}=\frac{2v}{L} \tag{14-34}$$

频率差测流速与超声波传播速度 c 无关。

通过式（14-32）～式（14-34）均可求得流速 v，进而求得流体的体积流量。

超声波流量计的特点：

1）从管道外部对被测流体进行非接触式测量，在管道内部无任何测量部件，不干扰流场，没有压力损失，因此是一种比较理想的节能仪表。特别是在大流量计量时，节能效果更加显著。

2）特别适合大口径的流量测量。

3）可对各种流体介质进行流量测量且不受流体的压力、温度、黏度及密度等的影响。

4）安装维修方便。

5）通用性好。

14.10　质量流量计

前面介绍的流量计都是测量流体的体积流量的。在实际生产过程的参数检测和控制中，常常需要直接测量质量流量。质量流量计主要分为直接式和推导式两类，直接式质量流量计是由检测原件直接检测质量信号的大小，而推导式质量流量计是一个检测系统，通过检测介质的体积流量及密度或温度、压力等信号，并自动对这些信号进行运算，得出质量流量数值。

14.10.1　直接式质量流量计

1. 差压式质量流量计

差压式测量方法利用孔板和定量泵组合实现质量流量测量。如图 14-20 所示，在主管道上安装两个结构和尺寸完全相同的孔板 A 和 B，在副管线上装置两个定量泵，且两者的流向相反。很明显，流经孔板 A 的体积流量为 Q_v-q，流经孔板 B 的体积流量为 Q_v+q，根据差压式流量测量原理，可写出如下关系：

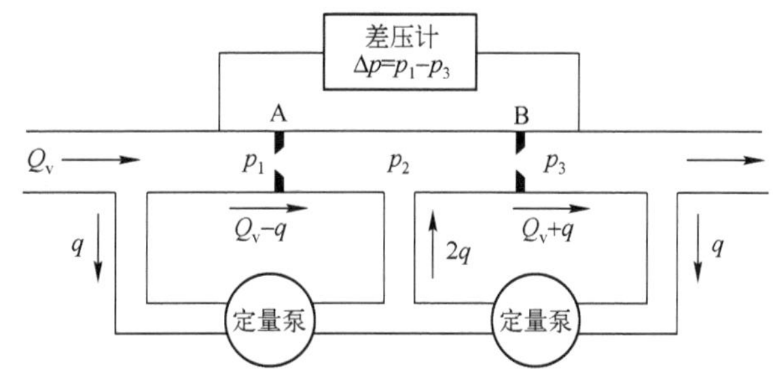

图 14-20　差压式质量流量计原理

$$\Delta p_A = K\rho(Q_v - q)^2 \tag{14-35}$$

$$\Delta p_B = K\rho(Q_v + q)^2 \tag{14-36}$$

式中，K 为常数；ρ 为流体密度；Q_v 为主管道的体积流量；q 为流经定量泵的流量。

合并式（14-35）、式（14-36）可得

$$\Delta p_B - \Delta p_A = 4K\rho Q_v q \tag{14-37}$$

在设计中，采用定量泵的流量 q 大于主管道的流量 Q_v，则孔板前后的差压情况为：当 $p_1<p_2$，$\Delta p_A=p_2-p_1$；当 $p_2>p_3$，$\Delta p_B=p_2-p_3$。若将此关系代入式（14-37），可得

$$p_1 - p_3 = 4K\rho Q_v q \tag{14-38}$$

由式（14-38）可知，当定量泵的循环流量一定时，孔板 A 和 B 的差压值与流经主管道的流体的 ρQ_v 乘积成正比。因此，测出孔板 A、B 前后的差压，便可以求出质量流量。

2. 量热式质量流量计

量热式测量方法的基本原理是由热源向管道中的流体加热，热能随流体一起流动，通过测量流动流体的热量变化以求出流体的质量流量。

如图 14-21 所示，在管道中安装一加热器对流体加热，并在加热器前、后的对称点上检测温度。根据热传递规律，加入到流体中的热量 q_t 与两点的温度差 Δt 的关系为

$$q_t = Q_m c_p \Delta t \tag{14-39}$$

式中，Q_m 为流体的质量流量；c_p 为质量定压比热容。

由式（14-39）可写出质量流量的方程式为

$$Q_m = \frac{q_t}{c_p \Delta t} \tag{14-40}$$

由式（14-39）可以看出，当流体成分已知时，则流体的质量定压比热容为已知的常数。因此，如果保持加热功率恒定，测出温差便可以求出质量流量；或者保持两点的温差不变，通过测量加热的功率也可以求出质量流量，这种流量计多用于较大气体流量的测量。这就是早在20世纪初就提出来的托马斯流量计的基本原理。

量热式测量方法由于测温元件和加热元件要与被测流体直接接触，所以易被流体沾污和腐蚀。为此，可采用非接触式测量方法，即将加热器和测量元件安装在薄壁管外部，而流体由薄壁管内部通过，称为外热式，如图14-22所示。非接触式测量方法由于管道口径不能太大，适用于测量微小流量。其所测量的流量范围：对于液体最大为每小时几百立方厘米；对于气体为每小时100升左右。

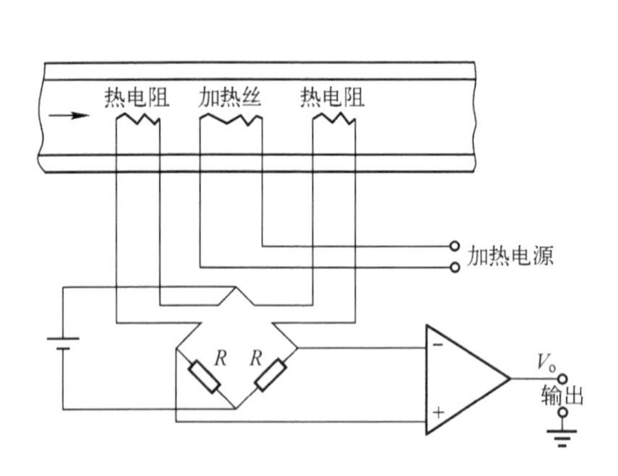

图14-21 量热式质量流量计

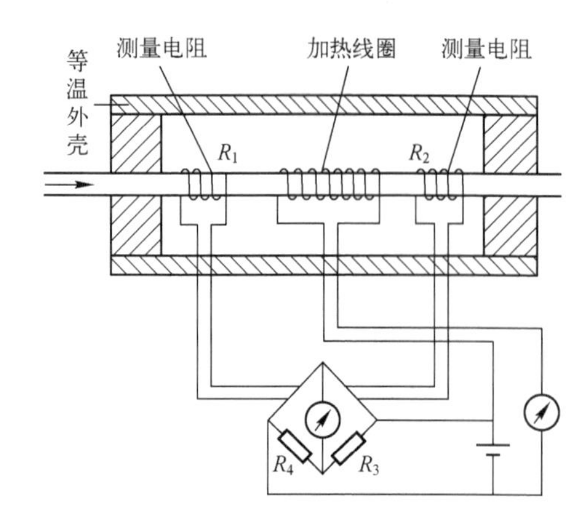

图14-22 外热式质量流量计

外热式质量流量计的测量精度约为±1%，反应较慢（一般为0.5～1min），并且流体温度变化时将影响测量精度。外热式质量流量计用于测量气体大流量及液体流量时，可以让所通过的流量仅为总流量的一小部分，即采用分流的方法以扩大量程范围。

根据流体的边界层理论，也可以测量流体在靠近管壁的边界层处的热量变化，根据相应的结构和公式求出质量流量。这样就不必对整个管道中的流体加热，因而加热功率较小，反应时间较快，可以用来测量口径较大、液体流量也较大的质量流量。

3. 角动量式质量流量计

根据牛顿第二定律，任何物体在外力作用下运动状态发生变化时，其动量随时间的变化率等于其所受外力，且动量又是质量和流量的乘积。

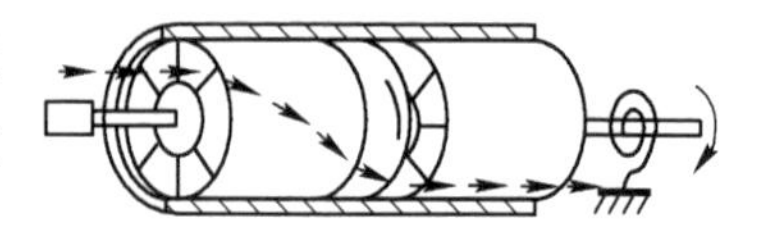

图14-23 角动量式质量流量计

如图14-23所示，两个叶轮分别装在两个轴上，流体经两轮的流通孔道流出。电动机以恒定角速度 ω 驱动主动轮，使流体产生相同角速度的旋转运动，使流体除具有原来的轴向动量外，同时也具有角向动量。从动轮由于受弹簧限制不能旋转，消除了主动轮给流体的角动量，将旋转的流束校直。

设微小时间间隔 $\mathrm{d}t$ 内通过主动轮的流体质量为 $\mathrm{d}m$，而此 $\mathrm{d}m$ 流体对主动轮回转轴的转动惯量为 $\mathrm{d}J$，由于主动轮以 ω 的角速度转动，则质量为 $\mathrm{d}m$ 流体的动量矩为

$$\mathrm{d}H = \omega \mathrm{d}J \tag{14-41}$$

设流体的等效旋转半径为 r，则质量为 $\mathrm{d}m$ 的流体的转动惯量为

$$\mathrm{d}J = r^2 \mathrm{d}m \tag{14-42}$$

式（14-41）、式（14-42）合并得

$$\mathrm{d}H = \omega r^2 \mathrm{d}m \tag{14-43}$$

假设主动轮旋转产生的流体动量矩全部作用在从动轮上，根据动量矩原理，则从动轮产生的扭力矩为

$$T = \mathrm{d}H/\mathrm{d}t \tag{14-44}$$

式（14-43）、式（14-44）合并可得

$$T = \omega r^2 \frac{\mathrm{d}m}{\mathrm{d}t} = \omega r^2 Q_\mathrm{m} \tag{14-45}$$

式中，Q_m 为质量流量，$Q_\mathrm{m} = \mathrm{d}m/\mathrm{d}t$。

当流量计的结构尺寸已定时，r 为常数。因此，在主动轮的角速度恒定时，作用在限制弹簧上的扭力矩 T 与质量流量 Q_m 成正比。亦即测量出从动轮轴上的扭力矩，便可以知道质量流量。

采用这种测量方法时，流量计应安装在水平管道上，流量计的上游要有一定的直管段长度，流体中含有颗粒时，要安装过滤器。

4. 科氏力质量流量计

在质量流量测量中有时需要直接测出质量流量，以提高测量精度和反应速度。科里奥利力（科氏力）质量流量计就是常用的一种直接式质量流量计。它是根据牛顿第二定律建立力、加速度和质量三者的关系，来实现对质量流量的测量。

科氏力质量流量计的结构如图 14-24 所示。两根几何形状和尺寸完全相同的 U 形检测管 2，平行地焊接在支承管 1 上，构成一个音叉，以消除外界振动的影响。两个检测管在电磁激励器 4 的激励下，以其固有的振动频率振动，两个检测管的振动相位相反。由于检测管

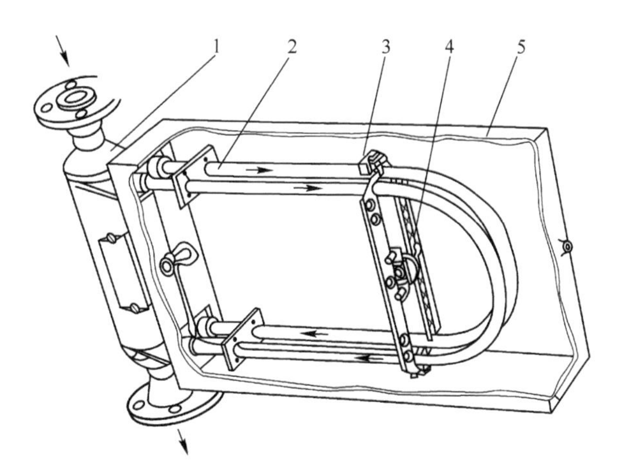

图 14-24　U 形科氏力质量流量计结构图

1—支承管　2—U 形检测管　3—电磁检测器　4—电磁激励器　5—壳体

的振动，在管内流动的每一流体微团都得到一科氏力加速度，U 形管便受到一个与此加速度相反的科氏力。由于U形管的进出侧所受的科氏力方向相反，使U形管发生扭转，其扭转程度与U形管框架的扭转刚性成反比，而与管内瞬时质量流量成正比。在音叉每振动一周的过程中，位于检测管的进流侧和出流侧的两个电磁检测器各检测一次，输出一个脉冲，其脉冲宽度与检测管的扭摆度，亦即瞬时质量流量成正比。利用一个振动计数器使脉冲宽度数字化，并将质量流量用数字显示出来，再用数字积分器累积脉冲的数量，可获得一定时间内质量流量的总量。

将整个传感器置入密封的不锈钢外壳中，充以氮气，以保护内部元器件，防止外部气体进入而在检测管壁冷凝结霜，提高测量精度。

适合科氏力质量流量计的流体宜有较大密度，否则不够灵敏。因此，科氏力质量流量计常用于测量液体流量。

U 形管的受力情况如图 14-25 所示。当U形管内充满流体而流速为零时，在电磁激励器作用下，U 形管绕 O-O 轴，按其本身的性质和流体的质量所决定的固有频率进行简单的振动，如图 14-26 所示。当流体的流速为 v 时，则流体在直线运动速度 v 和旋转运动角速度 ω 的作用下，对管壁产生一个反作用力，即科氏力为

$$\boldsymbol{F} = 2m\boldsymbol{\omega}\times \boldsymbol{v} \tag{14-46}$$

式中，m 为流体的质量；$\boldsymbol{F}$ 、$\boldsymbol{\omega}$、$\boldsymbol{v}$ 为向量。

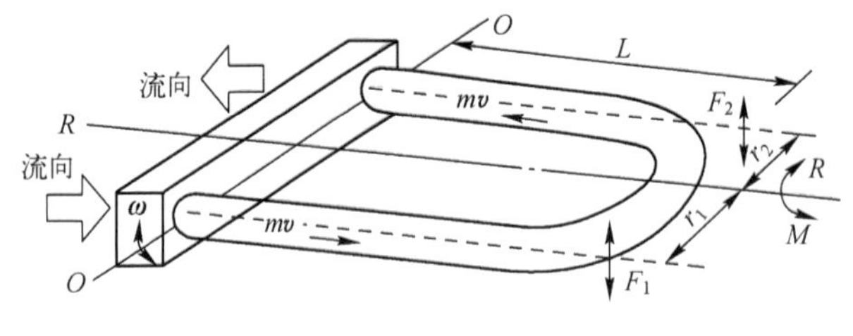

图 14-25 检测管受力图

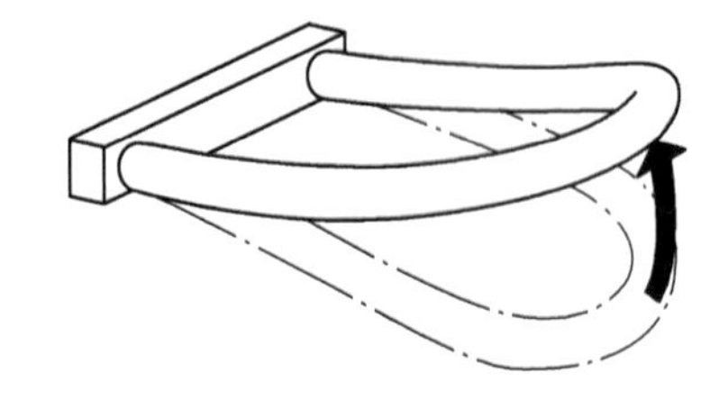

图 14-26 U 形管振动

由于入口侧和出口侧的流向相反，越靠近U形管管端的振动越大，流体在垂直方向的速度也越大，这意味着流体的垂直方向具有加速度 a，通过管端至出口这部分，垂直方向的速度慢慢减小，具有负的加速度。相当于牛顿第二定律 $F=ma$ 的力 F 与加速度 a 的方向相反，因此，当U形管向上振动时，流体作用于入口侧管端的是向下的力 F_1，作用于出口侧管端的是向上的力 F_2，如图 14-27 所示，并且大小相等。向下振动时，情况相似。

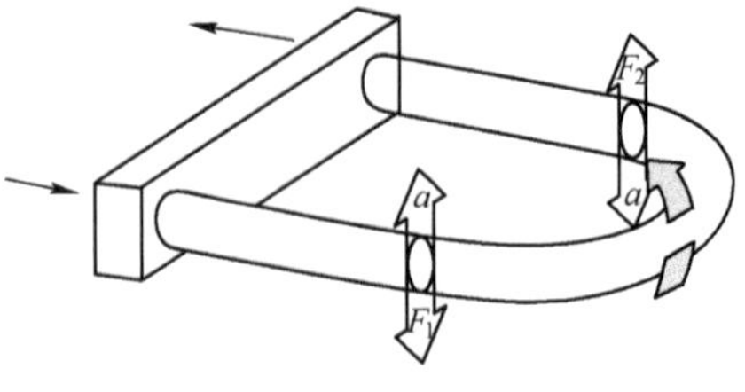

图 14-27 加速度与科氏力

由于在U形管的两侧，受到两个大小相等方向相反的作用力，使U形管产生扭曲运动，U形管管端绕 R–R 轴扭曲，见图 14-26。其扭矩为

$$M = F_1 r_1 + F_2 r_2 \tag{14-47}$$

因 $F_1=F_2=F$，$r_1=r_2=r$，则

$$M = 2Fr = 4mvr\omega \tag{14-48}$$

又因质量流量 $Q_m=m/t$，流速 $v=L/t$，t 为时间，则式（14-48）可写为

$$M=2Fr=4\omega rLQ_m \tag{14-49}$$

式中，r 为从 $R-R$ 轴到管端的半径；L 为 U 形管长度。

设 U 形管的弹性模量为 K_S，扭曲角为 θ，由 U 形管的刚性作用所形成的反作用力矩为

$$T=K_S\theta \tag{14-50}$$

因 $T=M$，可得

$$Q_m=\frac{K_S}{4\omega rL}\theta \tag{14-51}$$

假定管端在中心位置时的振动速度为 v_t，则有

$$\sin\theta=\frac{v_t}{2r}\Delta t \tag{14-52}$$

式中，Δt 为图 14-28 中 p_1 和 p_2 点横穿 z-z 水平线的时间差。由于 θ 很小，则 $\sin\theta\approx\theta$，且 $v_t=\omega L$，则可得

$$\theta=\frac{\omega L}{2r}\Delta t \tag{14-53}$$

将式（14-53）代入式（14-51），可得

$$Q_m=\frac{K_S}{4\omega rL}\cdot\frac{\omega L\Delta t}{2r}=\frac{K_S}{8r^2}\Delta t \tag{14-54}$$

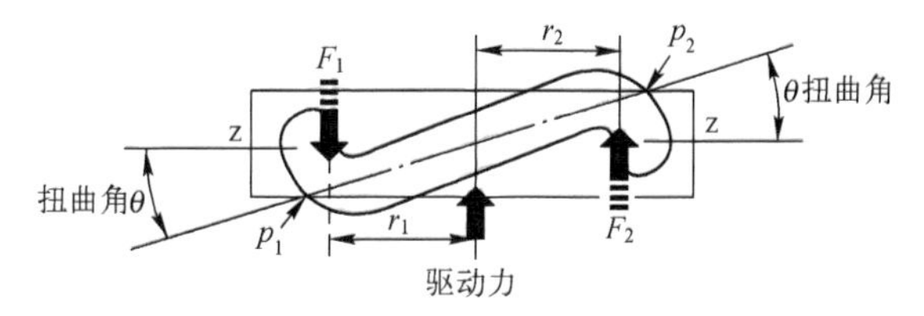

图 14-28　U 形管的扭曲运动

式中，K_S、r 为由 U 形管所用材料和几何尺寸所确定的常数。

因而科氏力质量流量计中的质量流量 Q_m 与时间差 Δt 成比例。时间差 Δt 可以通过安装在 U 形管端部的两个位移检测器所输出电压的相位差测量出来，在二次仪表中将相位差信号进行整形放大之后，以时间积分得出与质量流量成比例的信号，从而得出质量流量。

14.10.2　推导式质量流量计

推导式质量流量计是采用测量体积的流量计与密度计组合，并加以运算得出质量流量信号的测量仪表。

1. ρQ_v^2 检测器与密度计组合的形式

利用节流流量计或差压流量计与连续测量密度的密度计组合测量质量流量的原理如图 14-29 所示。流量计检测出与管道中流体的 ρQ_v^2 成正比的 x 量，由密度计检测出与 ρ 成正比的 y 量，将 x 和 y 同时送到乘法器运算，可得到 $xy\propto\rho^2Q_v^2$，再将其送到开平方运算器得到质量流量为

$$\sqrt{xy}=K\sqrt{\rho^2Q_v^2}=K\rho Q_v=Q_m \tag{14-55}$$

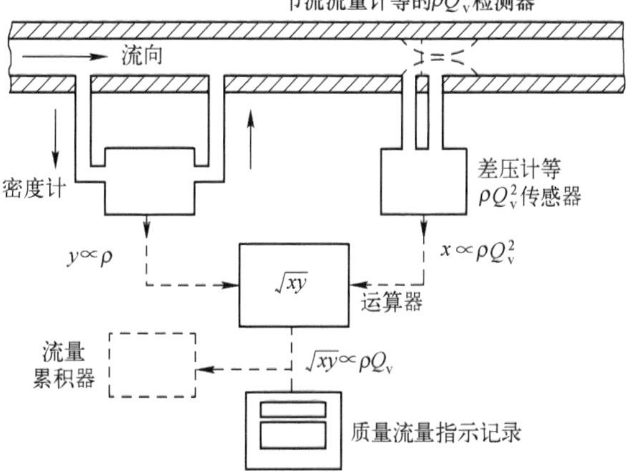

图 14-29　ρQ_v^2 检测器和密度计组合的质量流量计

将Q_m信号送至流量累积器即可得到总质量流量。

2. 体积流量计与密度计的组合形式

目前，实际使用的有体积流量计和浮子式密度计组合、涡轮流量计和浮子式密度计组合、电磁流量计与核辐射密度计组合等。

以涡轮流量计与密度计组合而成的质量流量计为例，如图14-30所示。涡轮流量计检测出与管道内流体的体积流量Q_v成正比的信号x，由密度计检测出与流体密度ρ成正比的信号y，经乘法器得出质量流量$Q_m = xy = K\rho Q_v$。

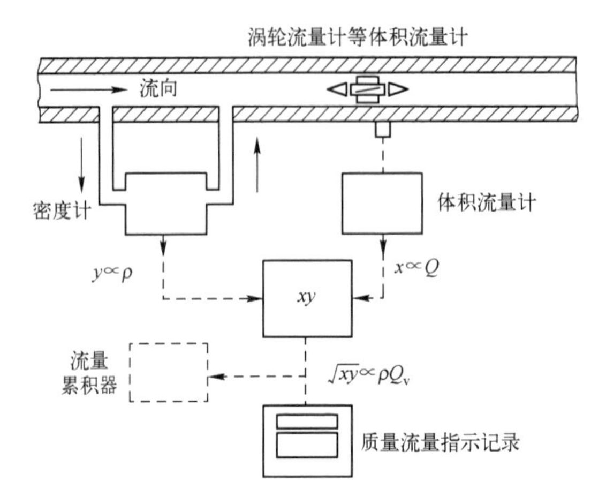

图14-30 体积流量计和密度计组合的质量流量计

3. ρQ_v^2检测器与体积流量计组合的形式

将测量ρQ_v^2的差压流量计与测量体积流量Q_v的涡轮、电磁、容积等流量计组合，通过乘法器进行$\rho Q_v^2/Q_v$运算得出质量流量，如图14-31所示，输出信号一路送指示器或记录器显示质量流量，一路送流量累积器得累积流量。

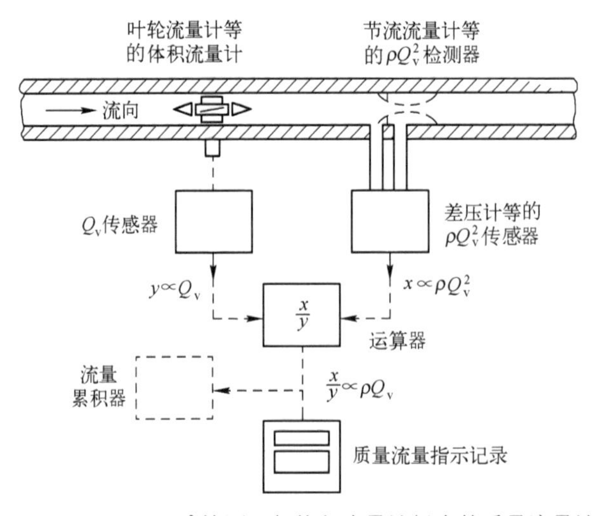

图14-31 ρQ_v^2检测器与体积流量计组合的质量流量计

14.11 流量标准装置

为保证流量仪表的准确一致，在流量计量系统和流量计生产企业都建立了不同介质、不同范围、不同精度的流量标准装置。流量标准装置的研究和应用也是流量计量和测试技术发展的重要环节，理应引起普遍重视。

流量标准装置的用途如下：

1）作为流量单位量值的统一与传递的标准，确保各地区和各部门的流量量值统一在一个标准量值上。

2）对流量计的性能进行实验研究，确定准确度等级、测量范围、可靠性和重复性等，同时，通过实验研究仪表的动态特性。

3）研究参比条件和实际使用条件之间的差异，采用合理的介质换算和修正方法。

4）制定国家（或企业）的标准和计量检定规程，研究测试方法并进行数据验证。

流量标准装置有：

1）静态质量法液体流量标准装置。

2）动态质量法液体流量标准装置。

3）静态容积法液体流量标准装置。

4）动态容积法液体流量标准装置。

5）标准体积管法流量标准装置。

6）水表实验装置。

7）钟罩式气体流量标准装置。

8）PVTt 法气体流量标准装置。

9）蒸汽流量标准装置。

10）两相液体流量计标准装置。

11）三相液体流量计标准装置。

14.11.1 静态质量法液体流量标准装置

静态质量法液体流量标准装置是原始标准，可作为流量传递标准，标定各种类型流量计，并对流量测量方法进行研究。静态质量法液体流量标准装置如图 14-32 所示。

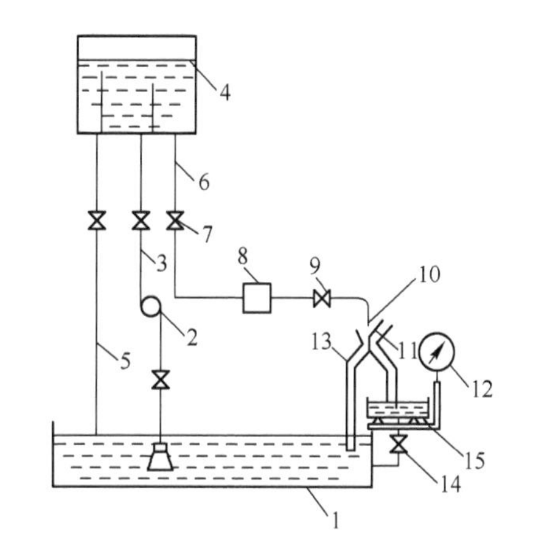

图 14-32　静态质量法液体流量标准装置

1—水池　2—水泵　3—上水管　4—水塔　5—溢水管　6—实验管路　7—截止阀　8—被检流量计　9—调节阀　10—喷嘴　11—换向器　12—标准秤　13—旁路管　14—放水阀　15—称量容器

首先用水泵将水池中的水打入水塔，在整个实验过程中使水塔处于溢流状态，以保证系统压头不变。打开实验管路上的截止阀，水通过被检流量计的前后直管段、流量调节阀和喷嘴，流出实验管路。

在实验管路的出口处装有换向器，用来改变流体的流向，使水流入称量容器或旁路管中，换向器启动时，触发计时控制器，保证水量和时间的同步测量。

实验开始时，把换向器置于使流体流入旁路管的方向，这时确定称量容器的起始质量m_0，用调节阀调节所需的流量，待流量稳定后，启动换向器，将水流由旁路管换入称量容器。在换向器启动时，启动计时器，当达到预定的水量时，换向器自动或手动换向，水流流入旁路管，同时停止计时器，根据此时称量容器的质量m及计时时间间隔Δt，可得到平均质量流量标准值为

$$Q_{\mathrm{m}}=\frac{m-m_0}{\Delta t} \tag{14-56}$$

这个标准值与被检表示值比较即可得到校验结果，调节流量大小进行多次校验即可获得被检表的特性曲线。

若将称量容器上的标准秤换成称量体积的器件（如液位标尺），可得到计时时间间隔内流体的体积，进而得到平均体积流量，变成静态容积法液体流量标准装置，可对体积流量仪表进行标定。

14.11.2 标准体积管法流量标准装置

标准体积管按置换器运动方向分为单向型和双向型；按体积管本身结构分为切换式和无阀式；按使用球体数量分为三球式、二球式和一球式；按转换器的形式分为活塞式和球式。

以三球无阀单向立式体积管为例，如图 14-33 所示，单向型体积管的置换器（球或活塞）在标准管段内仅朝一个方向运行，把置换器一次单行程中，在两个检测开关之间置换出来的流体体积作为标定流量计的标准容积量。体积管内有三个球，其中两个球在密封段起密封作用，隔绝进出口液流，另一个球在体积管内运行起置换器的作用。通过推球器、上插销、下插销的配合操作，每个球顺次变换其职能，这种形式的标准体积管分为立式和卧式两种。

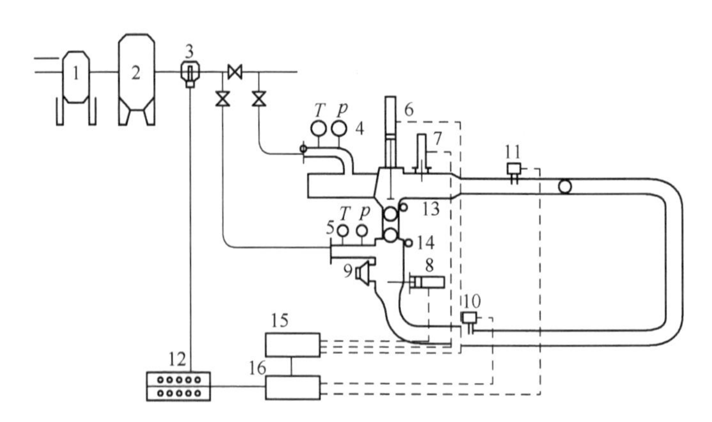

图 14-33 三球无阀单向立式体积管

1—过滤器 2—消气器 3—被检流量计 4—出口压力和温度表 5—入口压力和温度表 6—推球器 7—上插销 8—下插销 9—盲板 10—起始检测开关 11—终止检测开关 12—计时器 13、14—上、下行程开关 15—液压系统 16—控制台

三球无阀单向立式体积管是在卧式体积管基础上的一种改进型体积管。在体积管标定

流量计之前，首先将上盲板打开，在推球器的推动下，将两个球先后置于密封段，关闭上盲板。将另一个球由下盲板投入，置于下插销之上，处于工作待发位置，关闭下盲板。把通过流量计的液体全部导入体积管。标定流量计开始时，收下插销，球在液流推动下进入标准体积管的标准段运行。当球经过起始检测开关时，立即引起检测开关闭合，电子计时器开始计时。当球经过终止检测开关时，开关闭合，计时器停止计时，从起始检测开关到终止检测开关这段标准体积管的容积是已知的，至此体积管标定流量计工作结束。

球继续运行，至分离三通上面时，落入收球器上的喇叭口，推球器将其推入密封段，而密封段最下面的球被推落在下插销之上，处于工作待发位置，恢复了体积管运行前的工作准备状态。

标准体积管可用现场实际流体对流量计进行标定，克服了由于流体实际工况与校验工况不完全相符引起的误差；在校验过程中不需启停流量计，不影响生产。标准体积管的精度高，可达 0.02%，可校验高精度流量计。

14.11.3　钟罩式气体流量标准装置

钟罩式气体流量标准装置在国内大量应用，是气体流量计量的传递标准和气体流量计标定的主要设备之一。

钟罩式气体流量标准装置结构如图 14-34 所示，钟罩 1 是上部有顶盖、下部开口的容器，液槽 2 内盛满水或不易挥发的油。由于液封的作用，使钟罩内成为一个密封容器，导气管 3 插入钟罩内，顶端露出液面，其高度以钟罩下降到最低点不碰到钟罩盖为宜。为了避免钟罩下降时晃动，在钟罩两边和内部装有导轮 6 和导轨 7，导轮沿导轨滚动。钟罩上部系有钢丝绳或柔绳，通过定滑轮 9、10，配重物 11 来调整钟罩内压力。补偿机构 12 在钟罩下降时，补偿液体对钟罩产生的浮力，使钟罩内压力维持恒定。温度计 13 和压力计

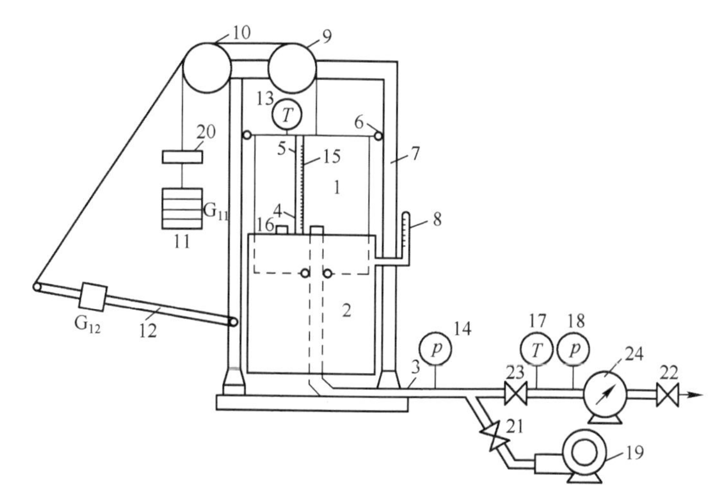

图 14-34　钟罩式气体流量标准装置

1—钟罩　2—液槽　3—导气管　4—下挡板　5—上挡板　6—导轮　7—导轨　8—水位管　9、10—定滑轮　11—配重物　12—补偿机构　13、17—温度计　14、18—压力计　15—标尺　16—光电发信器　19—鼓风机　20—压板　21、23—阀门　22—调节阀　24—被检流量计

14测量钟内气体的温度和压力。在标尺15上装有下挡板4和上挡板5，两挡板之间的容积固定，在液槽上装有光电发信器16与计时器相连，温度计17和压力计18分别测量流经被检流量计流体的温度和压力。鼓风机19用以向钟罩内充气，使钟罩上升。压板20、阀门21、22及水位管8用来固定钟罩，向钟罩鼓风和调流用。

钟罩式气体流量标准装置工作过程：打开阀门21，关闭阀门22、23，开动鼓风机，空气通过导气管进入钟罩，使钟罩上升，当上升到最高位置时，即下挡板露出一段距离后，停止送风，关闭阀门21，停一段时间，待钟罩内气体温度稳定后，开始标定流量计。

钟罩式气体流量标准装置是一个恒压源且标准容积已知的装置，利用钟罩本身的重量超过配重物并为常数，确保钟罩内的压力。打开阀门23和调节阀22，钟罩以一定的速度下降，气体通过导气管经被检流量计排入大气。当下挡板4遮住光电发信器时，计时器开始计时，钟罩继续下降，当上挡板5遮住光电发信器时，计时器停止计时。将钟罩内温度T和压力p状态下的已知容积V，换算成被校仪表所测气体的温度T'和压力p'状态下的容积V'，才能得到标准流量值Q_v。即

$$V'=\frac{pT'}{p'T}V \tag{14-57}$$

$$Q_v=\frac{V'}{\Delta t}=\frac{pT'V}{\Delta tp'T} \tag{14-58}$$

用标准流量Q_v和被校仪表的示值比较，即可得出被校仪表的误差。

14.11.4 流量标定柱

流量标定柱广泛应用于计量泵和加药装置的流量标定方面，可以对计量泵输出的流量进行准确标定，如图14-35所示。流量标定柱又称流量标定管、标定柱、标定管，主要材质为有机玻璃、透明PVC和不锈钢；连接方式有内螺纹、外螺纹和法兰。

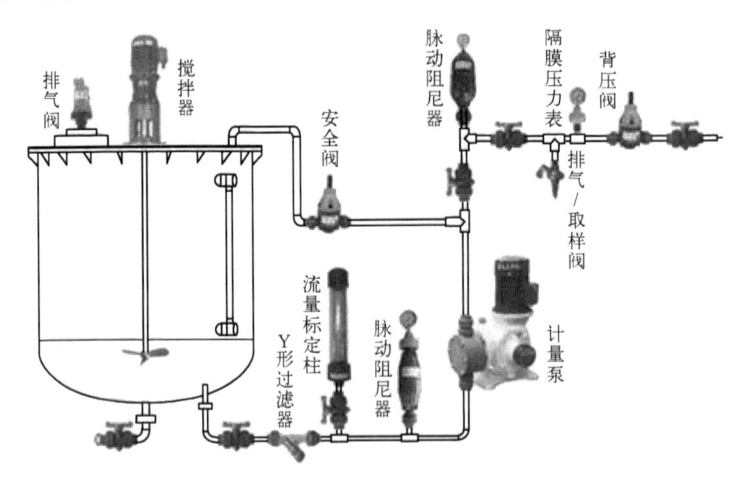

图14-35 流量标定柱标定计量泵的原理

流量标定柱的选型是根据泵的使用流量和标定时间要求决定的。如泵的流量为60L/h，

客户需要标定 0.5～1min 的流量，那么每分钟的计算流量应该为 60L÷60=1L，那么可以选择使用容积为 1L 的标定柱。

使用时，首先把标定柱里注入介质，介质的液面与标定柱的最大刻度一致。然后，关闭其他进口阀门，打开标定柱与泵之间的阀门，使泵只从标定柱里抽取介质，然后开泵计时，仔细查看在规定时间内标定柱内液体减少的容积数，然后与理论容积数比较，从而根据对比分析出泵在工作时是否计量精确，然后根据情况调节泵的精度。

知识拓展

常用流量计

为了便于比较和选用，表 14-1 列出了常用流量计的原理、主要特点和应用场合。

表 14-1　常用流量计的原理、主要特点和应用场合

种类	原理	主要特点	应用场合
差压式流量计	节流原理	应用范围广，适用性强，性能稳定可靠，安装要求较高	可测液体、蒸汽和气体的流量
转子流量计	力平衡原理	结构简单，使用方便，工作可靠，仪表前直管段长度要求不高，测量精度易受被测介质密度、黏度、温度、压力、纯净度、安装质量等的影响	中小管径、较低雷诺数的中小流量
电磁流量计	电磁学原理	不产生压力损失，不受流体密度、黏度、温度、压力变化的影响，测量范围大，可用于各种腐蚀性流体及含固体颗粒或纤维的液体，输出线性，不能测气体、蒸汽和含气泡的液体及电导率很低的液体流量，不能用于高温和低温的流体测量	可测各种导电液体和液固两相流体介质的流量
椭圆齿轮流量计	容积法原理	计量精度高，结构复杂，一般不适用于高、低温场合	可测量黏度液体的流量和总量
腰轮转子流量计	容积法原理	精度高，无须配套的管道	可测液体和气体的流量和总量
涡轮流量计	速度式测量原理	线性工作范围宽，输出电脉冲信号，易实现数字化显示，抗干扰能力强，可靠性受磨损的制约	可测基本洁净的液体、气体的流量和总量
涡街流量计	流体振荡原理	可靠性高，应用范围广，输出与流量成正比的脉冲信号，无零点漂移，测量气体时，上限流速受介质可压缩性变化的限制，下限流速受雷诺数和传感器灵敏度的限制	可测各种液体、气体、蒸汽的流量

（续）

种类	原理	主要特点	应用场合
靶式流量计	动压原理	结构简单牢固、应用范围和适应性很广泛，高、低温，常压、高压皆可应用，灵敏度高，能测量微小流量，可适应高参数流体的测量，压力高达数十 MPa，温度达 450℃	可测液体、气体和蒸汽的流量，可解决难以测量的流量问题，如含有杂质（微粒）之类的脏污流体；原油、污水、高温渣油、浆液、烧碱液、沥青、煤气等
超声波流量计	声学原理	可测非导电性介质，非接触式测量，可用于特大型圆管和矩形管道，价格较高	用于测量导声流体的流量
科氏力质量流量计	科里奥利力原理	具有较高的测量精度	可测液体、气体、浆体的质量流量

习 题

1. 已知工作状态下的质量流量标尺上限 $Q=500\ \mathrm{t/h}$，被测流体密度 $\rho=857.0943\ \mathrm{kg/m^3}$，则相应的最大体积流量是（　　）。

A. $58.337\ \mathrm{m^3/h}$　B. $583.37\ \mathrm{m^3/h}$　C. $5833.7\ \mathrm{m^3/h}$　D. 以上都不是

2. 一般情况下，管道内的流体速度在（　　）处流速最大。

A. 管道上部　B. 管道下部　C. 管道中心线　D. 管壁

3. 标准节流装置的取压方式有（　　）和角接取压。

A. 环室取压　B. 角接取压　C. 法兰取压　D. 理论取压

4. 在测量蒸汽流量时，在取压口处应加装（　　）。

A. 集气器　B. 冷凝器　C. 沉降器　D. 隔离器

5. 以下适用于微小流量测量的流量计为（　　）。

A. 涡轮流量计　B. 靶式流量计　C. 转子流量计　D. 差压流量计

6. 转子流量计的流体流动方向是（　　）。

A. 自上而下　B. 自下而上　C. 自左向右　D. 自由向左

7. 转子流量计中转子上、下的差压由（　　）决定。

A. 流体的流速　B. 流体的压力

C. 转子的重量　D. 以上三项内容

8. 当需要测量含杂质的导电液体流量时，应选择的流量测量仪表为（　　）。

A. 转子流量计　B. 电磁流量计　C. 容积式流量计　D. 涡街流量计

9. 当需要测量高黏度流体流量时，一般应选用（　　）。

A. 电磁流量计　B. 椭圆齿轮流量计　C. 转子流量计　D. 差压流量计

10. 涡轮流量计的输出信号为（　　）。

A. 频率信号　B. 电压信号　C. 电流信号　D. 脉冲信号

11. 下列可用于测量沥青、重油等介质流量的仪表是（　　）。

A. 转子流量计　　B. 靶式流量计　　C. 涡轮流量计　　D. 电磁流量计

12. 流量越大，靶式流量计靶上所受的作用力将（　　）。

A. 越大　　B. 越小　　C. 没有关系　　D. 无法确定

13. 超声波流量计是以声波在静止流体和流动流体中传播（　　）不同来测量流速和流量的。

A. 频率　　B. 速度　　C. 方向　　D. 距离

14. 超声波流量计的输出与流量之间一般是（　　）关系。

A. 非线性　　B. 线性　　C. 方根　　D. 二次方

15. 科氏力质量流量计中激励线圈的直接作用是（　　）。

A. 使测量管产生振动　　B. 使测量管扭曲

C. 使测量管受到科氏力　　D. 将测量管的扭曲转变成电信号

16. 下列流量计安装时，不需要考虑直管段距离的流量计是（　　）。

A. 节流孔板　　B. 涡流流量计　　C. 椭圆齿轮流量计　　D. 电磁流量计

17. 简述标准节流装置的组成环节及其作用。对流量测量系统的安装有哪些要求？为什么要保证测量管路在节流装置前后有一定的直管段尺度？

18. 在什么情况下，差压式流量计要加装冷凝器、集气器、沉降器和隔离器？

19. 与节流装置配套的差压变送器的测量范围为 0～39.24kPa，二次表刻度为 0～10 t/h。

1）若二次表指示 50%，变送器输入差压 Δp 为多少？变送器输出电流为多少？

2）若将二次表刻度改为 0～7.5 t/h，应如何调整？

20. 一个以水标定的转子流量计，其转子材料为不锈钢，密度 $\rho_f = 7920\,kg/m^3$，用来测量苯的流量，苯的密度 $\rho_1 = 830\,kg/m^3$，求流量计读数为 3.6 L/s 时，苯的实际流量是多少？

综合训练

制作简易水流量检测仪

设计要求：采用 51 系列单片机或 STM32，设计并制作一种水流量检测仪，主要由微处理器、霍尔式涡轮流量计、水泵、继电器、蜂鸣器、液晶显示、键盘等部分组成。

系统功能及主要技术指标：液晶显示检测到的水流量值和水流速值，蜂鸣器声光报警；两个按键分别为启动键和清除键。

第 15 章　物位检测

物位是容器中液体的液位、粉状或颗粒状固体物料的料位及两种介质分界面位置的总称。液位是指开口容器或密封容器中液体介质液面的高低，用来测量液位的仪表称为液位计；料位是指固体粉状或颗粒物在容器中堆积的高度，用来测量料位的仪表称为料位计；用来测量互不相溶的两种液体介质的界面位置的仪表称为界面计。

物位检测在现代工业生产过程中具有重要地位。一方面通过物位检测可确定容器里的原料、半成品或成品的数量，以保证能连续供应生产中各个环节所需的物料或进行经济核算；另一方面是通过检测，连续监视或调节容器内流入和流出物料的平衡，使之保持在一定的高度，使生产正常进行，以保证产品的质量、产量和安全。一旦物位超出允许的上、下限则报警，以便采取应急措施。

为满足生产过程物位检测的要求，目前已建立起各种各样的物位检测方法，如直读法、浮力法、静压法、电容法、核辐射法、超声波法以及激光法、微波法等。

本章只介绍应用较为广泛的浮力式、压差式、电容式、超声波式物位计的结构、原理及应用。

15.1　浮力式液位检测

浮力式液位检测主要分为通过测量漂浮于被测液面上的浮子随液面变化而产生的位移来检测液位的恒浮力式检测，及利用沉浸在被测液体中的浮筒所受的浮力与液面位置的关系来检测液位的变浮力式检测。

15.1.1　恒浮力式液位检测

恒浮力式液位测量原理如图 15-1 所示，将浮子由绳索经滑轮与容器外的平衡重物相连。利用浮子重力、浮力与平衡重物的重力相平衡，使浮子漂浮在液面上，一般吃水线在浮子中间，则平衡关系为

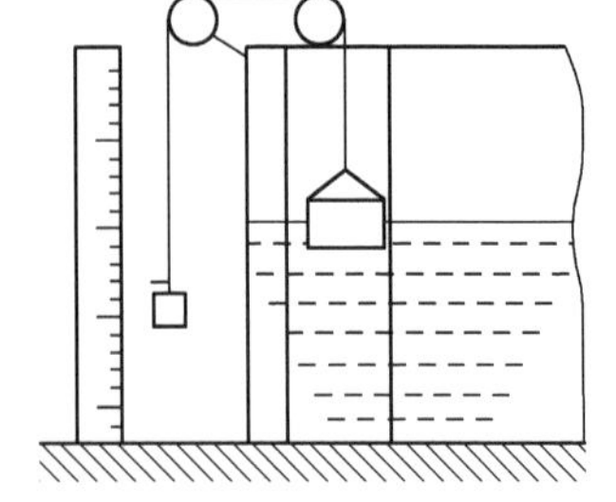

图 15-1　恒浮力式液位测量原理图

$$W-G=\frac{1}{2}\rho gV \tag{15-1}$$

式中，W 为浮子重力；V 为浮子体积；ρ 为液体密度；G 为平衡重物的重力。

式（15-1）中，W 与 G 是常数，等式右边浮子的浮力不变，故称此法为恒浮力法。这种方法实质上是把液位的变化转换为浮子机械位移的变化。在实际应用中，可以通过机械传动机构带动指针对液位进行指示，还可以通过转换器把机械位移转换为标准电信号。

恒浮力式液位计只能用于常压或敞口容器，通常只能就地指示，由于传动部分日久摩擦增大，液位计的误差就会相应地增大，因此这种液位计只能用于不太重要的场合。

1. 浮子式液位计

如图 15-2a 所示，在密闭容器中设置一个测量液位的通道，在通道的外侧装有浮标 1 和磁铁 2，通道内侧装有铁心 3。当浮子随液位上下移动时，铁心被磁铁吸引而同步移动，通过绳索带动指针指示液位变化。

图 15-2b 为适用于高温、黏度大的液体的液位计，浮球 6 是不锈钢的空心球，通过连杆 7 和转动轴 8 连接，配合秤锤 9 用来调节液位计的灵敏度，使浮球刚好一半浸没在液体中。浮球随液位升降而带动转动轴旋转，指针就在标尺上指示出液位值。

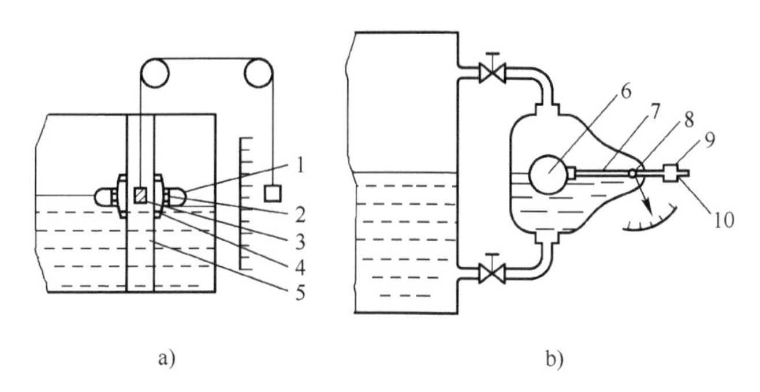

图 15-2 浮子式液位计示意图

1—浮标 2—磁铁 3—铁心 4—导轮 5—非导磁管 6—浮球 7—连杆 8—转动轴 9—秤锤 10—标杆

2. 浮顶罐

恒浮力式液位计都尽量加大浮子直径，以减小摩擦阻力误差的影响，浮子直径增大的极限就是贮罐液面上全被浮子覆盖，形成浮顶罐，如图 15-3 所示。

一般油罐为拱顶形式，为了进出油时空气能够流通，拱顶上有通气孔，但是油品中的轻组分挥发，随空气排出，特别是进出油时这种“深呼吸”强烈，损失很大。浮顶罐就是将罐顶做成中空的大活塞，漂浮在油面上，将油品与空气隔离，有效地防止了挥发。

原油贮罐容积达 10^5m^3，直径可达 80m，假设液位测量误差为 1mm，则体积误差为 $5m^3$，故使用浮顶罐以减少阻力误差意义重大。

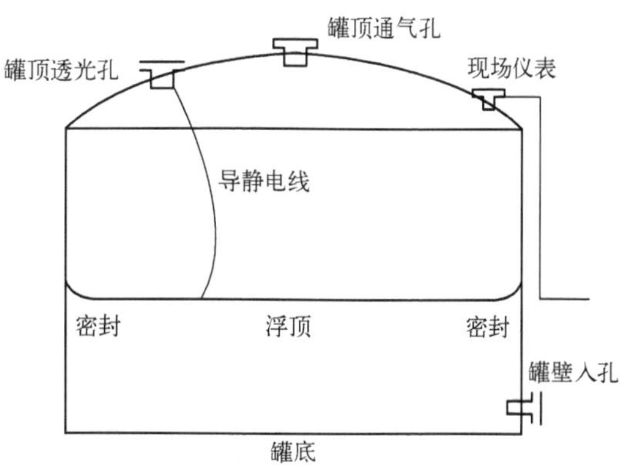

图 15-3 浮顶罐结构图

3. 浮子钢带液位变送器

大型贮罐多使用浮子钢带液位变送器，原理如图15-4所示。为了结构紧凑和读数方便，浮子钢带液位计用恒转矩盘簧代替平衡重物，连接浮子的绳索改用中间打孔的薄钢带。经钢带和导向弯头滑轮，将浮子的升降传到链轮，链轮上的钉状齿与钢带上的孔啮合，将钢带的直线运动变为转动，经齿轮传动装置，由指针和滚轮计数器指示出液位值。链轮的转动经连接传递给变送器部分，将液位信号转换成标准信号（模拟或数字信号）输出，同时，经凸轮和微动开关实现上下限报警。

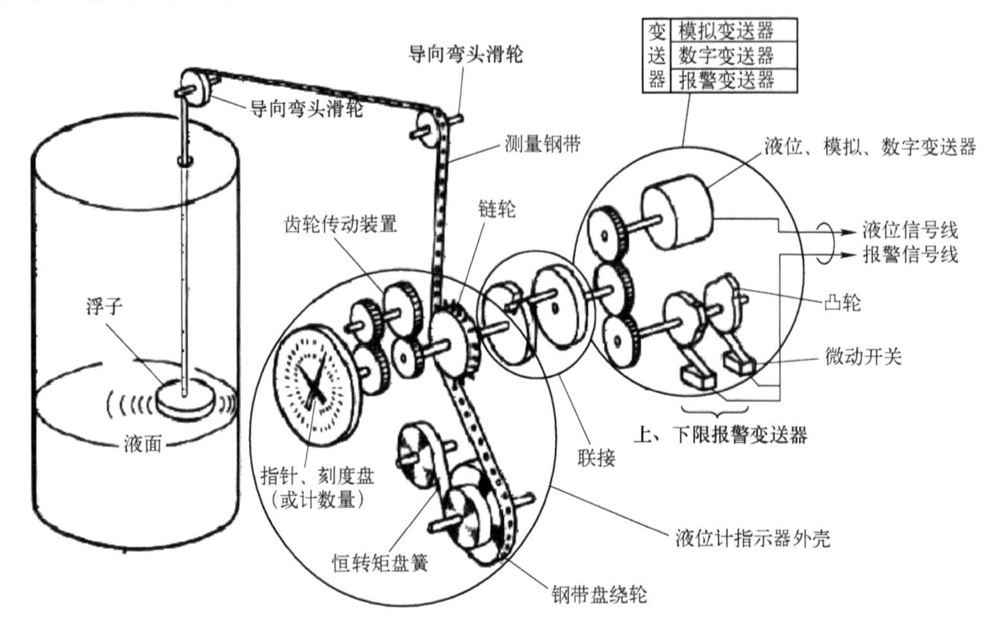

图15-4 浮子钢带液位变送器原理图

为保证钢带时刻拉紧，相当于平衡重物的作用，绕过链轮的钢带由钢带盘绕轮收紧，其收紧力则由恒转矩盘簧提供。恒转矩盘簧外形与钟表或玩具的发条相似，但特性完全不同，发条在自由状态是松弛的，卷紧后其回松力矩与变形成正比，符合胡克定律。而恒转矩盘簧在自由状态也是卷紧的，受力反绕后，其恢复力矩始终保持常数，故称恒转矩盘簧。

15-1 磁浮子干簧管液位计

4. 磁浮子干簧管液位计

近年来，液位6000mm以下的中小容器和设备常使用磁浮子干簧管液位计。干簧管液位计由磁浮球、传感器、变送器三部分组成，如图15-5所示。导管内均匀排列着干簧管和电阻作为传感器，其接线图如图15-6所示。当磁浮球随液位变化而沿导管上下浮动时，浮球内的磁钢吸合导管内相应位置上的干簧管，如图15-7所示，使传感器的总电阻（或电压）发生变化，再由变送器将变化后的电阻（或电压）信号转换成4～20mA的电流信号输出。

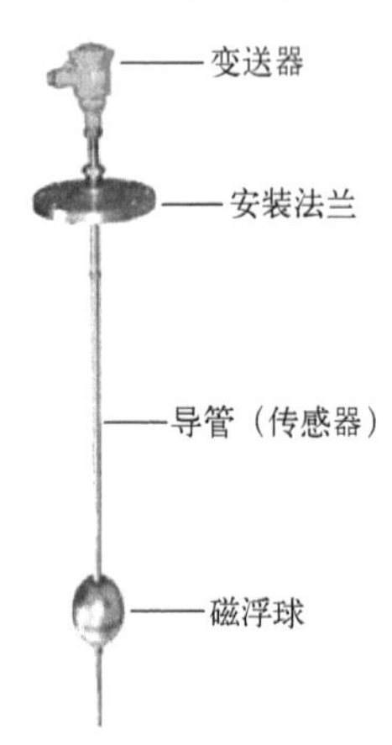

图15-5 磁浮子干簧管液位计实物图

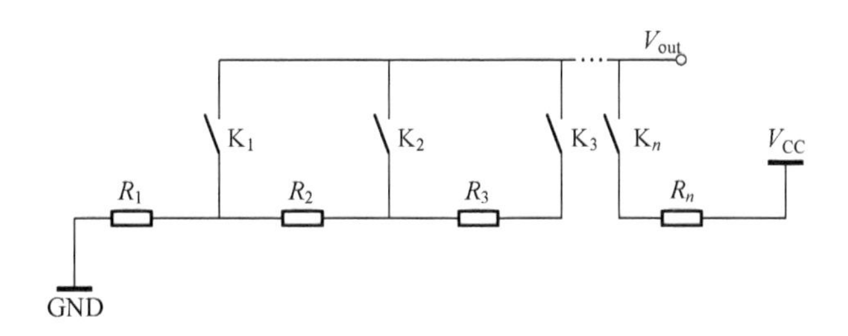

图 15-6　干簧管（开关）与电阻接线图

干簧管也称舌簧管或磁簧开关，是一种磁敏特殊开关，是干簧继电器和接近开关的主要部件。如图 15-8 所示，它通常有两个软磁性材料做成的、无磁时断开的金属簧片触点，即常开触点（NO），有的还有第三个作为常闭触点（NC）的簧片。这些簧片触点被封装在充有惰性气体（如氮、氦等）或真空的玻璃管里，玻璃管内平行封装的簧片端部重叠，并留有一定间隙或相互接触以构成开关的常开或常闭触点。干簧管比一般机械开关结构简单、体积小、速度高、工作寿命长；而与电子开关相比，它又有抗负载冲击能力强等特点，工作可靠性很高。

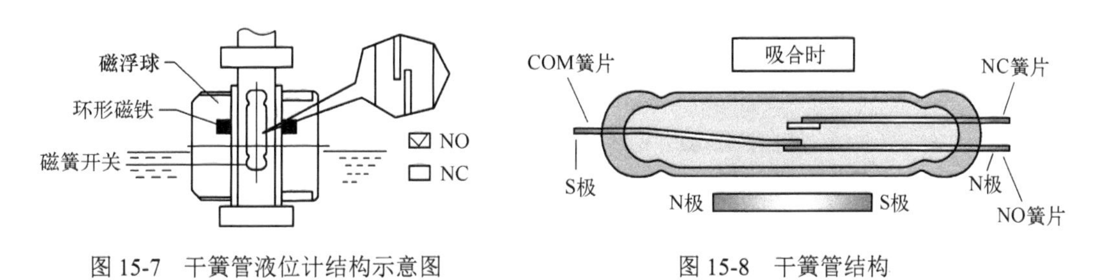

图 15-7　干簧管液位计结构示意图　　图 15-8　干簧管结构

两个干簧管之间的距离即液位计的分辨率。根据干簧管的多少，可设计成不同的量程。

磁浮子干簧管液位计优点如下：

1）体积小、质量轻，适用于高密度化的装配。

2）功耗低（可由 IC 直接驱动）。

3）触点开闭切换速度快，约为一般继电器动作时间的 1/10。

4）使用寿命长，触点开闭几乎没有机械摩擦，且触点不易会产生火花。

5）不受外部环境影响。因触点部分和惰性气体一起被密封，因此，不受开关切换时所产生的火花和大气中尘埃、湿度等的影响。

5. 磁翻板液位计

磁翻板液位计是用于就地指示的磁浮子液位计，如图 15-9 所示。从被测容器接出钢管作为连通器，管内有带磁铁的浮子，管外设置一排轻而薄的翻板，可灵活转动，翻板一面涂红色，另一面涂白色，翻板上附有小磁铁，彼此吸引，使翻板保持白色朝外。当浮子在翻板旁经过时，浮子上的磁铁迫使翻板翻转，即液面下的红色朝外，液面上的白色朝外，与色柱指示效果相同。

15.1.2 变浮力式液位检测

变浮力式（浮筒式）液位计工作原理如图 15-10 所示，它是利用浮筒在被测液体中浸没高度不同，即所受浮力不同来实现液位检测的。浮筒是密封的中空金属筒，重量大于同体积的液体的重量，若不悬挂就会下沉，筒的重心低于其几何重心，无论液位高低都能保持直立，下部浸在液体中。

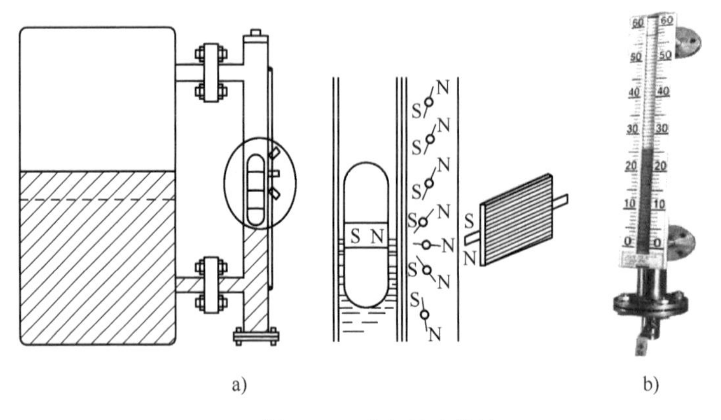

图 15-9 磁翻板液位计

a）结构示意图 b）实物图

将一横截面积为 A、质量为 m 的金属圆筒悬挂在弹簧上，弹簧的下端固定，当浮筒的重力与弹簧力达到平衡时，则有

$$mg = Cx_0 \qquad (15\text{-}2)$$

式中，C 为弹簧的刚度；x_0 为弹簧由于浮筒重力产生的位移。

当液位高度为 H 时，浮筒受到液体的浮力作用而向上移动，设浮筒实际浸没在液体中的长度为 h，浮筒移动的距离即弹簧的位移变化量为 Δx，即 $H = h + \Delta x$。当浮筒受到的浮力与弹簧力和浮筒的重力相平衡时，有

$$mg - Ah\rho g = C(x_0 - \Delta x) \qquad (15\text{-}3)$$

式中，ρ 为液体密度。

将式（15-2）代入式（15-3）并整理得

$$Ah\rho g = C\Delta x \qquad (15\text{-}4)$$

一般情况下，$h >> \Delta x$，所以 $H \approx h$，从而被测液位可表示为

$$H = \frac{C}{A\rho g}\Delta x \qquad (15\text{-}5)$$

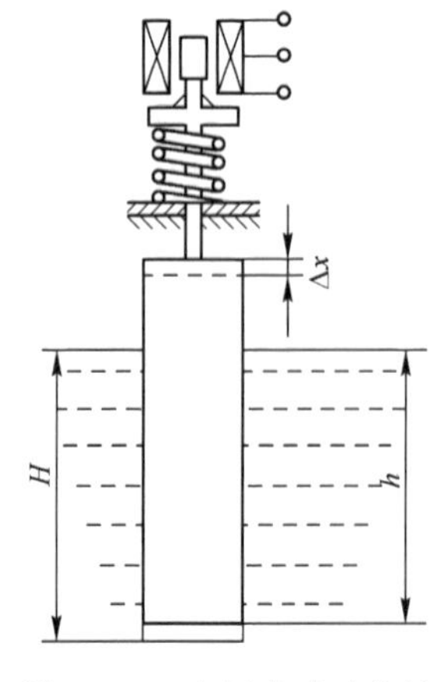

图 15-10 变浮力式液位计工作原理

由式（15-5）可知，当液位变化时，浮筒产生的位移变化量 Δx 与液位高度 H 成正比。变浮力式液位计实际上是将液位转换成浮筒的位移。如在浮筒的连杆上安装铁心，可随浮筒一起上下移动，通过差动变压器使输出电压与位移成正比。

浮筒式液位计的适应性能好，对黏度较高的介质、高压介质及温度较高的敞口或密闭容器的液位都能测量。液位信号可远传，用于显示、报警和自动控制。

15.2 差压式液位计

利用差压或压力变送器可以很方便地测量液位，并能输出标准的电流信号。

1. 工作原理

差压式液位计是利用容器内的液位改变时，由液位产生的静压力也相应变化的原理工作的。

将差压变送器的一端接液相，另一端接气相。容器上部空间为干燥气体，其压力为 p_0，则

$$p_1 = p_0 + H\rho g \tag{15-6}$$

$$p_2 = p_0 \tag{15-7}$$

可得

$$\Delta p = p_1 - p_2 = H\rho g \tag{15-8}$$

式中，p_1、p_2 分别为差压变送器正、负压室的压力；H 为液位高度；ρ 为被测介质的密度。

通常介质的密度已知，测得的差压与液位高度成正比，从而把测量液位转换为测量差压。

当被测容器是敞口的，气相压力为大气压时，只需将差压变送器的负压室通大气即可。若不需要远传信号，也可以在容器底部安装压力表，可直接在压力表上按液位进行刻度。

用差压式液位计测量液位时，容器的液相必须要用管线与差压计的正压室相连，而化工生产中的介质，常常会遇到有杂质、结晶颗粒或有凝聚等问题，容易使连接管线堵塞，此时，需要采用法兰式差压变送器。

法兰式差压变送器是用法兰直接与容器上的法兰相连接。如图 15-11 所示，法兰式差压变送器共由三部分组成，即法兰式测量头（由金属膜盒制作而成）、毛细管、差压变送器。法兰式差压变送器的测量部分及气动转换部分的动作原理与差压变送器相同。

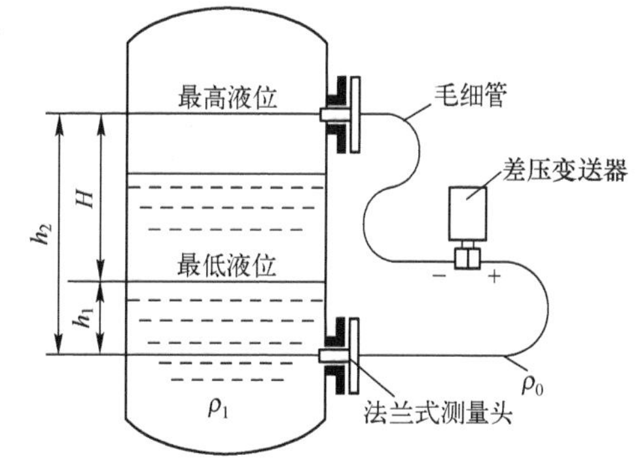

图 15-11　法兰式差压变送器测量液位示意图

在法兰式测量头、毛细管和差压变送器的测量室之间组成封闭的系统。内充有硅油，作为传压介质，使被测介质不进入毛细管与差压变送器，以免堵塞。法兰式差压变送器按结构形式分为单法兰及双法兰式两种，法兰的构造又有平法兰和插入式法兰两种。

2. 零点迁移

采用差压式液位计测量液位时，由于安装位置不同，一般情况下均会存在零点迁移的问题，下面分无迁移、正迁移和负迁移三种情况进行讨论。

15-2 差压变送器的零点迁移

（1）无迁移

如图 15-12a 所示。被测介质黏度较小、无腐蚀、无结晶，并且气相部分不冷凝，变送器安装高度与容器下部取压位置在同一高度。

将差压变送器的正、负压室分别与容器下部和上部的取压点 p_1、p_2 相连接，如果被测液体的密度为 ρ，则作用于差压变送器正、负压室的差压为 Δp。

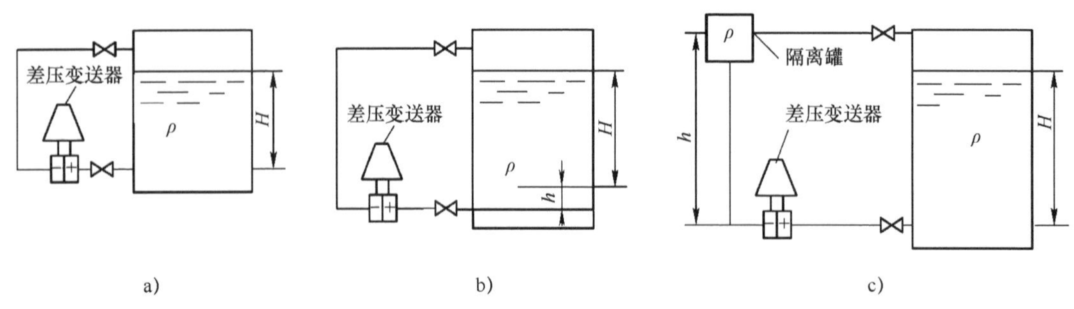

图 15-12 差压变送器测量时的安装位置

a）无迁移 b）正迁移 c）负迁移

当液位由 $H=0$ 变化到最高液位 $H=H_{max}$ 时，Δp 由零变化到最大差压 Δp_{max}，变送器对应的输出为 4～20mA。假设对应液位变化所要求的变送器量程 Δp 为 5000Pa，则变送器的特性曲线如图 15-13 中曲线 a 所示，称为无迁移。

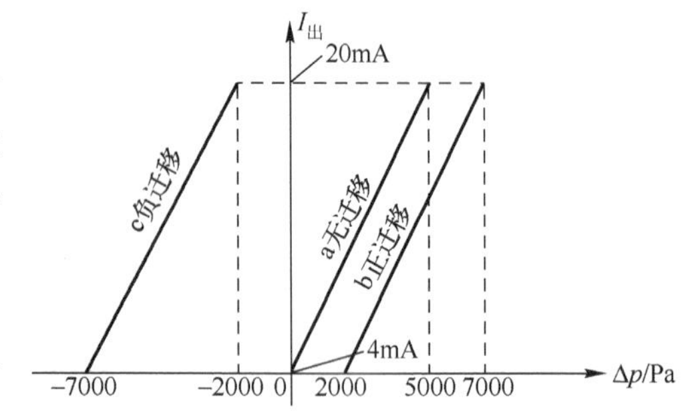

图 15-13 无迁移、正迁移和负迁移示意图

（2）正迁移

实际测量中，变送器的安装位置往往不与容器下部的取压位置同高，如图 15-12b 所示，被测介质也是黏度较小、无腐蚀、无结晶，并且气相部分不冷凝，变送器安装高度与容器下部取压位置在同一高度，但下部取压位置低于测量下限的距离为 h。这时液位高度 H 与差压 Δp 之间的关系为

$$\Delta p = H\rho g + h\rho g \tag{15-9}$$

由式（15-9）可知，当 $H=0$ 时，$\Delta p = h\rho g > 0$，并且为常数项，作用于变送器使其输出大于 4mA；当 $H=H_{max}$ 时，最大差压 $\Delta p_{max} = H_{max}\rho g + h\rho g$，使变送器输出大于 20mA。这时可以通过调整变送器的迁移弹簧，使变送器在 $H=0$、$\Delta p = h\rho g$ 时，其输出为 4mA；当 $H=H_{max}$、$\Delta p_{max} = H_{max}\rho g + h\rho g$ 时，变送器的输出为 20mA，从而实现了变送器输出与液位之间的正常对应关系。

假设变送器量程仍然为 5000Pa，而 $h\rho g = 2000\text{Pa}$，则当 $H=0$ 时，$\Delta p = 2000\text{Pa}$，调整变送器的迁移弹簧，使变送器输出为 4mA；当 $H=H_{max}$ 时，$\Delta p_{max} = (5000+2000)\text{Pa} = 7000\text{Pa}$，变送器的输出应为 20mA。变送器的特性曲线如图 15-13 中曲线 b 所示，由于调整的差压 Δp 是大于零（作用于正压室）的附加静压，称为正迁移。

（3）负迁移

有些介质对仪表会产生腐蚀作用，或者气相部分会产生冷凝使引压导管内的凝液随时间而变，在这种情况下，往往采用在正、负压室与取压点之间分别安装隔离罐或冷凝罐的方法。因此，负压侧引压导管也有一个附加的静压作用于变送器，使得被测液位 $H=0$ 时，差压不等于零。如图 15-12c 所示，变送器安装高度与容器下部取压位置处在同一高度，但由于气相介质容易冷凝，而且冷凝液高度随时间而变，可以实现将负压导管充满被测液体，此时液位高度 H 与差压 Δp 之间的关系为

$$\Delta p = H\rho g - h\rho g \tag{15-10}$$

由式（15-10）可知，当 $H=0$ 时，$\Delta p = -h\rho g < 0$，作用于变送器会使其输出小于 4mA；当 $H = H_{\max}$ 时，最大差压 $\Delta p = H_{\max}\rho g - h\rho g$，使变送器输出小于 20mA。这时可以通过调整变送器的迁移弹簧，使变送器在 $H=0$、$\Delta p = -h\rho g$ 时，其输出为 4mA。变送器的量程仍然为 $H_{\max}\rho g$，当 $H = H_{\max}$、$\Delta p_{\max} = H_{\max}\rho g - h\rho g$ 时，变送器的输出为 20mA，从而实现了变送器输出与液位之间的正常对应关系。

假设变送器量程仍然为 5000Pa，而 $h\rho g = 7000\text{Pa}$，则当 $H=0$ 时，$\Delta p = -7000\text{Pa}$，调整变送器的迁移弹簧，使变送器输出为 4mA；当 $H = H_{\max}$ 时，$\Delta p_{\max} = -2000\text{Pa}$，变送器的输出应为 20mA。变送器的特性曲线如图 15-13 中曲线 c 所示，由于调整的差压 $H=0$ 是小于零（作用于负压室）的附加静压，称为负迁移。

由上可知，正、负迁移的实质是通过迁移弹簧改变差压变送器的零点，使得被测液位为零时，变送器的输出为起始值（4mA），因此称为零点迁移。它仅仅改变了变送器测量范围的上、下限，而量程的大小不会改变。

15.3 电容式物位计

电容式物位传感器是利用被测物的介电常数与空气（或真空）不同的特点进行检测。电容式物位计由电容式物位传感器和检测电容的测量电路组成，适合各种导电、非导电的液位及粉状料位的远距离连续测量和指示，也可与其他仪表配套使用，实现物位的自动记录、控制和调节。由于它的传感器结构简单，没有可动部分，因此应用范围较广。

电容式物位计的工作原理是通过电容传感器把物位转换成电容量的变化，然后再用测量电容量的方法求得物位的数值。

电容式物位计根据圆筒形电容器的原理进行工作，其结构形式如图 15-14 所示，两个长度为 L，半径分别为 R 和 r 的圆筒形金属导体，中间隔以绝缘材料便构成圆筒形电容器。当中间所充介质是介电常数为 ε_1 的气体时，两圆筒间的电容量为

$$C_1 = \frac{2\pi\varepsilon_1 L}{\ln\frac{R}{r}} \tag{15-11}$$

如果两圆筒形电极板间的一部分被介电常数为 ε_2 的液体（非导电性的）浸没时，则必然会有电容量的增量 ΔC 产生（因为 $\varepsilon_2 > \varepsilon_1$），此时两极板间的电容量为

$$C = C_1 + \Delta C \tag{15-12}$$

假如电极被浸没的长度（液位高度）为 H，则电容量变为

$$C = \frac{2\pi\varepsilon_2 H}{\ln\frac{R}{r}} + \frac{2\pi\varepsilon_1 (L-H)}{\ln\frac{R}{r}} \tag{15-13}$$

电容量的变化为

$$\Delta C = C - C_1 = \frac{2\pi(\varepsilon_2 - \varepsilon_1)H}{\ln\frac{R}{r}} = KH \tag{15-14}$$

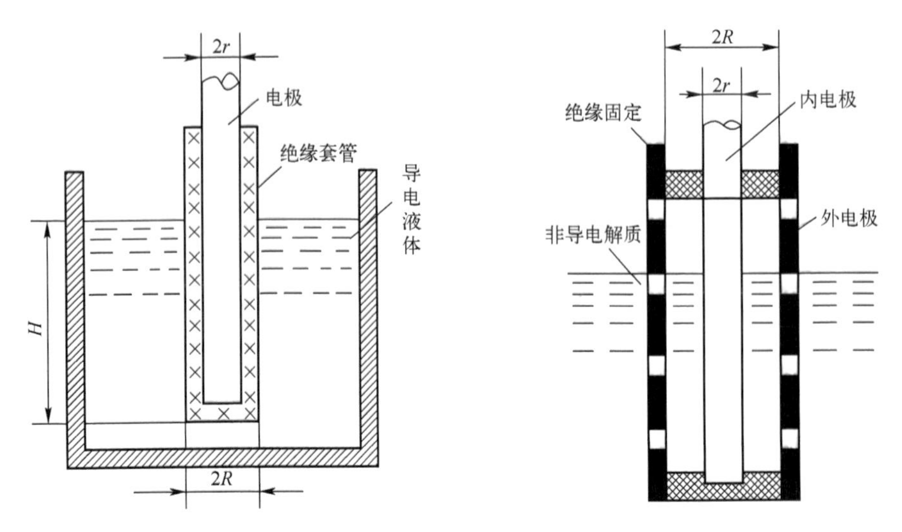

图15-14 电容式物位传感器原理示意图

由式（15-14）可知，当ε_2、ε_1、R、r不变时，电容量ΔC与电极浸没的长度H成正比，其中K为比例系数，因此测出电容增量的数值便可知道液位的高度。$\varepsilon_2-\varepsilon_1$值越大，仪表越灵敏，$R$与$r$越接近，即两极间距离越小，仪表越灵敏。

如果被测介质是导电性液体时，电极要用绝缘物（如聚四氟乙烯）覆盖作为中间介质，而液体和外圆筒一起作为外电极。

15.4 超声波物位传感器

15.4.1 超声波物位计

超声波物位传感器是利用超声波在两种介质的分界面上的反射特性制成的。如果已知从发射超声脉冲开始到接收换能器接收到反射波为止的时间间隔，就可以求出分界面的位置，利用这种方法可以对物位进行测量。

根据发射和接收换能器的功能，可分为单换能器和双换能器，如图15-15所示。单换能器的传感器发射和接收超声波均使用同一个换能器，而双换能器的传感器发射和接收超声波各由一个换能器来完成。

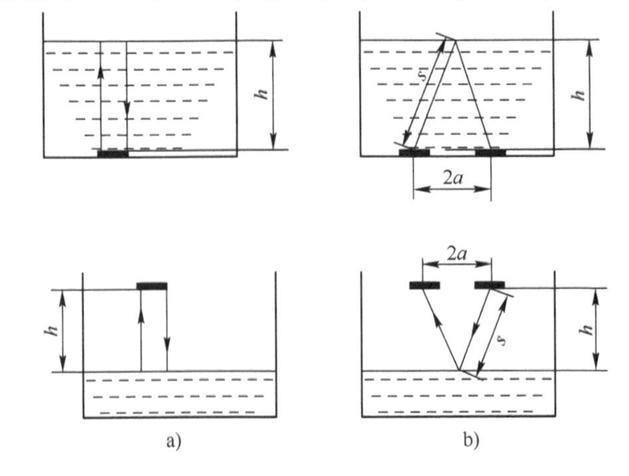

图15-15 超声波物位计检测原理图
a）单换能器 b）双换能器

超声波发射和接收换能器可以设置在液体中，这样超声波将在液体中传播。由于超声波在液体中传播时衰减比较小，所以即使发出的超声脉冲幅度较小，仍可以传播。超声波发射和接收换能器也可以安装在最高液位的上方，让超声波在空气中传播。这种方式便于安装和维修，但超声波在空气中的衰减比较大。

对于单换能器，若超声波从发射到液面，又从液面反射到换能器的时间为 t，则换能器距液面的距离 h 为

$$h=\frac{vt}{2} \tag{15-15}$$

式中，v 为超声波在介质中的传播速度。

对于双换能器，若超声波发射点到换能器的距离为 s，则从发射到接收经过的路程为 $2s$，两个换能器之间的距离为 $2a$，可以推算出液位高度为

$$h=\sqrt{s^2-a^2} \tag{15-16}$$

由式（15-15）、式（15-16）可见，只要测得超声波脉冲从发射到接收的间隔时间，便可以求得待测的物位。

超声波物位传感器具有精度高和使用寿命长的特点，但若液体中有气泡或液面发生波动，便会有较大的误差。在一般使用条件下，测量误差为±0.5%，盲区为 0.5m，检测物位的范围为 4～60m。安装时，要预留出盲区的高度，如图 15-16 所示。由于采用非接触测量，被测介质几乎不受限制，可广泛用于各种液体和固体物料高度的测量。

以 UTG2000 系列超声波液位计为例，其技术参数：量程为 0～20m；精度为 0.25%、0.5%；盲区为 0.3～0.5m；工作温度为-20～+55℃；电源电压为 DC 24V，AC 220V；模拟输出为 4～20mA（可加上下开关量控制）；数字输出为 RS485/RS232 协议，可提供上位机远程监控；显示方式为 4 位 LED。

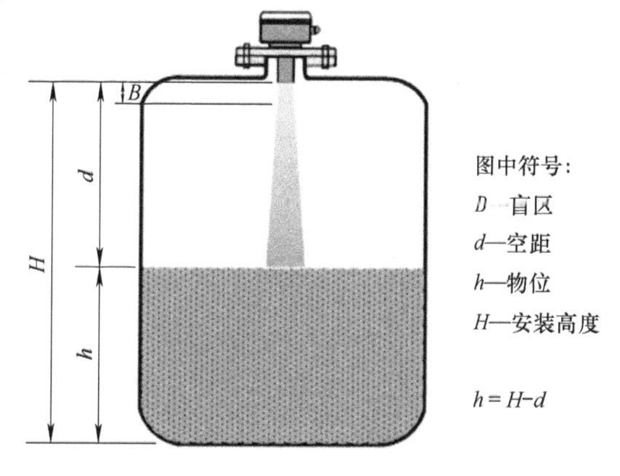

图 15-16　超声波物位计参数间的关系

15.4.2　磁致伸缩液位计

磁致伸缩液位计是一种可进行连续液位、界面测量，并提供用于监视和控制的极高精度的测量仪表。用某些磁性材料的磁致伸缩效应产生超声波测量液位，就构成了磁致伸缩液位传感器。

磁致伸缩液位计由不锈钢管（测杆）、磁致伸缩线（波导丝）、可移动浮子（内有永久磁铁）、电路单元等部分组成，如图 15-17 所示。传感器工作时，电路单元在波导丝上产生激励脉冲，沿波导丝传播时，会在波导丝周围产生脉冲环形磁场。在传感器的测杆上配有浮子，可沿测杆随液位的变化而上下移动，浮子内部有永久磁环，即浮标磁环。当脉冲环形磁场和游标磁环磁场相遇时，使浮子周围的磁场发生改变，从而使由磁致伸缩材料制成的波导丝在浮子所处的位置产生扭转应力波脉冲，这个脉冲以固定的速度沿波导丝回传，并由检波线圈检出，通过测量脉冲电流与扭转波脉冲的时间差即可确定浮子的位置，即液面的位置。

磁致伸缩液位计的主要性能指标：量程为 0～25000mm；精度为±0.3mm；分辨率为 0.1mm。

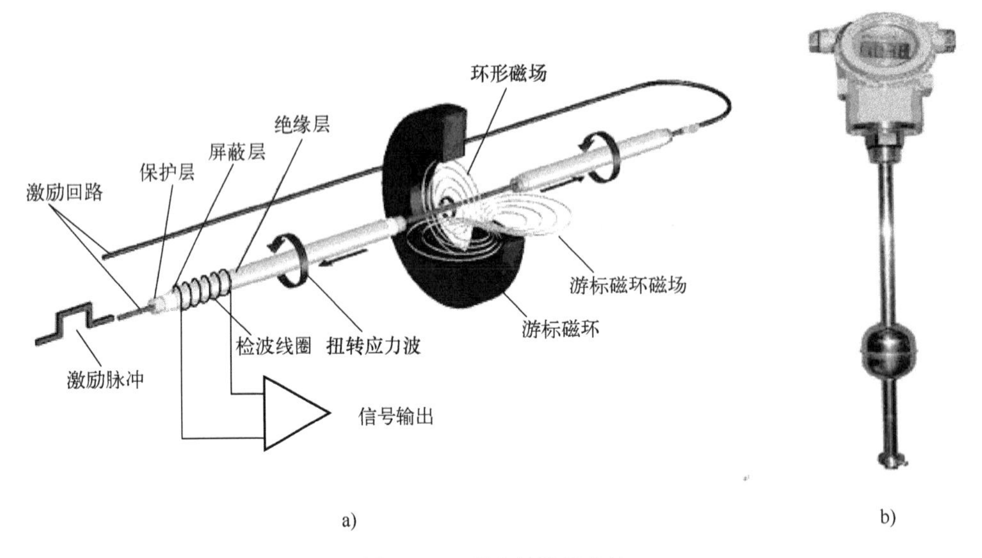

图 15-17 磁致伸缩液位计

a）原理图 b）实物图

磁致伸缩液位计用于石油、化工原料贮存、工业流程、生化、医药、食品饮料、罐区管理和加油站地下库存等各种液罐的液位工业计量和控制，以及大坝水位、水库水位监测与污水处理等。

知识拓展

常用物位计

为了便于比较和选用，表 15-1 列出了常用物位计的原理、主要特点和应用场合。

表 15-1 常用物位计的原理、主要特点和应用场合

仪表名称		原理	主要特点	应用场合
直读式	玻璃管液位计	直读	就地指示	直接指示密闭及开口容器中的液位
	玻璃板液位计	直读		
浮力式	浮子式液位计	利用浮子（或浮筒）高度随液位变化而改变	可直接指示液位，也可输出 4～20mA 直流电流信号；可连续测量，耐高温、高压，结垢和沉积物对其性能有影响，对干或黏滞介质不适用	用于开口或承压容器液位的连续测量
	浮筒式液位计	液体对浸沉于液体中的浮子的浮力随液位高度而变化		用于液位和相界面的连续测量，高温、高压条件下的工业生产过程的液位、界面测量和限位越位报警联锁
	磁翻板液位计	浮力原理和磁性耦合作用	有显示醒目的现场指示，远程装置输出 DC 4～20mA 标准信号，集报警器多功能为一体	适用于各种贮罐的液位指示报警，特别适用于危险介质的液位测量

（续）

仪表名称	原理	主要特点	应用场合
差压式液位计	差压原理	应用于各种液体的液位测量，精度高，重复性好，安装简单	用于密闭容器的液位测量
电容式物位计	将液位的变化转换为电容量的变化	结构简单，使用方便，动态响应快，不适合测量高黏度液体	用于各种贮槽、容器液位，粉状料位的连续测量及控制报警
超声波物位计	声学原理	寿命长，使用温度受限，不适合测量有气泡或悬浮物的液体，电路复杂	被测介质可以是腐蚀性液体或粉状的固体料位，非接触式测量
辐射物位计	辐射透过物料时，其强度随物质层的厚度而变化	放射性对人体有害，所测介质不能是放射性物质	适用于各种料仓内，容器内高温、高压、强腐蚀、剧毒的固态、液态介质的料位、液位的非接触式连续测量
微波式液位计	微波反射原理	安装于容器外壁，有良好的定向辐射特性，检测范围宽，性能稳定	适用于罐体和反应器内具有高温、高压、湍动、惰性、气体覆盖层及尘雾或蒸汽的液体、浆状、糊状或块状固体的物位的非接触式测量，适于各种恶劣工况和易爆、危险的场合
雷达式液位计	超高频电磁波反射原理	测量结果不受温度、压力影响	应用于工业生产过程中各种敞口或承压容器的液位控制和测量
光纤式液位计	光学原理	敏感元件尺寸小，响应时间短，抗化学腐蚀	能用于易燃易爆等设施中，用于检测微量流体，能检测两种液体界面
光电式液位计	光学原理	单色性差，易受其他光干扰	普遍应用于泵、压缩机的标准化生产，如危险介质的液流保护。其优点在于不怕受振（无移动部件），不受介质特性的影响
激光式液位计	光学原理	精度高，不易受外来光线的干扰	在常压工况下，适用于黏性介质和有泡沫沸腾介质的液位非接触式检测

习　题

1. 浮力式液位计按工作原理可分为（　　）。
   A. 浮筒式液位计和浮球式液位计　　B. 浮筒式液位计和浮标式液位计
   C. 恒浮力式液位计和变浮力式液位计　　D. 磁翻板液位计和浮子钢带液位计
2. 用差压法测量容器液位时，液位的高低取决于（　　）。
   A. 压力差和容器截面　　B. 压力差和介质密度
   C. 压力差、容器截面和介质密度　　D. 压力差、介质密度和取压点位置
3. 恒浮力式液位计是根据（　　）随液位的变化而变化来进行液位测量的。
   A. 压力差和容器截面　　B. 压力差和介质密度
   C. 压力差、容器截面和介质密度　　D. 压力差、介质密度和取压点位置
4. 变浮力式液位计是根据（　　）随液位的变化而变化来进行液位测量的。
   A. 浮子的位置　　B. 浮筒的体积　　C. 浮子的重量　　D. 浮筒的位置
5. 下列液位计属于变浮力式液位计的是（　　）。

A. 带钢丝绳的浮子式液位计　　B. 带杠杆的浮子式液位计
C. 浮筒式液位计　　D. 磁翻板式液位计

6. 用差压变送器测量液位时，仪表安装高度（　　）下部取压口。
A. 应高于　　B. 不应高于　　C. 不宜低于　　D. 相当于

7. 超声波物位计是通过测量声波发射和反射回来的（　　）差来测量物位高度的。
A. 时间　　B. 速度　　C. 频率　　D. 强度

8. 超声波流量计的介质的（　　）不影响声波的传输速度。
A. 介电特性　　B. 温度　　C. 压力　　D. 形态

9. 如图 15-18 所示，用差压变送器测量闭口容器的液位，$h_1=50\text{cm}$，$h_2=200\text{cm}$，$h_3=140\text{cm}$，被测介质的密度 $\rho_1=0.85\,\text{g/m}^3$，负压管内的隔离液为水，求变送器的调校范围和迁移量。

10. 用单法兰液位计测量开口容器内的液位，其最高液位和最低液位到仪表的距离分别为 $h_1=1\text{m}$ 和 $h_2=3\text{m}$，如图 15-19 所示。若被测介质的密度为 $\rho=980\,\text{kg/m}^3$，求：

1）变送器的量程为多少？

2）是否需要迁移？迁移量为多少？

3）若液面的高度 $h=2.5\text{m}$，液面计的输出为多少？

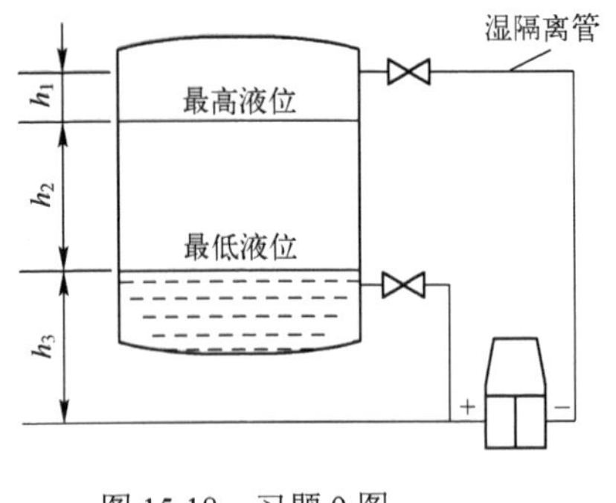

图 15-18　习题 9 图

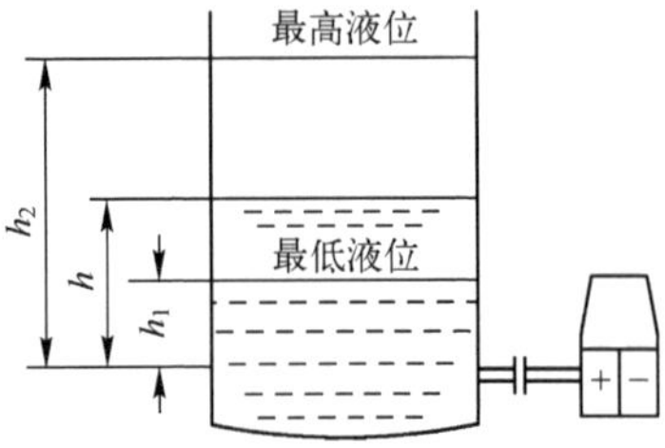

图 15-19　习题 10 图

综合训练

水位自动控制系统

设计要求：采用 51 系列单片机设计并制作水位自动控制系统，该系统主要由单片机、LCD1602 液晶显示屏、A/D 转换电路、水位传感器、水泵、蜂鸣器、按键等部分组成。

系统功能及主要技术指标：四个按键分别为减键、加键、设置键和复位键。可通过按键设置水位的上、下限报警值，并具有掉电保存功能，保存在 STC 单片机内部，上电无须重新设置参数。当水位高度低于下限值时，水泵工作开始进水，当水位高度高于上限值时，关闭水泵停止进水；当测到的水位高度超出上、下限时，发出声光报警提示，手动按加键关闭声光报警，不会影响水泵的工作。三个水位指示灯，红灯为低水位指示灯，绿灯为正常水位指示灯，黄灯为水满指示灯。LCD1602 液晶显示屏第一行显示水位的高度（单位为厘米），第二行显示水位的上、下限。

第 16 章　气体检测

在天然气、煤气、石油化工等行业，随着生产技术的发展，以及安全环保要求的提高，除检测温度、压力、流量、物位外，对可燃性气体、有毒气体、气体挥发物（VOCs）进行监测、预报和控制，已成为工业过程检测和控制的又一重点，在环境监测、家庭安防领域也有应用需求。

可燃性气体是使用中常碰到的，可燃性气体是指能够与空气（或氧气）在一定的浓度范围内均匀混合形成预混气，遇到火源会发生爆炸、燃烧过程中释放出大量能量的气体。常见的可燃性气体有氢气（H_2）、甲烷（CH_4）、乙烷（C_2H_6）、丙烷（C_3H_8）、丁烷（C_4H_{10}）、乙烯（C_2H_4）、丙烯（C_3H_6）、丁烯（C_4H_8）、乙炔（C_2H_2）、丙炔（C_3H_4）、丁炔（C_4H_6）等。

有毒气体就是对人体产生危害，能够致人中毒的气体，它主要分为刺激性气体（对眼和呼吸道黏膜有刺激作用的气体）和窒息性气体（能造成机体缺氧的有毒气体，可分为单纯窒息性气体、血液窒息性气体和细胞窒息性气体），这些气体可以直接对人体造成伤害，非常危险。常见的有毒气体有一氧化碳（CO）、硫化氢（H_2S）、氨气（NH_3）、氯气（Cl_2）、二氧化硫（SO_2）、二氧化氮（NO_2）、一氧化氮（NO）、二氧化碳（CO_2）等。

VOCs 是指在常温常压下，任何能自发挥发的有机液体或固体，通常称为有机溶剂，常见的检测仪可以检测的 VOCs 有汽油、柴油、苯类、原油、油漆等。

气体传感器能将被测气体的类别、浓度和成分转换为一定的电量输出，在实际应用中，气体传感器应满足：①具有小的交叉灵敏度，即对被测气体以外的其他气体不敏感；②具有较高的灵敏度和较宽的动态响应范围；③性能稳定，传感器特性不受环境温度、湿度变化影响；④重复性好、易于维护等。

目前，气体检测的方法和手段有很多，主要包括半导体气敏传感器、接触燃烧式气敏传感器和电化学气敏传感器等，最常见的是半导体气敏传感器。

催化燃烧（LEL）和红外（IR）传感器可以检测可燃性气体及二氧化碳，而光离子（PID）传感器通常用于检测 VOCs 和其他碳氢化合物，对于可能伤害人体呼吸系统的有毒气体，使用电化学传感器是较实用的选择。

16.1 接触燃烧式气体传感器

16-1 接触燃烧式气体传感器

接触燃烧式气体传感器利用催化燃烧的热效应原理，属于高温传感器，其工作原理是气敏材料（如铂丝等）在通电状态下，可燃性气体氧化燃烧或在催化物作用下氧化燃烧（要求检测环境中包含足够的氧气），铂丝由于燃烧温度升高，其电阻值发生变化，进而测得可燃性气体的浓度。

在铂丝线圈上包以氧化铝和黏合剂，干燥后烧结成球状多孔体，其外表面敷有铂、钯等稀有金属的催化层，如图 16-1a 所示。

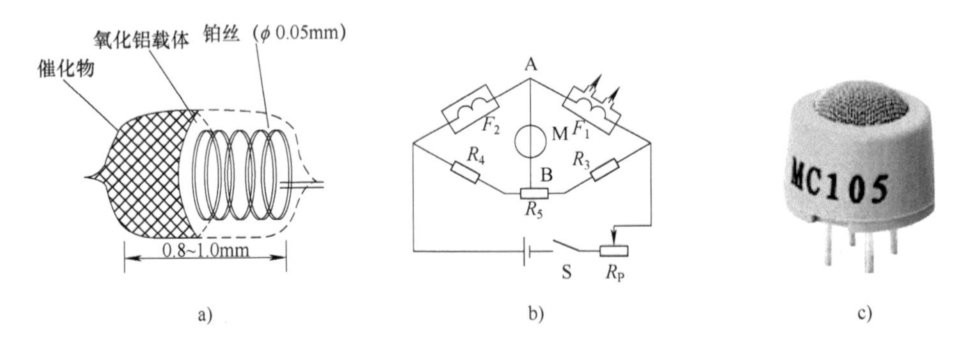

图 16-1 接触燃烧式气体传感器

a）结构 b）测量电路 c）MC105 催化燃烧式气体传感器

由检测元件 F_1 和补偿元件 F_2 配对构成测量电桥，如图 16-1b 所示，在一定温度条件下，可燃性气体在检测元件载体表面及催化剂的作用下发生无焰燃烧，载体温度升高，内部铂丝电阻值也相应升高，从而使平衡电桥失去平衡，输出一个与可燃性气体浓度成正比的电信号。可燃性气体在补偿元件表面无燃烧，但是可以补偿外界温度变化引起的误差。MC105 催化燃烧式气体传感器如图 16-1c 所示，可用于工业现场的天然气、液化气、煤气、烷类等可燃性气体的浓度检测。

催化燃烧式气体传感器主要用于可燃性气体的检测，具有响应快、输出信号线性好、指数可靠、价格低廉、对可燃性气体选择性好、对浓度可燃性气体灵敏度低、受催化剂侵害后特性锐减、铂丝易断等特点。

催化燃烧式气体传感器可以测量的气体包括：碳氢类气体（烷、烯、醇、醚等烃类）C_xH_x；一些含有碳元素的气体，如 CO；一些含有氢元素的气体，如 NH_3；不可以测量的气体（传感器中毒）：含卤族元素的气体，如 CH_3Cl、CCl_4；含有硅、锗元素的气体，如 H_4Si；腐蚀性气体，如 HCl、H_2S。

对测量有影响的因素：外力冲击、振动；安装方位；氧气的浓度；大气压力。

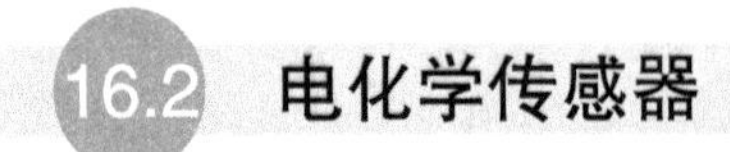

16.2 电化学传感器

最早的电化学传感器可以追溯到 20 世纪 50 年代，当时用于氧气监测。到了 20 世纪 80 年代中期，小型电化学传感器开始用于检测允许暴露量（permissible exposure limit 或 permissible exposure level，PEL）范围内的多种不同有毒气体，并显示出了良好的敏感性与选择性。基于电化学原理的传感器已广泛应用于化工、煤矿、环保、卫生等部门对有害气体的检测。由于电化学传感器能对多种有害气体产生响应，而且结构简单、成本低廉，因而在有害气体的检测中占有重要地位。

1. 工作原理

电化学传感器通过与被测气体发生反应并产生与气体浓度成正比的电信号来工作。典型的电化学传感器由感应电极（或工作电极）和对电极组成，并由一个薄电解层隔开。电化学传感器结构示意图如图 16-2 所示，测量电路如图 16-3 所示。

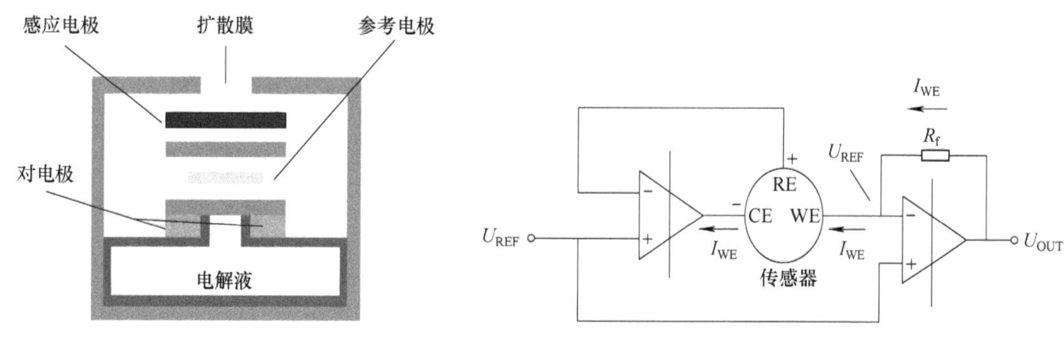

图 16-2　电化学传感器结构示意图　　图 16-3　电化学传感器测量电路

气体首先通过微小的毛管型开孔与传感器发生反应，然后是疏水屏障层，最终到达电极表面。采用这种方法可以允许适量气体与传感应电极发生反应，以形成充分的电信号，同时防止电解质漏出传感器。

穿过屏障扩散的气体与传感电极发生反应，传感电极可以采用氧化机理或还原机理。这些反应由针对被测气体而设计的电极材料进行催化。通过电极间连接的电阻器，与被测气浓度成正比的电流会在正极与负极间流动。测量该电流即可确定气体浓度。

在实际中，由于电极表面连续发生电化学反应，传感电极电动势并不能保持恒定，在经过一段较长时间后，它会导致传感器性能退化。为改善传感器性能，引入参考电极。

参考电极安装在电解质中，与感应电极邻近，以稳定恒电动势作用于传感电极。参考电极间没有电流流动。气体分子与感应电极发生反应，同时测量对电极，测量结果通常与气体浓度直接相关。施加于感应电极的电压值可以使传感器针对目标气体。

电化学传感器可以测量的气体：氧气、氢气、氨气、氟气、硅烷、臭氧、光气、氯气、联氨、硫醇、硫化氢、氯化氢、氟化氢、氰化氢、磷化氢、砷化氢、一氧化碳、二氧化氮、二氧化硫、二氧化氯、环氧乙烷、一氧化氮、四氢噻吩等。图 16-4 为电化学传感器实物图。

图 16-4　电化学传感器实物图

当被检测的目标气体以外的干扰气体影响电化学传感器给出的读数时，就是发生了交叉敏感。电化学气体传感器的交叉灵敏度是指一定浓度的其他干扰气体对传感器的响应信号相当于此气体传感器对原气体的响应所得的值。如环氧乙烷传感器对一氧化碳的交叉灵敏度为2.5，如果电化学传感器同时遇到100ppm的环氧乙烷和10ppm的一氧化碳，读数会增加25ppm。表16-1列出了电化学气体传感器对CO的交叉灵敏度。

表16-1 电化学气体传感器对CO的交叉灵敏度

气　体	检测范围/ppm	对CO的相对灵敏度
一氧化碳	200	1.0
环氧乙烷	100	2.5
乙醇	200	1.3
甲醇	100	5.0
异丙醇	500	0.5
异丁烯	200	1.1
丁二烯	100	2.8
乙烯	100	2.9
丙烯	100	1.5
氯乙烯	100	1.9

2. 影响因素

（1）压力与温度

电化学传感器受压力变化的影响极小。然而，由于传感器内的差压可能损坏传感器，因此整个传感器必须保持相同的压力。电化学传感器对温度也非常敏感，因此通常采取内部温度补偿。但最好尽量保持标准温度。

一般而言，在温度高于25℃时，传感器读数较高；低于25℃时，读数较低。温度影响通常为每摄氏度0.5%～1.0%，视制造商和传感器类型而定。

（2）选择性

电化学传感器通常对其目标气体具有较高的选择性。选择性的程度取决于传感器类型、目标气体以及传感器要检测的气体浓度。最好的电化学传感器是检测氧气的传感器，它具有良好的选择性、可靠性和较长的预期寿命。其他电化学传感器容易受到其他气体的干扰。干扰数据利用相对较低的气体浓度计算得出。在实际应用中，干扰浓度可能很高，会导致读数错误或误报警。

（3）预期寿命

电化学传感器的预期寿命取决于几个因素，包括要检测的气体和传感器的使用环境条件。一般而言，规定的预期寿命为1～3年。在实际中，预期寿命主要取决于传感器使用中所暴露的气体总量以及其他环境条件，如温度、压力和湿度。

3. 小结

电化学传感器对工作电源的要求很低。实际上，在气体监测可用的所有传感器类型中，它们的功耗是最低的。因此，电化学传感器广泛用于包含多个传感器的移动仪器中。它们是有限空间应用场合中使用最多的传感器。

传感器的预期寿命由其制造商根据他们认为正常的条件进行预测。然而，传感器的预期寿命很大程度上取决于环境污染、温度及湿度。

典型的电化学传感器的规格：传感器类型为 2 或 3 电极，通常为 3 电极；范围为可允许暴露极限的 2～10 倍；预期寿命正常为 12～24 个月，取决于制造商与传感器；温度范围–40～+45℃；相对湿度 15%～95%，无凝露；响应时间< 50s；长期偏移为每月下移 2%。

16.3 半导体气敏传感器

半导体气敏传感器是利用半导体材料与气体相接触时电阻和功函数发生变化的效应来检测气体成分或浓度的传感器。常见半导体气敏传感器的分类见表 16-2。

表 16-2　常见半导体气敏传感器的分类

类别	主要物理特性	类型	气敏元件	检测的气体
电阻式	电阻	表面控制型	氧化锡、氧化锌（烧结体、薄膜、厚膜）	可燃性气体
		体控制型	氧化镁、氧化钛（烧结体）、$\gamma-Fe_2O_3$、$La_{1-x}Sr_xCoO_3$	酒精、氧气、可燃性气体
非电阻式	二极管整流特性	表面控制型	铂-硫化镉、铂-氧化钛（金属-半导体结型二极管）	氢气、酒精、一氧化碳
	晶体管特性		铂栅 MOS 场效应晶体管	氢气、硫化氢

按照半导体与气体的相互作用主要仅局限于半导体表面或涉及半导体内部，半导体气敏传感器可分为表面控制型和体控制型。表面控制型半导体气敏传感器，其半导体表面吸附的气体与半导体间发生电子接收，使半导体的电导率等物理性质发生变化，但内部化学组成不变；体控制型半导体气敏传感器，半导体与气体反应，使半导体内部组成发生变化，导致电导率变化。按照半导体变化的物理特性，半导体气敏传感器又可分为电阻式和非电阻式。电阻式半导体气敏传感器是利用其电阻值的改变来反映被测气体的浓度；非电阻式半导体气敏传感器则利用半导体的功函数对气体进行直接或间接检测。

1. 电阻式半导体气敏传感器

电阻式半导体气敏传感器利用气敏半导体材料，如氧化锡（SnO_2）、氧化锌（ZnO）等金属氧化物制成敏感元件，当它们吸收了可燃性气体的烟雾，如氢气、一氧化碳、烷、醚以及天然气、沼气等时，会发生还原反应，放出热量，使元件温度相应增高，电阻发生变化。利用半导体材料的这种性质，将气体的成分和体积分数转换成电信号，进行检测和报警。电阻式半导体气敏传感器如图 16-5 所示，常用的传感器有国产 QM-N 型、日本 Figaro 公司 TGS 型和 UL 型等，如 QM-N3 型对瓦斯敏感，QM-NJ9 型对酒精敏感，TGS812 型对废气敏感。MQ-135 型气体传感器对氨气、硫化物、苯系蒸汽的灵敏度高，对烟雾和其他有害气体的监测也很理想，可检测多种有害气体，是一款适合多种应用的低成本传感器。

图 16-5 电阻式半导体气敏传感器

电阻式半导体气敏传感器具有结构简单、灵敏度高、响应速度快，信号处理时无须专门的放大电路来放大信号等优点，常用于检测可燃性气体。对于吸附能力很强的传感器，也可用于非可燃性气体的检测。

（1）表面控制型

目前常见的气敏元件都属于这种类型，气敏元件材料多采用还原性较差的金属氧化物，其中有代表性的是氧化锡和氧化锌。

（2）体控制型

体控制型是由于半导体内晶格发生变化而引起电阻发生变化的气敏传感器。对于易还原的氧化物半导体来说，在较低的温度下，半导体的晶格缺陷随易燃性气体而变化；对于难还原的氧化物半导体来说，在较高温度下，晶格缺陷浓度也会发生变化，最终导致电导率发生变化。

电阻式半导体气敏元件的材料多采用氧化锡和氧化锌等较难还原的氧化物。一般在气敏元件材料内也会掺入少量的铂等贵重金属作为催化剂，以便提高检测的选择性。常用的电阻式半导体气敏元件有三种结构类型：烧结型、薄膜型和厚膜型。

（1）烧结型

烧结型气敏元件的制作是将敏感材料（SnO_2、ZnO 等）及掺杂剂（Pt、Pb）按照一定的配比用水或黏合剂调和，经研磨后再均匀混合，再用传统制陶的方法进行烧结。烧结时埋入测量电极和加热丝，再将电极和加热丝引线焊在管座上，最后加上特制不锈钢网外壳制成。这种气敏元件一般分为直热式和旁热式两种结构，多用于检测还原性气体、可燃性气体和液化蒸汽。

直热式气敏元件管芯体积较小，加热丝直接埋在金属氧化物半导体材料内，兼作一个测量电极如图 16-6 所示。该类型气敏元件的优点是制作工艺简单、成本低、功耗小，可在高回路电压下使用，可制成价格低廉的可燃性气体泄漏报警器。缺点是热容量小，易受环境气流的影响；测量电路和加热电路之间无电气隔离，相互影响；加热丝在加热和不加热状态下会产生胀缩，容易造成与材料的接触不良。

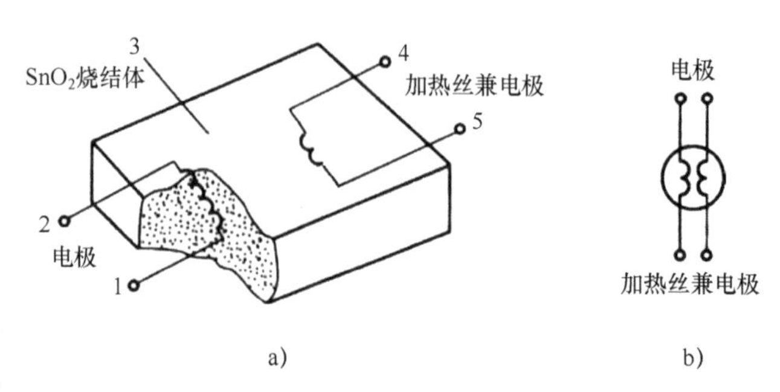

图 16-6 直热式气敏元件结构和图形符号

旁热式气敏元件在陶瓷绝缘管中放置高阻加热丝，在陶瓷管外涂梳状金电极，再在金电极外涂气敏半导体材料，如图 16-7 所示。这种结构形式克服了直热式的缺点，测量极与加热丝分开，加热丝不与气敏元件接触，避免了回路间的互相影响；元件热容量大，降低了环境气氛对元件加热温度的影响，并保持了材料结构的稳定性。故这种结构元件稳定性、可靠性都较直热式有所改进。

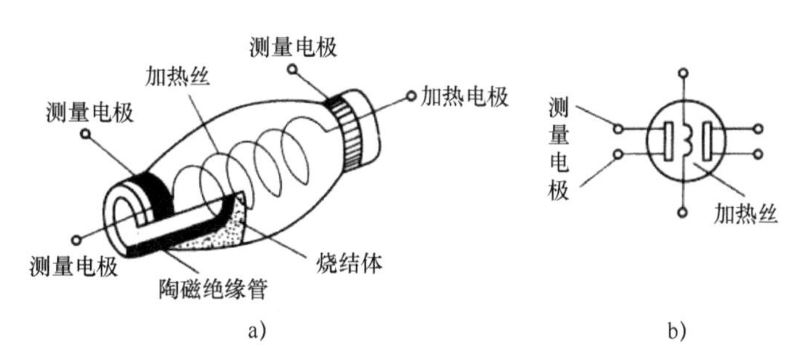

图 16-7 旁热式气敏元件结构和图形符号

烧结型氧化锡（SnO_2）气敏元件具有以下优点：

1）气敏元件阻值随检测气体浓度呈指数变化，因此这种器件非常适合微量低浓度气体的检测。

2）SnO_2 材料的物理、化学稳定性较好，与其他类型气敏元件（如接触燃烧式气敏元件）相比，SnO_2 气敏元件寿命长、稳定性好、耐腐蚀性强。

3）SnO_2 气敏元件对气体检测是可逆的，而且吸附、脱附时间短。

4）元件结构简单，成本低，可靠性高，力学性能良好。

5）对气体检测不需要复杂的处理设备。待检测气体可通过元件电阻变化直接转变为电信号，且元件电阻率变化大，因此信号处理无须高倍数放大电路即可实现。

由于上述特点，烧结型 SnO_2 气敏元件一直是目前世界上生产量大、应用面广的气敏元件。

（2）薄膜型

薄膜型是采用蒸发或溅射方法，在石英基片上形成氧化物薄膜（厚度在 0.1μm 以下）。这种方法也很简单，但元件性能差异较大。

（3）厚膜型

厚膜型是采用丝网印刷的方法，在绝缘衬底上印刷一层氧化物浆料形成厚膜（膜厚为微米级）。它的工艺性和元件强度均好，特性也相当一致，可降低成本和提高批量生产能力。

以上三类气敏元件都附有加热器，以便烧掉附着在探测部位处的油雾、尘埃，同时加速气体的吸附，从而提高元件的灵敏度和响应速度。一般将元件加热到 200～400°C。

2. 非电阻式半导体气敏传感器

（1）FET 型气敏传感器

MOSFET 场效应晶体管可通过栅极外加电场来控制漏极电流，这就是场效应晶体管的控制作用。FET 型气敏传感器就是利用环境气体对这种控制作用的影响而制成的气敏传感器。有一种将 SiO_2 层做得比通常更薄（10nm）的 MOSFET，并在栅极上加上一层很薄（10nm）的 Pd 后，可以用来检测空气中的氢气。如果 U_T 是对应漏极电流 I_D 最小的源漏间的电压，那么 U_T 将随氢气的压力而变化。为了提高响应速度，这种气敏传感器必须工作于 120～125°C 的温度下。

（2）二极管式气敏传感器

这是一种利用金属/半导体二极管的整流特性随周围气体而变化的效应制成的气敏传感器。例如，在涂有 In 的 CdS 上蒸镀一层很薄的 Pd 制成 Pd/CdS 二极管，这种二极管在正向偏置下的电流将随氢气的浓度增大而增大。因此，可根据一定偏置电压下的电流来检测氢气的浓度。

3. 半导体气敏元件的特性参数

（1）气敏元件的电阻值

将电阻式半导体气敏元件在常温下洁净空气中的电阻值，称为气敏元件（电阻式）的固有电阻值，表示为 R_a。一般其固有电阻值为 10^3～$10^5\Omega$。

测定固有电阻值 R_a 时，要求必须在洁净空气环境中进行。由于经济、地理环境的差异，各地区空气中含有的气体成分差别较大，即使对于同一气敏元件，在温度相同的条件下，在不同地区进行测定，其固有电阻值也都将出现差别。因此，必须在洁净的空气环境中进行测量。

（2）初期稳定时间

长期在非工作状态下存放的气敏元件，再通电时，不能马上正常工作，其阻值会先有一个急剧变化，经过一段时间，气敏元件恢复到初始电阻值并稳定下来，一般将通电开始到元件阻值达到稳定的时间，称为气敏元件的初期稳定时间，约 4min，如图 16-8 所示。

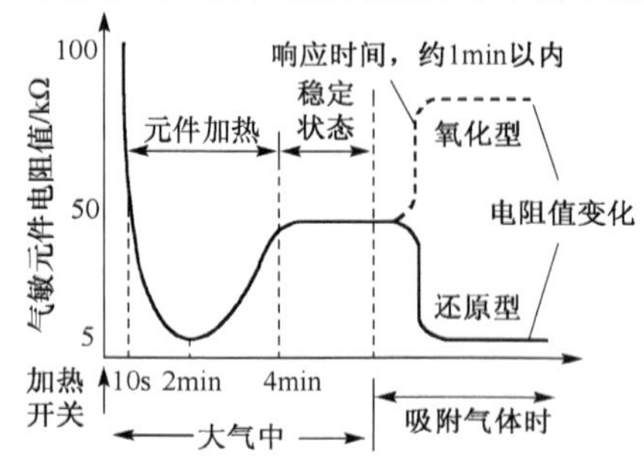

图 16-8 N 型半导体吸附气体的电阻特性

（3）气敏元件的灵敏度

气敏元件的灵敏度是表征气敏元件对于被测气体的敏感程度的指标。它表示气敏元件的电参量被测气体浓度之间的依从关系，即

$$S=\frac{\Delta R}{\Delta P} \tag{16-1}$$

式中，ΔR 为气敏元件电阻值变化量；ΔP 为气体浓度变化量。

灵敏度的另一种表示方法，即

$$S=\frac{R_0}{R} \tag{16-2}$$

式中，R_0 为气敏元件在洁净空气中的电阻值；R 为气敏元件在被测气体中的电阻值。

（4）气敏元件的响应时间

气敏元件的响应时间表示在工作温度下，气敏元件对被测气体的响应速度。一般从气敏元件与一定浓度的被测气体接触时开始计时，直到气敏元件的阻值达到在此浓度下的稳定电阻值的 90%时为止，所需时间称为气敏元件在此浓度下的被测气体中的响应时间。气敏元件加热后 4min，系统进入稳定状态，被测气体吸附开始，阶跃响应时间小于 1min，如图 16-8 所示。

（5）气敏元件的恢复时间

气敏元件的恢复时间表示在工作温度下，被测气体由该元件上解吸的速度，一般从气敏元件脱离被测气体时开始计时，直到其阻值恢复到在洁净空气中阻值的 90%时所需的时间。

（6）气敏元件的加热电阻和加热功率

气敏元件一般工作在 200°C 以上高温。为气敏元件提供必要工作温度的加热电路的电阻（指加热器的电阻值）称为加热电阻。直热式的加热电阻值一般小于 5Ω；旁热式的加热电阻大于 20Ω。气敏元件正常工作所需的加热电路功率，称为加热功率，一般为 0.5～2W。

16.4 红外气体传感器

红外气体传感器是一种基于不同气体分子的近红外光谱选择吸收特性，利用气体浓度与吸收强度关系（朗伯-比尔定律）鉴别气体组分并确定其浓度的气体传感装置。由不同原子构成的分子会有独特的振动、转动频率，当其受到相同频率的红外线照射时，就会发生红外吸收，从而引起红外光强度的变化，通过测量红外线光强度的变化就可以测得气体浓度。红外线成分检测仪器实际使用的红外线波长大约为 2～25μm。

朗伯-比尔定律指出了光吸收与光穿过被检测物质之间的关系，当一束频率为 v 的光束穿过吸收物质后，光束穿过被测气体的光强变化为

$$I(v) = I_0(v)\mathrm{e}^{-\sigma(v)CL} \tag{16-3}$$

式中，$I(v)$为光束穿过被测气体的透射光强度；$I_0(v)$为入射光强度；$\sigma(v)$为被测气体分子吸收截面；C 为被测气体的浓度；L 为光程。

式（16-3）表明，光强度为 $I_0(v)$的单色平行光通过均匀介质后，能量被介质吸收一部分，剩余光强度的大小 $I(v)$随着介质浓度 C 和光程的长短 L 按指数规律衰减。

红外气体探测采用成熟的非色散红外技术，通过光谱特性检测环境中的气体和蒸汽，用于检测全量程碳氢化合物气体（包括甲烷）、二氧化碳、一氧化二氮等。

许多化合物的分子在红外波段都有吸收带，而且因气体种类的不同，吸收带所在的波长和吸收的强弱也各不相同。根据吸收带分布的情况与吸收的强弱，可以识别气体的类型以及浓度。

图 16-9 为红外气体成分分析仪结构示意图。测量时，由红外光源 1 发出红外线，使其分别通过标准气室 2 和充满被测气体的测量气室 3，然后通过干涉滤光片 4 后被红外传感器 5 接收。

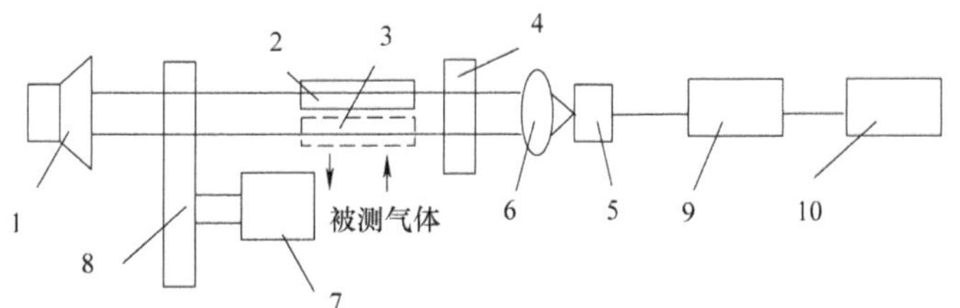

图 16-9　红外气体成分分析仪结构示意图

1—红外光源　2—标准气室　3—测量气室　4—干涉滤光片　5—红外传感器　6—透镜　7—步进电动机　8—调制盘　9—放大器　10—检测电路

红外气体传感器可以测量的气体包括：碳氢类气体（烷、烯、烃、醇类）C_xH_x（C_2H_2除外）；其他气体，如 CO、CO_2、NH_3、SO_2。

红外气体传感器不可以测量的气体包括：单一元素的气体，如 H_2、O_2、N_2；腐蚀性气体，如 HCl、H_2S、SO_2、NO_2（由于传感器的结构因素）。

对测量有影响的因素：水蒸气、灰尘、油污、大气压力。

红外气体传感器与其他类别气体传感器如电化学式、催化燃烧式、半导体式等相比具有应用广泛、使用寿命长、灵敏度高、稳定性好、适合气体多、性价比高、维护成本低、可在线分析等一系列优点，广泛应用于石油化工、冶金工业、工矿开采、大气污染检测、农业、医疗卫生等领域。

MH-711A 二氧化碳气体传感器是一款通用型智能红外气体传感器，如图 16-10 所示，应用非色散红外（NDIR）原理对空气中存在的二氧化碳进行探测，具有很好的选择性，无氧气依赖性，性能稳定、寿命长，内置温度补偿。

图 16-10 MH-711A 二氧化碳气体传感器

16.5 光离子传感器

光离子传感器（photoionization detector，PID）的检测原理是用紫外光照射被测气体，使气体发生电离（光致电离），产生正、负离子，两个正、负电极分别收集正、负离子，产生电流。

PID 有一个紫外光源，被测气体分子在它的激发下产生正、负离子就能被检测器轻易探测到。当分子吸收高能紫外线时就产生电离，分子在这种激发下产生负电子并形成正离子，如图 16-11 所示，这些电离的微粒产生的电流经过信号放大器放大，就能在仪表上显示 ppm 级的浓度。这些离子经过电极后很快就重新组合到一起变成原来的有机分子，如图 16-12 所示，在此过程中分子不会有任何损坏。

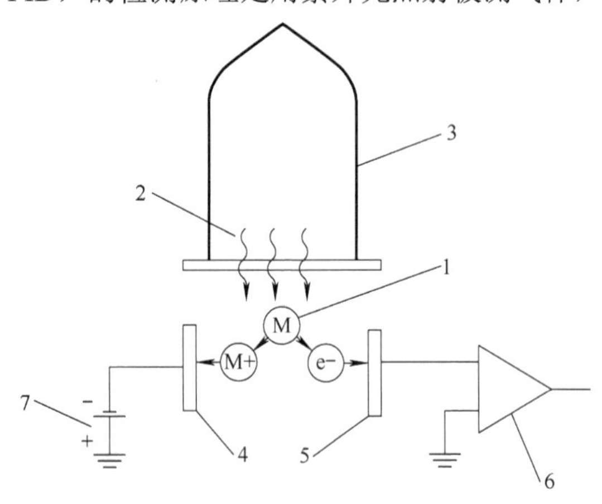

图 16-11 光离子传感器结构

1—被测气体分子 2—紫外光 3—离子化灯 4—负电极 5—正电极 6—信号放大器 7—电源

光离子传感器按照离子化灯能量可分为 8.3eV、9.8eV、10.6eV 三种，以 10.6eV 的离子化灯为例，只要被测气体的离子化电动势小于 10.6eV，就可以被测量。

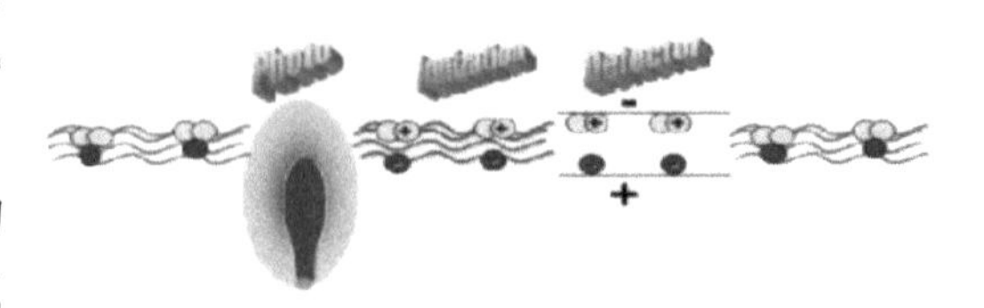

图 16-12 光离子传感器工作过程

光离子传感器是检测总有机挥发物（VOCs）的最便捷、最灵敏的手段，称为气体放大镜，特别是对于那些浓度非常低的气体泄漏有着其他类型传感器不可比拟的优势，如芳香类：苯、甲苯、二甲苯等；饱和烃、不饱和烃：辛烷、乙烯、环己烷等；酮、醛、醚类：丙酮、丙醛、丙甲醛等；卤代烃、硫代烃类、醇类、酯类等；砷、氨等无机物。

例如，NDUV 紫外传感器采用 NDUV 非分光紫外吸收测量原理，实物如图 16-13 所示。

图 16-13　NDUV 紫外传感器

光离子传感器可测量的气体包括：SO_2、NO、NO_2、H_2S、NH_3。具体如下：

SO_2：0～100ppm，分辨率 0.1ppm，精度 1%FS；0～2000ppm，分辨率 1ppm，精度 1%FS。

NO_2：0～2000ppm，分辨率 1ppm，精度 1%FS。

NO：0～2000ppm，分辨率 1ppm，精度 1%FS。

H_2S：0～2000ppm，分辨率 1ppm，精度 2%FS。

NH_3：0～1000ppm，分辨率 1ppm，精度 2%FS。

供电：DC 24V。

输出信号：4～20mA 或 RS232。

16.6 激光气体传感器

可调式半导体激光器吸收光谱（tunable diode laser absorption spectroscopy，TDLAS）技术通过电流和温度调谐半导体激光器的输出波长，扫描被测物质的某一条吸收谱线，通过检测吸收光谱的吸收强度获得被测物质的浓度。TDLAS 技术本质上是一种光谱吸收技术，半导体激光穿过被测气体的光强衰减符合朗伯-比尔定律，通过分析激光被气体的选择性吸收来获得气体的浓度。它与传统红外光谱吸收技术的不同之处在于，半导体激光光谱宽度远小于气体吸收谱线的展宽。激光气体检测信号变化过程如图 16-14 所示。实际进行在线检测时，其安装示意如图 16-15 所示。

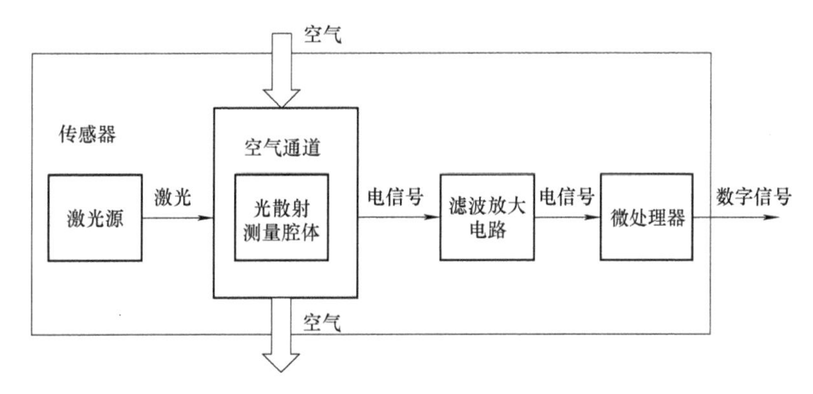

图 16-14　激光气体检测信号变化过程

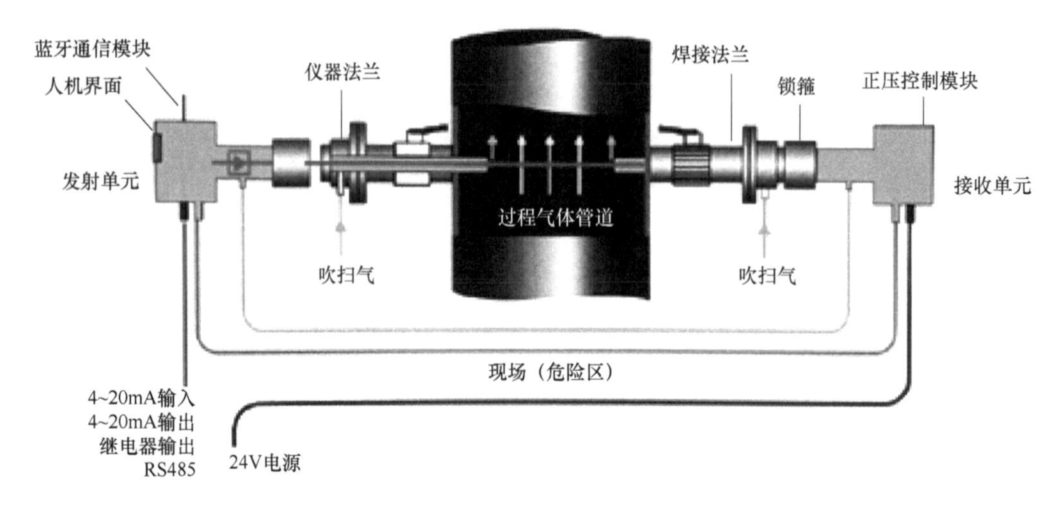

图 16-15 激光气体在线分析仪安装示意图

激光气体传感器适合对有毒气体和可燃性气体进行检测，检测浓度为 1～100000ppm 级，检测灵敏、快速、长寿命、单一性，不受背景气体的影响；不受粉尘与视窗污染的影响；自动修正温度、压力对测量的影响。

激光气体在线分析仪用来进行连续工业过程和气体排放测量，适合恶劣工业环境应用，如各种燃炉、铝业和有色金属、化工、石化、水泥、发电和垃圾焚烧等。图 16-16 为 LaserGas 单光路一氧化碳分析仪。

图 16-16 LaserGas 单光路一氧化碳分析仪

16.7 挥发性有机物泄漏检测

泄漏检测与修复（leak detection and repair，LDAR）技术通过对炼化装置潜在泄漏点进行检测，及时发现存在泄漏现象的组件，并进行修复或替换，进而实现降低泄漏排放。

LDAR 技术采用固定或移动监测设备，监测化工企业各类反应釜、原料输送管道、泵、压缩机、阀门、法兰等易产生挥发性有机物泄漏处，并修复超过一定浓度的泄漏检测处，从而达到控制原料泄漏对环境造成污染，是国际上较先进的化工废气检测技术。典型的 LDAR 步骤包括确定程序、组件检测、修复泄漏、报告闭环等。

LDAR 技术使用专门检测有机气体的仪器，以确认发生泄漏的设备。技术人员检测后，会对每个阀门和密封点编号，并设立标识牌，建立台账。其中，绿色牌表示无泄漏；黄色牌表示警告，要予以修复；红色牌表示必须立即整改。

TVA2020C 分析仪是一款同时应用火焰离子化（FID）和光离子化（PID）双检测器技术、本质安全的便携式现场分析仪，如图 16-17a 所示。TVA2020C 分析仪具备同时检测有机和无机化合物的能力，可应用于包括遵循美国 EPA 标准方法 21 监测的现场修复检测、垃圾填埋环境监测及常规区域环境调查。

气体泄漏检测设备是保证人员、工艺装置及环境安全的有效工具。通过红外气体摄像机可以快速找到挥发性有机物的泄漏点。红外气体摄像机的测量原理是通过泄漏气体与背景温差和气体发出的特定红外光谱来探测 VOC 气体的泄漏，如图 16-17b 所示。

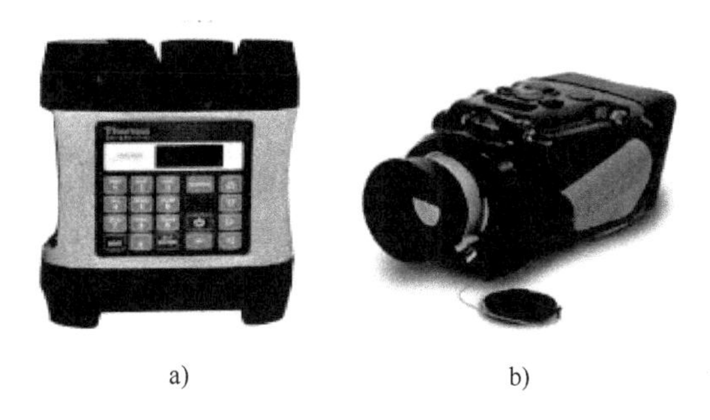

a)　　b)

图 16-17　TVA2020C 便携式现场分析仪和红外气体摄像机

a）TVA2020C 便携式现场分析仪　b）红外气体摄像机

16.8 典型应用

气体传感器的实际应用场合很多，包括工业和民用。下面列举几个常见案例。

1. 家用煤气（液化石油气）泄漏报警

利用半导体气敏元件 QM-N6 制成的气体泄漏报警器，一旦泄漏气体达到危险浓度，会自动报警。随着环境中泄漏气体浓度的增加，气敏元件的阻值下降到一定值后，电路中电流值增大，足以推动蜂鸣器工作而发出报警信号。图 16-18 中，变压器二次侧的 3.8V、120mA 是传感器的加热电源。

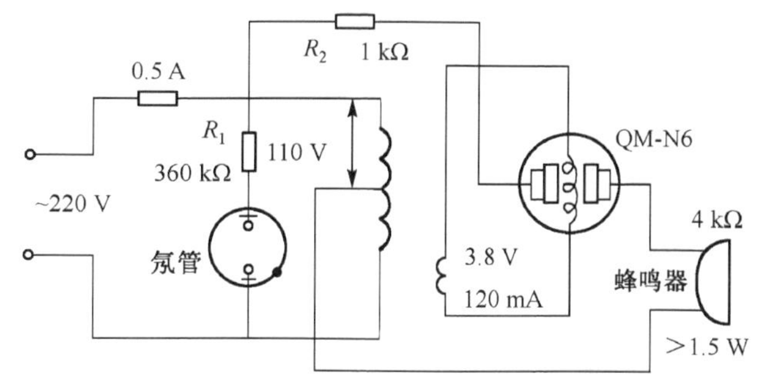

图 16-18　家用煤气泄漏报警器电路

2. 自动换气扇

自动换气扇是采用气体传感器对厨房内的可燃性气体进行检测，根据检测结果自动启动换气扇。它由气敏传感器 QM、TWH8751 开关集成电路、电源及换气扇等组成，如图 16-19 所示。

TWH8751 开关集成电路的引脚，1 引脚：IN；2 引脚：选通，ST；3 引脚：GND；4 引脚：OUT；5 引脚：V_{DD}；TO-220 封装形式。在 2 引脚低电平且 1 引脚高电平时，4 引脚和 3 引脚之间的电子开关闭合，且电流只能从 4 引脚流向 3 引脚。

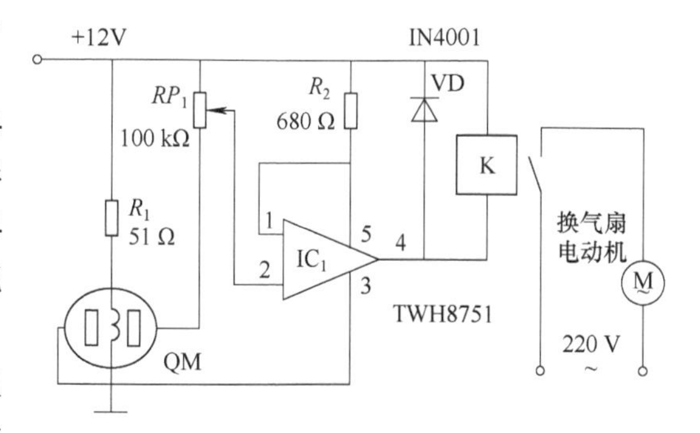

图 16-19　自动换气扇电路

若可燃性气体浓度增大，气敏传感器阻值下降，IC1 的 2 引脚变为低电平，1 引脚为高电平，开关闭合，继电器 K 线圈得电，其常开触点闭合，换气扇工作。通过调节电位器 R_{P1}，选择启动换气扇的可燃性气体浓度，VD 为续流二极管。

16-2 酒精检测

3. 酒精检测电路

选用只对酒精敏感的 QM-NJ9 型气敏传感器，当检测到酒精，B 点电位达 1.6V 时，电子开关 IC_2 导通，由语音芯片 IC_3、功率放大器 IC_4 和扬声器组成语音报警电路工作，同时 LED 闪光报警，串联在发动机点火电路的继电器 K 的常闭触点断开，强制发动机熄火。酒精检测电路如图 16-20 所示。

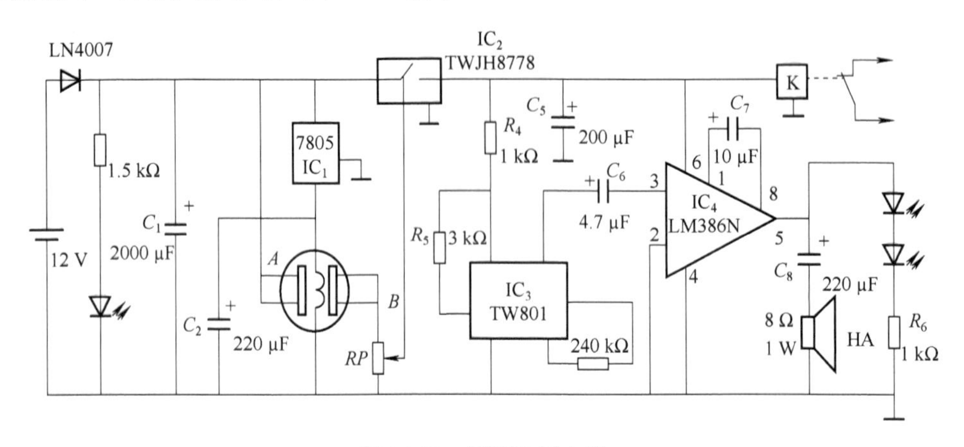

图 16-20　酒精检测电路

习　题

1. 湿敏电阻用交流电作为激励电源是为了（　　）。

A. 提高灵敏度

B. 防止产生极化、电解作用

C. 减小交流电桥平衡难度

2. 在使用测谎器时，被测试人由于说谎、紧张而手心出汗，可用（　　）传感器来检测。

A. 应变片　　B. 热敏电阻　　C. 气敏电阻　　D. 湿敏电阻

3. 气体传感器是指能将被测气体的（　　）转换为与其呈一定关系的电量输出的装置或器件。

A. 成分　　B. 体积　　C. 浓度　　D. 压强

4. 半导体气体传感器是利用半导体气敏元件同气体接触，造成（　　）发生变化，借此检测特定气体的成分及其浓度。

A. 半导体电阻　　B. 半导体上流过的电流

C. 半导体上的电压　　D. 半导体性质

5. 为什么多数气敏传感器工作时要加加热器？

综合训练

制作烟雾报警器

设计要求及系统功能：防盗报警器主要由 51 系列单片机、MQ-2 型烟雾传感器、蜂鸣器、GSM 模块、按键、LED 指示灯、电源等部分组成。

当检测的烟气浓度超过设定值时，LED 灯开始闪烁，蜂鸣器报警，GSM 模块向手机发出警报消息；设置布防、撤防和紧急报警三个按钮。在开机时按下布防按钮，10s 后系统进入自动布防的报警状态；出现紧急情况时，按下紧急报警按钮，LED 灯开始闪烁，蜂鸣器会立即发出报警；当按下撤防按钮后，指示灯和蜂鸣器都恢复到原始状态。

PM2.5 是指空气中当量直径小于 2.5μm 的细颗粒物。它的浓度越高，空气污染越严重。读者可自行设计制作简易空气质量检测仪。

第四篇

现代信息技术在检测系统中的应用

第 17 章　抗干扰与数字滤波

17.1 干扰抑制技术

测量过程中常会遇到各种各样的干扰，如自然界的雷电、无线电发射装置发出的电磁波、生产现场的电弧、高压放电、电火花加工产生的电磁干扰和来自电网的工频干扰等。检测电路内部的各个部分也会相互干扰。这些干扰将降低检测装置的分辨率和灵敏度、引起放大器饱和，甚至造成系统无法正常工作，造成损坏和事故。尤其是随着电子装置的小型化、集成化和智能化，有效地排除和抑制各种干扰，已是必须考虑并解决的问题。

17.1.1 干扰的分类

干扰来自干扰源，工业现场和环境中有各种各样的干扰源。按干扰的来源，可以将干扰分为内部干扰和外部干扰。

1. 外部干扰

外部干扰就是指那些与系统结构无关，由使用条件和外界环境因素所决定的干扰，主要是来自自然界的干扰以及周围电气设备的干扰。

自然干扰主要有地球大气放电（如雷电）、宇宙干扰（如太阳产生的电磁辐射）、地球大气辐射以及水蒸气、雨雪、沙尘、烟尘作用的静电放电等，以及高压输电线、内燃机、荧光灯、电焊机等电气设备产生的放电干扰。这些干扰源产生的辐射波频率范围较广、无规律。如雷电干扰，从几千赫到几百兆赫或更高的频域。自然干扰主要来自天空，以电磁感应的方式通过系统的壳体、导线、敏感器件等形成接收电路，造成对系统的干扰。尤其对通信设备、导航设备有较大影响。

各种电气设备所产生的干扰有电磁场、电火花、电弧焊接、高频加热、可控硅整流等强电系统所造成的干扰。这些干扰主要是通过供电电源对测量装置和微型计算机产生影响。在大功率供电系统中，大电流输电线周围所产生的交变电磁场，对安装在其附近的智能仪器仪表也会产生干扰。此外，地磁场的影响及来自电源的高频干扰也可视为外部干扰。

2. 内部干扰

内部干扰是指系统内部的各种元器件、信道、负载、电源等引起的各种干扰。下面简要介绍计算机检测系统中常见的信号通道干扰、电源电路干扰和数字、模拟电路引起的干扰。

（1）信号通道干扰

计算机检测系统的信号采集、数据处理与执行机构的控制等，都离不开信号通道的构建与优化。在进行实际系统的信道设计时，必须注意其间的干扰问题。信号通道形成的干扰主要有共模干扰和串模干扰。共模干扰是指相对公共地电位为基准点，在系统的两个输入端上同时出现的干扰，即两个输入端和地之间存在地电压。串模干扰是指由于种种原因，在仪表输入端之间出现的干扰，也就是叠加于被测信号上的交流干扰电压。

（2）电源电路干扰

对于电子、电气设备来说，电源电路干扰是较为普遍的问题。在计算机检测系统的实际应用中，大多数采用的是由市电电网供电，通过电源电路接到市电电网，电网的噪声会通过电源的内阻，耦合到系统内部的电路，这是电子电路受干扰的主要原因。另外，工业系统中某些大设备的起动、停机等，都可能引起电源的过电压、欠电压、浪涌、下陷及尖峰等，这些也是需要加以重视的干扰因素。

（3）数字电路和模拟电路引起的干扰

从量值上看，数字集成电路逻辑门引出的直流电流一般只有毫安级。由于一般较低频率的信号处理电路中对此问题考虑不多，所以容易使人忽略数字电路引起的干扰因素。但是，对于高速采样及信道切换等场合，即当电路处在高速开关状态时，就会形成较大的干扰。

模拟集成电路在电路中的作用是放大微弱信号或产生某种波形信号，或者向负载提供一定的功率等。模拟器件易受干扰的影响，也会产生干扰而影响其他元器件。

17.1.2 干扰的耦合方式

干扰源产生的干扰信号通过一定的耦合通道对检测系统产生电磁干扰作用。干扰的耦合方式主要有以下几种：

1）直接耦合是最直接的方式，也是系统中存在最普遍的一种方式。如干扰信号通过电源线侵入系统。对于这种形式，最有效的方法就是加入去耦电路。

2）电阻性耦合也是最常见、最简单的传导耦合方式，其耦合途径为载流导体，如两个电路的连接导线、设备之间的信号连线，电源负载之间的电源线等。这种形式常常发生在两个电路电流有共同通路的情况。为了防止这种耦合，通常在电路设计时使干扰源和被干扰对象间没有公共阻抗。

3）电容性耦合又称为静电耦合，干扰源与被干扰电路之间存在着电容通路，由分布电容产生的耦合。干扰脉冲或其他高频干扰通过分布电容耦合到电子线路中。

4）电感性耦合又称电磁耦合，它是由于两个电路之间存在着互感而产生的，一个电路中电流的改变引起磁交链而耦合到另一电路。若某一电路有干扰，则同样可以通过互感而耦合到另一电路中。

5）漏电耦合是纯电阻性的，在绝缘降低时会发生。

6）辐射耦合是由于电磁场的辐射造成的干扰耦合，是一种无规则的干扰。

17.1.3　干扰的抑制方法

目前在计算机检测系统中，主要从硬件和软件两个方面来考虑干扰抑制问题。其中，接地、屏蔽、去耦，以及软件抗干扰等是抑制干扰的主要方法。

1. 接地

接地是检测系统抗干扰的重要手段。接地技术起源于强电，其概念是将电网的零线及各种设备的外壳接大地，以起到保障人身和设备安全的目的。在电子装置与计算机系统中，接地是指输入信号与输出信号的公共零电位，它本身可能是与大地相隔离。而接地不仅是保护人身和设备安全，也是抑制噪声干扰、保证系统工作稳定的关键技术。在设计和安装过程中，如果能把接地和屏蔽正确地结合起来使用，就可以抑制大部分干扰。因此，接地是系统设计中必须充分考虑的问题。

接地按其作用可分为信号接地和安全接地。信号接地为设备、系统内部各种电路的信号电压提供一个零电位的公共参考点或面，以提高系统的稳定性。安全接地就是采用低阻抗的导体，将用电设备的外壳连接到大地上，以保证人身及财产安全，同时也可以防雷击。

信号接地的方式：

（1）单点接地和多点接地

单点接地是指整个电路系统中，只有一个点被定义为接地参考点，其他各个需接地的点通过公共地线串联到该点，也可由各点分别引出独立地线直接接于该点。由于没有地回路的存在，因而也就没有干扰问题。频率在 1MHz 以下的低频电路可采用单点接地。

多点接地是指电子设备或系统中的各个接地点都直接接到距它最近的接地平面上，以使接地引线的长度最短。这种接地结构能够提供比较低的接地阻抗，适合在高频场合中使用。

（2）浮地

多数的系统应接大地，但有些特殊的场合，如飞行器或船舰上使用的仪器仪表不可能接大地，则应采用浮地方式。系统的浮地就是将系统的各个部分地线系统在电气上与大地隔离，其目的是为了阻断干扰电流的通路。还有一种方法是将系统的机壳接地，其余部分浮空。这种方法抗干扰能力强，而且安全可靠，但制造工艺较复杂。

安全接地的方式有：

（1）设备安全地

为了人、机安全，任何高压电气设备、电子设备的机壳、底座均需要安全接地，以避免高电压直接接触设备外壳，或者避免由于设备内部绝缘损坏造成漏电打火使机壳带电，伤及人身安全。

（2）接零保护接地

用电设备通常采用 220V 或 380V 电源提供电力。设备的金属外壳除了正常接地外，还应与电网零线相连接，称为接零保护。

（3）防雷接地

防雷接地是将建筑物等设施和用电设备的外壳与大地连接，将零电电流引入大地，从而保护设施、设备和人身的安全，使之避免被雷击，同时消除雷击电流窜入信号接地系统，以避免影响用电设备的正常工作。

2. 隔离与耦合

在抗干扰措施中，还采用各种隔离与耦合的方式来提高系统的抗干扰能力。使用这种方法可以让两个电路相互独立而不形成一个回路，如在系统中既有数字电路，又有模拟电路，当输入的模拟信号很小时，数字电路会对模拟电路产生较大的干扰，所以在实际的电路设计中应该避免数字电路和模拟电路之间有共同回路，即将二者加以隔离。此外，检测系统中单片机与数字电路、脉冲电路、开关电路的接口，一般也用光电耦合器进行隔离，以切断公共阻抗环路，避免长线感应和共模干扰。高增益的放大器（>60dB）需要在输入级设级间耦合。在需要采用较长信号传输线的场合，可以采用屏蔽与光电耦合相结合的方法。

常用的隔离方法有光电耦合器件隔离、继电器隔离、隔离放大器隔离和隔离变压器隔离等。光电耦合器件响应速度比变压器、继电器要快得多，对周围电路无影响，并且体积小、质量轻、价格低廉、便于安装。线性光电耦合器可用于模拟电路中的信号线性变换场合，也用于放大器隔离。

3. 屏蔽

屏蔽是用来减小电磁场向外或向内穿透的措施，一般常用于隔离和衰减辐射干扰。屏蔽按其原理分为静电屏蔽、电磁屏蔽和磁屏蔽三种。静电屏蔽的作用是消除两个电路之间由于分布电容耦合产生的电磁干扰，屏蔽体采用低电阻金属材料制成，屏蔽体必须接地。电磁屏蔽的作用是防止高频电磁场的干扰，屏蔽体采用低电阻的金属材料制成，利用屏蔽金属对电磁场产生吸收和反射以达到屏蔽的目的。磁屏蔽的作用是防止低频磁场的干扰，屏蔽体采用高磁导、高饱和的磁性材料来吸收或损耗电磁场以达到屏蔽的目的。

电磁干扰的影响与距离的关系非常密切，距干扰源越近，干扰场强越大，影响越大。在电子仪器仪表中，电子元件的布置常受体积限制，常采用低电阻金属材料或磁性材料制成封闭体，把防护间距不够的元件或部位隔离起来，以减小或防止静电或电磁的干扰。

4. 滤波

滤波可以抑制电磁的传导干扰。对于传导干扰，可采用低通滤波器滤波等硬件抗干扰滤波线路，要想尽可能地消除干扰，需要采取软件方式的数字滤波。

滤波器是一种对特定频率的信号具有选择性的网络，它对某一频率范围内的信号给以很小的衰减，使这部分信号能顺利将通过，而其他频率的信号给以很大的衰减。常用滤波电路已在3.2节中进行了介绍。

数字滤波就是通过一定的计算程序对采样信号进行平滑处理，提高其有用信号，消除或减小各种干扰和噪声的影响，以保证系统的可靠性。这种方法只是根据预定的滤波算法编制相应的程序，实质上是一种程序滤波。常见数字滤波算法的详细介绍见17.2节。

5. 数字电路和模拟电路的抗干扰技术

在数字电路的输入端采取加积分电路等抗干扰措施，以消除干扰的影响。在模拟电路中，可采用三运放放大电路来减小运算放大器的共模干扰。

电路设计中常常会出现器件引脚空余的现象，一般不能将这些引脚随意处置，特别是元器件空余输入端，处理不好往往可能造成较大的干扰输入，所以应采取一定的处理方法，以降低干扰。实际中常采取以下方法：把空余的输入端与使用输入端并联，简单易行，但增加了前级电路的输出负担；把空余的输入端通过一个电阻接高电平，适用于慢速、多干扰的场合；把空余的输入端用一反相器接地，适用于要求严格的场合，但多用了一个组件。

6. 电源电路的抗干扰技术

电源电路是电子电路中抗干扰的一个关键点。电源电路的抗干扰技术主要有电源变压器的抗干扰、电源滤波器、电源稳压器、瞬态抑制器。

电源变压器的抗干扰主要包括变压器一次侧、二次侧的屏蔽，选用防雷变压器、噪声隔离变压器等。

电源滤波器是一种让电源频率附近的频率成分通过，而给高于电源频率的频率成分以很大衰减的电路。电源滤波器可以接在交流输入端口或输出端口上，也可以接在直流输入端口或输出端口上。

当电网电压出现过高或过低的情况时，电源稳压器对输入的电压波动进行稳压，保证在输入电网电压变化时，使其输出的交流电压保持不变或变化很小。

在交流电网进线端并联压敏电阻、瞬变电压抑制器（TVS）、气体放电管和固体放电管等瞬态抑制器，用于吸收电网中的浪涌电压。同时还可以将其作为一种防雷措施。

7. 信号通道的抗干扰技术

对于串模干扰，可通过在接收端加滤波器、采用双绞线传输、采用屏蔽电缆、采用同轴电缆等方式减小其影响。对于共模干扰，可通过输入电路浮地、采用隔离措施、采用光纤传输等方式减小其影响。

8. PCB 工艺

在检测系统中，印制板上电力线、信号线等线路的布局、板上器件空余引脚安排、测试设备与仪器仪表的信号传输线的连接等，都是实际应用中要考虑的问题。

在长线传输中，为了防止串扰，行之有效的方法是采用交叉走线法。长线传输时，应遵循功率线、载流线和信号线要分开，电位线和脉冲线分开的原则。在传输 0～50mV 的小信号时，更应该如此。电力电缆最好用屏蔽电缆，并且单独走线，与信号线不能平行，更不能将电力线与信号线装在同一电缆中。

尽量采用多层 PCB，多层 PCB 可提供良好的接地网，防止产生地电位差和元器件的耦合。PCB 要合理分区，模拟电路区、数字电路区、功率驱动区要尽量分开；若设计只由数字电路组成的 PCB 接线系统，将接地线做成网络以提高抗干扰能力；每一块数字电路组件上，都有高频去耦电容，一般为 0.01～0.02μF。在布局上，这些电容应充分靠近集成块，并且不应集中在印制板上某一端。每块印制板上的电源输入端也应加 10～100μF 的去耦电容。直流配电线的引出端也应尽可能地做成低阻抗传输线的形式。

9. 软件抗干扰

计算机测控系统的抗干扰措施除了硬件方法外，还可以通过软件处理来解决。如数字滤波、选频和相关处理等，这些软件处理程序可以消除由传输线引入计算机输入口的各种随机脉冲干扰，方便地提取淹没在噪声中的有用信号。实际中常将硬件方法和软件方法结合起来，可以达到良好的干扰抑制效果。设计实践证明：软件抗干扰不仅效果好，而且降低了产品成本。在系统运行速度和内存容量许可的条件下，应尽量采用软件抗干扰设计。

当计算机系统受到外界干扰时，CPU 正常的工作时序被破坏，可能造成程序计数器（PC）的值发生改变，跳转到随机的程序存储区。指令冗余指在程序中人为地插入一些空操作指令（NOP）或重复书写有效的单字节指令，由于空操作指令为单字节指令，且对计算机的工作状态无任何影响，因而失控的程序在遇到该指令后，能够调整其 PC 值至正确的轨道，使后续的指令得以正确地执行。以 MCS-51 为例，CPU 取指令过程是先取操作码，再取操作数。当 PC 受干扰出现错误时，程序便会脱离正常轨道，出现“跑飞”，如果“跑飞”到某双字节指令，若在取指令时刻落在操作数上，误将操作数当作操作码，程序将出现混乱。这时若在一些双字节、三字节指令后面插入两个单字节指令或在一些对程序的流向起决定作用的指令（如 RET、LCALL、SJMP 等）前面插入两条 NOP 指令，即可使乱飞的 PC 指针指向程序运行区，使程序执行恢复正常。指令冗余使“跑飞”的程序安定下来是有条件的，首先“跑飞”的程序必须落到程序区，其次必须执行到冗余指令。当“跑飞”的程序落到非程序区时，采取的措施是设立软件陷阱。软件陷阱是通过指令强行将捕获的程序引向指定地址，并在此用专门的出错处理程序加以处理的软件抗干扰技术。

10. 看门狗技术

看门狗技术是计算机检测系统及智能仪器仪表系统中普遍采用的抗干扰和可靠性措施之一。看门狗技术是一种监控系统运行状况的手段，通过软硬件结合的方式实现对系统运行状况的监控，其利用微处理器自身的定时器资源和硬件复位功能，加上简单的外围电路（看门狗电路），使程序的运行恢复正常。

看门狗电路的输出用来控制微处理器的复位端口。微处理器中的程序正常运行时，微处理器每隔一定时间向看门狗电路输出一个用于清除的脉冲（喂狗信号），使看门狗电路不输出复位脉冲。若在一定周期内看门狗没有收到来自软件的喂狗信号，则认为系统故障，会进入中断处理程序或强制系统复位，使微处理器重新开始工作，系统恢复正常。

17.2 数字滤波方法

计算机控制系统在运行时，由于受信号源本身、传感器、外界环境等因素影响，使输入通道采集到的模拟输入量不可避免地混进了干扰信号，这些干扰会影响到系统的稳定性和可靠性，甚至不能正常工作。在系统设计中，一般都要加入一定的硬件抗干扰滤波电路，但要想尽可能地消除干扰，需要采取数字滤波的软件方式对原始的采样信号进行数据检测和转换，从而提高系统的控制精度，增强系统工作的稳定性。

数字滤波具有成本低、可靠性高、不存在阻抗匹配问题等特点，且灵活方便、功能强，在计算机控制系统中得到了广泛应用。

在实际应用中，根据干扰性质不同，数字滤波器常用的滤波算法有惯性滤波法、平均滤波法和中值滤波法等。

1. 限幅滤波

当采样信号由于外界干扰严重偏离真值时，可进行限幅滤波。所谓限幅滤波就是将相邻的两次采样值相减并取绝对值，将该增量与允许值 Δ 做比较。若增量超过允许偏差，则表明该输入信号受到严重干扰，应该去掉；若增量小于允许偏差，则保留此次采样值。允许值需要根据经验或先验知识确定。表达式为

$$y(k)=\begin{cases}x(k) & |x(k)-x(k-1)|\leqslant \Delta \\ x(k-1) & |x(k)-x(k-1)|>\Delta\end{cases}$$

式中，$x(k)$ 为第 k 次采样值；$y(k)$ 为第 k 次滤波器输出值。

限幅滤波对随机干扰或采样器不稳定引起的失真有良好的滤波效果。

2. 中值滤波

中值滤波是对某一被测参数连续采样 N 次（一般 N 取奇数），然后把 N 次采样值从小到大或从大到小排队，再取其中间值作为本次采样值。中值滤波对于去掉偶然因素引起的波动或采样器不稳定而造成的误差所引起的脉冲干扰比较有效，对温度、液位等变化缓慢的被测参数采用该方法能收到良好的滤波效果，但对流量、速度等快速变化的参数一般不宜采用。在使用中值滤波法时，排序周期的数量要选择适当，若选择过小，可能起不到去除干扰的作用，反之，会造成系统性能变差。

对采样序列 $\{x_i\}(i=1,2,\cdots,N)$ 按大小顺序排序获得新序列 $\{x_i'\}$，取新序列的中间值作为结果。表达式为

$$y(k)=\begin{cases}x'_{(N+1)/2} & N\text{为奇数} \\ \left[x'_{\frac{N}{2}}+x'_{(N/2)+1}\right]\Big/2 & N\text{为偶数}\end{cases}$$

一般情况下，N 可以取 3。

3. 平滑滤波

叠加在有用信号上的随机噪声在很多情况下可近似认为是白噪声。由于白噪声具有统计平均为零的特性，平滑滤波即通过求数据平均来消除随机误差的数据处理方法。依据具体数据选取方式的不同，平滑滤波有算术平均滤波、递推平均滤波、加权移动平均滤波和一阶惯性滤波等。

（1）算术平均滤波

算术平均滤波就是通过 N 次重复测量求被测量最佳估计的过程。该算法是对被测量连续采样 N 次，然后求得其算术平均值作为有效采样值。表达式为

$$\overline{y}=\frac{1}{N}\sum_{i=1}^{N}y_i$$

式中，$\overline{y}$ 为 N 个采样值的算术平均值；y_i 为第 i 个采样值。算术平均滤波法适用于有一个平均值，在某一数值附近上下波动的具有随机干扰的信号，如流量等。其对信号的平滑程度完全取决于 N。N 较大时，平滑度高，但灵敏度低，即外界信号的变化对测量计算结果影响小；N 较小时，平滑度低，但灵敏度高。在实际使用时，应按具体情况选取 N。

将第 i 次测量值 x_i 表示为信号成分 s_i 与噪声成分 n_i 之和，即

$$x_i = s_i + n_i$$

N 次重复测量信号之和为

$$\sum_{i=1}^{N} s_i = Ns$$

噪声按平方（能量）求和为

$$\sum_{i=1}^{N} n_i^2 = Nn^2$$

式中，s 和 n 分别为 N 次测量信号和噪声的平均值。因此，算术平均值滤波后的信噪比为

$$\frac{Ns}{\sqrt{N}n} = \sqrt{N}\frac{s}{n}$$

即信噪比提高了 $\sqrt{N}$ 倍。

（2）递推平均滤波

进行算术平均滤波时，每计算一次数据需测量 N 次，这不适用于实时测量系统，而递推平均滤波只需进行一次测量就能得到平均值。这时，把 N 个数据看作一个队列，每次测量得到的新数据存放在队尾，而扔掉原来队首的一个数据，这样在队列中始终有 N 个“新”数据，然后计算队列中数据的平均值。每进行一次这样的测量，就可以立即计算出一个新的算术平均值。

递推平均滤波的基本算式为

$$\overline{y}(k) = \frac{1}{N}\sum_{i=0}^{N-1} y(k-i)$$

式中，$\overline{y}(k)$ 为第 k 次 N 项的递推平均值；$y(k-i)$ 为往前递推第 i 项的测量值；N 为递推平均的项数。

对于实时测量，N 值需要根据实时性要求和噪声情况综合选择。N 值大，则滤波效果好，但对被测量的变化可能反应不灵敏；N 值小，则滤波效果不好，尤其对脉冲性干扰。

（3）加权移动平均滤波

上述递推平均滤波法中所有采样值的权系数都相同，在结果中所占的比例相等，对时变信号来说会引起滞后。为了增加新采样数据在递推滤波中的比重，提高测量系统对当前干扰的抑制力，可以采用加权移动平均滤波算法，对不同时刻的数据加以不同的权。通常越接近现时刻的数据，权取得越大。N 项加权移动平均滤波算法表达式为

$$y = \frac{1}{N}\sum_{i=1}^{N} \omega_i x_i$$

其中，$\sum_{i=1}^{N} \omega_i = N$。

设 τ 为被测对象的纯滞后时间，则权系数可选取为

$$\omega_i = \frac{e^{-(N-i)\tau}}{\delta}$$

其中，$\delta = 1 + e^{-\tau} + e^{-2\tau} + \cdots + e^{-(N-1)\tau}$。

4. 一阶惯性滤波

当被测信号为直流或慢变化信号，且干扰频率很低时，若采用 RC 滤波电路滤波，需要选用很大的电容或电阻值，不易实现。这时可以采用数字惯性滤波的方法。一阶惯性滤波算法表达式为

$$y(n) = \beta x(n) + (1-\beta) y(n-1)$$

式中，β 为滤波系数；$x(n)$ 为本次采样值；$y(n)$、$y(n-1)$ 为本次、上次滤波输出值。

一阶惯性滤波是一种动态滤波法，不同的采样参数和不同的干扰成分，滤波系数的取值不同，β 的选择非常重要。β 的取值范围为 $0 < \beta \leqslant 1$，一般取 0.75 左右。

如果采样间隔 Δt 足够小，则滤波器的截止频率为 $f_c = \dfrac{\beta}{2\pi\Delta t}$，滤波系数 β 越大，滤波器的截止频率越高。一阶惯性滤波法对于低频干扰分量和一些周期性、脉冲性的干扰有很好的滤波效果。

为了提高滤波的效果，尽量减小噪声数据对结果的影响，常将两种或两种以上的滤波算法结合在一起，如可将限幅滤波或限速滤波与均值滤波算法结合起来，先用限幅滤波或限速滤波初步剔除明显的噪声数据，再用均值滤波算法取均值以剔除不明显的噪声数据。

习　题

1. 采用数字滤波有何优点？常采用的数字滤波算法有哪些？
2. 共模干扰产生的原因有哪些？
3. 干扰的耦合方式有哪些？
4. 根据抑制功能不同，屏蔽可分为哪几类？

第18章　检测新技术

18.1 软测量技术

到目前为止，在实际生产过程中，存在着许多因为技术或经济原因无法通过传感器进行直接测量的过程变量，如精馏塔的产品组分浓度、生物发酵罐的菌体浓度、高炉铁水中的含硅量和化学反应器中的反应物浓度、转化率、催化剂活性等。

针对上述问题，传统的解决方法有两种：一种是采用间接的质量指标控制，如精馏塔灵敏板温度控制、温差控制等，存在的问题是难以保证最终质量指标的控制精度；二是采用在线分析仪表控制，但设备投资大、维护成本高、存在较大的滞后性，影响调节效果。

软测量技术就是利用易测过程变量（常称为辅助变量或二次变量，如工业过程中容易获取的压力、温度等过程参数），依据这些易测过程变量与难以直接测量的待测过程变量（常称为主导变量，如炼油厂精馏塔中的各种产品组分浓度，化学反应器中的反应物浓度和反应速率，生物发酵罐中的生物参数，化工、石油、冶金、能源等领域广泛存在的两相流和多相流参数等）之间的数学关系（软测量模型），通过各种数学计算和估计方法，从而实现对待测过程变量的测量。

软测量是一种利用较易在线测量的辅助变量和离线分析信息去估计不可测或难测变量的方法。该技术以成熟的传感器检测技术为基础，以计算机技术为核心，通过软测量模型运算处理而完成。

软测量技术的基本思想早就被潜移默化地得到了应用。工程技术人员很早就采用体积式流量计结合温度、压力等补偿信号，通过计算来实现气体质量流量的在线测量。20 世纪 70 年代提出的推断控制可视为软测量技术在过程控制中应用的一个范例。然而，软测量技术作为一个概括性的科学术语被提出始于20世纪80年代中后期，此后它迎来了一个发展的黄金时期，并且在世界范围内掀起了一股软测量技术研究的热潮。

由于软仪表可以像常规过程测量仪表一样为控制系统提供过程信息，因此软测量技术目前已经在过程控制领域得到了广泛应用。图 18-1 概括地表示了软测量技术在过程控制系统中的应用。

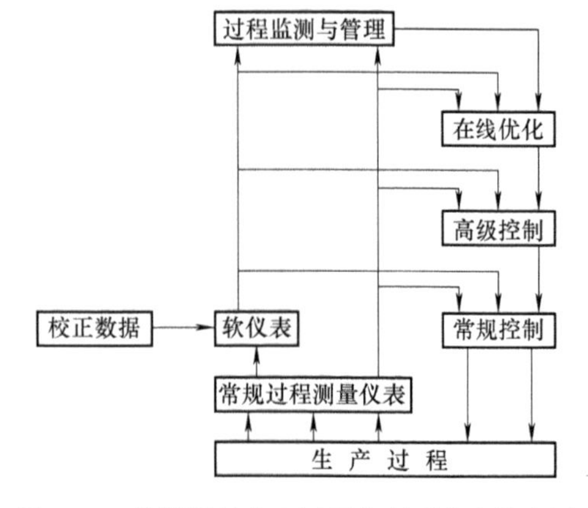

图 18-1　软测量技术在过程控制系统中的应用

1．软测量技术基本原理

软测量的目的就是利用所有可以获得的信息求取主导变量 y 的最佳估计值 $\tilde{y}$，即构造从可测信息集到 $\tilde{y}$ 的映射。可测信息集 θ 包括所有的可测主导变量 y（y 可能部分可测）、辅助变量 θ、控制变量 u、可测扰动 d_1 和不可测扰动 d_2。f 为估计函数关系，即软测量模型，如图 18-2 所示。

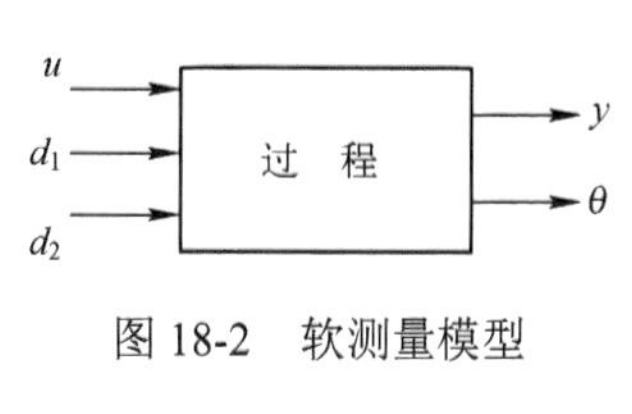

图 18-2　软测量模型

$$\tilde{y} = f(d_1, u, \theta) \tag{18-1}$$

在这样的框架结构下，软测量的性能主要取决于过程的描述、噪声和扰动的特性、辅助变量的选取以及最优准则。

2．软测量的实现

（1）辅助变量的选择

辅助变量的选择确定了软测量的输入信息矩阵，也就直接决定了软测量模型的结构和输出。辅助变量的选择包括变量类型、变量数量和检测点位置的选择。辅助过程变量应具有灵敏性、准确性、鲁棒性、合理性及特异性。

（2）测量数据的预处理

软仪表是根据过程测量数据经过数值计算来实现软测量的，其性能很大程度上依赖于所获得的过程测量数据的准确性和有效性。测量数据处理包括测量误差处理和测量数据变换两部分，其中测量误差处理是关键。

（3）软测量建模

软测量技术是依据某种最优化准则，利用由辅助变量构成的可测信息，通过软件计算实现对主导变量的测量。软仪表的核心是表征辅助变量和主导变量之间的数学关系的软测量模型，即建立式（18-1）的数学描述。

（4）软仪表的在线校正

实际工业装置在运行过程中，随着操作条件的变化，其过程对象特性和工作点不可避免地要发生变化和漂移，因此在软仪表的应用过程中，必须对软测量模型进行在线校正才能适应新的工况。

软测量模型的在线校正包括模型结构的优化和模型参数的修正，具体方法有自适应法、增量法和多时标法等。对模型结构的修正往往需要大量的样本数据和较长的计算时间，难以在线进行。为解决模型结构修正耗时长和在线校正的矛盾，提出了短期学习和长期学习的校正方法，人工神经网络技术在该领域大有可为。

（5）软测量各模块间的关系

初始软测量模型是对过程变量的历史数据进行辨识而来的。在现场测量数据中，可能含有随机误差甚至粗大误差，必须经过数据变换和数据校正等预处理，将真实信号从含噪声的混合信号中分离出来，才能用于软测量建模或作为软测量模型的输入，软测量模型的输出就是软测量对象的实时估计值。在应用过程中，软测量模型要根据工况的波动加以在线修正，以获得更适合当前工况的软测量模型，提高模型的精度。软测量结构中各模块间的关系如图 18-3 所示。

3．软测量方法

基于工艺机理分析的软测量方法，主要是运用物料平衡、能量平衡、化学反应动力学等原理，通过对过程对象的机理分析，找出不可测主导变量与可测辅助变量之间的关系（建立机理模型），从而实现对某一参数的软测量。对于工艺机理较为清楚的工艺过程，该方法能构造出性能良好的软仪表；但是对于机理研究不充分、尚不完全清楚的复杂工艺过程，则难以建立合适的机理模型。

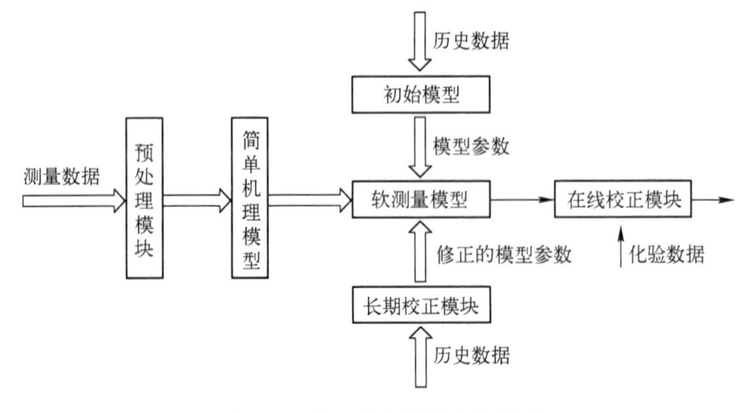

图 18-3 软测量各模块间的关系

基于回归分析的软测量方法，通过实验或仿真结果的数据处理，可以得到回归模型。经典的回归分析是一种建模的基本方法，应用范围相当广泛。以最小二乘法原理为基础的回归技术目前已相当成熟，常用于线性模型的拟合。对于辅助变量较多的情况，通常要借助机理分析，首先获得模型各变量组合的大致框架，然后再采用逐步回归方法获得软测量模型。为简化模型，也可采用主元回归分析法和部分最小二乘回归法等方法。基于回归分析的软测量建模方法简单实用，但需要足够有效的样本数据，对测量误差较为敏感。

基于状态估计的软测量方法，基于某种算法和规律，从已知的知识或数据出发，估计出模型未知结构和结构参数、过程参数。对于数学模型已知的过程或对象，在连续时间过程中，从某一时刻的已知状态 $y(k)$估计出该时刻或下一时刻的未知状态 $x(k)$的过程就是状态估计。如果系统的主导变量作为系统的状态变量关于辅助变量是完全可观的，那么软测量问题就转化为典型的状态观测和状态估计问题。采用卡尔曼（Kalman）滤波器和龙伯格（Luenberger）观测器是解决该问题的有效方法，前者适用于白色或静态有色噪声的过程，而后者则适用于观测值无噪声且所有过程输入均已知的情况。

基于人工神经网络的软测量方法是近年来研究最多、发展很快和应用范围很广泛的一种软测量技术。基于人工神经网络的软测量可在不具备对象的先验知识的条件下，根据对象的输入、输出数据直接建模（将辅助变量作为人工神经网络的输入，主导变量作为网络的输出，通过网络学习来解决不可测变量的软测量问题），模型的在线校正能力强，并能适用于高度非线性和严重不确定性系统。采用人工神经网络进行软测量建模有两种形式：一种是利用人工神经网络直接建模，用网络来代替常规的数学模型描述辅助变量和主导变量间的关系，完成由可测信息空间到主导变量的映射，如图 18-4a 所示；另一种是与常规模型相结合，用人工神经网络来估计常规模型的模型参数，进而实现软测量，如图 18-4b 所示。

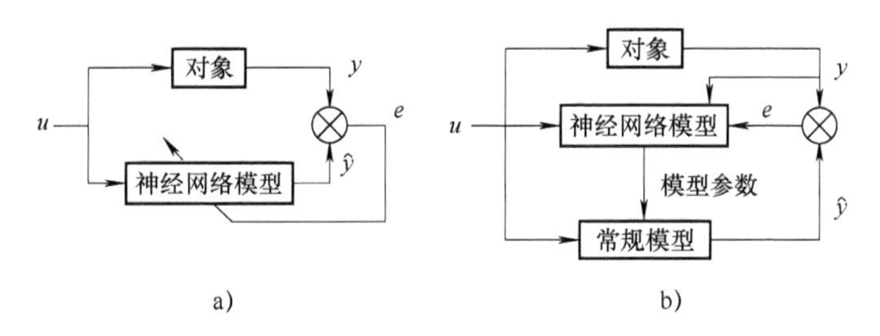

图 18-4 基于人工神经网络的软测量模型

基于模糊数学的软测量方法所建立的相应模型是一种知识性模型，特别适合应用于复杂工业过程中被测对象呈现亦此亦彼的不确定性、难以用常规数学定量描述的场合。实际应用中常将模糊技术和其他人工智能技术相结合，如模糊数学和人工神经网络相结合构成模糊神经网络，将模糊数学和模式识别相结合构成模糊模式识别，这样可互相取长补短以提高软仪表的效能。

基于模式识别的软测量方法是采用模式识别的方法对工业过程的操作数据进行处理，从中提取系统的特征，构成以模式描述分类为基础的模式识别模型。该方法建立的软测量模型与传统的数学模型不同，它是一种以系统的输入、输出数据为基础，通过对系统特征提取而构成的模式描述模型，适用于缺乏系统先验知识的场合，可利用日常操作数据来实现软测量建模。

基于现代非线性信息处理技术的软测量是利用易测过程信息（辅助变量，通常是一种随机信号），采用先进的信息优化处理技术，通过对所获信息的分析处理提取信号特征量，从而实现某一参数的在线检测或过程的状态识别。

4. 软测量技术的应用实例

转化炉是制氢工艺中转化反应的反应器，属于装置的核心设备。以轻石脑油、焦化干气为混合原料，脱硫预处理后的原料气在进入转化炉前，按水烃比 4.5（轻石）∶4.0（干气）与 3.5MPa 自产中压蒸汽混合，在预热段将原料加热至 500℃，由上集合管进入转化炉辐射段，在含镍催化剂 Z417/Z418 的作用下，烃类与水蒸气在转化炉炉管内发生转化反应，转化气中含有氢气、一氧化碳、二氧化碳和部分甲烷，工艺流程如图 18-5 所示。

在转化炉中进行的制氢转化反应过程中，若甲烷含量过大会影响中温变换反应器和 PSA 环节中的催化剂的使用寿命，使其变短。根据生产实际，应尽最大可能降低氢气中的甲烷含量。

由于多变量相互制约，主要控制参数接近极限值，工艺指标的控制精度要求高，根据制氢转化炉的实际生产数据，利用基于遗传算

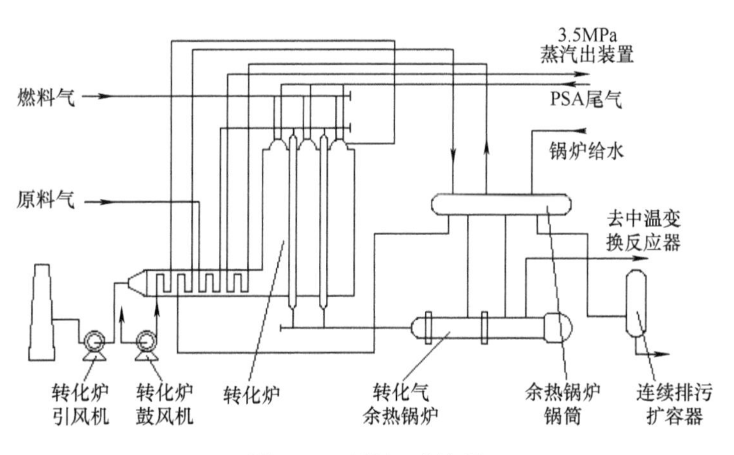

图 18-5 制氢工艺流程

法的神经网络技术，建立制氢转化反应产品质量参数的软测量模型，可以较准确地预测转化气中的甲烷含量。

根据反应机理以及流程工艺分析，考虑到制氢转化炉中对甲烷含量有影响的各种因素，确定制氢转化炉的焦化干气流量、转化炉入口温度等七个控制量为模型的输入向量，转化气中甲烷含量作为神经网络的输出向量。

由于网络的多维输入样本属于不同的量纲，它们的取值量级有时会相差较大，需将输入变量的数值都相应地转换到0～1之间，即进行归一化处理。经过归一化处理后可以避免由于输入、输出数据数量级差别较大而造成网络预测误差较大。

使用三层网络结构的BP神经网络，第一层为输入层，含有7个输入单元；中间层为隐含层；第三层为输出层，只有1个输出单元。选择tansig为隐含层传递函数，purelin为输出层传递函数。BP神经网络的学习方法采用了最速下降BP算法，其训练函数为traingd，在训练时学习速率α是一常数，默认值为0.01。利用遗传算法来优化BP神经网络的初始权值和阈值，使优化后的BP神经网络能够更好地预测函数输出。BP神经网络算法流程如图18-6所示。

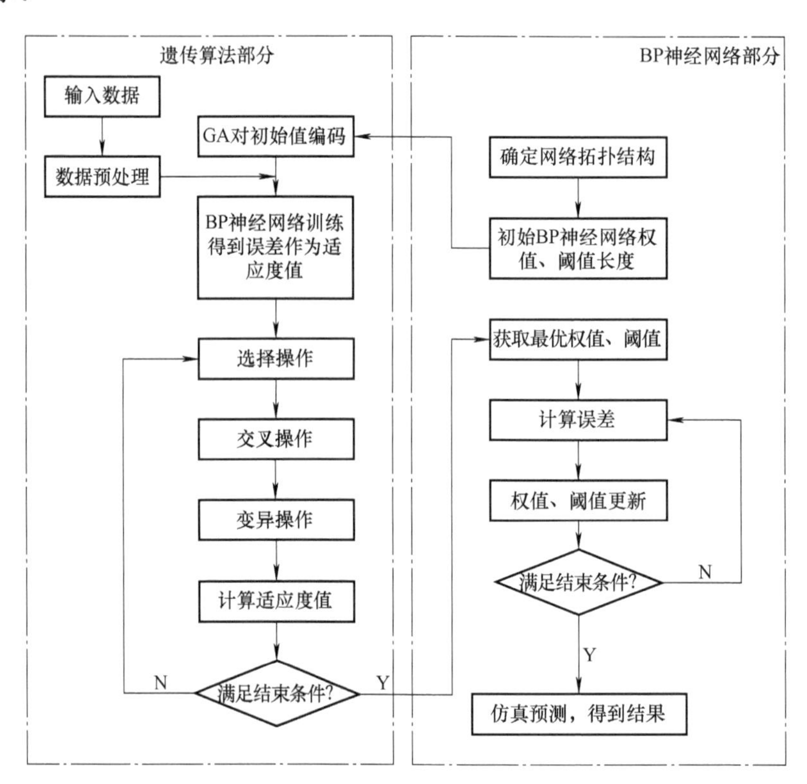

图18-6 BP神经网络算法流程

18.2 数据融合技术

1. 数据融合概述

数据融合一词出现在20世纪70年代初期，并于80年代发展成为一门专门技术，90

年代后形成研究高潮。它是人类模仿自身信息处理能力的结果，它研究如何充分发挥各传感器的特点，利用其互补性、冗余性，提高检测结果的精度和可靠性，从而实现系统识别、判断和决策。

数据融合是将来自不同时间与空间的多传感器或多源的信息和数据，在一定的准则下加以自动分析、综合、支配和使用，获得对被测对象的一致性解释与描述，以完成所需要的决策和估计而进行的信息处理过程，使系统获得比它的各组成部分更优越的性能。

多源数据融合普遍存在于自然界中，人类利用五官所具有的听觉、视觉、味觉、嗅觉、触觉功能，可以将外部世界的事物变成生物电信号送到大脑进行综合处理，大脑根据先验知识进行分析、估计和推理，理解、判断、推测外界事物。人类感官具有不同的度量特征，因而可测出不同空间范围内的各种物理现象。人类对复杂事物的综合认识、判断与处理过程具有自适应性，但人类把各种信息或数据（图像、声音、气味以及物理形状）转换成对环境有价值的准确解释，不仅需要大量不同的高智能化处理，而且需要足够丰富的、适用于解释组合信息含义的知识库，即先验知识。因此，人的先验知识越丰富，综合信息处理能力就越强。

单传感器（或单源）信号处理或低层次的多源数据处理都是对人脑信息处理过程的一种低水平模仿，而多传感器数据融合可以更大程度地获得被测目标和环境的信息量。多传感器数据融合所处理的多传感器信息具有更复杂的形式，而且可以在不同的信息层次上出现，这些信息抽象层次包括数据层（对图像类传感器可称为像素层）、特征层和决策层（即证据层）。

数据融合的目的是通过数据组合而不是出现在输入信息中的任何个别元素，推导出更多的信息，得到最佳协同作用的结果，即利用多个传感器共同或联合操作的优势，提高传感器系统的有效性，消除单个或少量传感器的局限性。数据融合的最终目的是构造高性能智能化系统。因此，多传感器系统是数据融合的硬件基础，多源信息是数据融合的加工对象，协调优化和综合处理是数据融合的核心。

2. 数据融合原理

数据融合过程主要由数据校准、数据相关、对象识别、行为估计等部分组成，如图 18-7 所示。其中校准与相关是识别和估计的基础，数据融合在识别和估计中进行。校准、相关、识别和估计贯穿于整个多传感器数据融合过程，既是融合系统的基本功能，也是制约融合性能的关键环节。

1）数据校准。若各传感器在时间和空间上是独立或异步工作的，则必须利用数据校准，以统一各传感器的时间和空间基准。

2）数据相关。即数据关联，将各传感器的观测数据及某传感器过去的观测数据进行关联处理，判别不同时间和不同空间的数据是否来自同一对象。

3）参数估计。也称为目标跟踪，传感器每次扫描结束时，就将新的观测结果与数据融合系统原有的观测结果进行融合，根据传感器的观测值估计目标参数，如位置、速度、温度等，并利用这些估计预测下一次扫描中参数的量值，预测值又被反馈给随后的扫描，以便进行相关处理。状态估计单元的输出是目标的参数与状态估计。

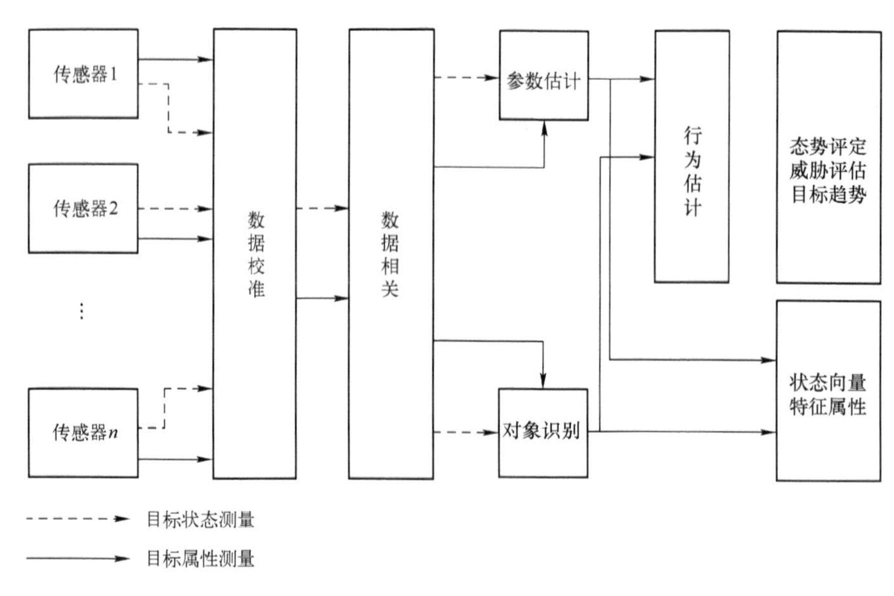

图 18-7 多传感器数据融合过程

4）对象识别。也称属性分类，根据多个传感器的观测结果形成一个 N 维的特征向量，其中每一维代表目标的一个独立特征。如果已知被观测目标有 M 个类型及每类目标的特征，则可将实测特征向量与已知类型的特征进行比较，从而确定目标的类别。

5）行为估计。将所有对象数据集与此前确定的可能态势行为模式相比较，以确定哪种行为模式与对象的状态最匹配。行为估计单元的输出是态势评定、威胁估计以及目标趋势等。

3．数据融合算法

多传感器数据融合算法很多，总体上可概括为物理模型、参数分类和基于认知的模型方法，如图 18-8 所示。

（1）物理模型

根据物理模型模拟出可观测或可计算的数据，并把观测数据与预先存储的对象特征进行比较，或将观测数据特征与物理模型所得到的模拟特征进行比较。比较过程涉及计算预测数据和实测数据的相关关系。如果相关系数超过一个预先设定的值，则认为两者存在匹配关系。这类方法中，Kalman 滤波技术最为常用。

Kalman 滤波最早是在 1960 年由匈牙利数学家 Rudolf Emil Kalman 提出的，Kalman 滤波用测量模型的统计特性递推决定统计意义下的最优融合信息估计，比最小二乘法和维纳滤波的精度更高。Kalman 滤波的基本思路是用当前测量值与上—时刻的预测估计值的偏差乘以一定的权重来不断修正下一状态的估计。如果系统遵从线性动力学模型，且系统噪声和传感器噪声是高斯分布的白噪声模型，卡尔曼滤波为融合信息提供唯一的统计意义下的最优估计，它的递推特性使系统信息处理无须大量的信息存储和计算。

（2）参数分类

参数分类技术依据参数数据获得属性说明，在参数数据（如特征）和一个属性说明之间建立一种直接的映像。参数分类分为有参技术和无参技术两类，有参技术需要身份数据的先验知识，如分布函数和高阶矩等；无参技术则不需要先验知识。常用的参数分类方法包括贝叶斯估计、D-S 证据理论、人工神经网络、模式识别、聚类分析、信息熵法等。

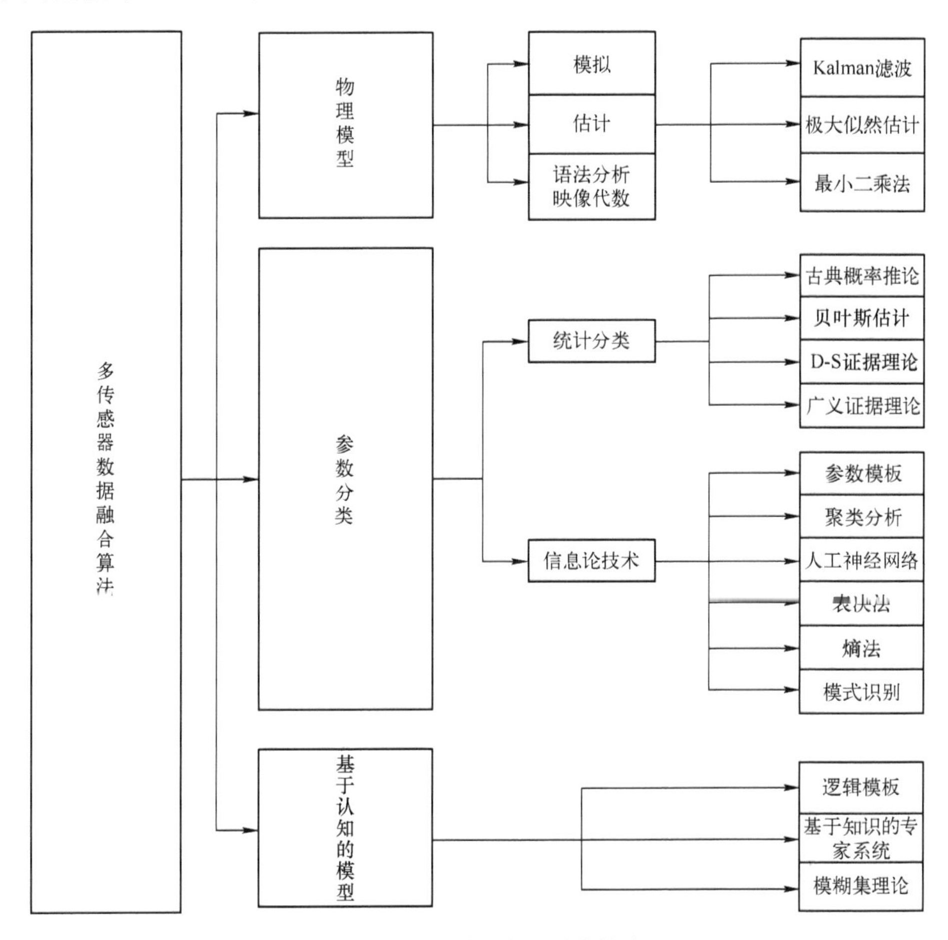

图 18-8　多传感器数据融合算法

1）贝叶斯估计。贝叶斯估计适用于工作在结构化环境中的机器人且要求各可能的决策是相互排斥的。贝叶斯估计在用于多传感器信息融合时，将多传感器提供的各种不确定性信息表示为概率，并利用概率论中的贝叶斯条件概率公式求取决策结果的后验概率。

设 A_1、A_2、…、A_m 为样本空间 S 的一个划分，即满足：① $A_i \cap A_j = \varnothing$；② $A_1 \cup A_2 \cup \cdots \cup A_m = S$；③ $P(A_i) > 0$，$i = 1,2,\cdots,m$，则对任一事件 B，$P(B) > 0$，有

$$P(A_i|B) = \frac{P(A_i|B)}{P(B)} = \frac{P(B|A_i)P(A_i)}{\sum_{j=1}^{m} P(B|A_i)P(A_i)} \tag{18-2}$$

式中，$P(B|A_i)$ 称为条件概率，如果在事件 A_i 已经发生的条件下计算事件 B 的概率，则这种概率称为事件 B 在事件 A_i 已发生的条件下的条件概率；$P(A_i)$ 称为先验概率，即在实验

前根据以往数据的经验所得到的事件概率；$P(A_i|B)$ 称为后验概率，指在实验后，根据一组特定观测值的条件下，重新加以修正的概率。

进行信息融合时，事件 B 即为观测结果，A_i 为决策。由于机器人工作于结构环境中，且各可能的决策 A_1、A_2、…、A_m 是相互排斥的，因而利用系统的先验知识及传感器的特性，可以先期得到先验概率 $P(A_i)$ 和条件概率 $P(B|A_i)$，由观测结果进行决策即可求解后验概率 $P(A_i|B)$ 的公式。

当有 n 个传感器观测结果分别为 B_1、B_2、…、B_n 时，假设它们之间相互独立且与被观测对象条件独立，则各决策总的后验概率为

$$P(A_i|B_1 \cap B_2 \cap \cdots \cap B_n) = \frac{\prod_{k=1}^{n} P(B_i|A_i)P(A_i)}{\sum_{j=1}^{m}\prod_{k=1}^{n} P(B_k|A_i)P(A_j)} \quad i=1,2,\cdots,m \tag{18-3}$$

2）D-S 证据理论。D-S 证据理论是 Dempster 于 1967 年首先提出，由他的学生 Shafer 于 1976 年进一步发展起来的一种不精确推理理论，是一种不确定推理方法。采用置信函数而不是概率作为量度，具有直接表达“不确定”和“不知道”的能力。

辨识框架和基本概率赋值函数是 D-S 证据理论中的两个重要概念。

一个样本空间称为一个辨识框架，用 Θ 表示。Θ 由一系列对象 θ_i 构成，对象之间两两相斥，且包含当前要识别的全体对象，即 $\Theta=\{\theta_1,\theta_2,\cdots,\theta_n\}$。

证据理论的基本问题是：已知辨识框架 Θ，判断测量模板中某一未定元素属于 Θ 中某一 θ_i 的程度。对于 Θ 的每个子集，可以指派一个概率，称为基本概率分配。

基本概率分配函数为

$$\sum_{A\in P(\Theta)} m(A)=1，\ m(\varnothing)=0 \tag{18-4}$$

式中，$\varnothing$ 表示空集；A 为幂集中的任一组成元素，$A\in 2^{\Theta}$；$m(A)$ 为证据支持事件 A 的概率。式（18-4）表示基本概率分配函数 m 对空集不产生信任度，对所有可能发生事件的信任度之和等于 1。

对于辨识框架 Θ，若 $m(A)>0$，则称 A 为证据的焦元。假设辨识框架 Θ 下有两个证据对应的基本概率赋值函数为 m_1 和 m_2，焦元分别为 A_i 和 B_j，则 D-S 组合规则为

$$m(C)=\begin{cases}\dfrac{\sum_{A_i\cap B_j=C} m_1(A_i)m_2(B_j)}{1-k} & A\neq\varnothing \\ 0 & A=\varnothing\end{cases} \tag{18-5}$$

式中，k 为冲突系数，$k=\sum_{A_i\cap B_j=C} m_1(A_i)m_2(B_j)$，反映了证据之间冲突的程度。

（3）基于认知的方法

基于认知的方法主要是模仿人类对属性判别的推理过程，可以在原始传感器数据或数据特征基础上进行。基于认知的方法在很大程度上依赖于一个先验知识库。当目标物体能

依据其组成及相互关系来识别时，这种方法尤其有效。

波兰学者 Z. Pawlak 于 1982 年提出粗糙集理论，将其作为一种处理不确定问题的数学工具。粗糙集建立在分类机制的基础上，将分类理解为对一个特定空间的基于等价关系的划分，将知识理解为对数据的划分，重点研究属性约简和分类。属性约简的含义是处理大量不确定信息并保留其信息的完整性，摒除冗余的信息。粗糙集理论能在保留关键信息的前提下，对数据进行化简并求得知识的最小表达。

信息系统是粗糙集理论中的研究对象，$S=(U, A, V, f)$。其中，U 为论域，即所有研究对象的集合；A 为研究对象属性的集合，$A=C\cap D$，C 为条件属性，D 为决策属性；V 为研究对象属性值的集合，$V=U_{a\in A}V_a$，V_a 为 $a\in A$ 的值域；f 为信息函数，$f:U\times A\to V$，为单一映射，即 $f(x,a)\in V_a$，制订 U 中每一对象 x 的属性值。对于信息系统 $S=(U, A, V, f)$，若研究对象属性集 A 由条件属性 C 和决策属性 D 组成，即 $A=C\cap D$，$C\cap D=\varnothing$，则信息系统 S 为决策表。

差别矩阵 $\boldsymbol{M}=\{m_{ij}\,|\,1\leqslant i,j\leqslant|U|\}$，其中 m_{ij} 表示矩阵中第 i 行第 j 列的元素，且

$$m_{ij}=\begin{cases}a_k\in C,a_k(x_i)\neq a_k(x_j)\wedge D(x_i)\neq D(x_j)\\ \varphi,D(x_i)=D(x_j)\end{cases}\tag{18-6}$$

差别矩阵是一个上三角形或下三角形矩阵。为了计算方便，计算时只需计算其下三角形矩阵即可。

基于以上所述，差别矩阵 $\boldsymbol{M}$ 中的差别元素是由条件属性构成的集合。不同之处在于，当存在可以使 x_i 与 x_j 取不同值的条件属性时，其构成差别元素 m_{ij}，并且其关系是析取关系“$\vee$”，表示在此条件属性集合中，任意一个条件属性都可把 x_i 与 x_j 区分开。另一与之相反的情况是，无条件属性区分 x_i 与 x_j 取值，此时差别元素 m_{ij} 构成的集合为空集。以上两种情况相同之处在于决策属性取值不同。

对于决策属性取值相同的个体，有两种情况是可以不考虑的。一种情况是差别矩阵主对角线上的元素相等，也就是 $U_i=U_j$；另一种情况是无论条件属性取值是否相同，任意条件属性都不具有使决策属性区分的能力。以上两种情况的差别矩阵均为空集 Ø 而不是 0。

假设存在一个决策表 $S=(U, C\cap D, V, f)$ 和条件属性子集 $B\subseteq C$，对应的差别矩阵为 $\boldsymbol{M}$，则关于 $\boldsymbol{M}$ 的分辨函数 f_{B} 定义为

$$f_{\mathrm{B}}=\wedge\{m_{ij}\,|\,m_{ij}\in M\wedge m_{ij}\neq\varphi\}$$

利用差别矩阵对规则中的冗余属性值进行规则约简，目的是为了提高实际系统决策效率。在决策表中，实例与规则一一对应，并且其中可能含有冗余属性值。因此，为了提高系统的决策效率，要对每条规则进行约简，也就是去除表达该条规则的冗余属性。约简步骤：①基于差别矩阵的定义和决策表计算差别矩阵 $\boldsymbol{M}$；②根据差别矩阵 $\boldsymbol{M}$ 计算差别函数 f_{B}；③利用 f_{B} 进行属性约简，利用最小析取范式，获取最简核心属性集合。

神经网络和人工智能等新概念、新技术在多传感器数据融合中将起到越来越重要的作用。

4. 数据融合应用

数据融合在军事上应用最早，范围最广，涉及战术或战略上的指挥、控制和武器装置的维护、保障等方面。

选择合适的融合算法受应用对象和应用需求的制约，常常利用多种融合算法的组合进行数据融合，如粗糙集融合灰色关联的状态评估方法。首先建立状态决策表，利用粗糙集理论对状态评估指标进行属性约简，然后将约简后的指标作为状态向量的元素，以实测数据为基础计算出各个状态的状态向量，最后采用灰色关联度分析法进行诊断决策，完成整个状态评估系统的构造。该方法能在小样本数据下对系统进行可靠评估，计算过程较简单，空间复杂度较小，存储空间有较大改善，为复杂设备的状态评估提供了一种新思路。

18.3 无线传感器网络

无线传感器网络（wireless sensor network，WSN）利用集成化的微型传感器协作地实时感知、采集和监测对象或环境的信息，用微处理器对信息进行处理，并通过自组织无线通信网络以多跳中继方式传送，将网络化信息获取和信息融合技术相结合，使终端用户得到需要的信息。

1. 无线传感器网络的组成

无线传感器网络的网络结构如图18-9所示，通常包括传感器节点、汇聚节点和管理站。

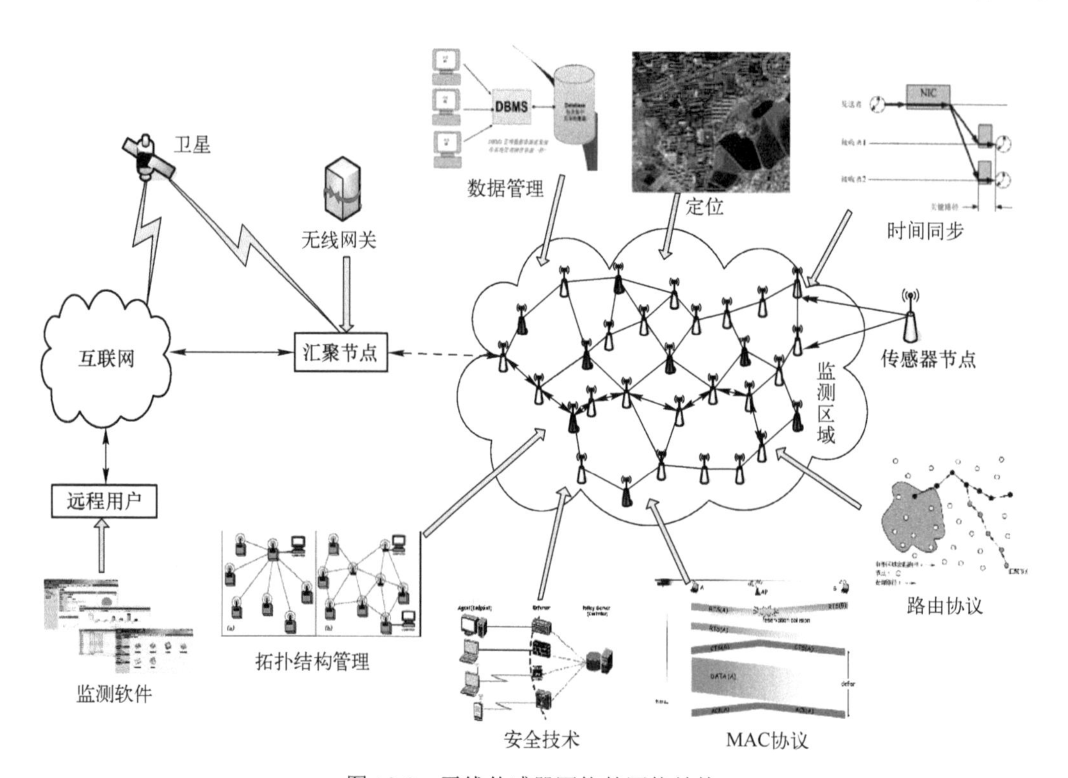

图18-9 无线传感器网络的网络结构

大量传感器节点部署在监测区域，通过自组织方式构成网络。传感器节点通常是一个微型的嵌入式系统，它的处理能力、存储能力和通信能力相对较弱，通常用电池供电。汇聚节点的处理能力、存储能力和通信能力相对较强，它连接传感器网络与互联网等外部网络，实现两种协议栈之间的通信协议转换，同时发布管理节点的监测任务，把收集的数据转发到外部网络。

传感器节点由传感器模块、处理器模块、无线收发模块和能量供应模块组成。传感器模块用于感知、获取外界的信息，被监测的物理信号决定了传感器的类型；处理器模块负责协调节点各部分的工作，对感知部件获取的信息进行必要的处理和保存，控制感知部件和电源的工作模式等；无线收发模块负责与其他传感器节点进行无线通信，交换控制消息和收发采集数据；能量供应模块为传感器节点提供运行所需的能量。

2．无线传感器网络的特点

（1）能量资源有限

无线传感器网络节点由电池供电，在使用过程中，通过更换电池的方式来补充能量是不现实的。需要通过高效使用能量来最大化网络生命周期。

（2）硬件资源有限

传感器节点是一种微型嵌入式设备，大量的节点数量要求其低成本、低功耗，其所携带的处理器能力较弱，计算能力和存储能力有限。在成本、硬件体积、功耗等受到限制的条件下，传感器节点需要完成监测数据的采集、转换、管理、处理、应答汇聚节点的任务请求和节点控制等工作，通过优化设计实现硬件的协调工作。

（3）无中心

WSN 是一个对等式网络，所有节点地位平等，没有严格的中心节点。节点仅知道与自己毗邻节点的位置及相应标识，通过与邻居节点的协作完成信号处理和通信。

（4）自组织

无线传感器网络节点往往通过飞机播撒到未知区域，通常情况下没有基础设施支持，其位置不能预先设定，节点之间的相邻关系预先也不明确。网络节点播撒后，无线传感器网络节点通过分层协议和分布式算法协调各自的监控行为，自动进行配置和管理，利用拓扑控制机制和网络协议形成转发监测数据的多跳无线网络系统。

（5）多跳路由

无线传感器网络节点的通信距离有限，一般在几十到几百米范围内，节点只能与它的邻居直接通信，对于面积覆盖较大的区域，传感器网络需要采用多跳路由的传输机制。无线传感器网络中没有专门的路由设备，多跳路由由普通网络节点完成。同时，因为受节点能量、节点分布、建筑物、障碍物和自然环境等因素的影响，路由可能经常变化，频繁出现通信中断。面对通信环境和有限的通信能力，设计网络多跳路由机制以满足无线传感器网络的通信需求。

（6）动态拓扑

在 WSN 使用过程中，部分节点附着于物体表面随处移动，部分节点由于能量耗尽或环境因素造成故障或失效而退出网络，部分节点因弥补失效节点、增加监测精度而补充到网络中，节点数量动态变化，使网络的拓扑结构动态变化。

（7）可靠性

由于传感器节点的大量部署不仅增大了监测区域的覆盖，减少了盲区，而且可以利用分布式算法处理大量信息，降低了对单个节点传感器的精度要求，大量冗余节点的存在使得系统具有很强的容错性能。

（8）节点数量多

为了获取精确的信息，在监测区域通常部署大量的传感器节点。传感器节点被密集地随机部署在一个面积不大的空间内，需要利用节点之间的高度连接性来保证系统的抗毁性和容错性。在这种情况下，需要依靠节点的自组织性处理各种突发事件，节点设计时软硬件都必须具有鲁棒性和容错性。

3．ZigBee 技术

ZigBee 技术的命名主要来自于人们对蜜蜂采蜜过程的观察，蜜蜂在采蜜过程中跳着优美的舞蹈，其舞蹈轨迹像“Z”的形状，蜜蜂自身的体积小，所需的能量小，又能传送所采集的花粉，因此，人们用 ZigBee 技术来代表具有成本低、体积小、能量消耗小和低传输速率的无线信息传送技术，中文译名为“紫蜂”技术。ZigBee 技术是目前无线传感器网络中的首选技术之一。

ZigBee 技术是一种具有统一技术标准的无线通信技术，其物理层和 MAC 层协议为 IEEE 802.15.4 协议标准，网络层由 ZigBee 技术联盟制定，应用层可以根据用户自己的需要进行开发，因此该技术能够为用户提供机动、灵活的组网方式。

ZigBee 具有三个工作频段，分别为 868MHz、915MHz 和 2.4GHz，其中 2.4 GHz 频段上分为 16 个信道，该频段为全球通用的工业、科学、医学（industrial scientific and medical，ISM）频段，也是免付费、免申请的无线电频段。

在组网性能上，ZigBee 设备可构造为星形网络或者点对点网络，在每一个 ZigBee 组成的无线网络内，可容纳的最大设备个数分别为 2^{16} 个和 2^{64} 个。

在整个网络范围内，每一个 ZigBee 网络数传模块之间可以相互通信，每个网络节点间的距离从标准的 75m 无限扩展。每个 ZigBee 网络节点不仅本身可以作为监控对象，而且可以自动中转其他的网络节点传过来的数据资料。每一个 ZigBee 网络节点还可以在自己信号覆盖的范围内与多个不承担网络信息中转任务的孤立子节点无线连接。在其通信时，ZigBee 模块采用自组织网通信方式，每一个传感器持有一个 ZigBee 网络模块终端，只要它们彼此之间在网络模块的通信范围内彼此自动寻找，很快就可以形成一个互联互通的 ZigBee 网络。当某种情况传感器移动时，模块还可以通过重新寻找通信对象，确定彼此之间的联络，对原有网络进行刷新。

4．无线传感器网络的应用

无线传感器网络节点小、价格低、部署方便、隐蔽性好、可自主组网，在军事、环境监测、健康监测、智能交通等领域具有广阔的应用前景。

目前大多数物流仓储企业采用基于条形码技术的仓储管理系统。条形码标签制作成本低，但在运输与存储过程中容易损坏，并且当仓库管理员对货物进行出入库和盘点操作时，需要近距离逐个对准货物条形码标签扫描货物信息，同样需要很大的工作量。RFID 是一种应用于信息采集系统的非接触式自动识别技术，它通过无线射频方式自动识别目标对象，获取相关数据信息，实现对 RFID 标签的信息获取，可自行设计嵌入到各种设备中。图 18-10 所示为基于 ZigBee 的手持 RFID 读写端硬件结构。将 ZigBee 技术和 RFID 技术相结合，以单片机为系统控制器，利用 ZigBee 无线传感器网络的无线自组网原理实现了手持移动式 RFID 读写端和 PC 接收端的远程无线通信，无须布线，网络适应能力强，可根据具体情况随时随地将 RFID 读写端连入网络，网络管理容易，能够迅速采集多个电子标签信息，提高了组网的便捷性、数据传输的可靠性和安全性，实现对仓储物资快速、准确地入库、盘点，满足物联网的发展需求。

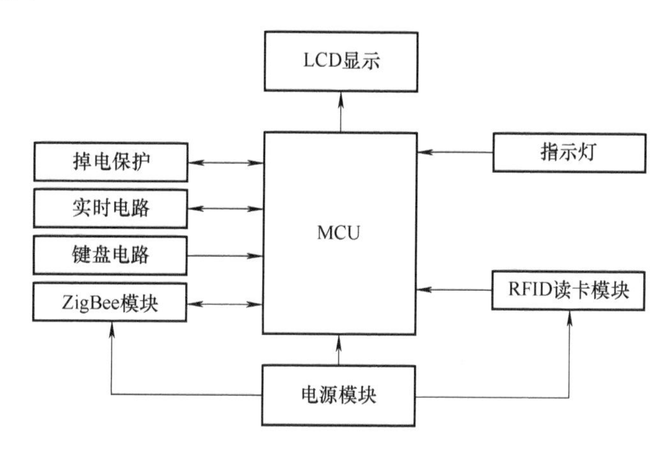

图 18-10 基于 ZigBee 的手持 RFID 读写端硬件结构

随着露天开采的延伸，边坡暴露的高度、面积以及维持时间不断增加，影响安全稳定的因素也随之增加。因此，露天矿的边坡需要进行检测并及时报告给监控人员。将无线传感器网络应用于露天矿边坡检测，已被众多研究人员所关注。为了保证监测的连续性与准确性，采用边坡布置检测网络，进行远程监测已成为研究的重点。

假设在检测区域内存在多个传感器节点，将其分为多个簇，并根据各个传感器节点的传输距离，对每个簇内的节点进行均匀布置，如图 18-11 所示。

网络中节点有四种工作模式，即簇头模式（CH）、休眠模式（DOM）、高功率发射模式（HS）及低功率发射模式（LS）。即簇头节点处理的信息比一般节点多很多，而且传递信号的距离较普通节点远，消耗的能量也会比普通节点多。因此，必须避免节点多次以簇头形式通信。高功率发射节点和低功率发射节点传递的信息的距离不同，而高功率节点消耗的能量较低功率节点多。

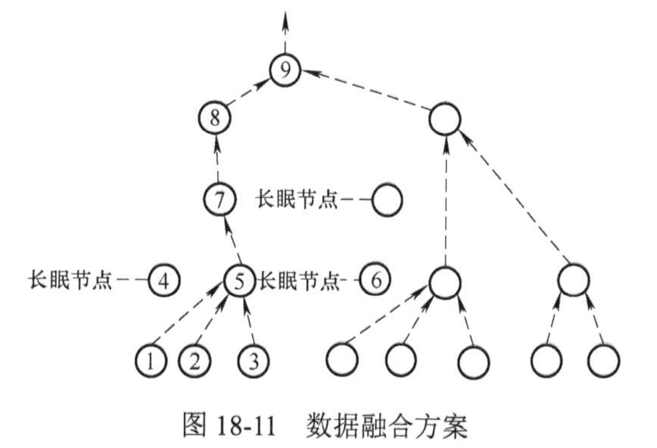

图 18-11 数据融合方案

将遗传算法应用于网络自适应设计，在寻优过程中，考虑休眠误差参数、网络连通参数、能量参数，优化网络的能量管理，在不影响检测的情况下，不同周期部分节点作为簇头，部分节点运行于高功率或低功率模式，部分节点以休眠模式工作，这样更加节省能量的损耗，使网络的生命周期达到最长。也可以使用数据融合的方法来减小网络中信息传输的总量，从而达到节能和提高信息传输效率的目的。可以采用一定的算法将传感器节点采集到的大量原始数据进行网内处理，去除其中的冗余信息，而且还可以在融合前减少汇聚节点等待非汇聚节点信息传输的时间，缩短网络中数据融合的延时时间。

习 题

1. 常用的数据融合算法有哪些？
2. 简述无线传感器网络的特点及结构。
3. 什么是软测量技术？常用的软测量方法有哪些？

参考文献

[1] 费业泰. 误差理论与数据处理[M]. 6 版. 北京：机械工业出版社, 2010.
[2] 胡向东，等. 传感器与检测技术[M]. 3 版. 北京：机械工业出版社, 2018.
[3] 阮勇，董永贵. 微型传感器[M]. 2 版. 北京：清华大学出版社, 2018.
[4] 蔡萍，赵辉，施亮. 现代检测技术[M]. 北京：机械工业出版社, 2016.
[5] 吴朝霞，齐世清，宋爱娟，等. 现代检测技术[M]. 4 版. 北京：北京邮电大学出版社, 2018.
[6] 周润景，刘晓霞，韩丁，等. 传感器与检测技术[M]. 2 版. 北京：电子工业出版社, 2014.
[7] 彭杰纲，宁静，邓罡. 传感器原理及应用[M]. 2 版. 北京：电子工业出版社, 2017.
[8] 何道清，张禾，谌海云. 传感器与传感器技术[M]. 2 版.北京：科学出版社, 2008.
[9] 廖建尚，郑建红，杜恒. 基于 STM32 嵌入式接口与传感器应用开发[M]. 北京：电子工业出版社, 2018.
[10] 郑敏，佟维妍，李英顺，等. 粗糙集融合灰色关联的火控系统 ADA 模块状态评估方法[J]. 兵工自动化, 2020, 39(10): 23-28.
[11] 中国石油天然气集团公司人事服务中心. 仪表维修工[M]. 北京：中国石油大学出版社, 2005.
[12] 佟维妍，魏宝武. 基于 GA-BP 的转化反应甲烷含量软测量建模[J]. 自动化与仪表, 2016, 31(11): 7-10.
[13] 孙铎，佟维妍，张佳楠，等. 基于 MSP430 和 Zigbee 的 RFID 读写设备[J]. 电子世界, 2015(16): 21-23.
[14] 王焱，孙雁鸣，佟维妍. 基于遗传算法的露天矿边坡检测传感网络优化[J]. 计算机测量与控制, 2011, 19(2): 483-486.
[15] 王媛娜，李英顺，贺喆. D-S 证据理论融合粗糙集的火控系统状态评估[J]. 控制工程, 2020, 27(12): 2176-2184.
[16] 齐浩，佟维妍，郭明志，等. 基于 Lab Windows/CVI 和 PLC 的供水系统设计综述[J]. 科学与信息化, 2019(16): 10-11.
[17] 梁晋文，陈林才，何贡. 误差理论与数据处理[M]. 2 版. 北京：中国计量出版社, 2001.
[18] 梁森，欧阳三泰，王侃夫. 自动检测技术及应用[M]. 2 版. 北京：机械工业出版社, 2012.
[19] 严钟豪，谭祖根. 非电量电测技术[M]. 2 版. 北京：机械工业出版社, 2004.
[20] 李现明，陈振学，胡冠山. 现代检测技术及应用[M]. 北京：高等教育出版社, 2012.
[21] 王俊杰，曹丽，等. 传感器与检测技术[M]. 北京：清华大学出版社, 2011.
[22] 宋文绪，杨帆. 传感器与检测技术[M]. 北京：高等教育出版社, 2004.
[23] 周杏鹏，孙永荣，仇国富. 传感器与检测技术[M]. 北京：清华大学出版社, 2010.
[24] 厉玉鸣. 化工仪表及自动化[M]. 5 版.北京：化学工业出版社, 2011.
[25] 强锡富. 传感器[M]. 3 版. 北京：机械工业出版社, 2004.
[26] 赵勇，胡涛. 传感器与检测技术[M]. 北京：机械工业出版社, 2010.
[27] 王化祥，张淑英. 传感器原理及应用[M]. 修订版. 天津：天津大学出版社, 1988.
[28] 李英顺，佟维妍，高成，等. 现代检测技术[M]. 北京：中国水利水电出版社, 2009.

[29] 田裕鹏，姚恩涛，李开宇. 传感器原理[M]. 3 版. 北京：科学出版社，2007.
[30] 施文康，余晓芬. 检测技术[M]. 3 版. 北京：机械工业出版社，2010.
[31] 常建生，石要武，常瑞. 检测与转换技术[M]. 3 版. 北京：机械工业出版社，2011.
[32] 孙传友，翁惠辉. 现代检测技术及仪表[M]. 北京：高等教育出版社，2006.
[33] 张国雄. 测控电路[M]. 3 版. 北京：机械工业出版社，2008.
[34] 胡向东，彭向华，李学勤，等. 传感器与检测技术学习指导[M]. 北京：机械工业出版社，2009.
[35] 余成波，胡新宇，赵勇. 传感器与自动检测技术[M]. 北京：高等教育出版社，2004.
[36] 王明赞，李佳. 测试技术习题与题解[M]. 北京：机械工业出版社，2011.
[37] 单成祥，牛彦文，张春. 传感器设计基础：课程设计与毕业设计指南[M]. 北京：国防工业出版社，2007.
[38] 封士彩. 测试技术学习指导及习题详解[M]. 北京：北京大学出版社，2009.
[39] 何金田，张全法. 传感检测技术例题习题及试题集[M]. 哈尔滨：哈尔滨工业大学出版社，2008.
[40] 韩九强，周杏鹏. 传感器与检测技术[M]. 北京：高等教育出版社，2010.
[41] 陈杰，黄鸿. 传感器与检测技术[M]. 北京：高等教育出版社，2002.
[42] 林玉池，曾周末. 现代传感技术与系统[M]. 北京：机械工业出版社，2009.
[43] 沈怀洋. 化工测量与仪表[M]. 北京：中国石化出版社，2011.
[44] 范玉久. 化工测量及仪表[M]. 北京：化学工业出版社，2002.
[45] 陶红艳，余成波. 传感器与现代检测技术[M]. 北京：清华大学出版社，2009.
[46] 陈忧先，左锋，董爱华. 化工测量及仪表[M]. 3 版. 北京：化学工业出版社，2010.
[47] 马西秦，许振中. 自动检测技术[M]. 2 版. 北京：机械工业出版社，2004.
[48] 祁树胜. 传感器与检测技术[M]. 北京：北京航空航天大学出版社，2010.
[49] 贾民平，张洪亭. 测试技术[M]. 2 版. 北京：高等出版教育社，2010.